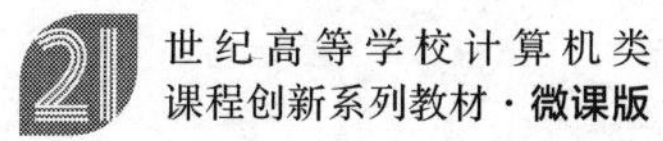

Java面向对象程序设计

思想·方法·应用 微课视频版

化志章 揭安全 石海鹤 王　岚 / 著

清華大学出版社
北京

内容简介

本书基于 Java 语言，以案例为核心，问题求解为主线，快速深入地介绍面向对象程序设计的基本思想、方法和应用，以及 GUI 编程、线程、IO 流等高级应用框架。

全书包括三部分：第 1 部分 Java 入门，对应第 1 章和第 2 章，讨论 Java 概况、JDK 配置，从 C 过渡到 Java，并涉及一些面向对象的基本概念、理念和语法元素；第 2 部分面向对象程序设计，对应第 3 章，结合案例，系统阐述面向对象程序设计方法及其语法支撑机制，还包括异常处理、内部类等辅助机制；第 3 部分实用技术和框架，包括第 4～10 章，涉及图形用户编程、线程机制、IO 流、网络通信、泛型和集合框架、Java 连接数据库、反射机制与代理模式等内容。

本书在内容组织上，基于案例介绍内容，直观、高效；在内容设计上，所有案例均有目的、设计、源码和分析，便于快速深入地理解、领会；在内容表述上，结合丰富的图解和形象的比喻，破解技术难点。各章的章首配有导引，指明本章的设置目的、内容组织的逻辑主线、重点和难点等内容；章末配有小结，进行简单梳理、提炼；“思考与练习”中提供一组问答题，用于回顾和检测对前期内容的理解，并提供一些综合型编程作业。

本书适合作为高等院校计算机、软件工程专业和各种软件培训机构的教材，也特别适合广大程序员及其他 Java 开发爱好者自学、参考。

图书在版编目（CIP）数据

Java 面向对象程序设计: 思想・方法・应用: 微课视频版/化志章等著. —北京: 清华大学出版社, 2021.9(2022. 1重印)
21 世纪高等学校计算机类课程创新系列教材：微课版
ISBN 978-7-302-59066-8

Ⅰ. ①J… Ⅱ. ①化… Ⅲ. ①JAVA 语言－程序设计－高等学校－教材 Ⅳ. ①TP312.8

中国版本图书馆 CIP 数据核字(2021)第 176209 号

责任编辑： 王冰飞
封面设计： 刘　键
责任校对： 李建庄
责任印制： 朱雨萌
出版发行： 清华大学出版社
网　　址： http://www.tup.com.cn，http://www.wqbook.com
地　　址： 北京清华大学学研大厦 A 座　　**邮　　编：** 100084
社 总 机： 010-62770175　　**邮　　购：** 010-83470235
投稿与读者服务： 010-62776969，c-service@tup.tsinghua.edu.cn
质 量 反 馈： 010-62772015，zhiliang@tup.tsinghua.edu.cn
课 件 下 载： http://www.tup.com.cn，010-83470236
印 装 者： 三河市科茂嘉荣印务有限公司
经　　销： 全国新华书店
开　　本： 185mm×260mm　　**印　张：** 23.25　　**字　　数：** 565 千字
版　　次： 2021 年 9 月第 1 版　　**印　　次：** 2022 年 1 月第 2 次印刷
印　　数： 1501～3500
定　　价： 59.80 元

产品编号：091144-01

前　言

1. 写作背景

面向对象程序设计（Object Oriented Programming，OOP）是当今主流软件开发技术。目前市面上 OOP 相关资料、教材很多，该技术的核心也未发生大的变化，为何还要编写本书？编者长期从事 OOP 课程教学，先后参阅了几百本 OOP 教程、参考资料，其中不乏有很多好书，对自己有很大的启发；但也有部分 OOP 教材、资料的内容组织方式比较传统，大多是逐一介绍运算符、表达式、语句、函数等语法元素，逐个介绍类、继承、多态等 OOP 支撑机制，以特定类为章节介绍各种高级应用。这种内容方式类似字典，有助于“认字”，但对写文章（即写程序）作用不明显。具体而言，这种内容组织方式存在两大弊端：

（1）学习过程枯燥、低效。例如，介绍运算符时，将语言支持的各类运算符、运算规则逐一介绍。这种方式类似“说明书”，关注知识点的全面性和严谨性，内容琐碎、繁杂，学习过程枯燥。有多少内容是初学者当前急需掌握的呢？就好像对要学开汽车、骑自行车的人而言，有谁会通过看说明书来学习呢？

（2）很难产生真实的 OOP 编程体验。就像汽车驾驶技术，涉及启动、前进、后退、转弯、加速或减速、停止等一系列技术动作。单独学好这些动作，就能成为合格的司机吗？显然不能。掌握驾驶技术的具体表现，就是能灵活使用上述动作，解决驾驶过程中可能面临的各种问题。类似地，OOP 作为一种实用编程技术，其核心不是类、继承、多态等语法机制，而是（综合使用类、对象、继承、封装、多态等语法机制）解决特定类型问题的应用框架。只有真正理解和掌握了一些解决问题的框架，才会产生 OOP 的应用体验，进而触及 OOP 技术的核心思想（应用开发中的各种设计模式，实际上就是解决各种经典问题的设计框架）。

另外，还有一些教材，以案例为核心组织内容，虽应用性、趣味性增强，但案例较复杂，源码过于冗长，掩盖了本应凸显的设计思想和应用框架。

编者希望的教材是：内容实用，有一定深度，突出设计思想和框架，实践能力被逐步强化，帮助学生产生真正的 OOP 编程体验。

2. 本书的特色

1）以问题求解为主线，按需组织内容

（1）以问题求解为主线的目的。OOP 技术面向实际应用。几十年的教学经验发现：以学开汽车、骑自行车类似的方式学习 OOP，会更高效。学员不会驾驶时，对其讲很多机理、规则作用不大。初学者的首要任务是把车开起来，在实践中逐步引入并解决一些问题。因此最好的方式就是“做中学”，以问题求解为主线，按需引入内容。

（2）读者有实践的基础。很多读者在学习 OOP 之前，已经学过一门编程语言（本书假定为 C 语言，其他语言也可），理解了标识符、表达式、语句、函数等语法元素的含义，掌握了指针、数组等类型，了解了动态创建对象的含义；学过“算法与数据结构”，理解数据和操作应封装在一起，能编写常规算法。在此基础上，可以更快速、深入地开启 OOP 的学习之旅。（注：若未学习过上述内容，编者不建议直接学习 OOP，因为很难展开 OOP 各类应用，无法真正触及 OOP 的核心思想。）

（3）以案例为核心组织教学内容。本书设计了四类案例：认知型、设计型、强化型及综合提高型。总体策略是：用认知型案例清扫认知障碍，用设计型案例凸显重点内容，用强化型案例循序渐进地对能力、知识进行拓展和强化，用综合提高型案例为读者个性化拓展奠定基础。具体而言：

① 认知型案例：借助一两个简单案例融入大量语法。如 2.1.2 节的 sum 求和案例，展示了 Java 过程式编程的几乎所有语法，包括标识符、表达式、语句、函数定义和调用等。再比如 3.3.2 节的“狗嗅、狗咬人”示例，完整展示了继承、多态（重载、重写）语法机制及其应用。此类案例面向基础语法、基本概念的简单认知（即认识即可），学生不会感到困难。至于更深入的理解和应用，则通过后期设计型、强化型、综合提高型案例逐步强化和深入。实践表明，学生有前述的实践基础，理解认知型案例完全没问题。

② 设计型案例：面向特定问题的求解框架，如 3.4.1 节“设计形状智能识别器”，完整展示了重写机制的应用框架。由于所涉及的语法及概念已在认知型案例中介绍，故此类案例重在应用框架，即解决什么问题、如何解决，并对设计做全方位剖析，如应用中可能面临的各种问题、相关机理等，最后梳理、归纳和总结。再比如，4.2.2 节“登录界面 1.0”，完整展示了 GUI 编程中的委托事件处理模型的应用。类似案例有很多，这类案例应当重点掌握，它是理解 OOP 技术的基石。（注：框架可理解为事务处理的基本结构和流程，如“乘坐飞机”的框架涉及购票网站、大巴、机场、飞机等要素，实施流程为网站购票、乘大巴去机场、机场安检、乘机、取行李、结束。框架不涉及复杂的算法，只需要知晓涉及哪些环节（以及相互间的关系）和执行步骤即可。）

③ 强化型案例：是对认知型或设计型内容的强化和拓展。例如，在 sum 求和案例基础上，通过设计数据结构中的顺序表（2.1.4 节），进一步实践“类=属性集+方法集”，理解属性和方法的关系，并引入 Scanner 类的用法；继而通过构造单链表（2.1.5 节），阐明为何需要 this 引用，以及如何使用；通过树和二叉树的应用（2.2.1 节和 2.2.2 节），进一步强化上述内容。最后，设计“班级信息管理系统 1.0 版”（2.2.3 节）等，用学生对象替代 int 型数据构造顺序表，并按需引入许多新知识。再比如，借助 3.4.1 节理解重写的应用框架后，通过 3.4.3 节和 3.4.4 节，借助不同问题，引出重写机制应用的不同场景和应用方式。期望通过强化型案例，加深读者对前期所学的理解，并逐步融入新知识，循序渐进地强化实践能力。

④ 综合提高型案例：这部分内容与实际软件开发十分接近，融入了一些较深的或较为抽象的内容，如 2.4 节的班级管理系统 2.0 版，不仅涉及很多新内容，而且从软件维护、拓展角度思考软件设计中应注意的问题，抽象层次较高；3.2 节的“基于对象视角开发图书借阅系统”，展现了基于 OOP 视角，从需求描述到编码实现的全过程，期望读者从中体会 OOP 的视角和软件设计方式。这部分内容通常用“*”标记，面向前期掌握较好的读者。

本书强调实用为先，暂时用不到的语法，就不会介绍。例如 Java 的 switch 语句实际上功能更加强大，但本书并未提及，仅需要读者沿袭 C 语言中的用法规则即可。再比如，内部类机制实际上极为复杂，涉及非常多的语法约束，本书在介绍时，本着够用即可的原则，仅仅将其当成内部类型来使用。至于更多的语法细节，留待有需要时，读者自行探索。

2）学习要知其然，更要知其所以然

主要采取三大举措，让读者知其然，更知其所以然：

（1）注重内容组织符合认知逻辑。即让读者产生“确实应该如此”的感觉，这是真正理解的基础。例如，在介绍 Java 语言特色时，不是单纯地介绍有哪些特色，而是结合产生背景，强调“需要哪些特色”，以及“为何需要这些特色”。例如，对高可靠性，指明 Java 程序要被烧制到芯片中，若程序有错，则烧制的一批芯片将会报废，损失严重。为让程序不容易出错，Java 注重高可靠性，继而介绍一些提高程序可靠性的一些举措。这样知晓前因后果，理解和接受均比较容易。

（2）注重认知逻辑环环相扣，逐步深入。例如 3.3.5 节用于介绍 static 修饰的示例：禁止创建边值错误的三角形。传统介绍策略是：介绍 static 语法规则→展示案例和实现代码→简单分析。本书先给出设计分析：要禁止创建对象，应该怎么做→这样做后，有何影响→对标 static 修饰，恰能解决产生的问题→逐步引入新需求，每个需求对应一个 static 特色或使用规则→在完成所有设计后，进行系统性梳理，并反思可能存在的其他问题。实践表明，这种有层次感的介绍方式，比简单地平铺直叙更有效。

（3）有认知和实践基础后再谈理念和思想，避免空谈。例如，对 OOP 的核心思想以及继承、封装、多态、抽象等特色的介绍，若放在“第 3 章 面向对象程序设计基础”的章首位置，此时读者尚无 OOP 实践基础，效果可能就像是“中学生读政治书”，文字都认识，但很难说“真正理解”。本书将其放在章尾（3.6 节），读者已有一定量的实践经验，感受到了 OOP 编程的一些好处，再谈思想、特色，读者有真实感触，不仅能理解和接受，同时也能起到归纳、总结的效果。

3）内容组织特别适合初学者

具体表现在以下四方面：

（1）章节的结构为导引、正文、总结、思考与练习。章首的导引指明了本章的设置目的、内容组织的逻辑主线、重点难点等内容；章末的小结则是对本章内容的简单梳理、提炼；思考与练习中提供一组问答题，用于回顾和检测对前期内容的理解。

（2）所有应用型案例均有目的、设计、源码、案例分析。其中，“目的”用于指明借助案例应掌握的内容，以及所涉及的知识点；“设计”则给出设计思路、策略和枝干式的设计框架，以方便读者理解源码；“案例分析”则融入了多角度剖析，可能的拓展性知识和问题、注意事项等内容，期望借助案例，尽可能拓展出更多的内容。这种方式，无论是对教师，还是对初学者，均十分方便、有益。

（3）章节的适当位置安排有练习，以方便在学后及时强化训练。小节后的习题，供读者及时强化训练。“思考与练习”中的设计题目，则大多属于综合设计题，方便读者个性化探索。考虑到“注重能力培养，而非记忆知识”是当前教育界的普遍共识，因此各章节并未提供填空、选择之类的题目。

（4）方便源码的阅读、分析、思考。OOP 程序的源码量较大，本书一方面增加源码的注释，同时尽可能加大一页纸的信息量，并将前面示例重复的代码，或是不重要的内容（如 GUI 编程后期有关界面构造部分）直接省略，这样能避免因内容分成多个页面而影响阅读、分析和思考。

3. 主要内容

本书包括三部分内容：

（1）Java 入门。主要包括第 1 章和第 2 章，讨论 Java 的基本概况、环境配置，以及从 C 过渡到 Java，其中还涉及一些 OOP 的基础知识和语法元素，为后续学习奠定基础。

（2）面向对象程序设计。对应第 3 章，包括 OOP 方法的诞生、应用场景、支撑机制、应用框架，最后讨论了 OOP 技术蕴含的思想，并介绍权限、异常处理机制等后期将用到的知识。

（3）实用技术和框架。包括第 4~10 章，涉及图形用户编程、线程机制、IO 流、网络通信、泛型和集合框架、Java 连接数据库、反射机制与代理模式等内容。

4. 为何用 Java 语言描述

OOP 技术需要语言提供专门机制来支撑，用于描述中各种设计方案，实践性较强，因此学习必须基于特定 OOP 支撑语言，以便理解实践应用。选用何种语言描述，实际上并不是特别重要。本书选用 Java 语言，主要有三点原因：

（1）Java 曾被称作“纯面向对象语言”，在表达 OOP 相关支撑机制方面，成熟且被广泛认可。

（2）根据 2020 年 9 月的 TIOBE 编程语言排行榜，C、Java 稳居前两位。就 OOP 学习而言，很多读者以 C 语言作为“算法与数据结构”课程的描述语言，而 Java 与 C 的基础语法十分相似，很容易从 C 过渡到 Java。

（3）Java 在移动嵌入式开发、网络编程、企业级桌面应用等领域，至今仍独占鳌头。

本书内容组织是一种全新的尝试。由于水平有限，书中难免存在表述不妥甚至错误之处，在此恳请读者批评指正，不胜感激！

编著者

2021 年 9 月

随书资源

目 录

第1部分 Java入门

第 2 部分 面向对象程序设计

第 3 部分　实用技术和框架

第 1 部分　Java 入门

第 1 章

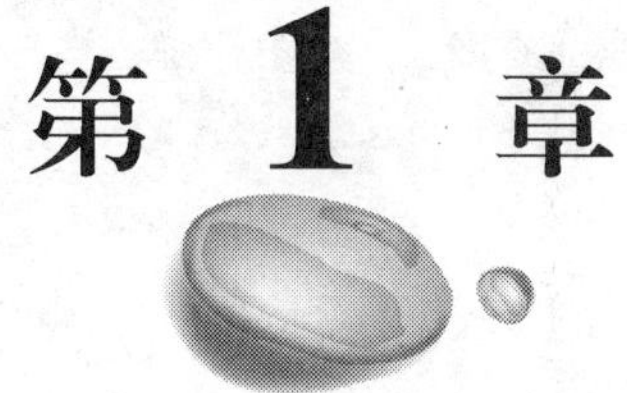

Java 及其开发环境

1.0 本章方法学导引

【设置目的】

面向对象程序设计（Object Oriented Programming，OOP）是一种商业软件的主流开发技术。Java 曾被公认为学习和实践面向对象编程方式的最佳语言。本书将基于 Java 展开 OOP 的编程实践。本章期望读者对 Java 概况、特色有深入的认识和了解（而非泛泛而谈），并能对 Java 开发环境进行安装、配置，了解 Java 程序从编码到运行的整个流程。

【内容组织的逻辑主线】

首先引入 Java 产生的背景：嵌入式编程和网络编程，这些领域的编程为何需要新语言，需要语言具备哪些新特色，有哪些举措来支撑这些特色；之后，简单介绍 JDK 的下载、安装和配置，以及 Java 从编码到运行的流程，并给出一些学习建议。

【内容的重点和难点】

（1）重点：①理解“为何说 Java 特别适合嵌入式编程和网络编程”；②掌握 Java 跨平台的实现机理；③理解 Java 为何追求高可靠特色，以及相关举措；④掌握 Path 和 classPath 的作用和配置；⑤掌握如何用命令行方式编译、运行 Java 程序。

（2）难点：跨平台实现机理、沙箱机制。

1.1 Java 的产生与发展

任何语言的产生都有其历史的必然。从语言设计者角度审视语言：了解语言的产生背景，以及语言开发过程中经历的各种问题，对深度理解语言的特色十分有益。

1.1.1 嵌入式项目孕育 Java

20 世纪 90 年代，16 位单片机技术发展渐趋成熟，单片机系统迈入微控制器阶段。将价格低廉的微型芯片系统嵌入消费类电子产品（如电视机机顶盒、洗衣机、电冰箱等）中，可大幅度提升产品的智能化程度，故而备受关注。SUN 公司为抢占市场先机，于 1990 年 12 月成立了以 James Gosling 为首的项目小组 Green，专攻嵌入式应用系统的开发。

项目组选用当时红遍天下的 C++语言来开发系统，但很快发现问题。首先，嵌入式芯片提供的存储资源十分有限，相较而言，编译后的 C++程序太过庞大，芯片无法提供足够的运行空间；其次，不同厂商提供的芯片，支持的指令集和指令格式存在差异，编译后的 C++程序只能在特定平台上运行。程序不能跨平台运行，将产生两大后果：①必须为每一种平台单独编程，重复的工作很多；②嵌入式程序在应用时需要烧制成芯片，若芯片无法通用，会浪费资源。如某洗衣机转速和时间控制程序，针对 A 型平台剩余 2 万块芯片，而 B 型平台需要 2 万块此类型芯片，由于无法通用，只能另行烧制针对 B 型平台的芯片。

Green 小组的许多成员都有过开发编译器的经历。面对上述问题，解决之道是定制满足需要的新语言。他们以 C++为蓝本，基于嵌入式编程的特点进行大幅增删；同时吸收 SmallTalk、Ada 等优秀语言的经典机制，设计出小巧够用的新型语言 Oak。用 Oak 编写的程序比较小，能够运行于嵌入式芯片；Oak 是解释型的，可方便实现跨平台运行（具体机理详见 1.2.1 节）。

1.1.2 网络小程序让 Java 起飞

Oak 完成后，因当时市场不成熟，大单被拒，Oak 被搁置。1993 年，Internet 开始迅猛发展，网络编程需求大增。Gosling 等人发现，网络编程与嵌入式编程有着类似需求：①当时网速很低，几兆的程序要花费十多分钟才能下载到本地，故小程序更具优势；②网络环境中不同主机可能使用不同公司的 CPU 和操作系统，因此能跨平台的程序有天然的优势。Oak 能应用于资源受限的芯片，当然也能应用于资源更为宽松的计算机。

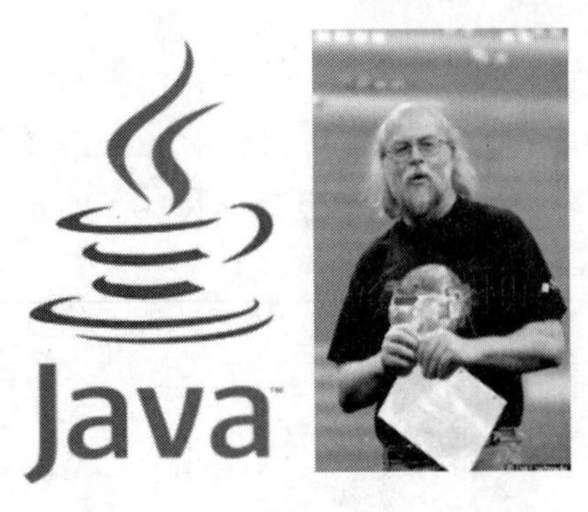

图 1.1　Java 徽标、James Gosling

认识到这些，Green 项目组对 Oak 做了调整：设计出可嵌入网页的小应用程序机制 Applet，以及支持 Applet 程序运行的浏览器 Hot Java 和虚拟机。另外，因发现 Oak 商标已被注册，故新语言被更名为 Java。动态网页效果引起了轰动，程序小、跨平台等特色在当时也极具魅力。IBM、Apple、HP、Oracle、Nescape、微软等纷纷停止了自己的相关项目，转而支持 Java。至此，Java 被业界接受，并逐步成为网络编程领域的主流语言，James Gosling 常被称作“Java 之父”，见图 1.1。

注意：支持 Java，需要提供自己平台的虚拟机，以便让 Java 程序在本平台顺畅运行。若要支持开发，还需提供面向本平台的编译器和类库。

综上所述，Java 特别适合嵌入式领域和网络编程领域软件的开发。

1.1.3　Java 开发平台和相关术语

为满足不同级别的应用开发，Java 提供了以下三种版本：

（1）Java SE（Java Platform, Standard Edition），标准版，适用于一般桌面系统的开发；

（2）Java EE（Java Platform, Enterprise Edition），企业版，适用于服务器相关应用程序的开发；

（3）Java ME（Java Platform, Micro Edition），迷你版，开发基于小型设备和智能卡的应用。

另外，初学者常遇到如下三个术语：

（1）JVM（Java Virtual Machine），Java 虚拟机，用于解释执行 Java 字节码程序。JVM 功能比单纯的解释器更丰富、更强大。除解释执行外，还可对代码执行过程进行监控，模拟特殊的硬件资源（如模拟出多个处理机），为一些机制（如异常处理、线程、序列化机制等）的实现，以及程序可靠性的提升等提供支持。

（2）JRE（Java SE Runtime Environment），Java 运行时环境，所有需要运行 Java 程序的主机或芯片，都要配备这一环境。JRE 中包括 JVM，以及一些运行时类库。

（3）JDK（Java SE Development Kits），Java 开发工具集，包括 API 基础类库、JRE、编译器、解释器等。

图 1.2 展示了 JDK、JRE 和 JVM 三者间的关系。本书使用的是 JDK 版本是 JDK 8 U202。

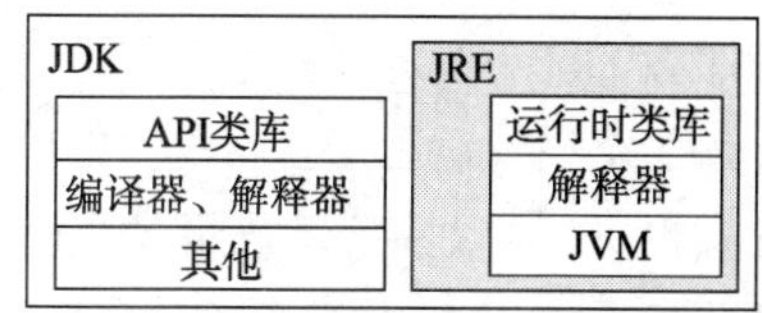

图 1.2　JDK、JRE、JVM 三者间的关系

1.2　Java 的特色

本质上，是嵌入式编程、属于网络编程领域，本节介绍 Java 有哪些特色，为何需要，又如何实现。

1.2.1　Java 需要具备跨平台能力

跨平台性，又称平台无关性，是指编译后的程序不经修改就可运行于其他平台。众所周知，源码需要借助编译器或解释器翻译成一组汇编或二进制指令（这里统称机器指令）才能被硬件执行，见图 1.3。机器指令与 CPU 和操作系统（统称平台）密切相关。因此，代码若要跨平台运行，一定不能是二进制。Java 如何实现跨平台呢？

先看个示例：温州话、潮州话、粤语、苏州话是中国比较难懂的方言。有来自四地只会讲本地方言的商人面对面聊天，四人交流就需要 6 个翻译，见图 1.4(a)。我国方言及各民族语言有近百种。照此推算，召开全国人代会时，需配备 $100 \times (100-1) \div 2 = 4950$ 个翻译。这

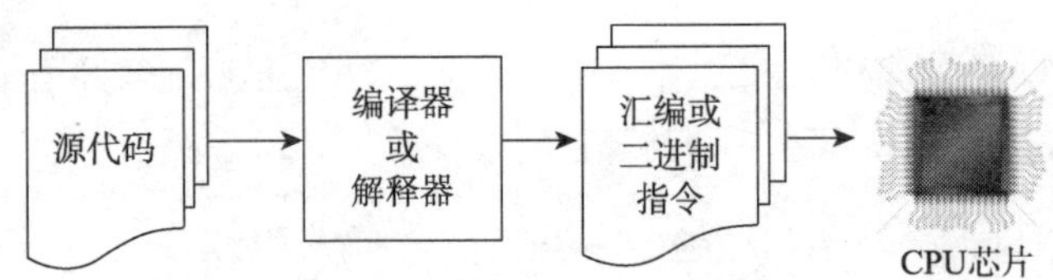

图 1.3　源码如何被硬件执行示意图

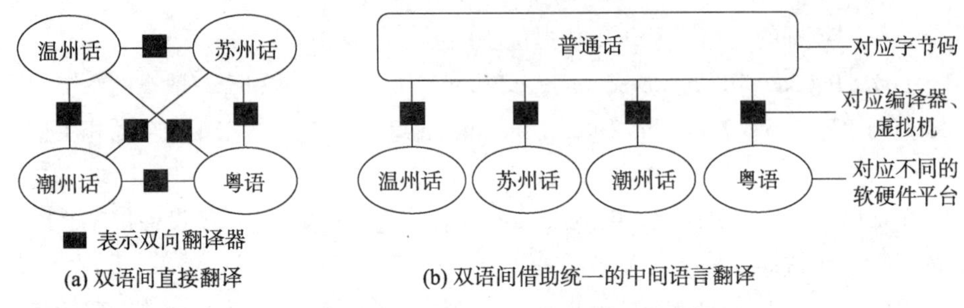

图 1.4　不同语种间交流的两种实现策略

很不现实。如何解决呢？推广普通话。这样 100 种方言只需 100 个“某方言—普通话”翻译，见图 1.4(b)。这种模式不仅有效减少了翻译数量，而且扩展性非常好。如为方便外国记者采访，新增“英语”，只需新增“英语—普通话”翻译即可，其他不需要变动。

Java 实现跨平台策略与图 1.4(b)类似。首先，基于 Java 语法，Java 官方对如何解读 Java 程序做了统一约定，并用字节码格式描述这种约定；其次，某平台（如微软的 Windows）基于该约定设计适用于自己平台的编译器，以便将源码翻译成字节码格式；设计适合自己平台的虚拟机，以便将字节码指令翻译成适合自己平台的二进制指令。这样，若希望 A 平台书写的程序在 B 平台上运行，只需经 A 平台专属编译器翻译成统一格式的字节码，继而将字节码交给 B 平台专属虚拟机（JVM），由其将字节码翻译成机器指令即可，见图 1.5。显然，编译器和虚拟机均与平台有关，字节码与平台无关。

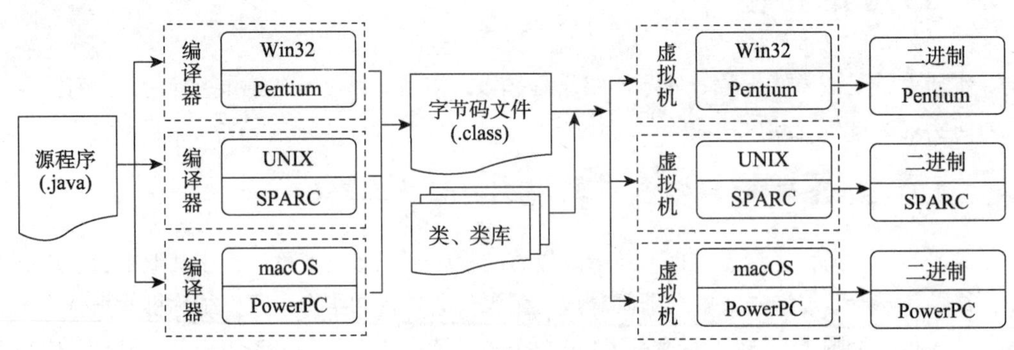

图 1.5　Java 源码的跨平台运行的机理

思考：安卓等新系统如何对接 Java?

操作系统是操纵硬件的平台。拥有操作系统，就成为平台游戏规则的制定者。微软曾利用 Windows 平台强行捆绑软件、不公开底层应用接口，在给竞争对手设置重重阻碍的同时，获得巨大商业利益。拥有自己的操作系统，对公司乃至国家都极具战略意义。

安卓（Android）是谷歌公司 2007 年左右研发的操作系统。系统选择与 Java 对接，首先看重的是 Java 优异的移动编程特性；其次，有现成的熟练工人（即庞大的 Java 程序员群体），能迅速为安卓开发出大量应用，有助于系统的快速推广。

安卓与 Java 开发体系对接的总体策略是：提供面向安卓平台的编译器、虚拟机和类库。但手机屏幕小，且输入不便，编程工作通常在 PC 端进行。为方便程序在 PC 端调试运行，还需配备 PC 端的手机模拟器，以模拟手机上的按键及其他操作，查看手机端运行效果。

1.2.2　Java 需要支持面向对象

嵌入式领域的编程，需要面向对象的支持。如洗衣机芯片可视为一个控制转速、时间、水温等的对象，可基于面向对象程序设计方法来设计开发。这样，当需求发生变化，如新增“洗涤羽绒服”“洗涤衬衣”“漂洗”等功能时，借助面向对象的继承机制，可以方便地拓展功能，设计出满足需要的新型芯片。因此，将 Oak 设计成面向对象语言，可有效减轻编程工作。另外，助推 Java 崛起的 applet 就是面向对象机制的典型应用：将 applet 对象嵌入浏览器中运行。因此，可以说 Java 的应用需求与面向对象密切相关。

1985 年左右，支持面向对象机制是主流语言的必备特色。C++就是“C 加上面向对象机制”。为兼容 C、C++在支持面向对象方面难以放开手脚。Java 则无历史包袱，可以全新设计面向对象支持机制。Java 诞生之初，曾被视为最优秀的面向对象程序设计语言。

1.2.3　Java 要追求高可靠性

Java 极为重视程序的可靠性。这是因为普通程序交付使用后，如果发现错误，修改更新即可。而嵌入式程序需要烧制到芯片中，若烧制后发现错误，只有收回产品，更换芯片，代价极高。另外，20 世纪 90 年代中后期，随着计算机应用迅速普及并渗透到生活中的各个领域，程序中微小的错误可能导致很大的影响，如火箭发射失败、银行停止服务等。

Java 从语言层面制定了许多举措以增强可靠性，如强类型限制、语言简单规范、内存自动管理、沙箱机制等。这些举措，让 Java 程序在可靠性方面具有先天优势。

1. Java 是强类型语言

通俗地讲，强类型语言就是对类型的使用有严格要求的语言。相应地，对类型使用限制较少的则称作弱类型语言。如：将 if (x==5)误写成 if(x=5)，其效果等同于 if(5)。这种情形在 C 程序中合法，而 Java 中则编译失败。因为 C 是弱类型语言，没有逻辑类型，用 0/非零表示假/真。Java 有逻辑类型，且规定逻辑型不得与其他基本类型兼容。由于 if 的条件处只能使用逻辑值，因此 if (5)非法。再比如，int f(){ int x=10; }，若作为 C 函数，完全正确；若作为 Java 函数，则产生编译错：因为函数声明要求返回 int 型数据，而函数体中没有 return int 型数据。

目前程序设计理论尚不完善，很难让程序无错。借助编译器强大的类型检查功能，尽可能让问题代码在运行前被发现，降低运行时出错的概率，可在一定程度上提高软件的可靠性。

2. Java 是追求简单规范的语言

Java 的简单规范是相较 C++而言的。简单，才更易于理解，用起来不易出错。如 Java 指针只能按名引用，不能偏移，没有多重指针，也未配备“*”“&”等操作，理解起来更简单，使用更不易出错。规范是指按既定章法做事。就像现实中，银行内部账务流程和审核机制十分复杂。但对银行客户而言，只需按照规范的业务流程操作即可，几乎就不会出错。类似地，Java 对很多复杂机制定制了应用框架，如异常处理机制、GUI 事件处理、多线程机制、IO 流、网络编程等。用户只需遵循固定的操作模式即可。这样虽不灵活，但应用简单，且不易出错。

注意：上述机制不仅是预先设计好的应用框架，更应把它们看成是一种经典的软件设计范型，很值得在日后的应用实践中借鉴。

另外，虚拟机监控下的按名引用也更安全。对 C 及 C++程序，可以通过特殊手段更改运行时指针的指向，从而实现数据的非法存取，见图 1.6 (a)。Java 程序处在 JVM 的监控下，当访问地址超出分配的空间时，JVM 则拒绝执行，见图 1.6 (b)。

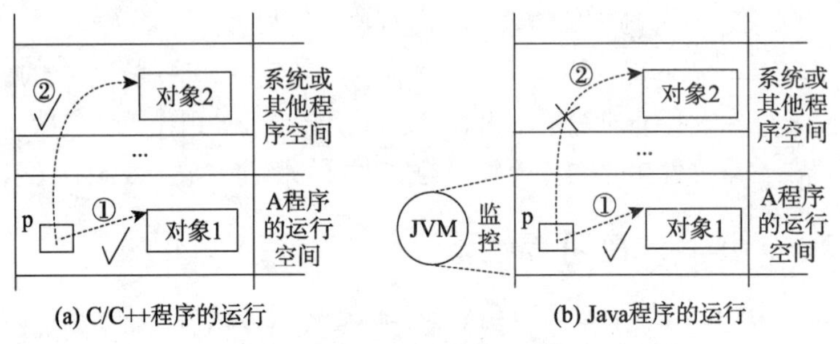

图 1.6　JVM 监控下按名引用更安全

3. Java 有垃圾自动回收功能

动态内存管理可实现按需分配、释放内存，管理灵活高效，但极易发生内存泄漏，初始时 p、q 各指向一个对象，见图 1.7.(a)，但执行 p=q 后，p 原本指向的对象就无法被引用，也无法被回收，成为“内存垃圾”，见图 1.7.(b)，像是从可用内存空间中“泄漏”掉了。另外，忘记释放申请的空间，也是内存泄漏的原因之一。

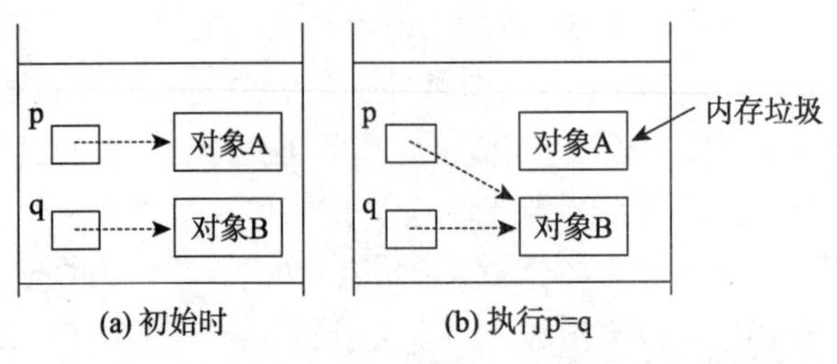

图 1.7　内存垃圾产生示例

内存泄漏发生后不会报错，只会悄悄吞噬系统内存，使系统性能缓慢下降，直至耗尽内存资源而使系统崩溃。因此对 24 小时持续运行的网络应用程序，以及内存资源较小的系统（如路由器操作系统、嵌入式系统），影响非常大。

Java 用垃圾回收机制来实现动态分配内存的自动释放。这样程序员可按需申请内存，不需要关心内存释放，既减轻了编程压力，又能有效缓解内存泄漏造成的影响。

注意：早在 1960 年左右就有学者研究垃圾回收机制，至今已开发出许多垃圾回收算法，如引用计数、标记—清扫、分代式收集等。如标记—清扫算法，其策略为：将堆内存分成 A、B 两块区域，其中 B 区无数据。先从 A 区中找出和标记被引用名直接或间接引用的所有对象，之后将这些对象全部复制到 B 区域，最后将 A 区内存单元初始化。

垃圾回收器调用通常按一定策略进行，如触发式调用，即垃圾占用达到一定比例后触发调用；或缓式释放，即每隔特定时间就调用一次。前者在垃圾回收时对系统性能影响很大，而后者会持续地影响系统的性能。

4. 沙箱机制增强了人们对 applet 安全的信心

applet 等网络程序需要先下载到本地方可运行。此类程序是否会窃取隐私、破坏数据呢？若不能给用户令人信服的解答，将直接影响 applet 的推广和使用。为此，Java 的研发者设计出“沙箱”（Sand Box）机制，见图 1.8，以确保运行 applet 的安全。

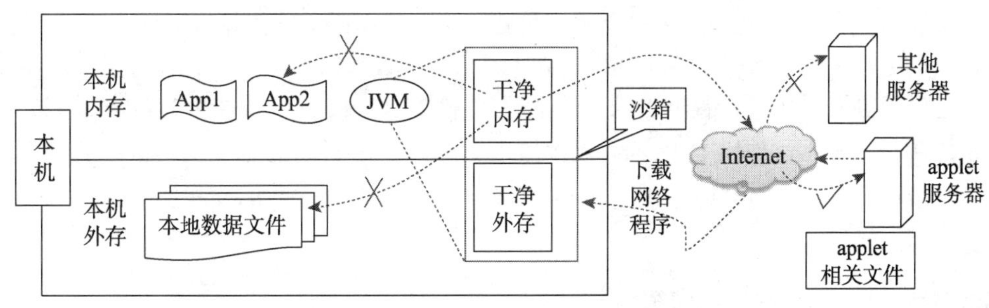

图 1.8　沙箱机制示意图

假定下载的 applet 程序代码是不安全的。JVM 先在本地申请一块空白的内存和外存区域，该区域被称作“沙箱”。从网络下载的 applet 及相关文件存于沙箱中的外存，之后在沙箱中的内存运行 applet。运行时遵循：①禁止沙箱中的程序访问沙箱之外的内外存资源，如读写文件、创建目录、执行本地其他程序、装载动态链接库等等；②禁止与除 applet 所在服务器之外的其他主机进行通信。第一项限制让 applet 的所有操作都被限制在沙箱中。这样，即使程序中包含恶意代码，也无法对本地系统或数据造成影响；第二项限制，确保 applet 程序只能与其宿主机器进行通信。宿主机器就是提供 applet 程序及相关资源的远程主机，其安全性用户应当知晓。这样，沙箱机制简单、直观地向普通用户证明，下载、运行 applet 代码是安全的。近年来，为满足网络杀毒、网络加密等应用的需求，沙箱进一步拓展成基于域的访问机制，详见二维码。

1.2.4 Java 需要更大的字符集

计算机只能处理二进制，字符集是记录各种字符（如各国文字、标点符号、控制字符等）与二进制的对应关系的字典。ASCII 码字符集是最基础的字符集，采用单字节编码，至多能表达 2^8 个字符。各国为方便本国信息处理，在 ASCII 码字符集的基础上，编制出包含本国文字的字符集，如简体中文 GB 2312、包含简体繁体中文的 GBK、日文 ISO-2022-JP 等。

程序在任一时刻只能使用一种字符集的一种编码规则。网络应用程序（如搜索引擎 Google、社交平台 Twitter 等）要同时处理多国文字。为满足网络编程需要，Java 采用 Unicode 字符集，内有一百多万个字符，除各国文字外，还包含文字的不同字体形态。

GB 2312、GBK 等面向特定语种的字符集，通常仅包含几万字符，使用一种编码规则与之对应。Unicode 字符集有百万字符，对应 UTF-8、UTF-16、UTF32 等不同编码规则，其中 UTF-8 针对英文处理最省空间，但编码、解码复杂；UTF-32 编码、解码最简单，但占用空间较大；UTF-16 则介于 UTF-8 和 UTF-32 之间，详见阅读材料：Unicode 字符集和编码。

有资料称：在 Unicode 字符集中，诸如“a”“王”“β”均占用两个字符。这种描述不准确：混淆了 Unicode 字符集与 Unicode 编码的区别。它们都是 Unicode 字符，均位于基础字符集，若用 Java 默认的 UTF-16 编码，均占用 2 字节；若采用 UTF-8 编码，英文字母只占用 1 字节，汉字则占用多个字节。换言之，使用不同编码，上述的三个字符占用字节数不同。

JVM 采用 UTF-16 编码（注意：不能说 Java 采用 UTF-16，不准确），字节码文件（即.class 文件）采用的是 UTF-8 编码，编译器采用操作系统默认编码读取源文件，用 UTF-8 编码写入 class 文件）。若字符写入（编码）、读取（解码）时使用的规则不同，可能会造成二进制串无法正确地翻译成字符，看上去像是“乱码”。例如，Eclipse 默认使用 UTF-8 编码，中文 Windows 的记事本默认使用 GBK（或 GB 2312）编码。对在 Eclipse 中书写的带有中文的文档，用记事本打开，若打开时依旧选用 GBK 编码，则涉及中文的部分就是乱码。

***阅读材料：Unicode 字符集和编码**

1. Unicode 字符集及字符表达

Unicode 字符集最初较小，2 字节至多能表达 65536（即 2^{16}）个字符，能满足需求，故最初使用 UTF-16 编码。但后来将同一字符的不同写法或字体纳入字符集（如 a、ɑ），为让字符显示的更美观、处理更快捷，将字符集对应的特定字体也加入字符集，致使 Unicode 字符集不断扩张，目前包含一百多万字符。在确保向前兼容前提下，UTF-16 编码标准做了修订：字符集的前 65536 个码位（常被称作基础字符集）用双字节表达，超出此范围的字符（常被称作增补字符集），则用双字符（占用 4 字节）表达。所以，Java 中的 char 占两个字节，只不过有些字符需要两个 char 来表示。

Unicode 字符集常用 U+n 的方式表达字符，如基础字符集的范围为：U+0000 到 U+FFFF。其中，U+D800 到 U+DFFF 是一个空段，即这些码点不对应任何字符。因此，这个空段可以用来映射字符隶属于增补字符集的哪个区域。详情请查阅 Unicode 编码介绍，这里略。

注意：很多资料称 Java 的 Unicode 字符集有 2^{16} 个字符，这是不正确的。首先，最初定义的字符集占用两字节，但并未完全占据所有码位。就好像一个拥有 2^{16} 个座位的大教室，人数（即字符数）并未坐满，有些位置（即空段）有特殊用途；其次，Unicode 字符集目前有一百多万字符。

2. Unicode 字符集的编码方式

Unicode 字符集有 UTF-8、UTF-16、UTF-32 多种编码方式。其中 UTF-8 是变长编码，即不同的字符采用的编码字节数不同，如对英文，采用单字节编码，对于其他字符，则可能采用 2~4 字节编码；UTF-32 是定长编码，每个字符固定占用 4 字节；UTF-16 采用半定长方式，即采用 2 或 4 字节编码。为何如此呢？假设有 1024 个英文字符，用 UTF-8 编码只需要 1kb 空间，用 UTF-16 则需要 2kb，用 UTF-32 需要 4kb。UTF-8 虽更省空间，但编码、解码算法复杂，耗费的时间更多。

3. UTF-16 的 BE 和 LE、有签名和无签名是什么意思，怎么来的

UTF-16 用双字节编码，这两字节保存时哪个在前哪个在后，不同平台的处理策略可能不同（即字节序不同）。字节序有 LE（little-endian）和 BE（big-endian）两种，前者是低地址存低位数据；后者是低地址存高位数据。

若 UTF-16 编码格式的文件未指明编码究竟是 LE 还是 BE，解读就可能产生错误，造成乱码。为此，引入签名机制：在文本文件最开始位置插入若干不可见字符，用于记录编码格式信息，如"FE FF"表示 UTF-16BE，"FF FE"表示 UTF-16LE。这个信息称作 BOM（Byte Order Mark）。有、无签名就是有、无 BOM 信息。有签名的文档更易于被应用程序识别。如文本工具 EmEditor，对 UTF-16 有签名编码的文本文件可直接打开，而 UTF-16 无签名的直接打开可能是乱码，必须按指定格式重新载入。另外，UTF-8 不需要 BOM 信息。

4. 用记事本、JCreator 等书写的 Java 源文件，在 Eclipse 中打开，出现乱码如何处理

解决策略：①查阅源文件的编码格式：使用记事本打开该源文件，在菜单中选择"另存为"，在弹出的界面中有编码格式；②查阅 Eclipse 的编码配置：依次单击菜单 Windows→preference→General→WorkSpace，在弹出的界面中可以选择不同的编码格式。只需将 Eclipse 中的编码格式设定为与源文件编码格式相同即可。

注意：ANSI 是美国标准协会（ANSI）的一种认定（或者说默认）标准，不同平台有不同的编码标准认定，如简体中文 Windows 中，ANSI 编码代表 GBK 编码；在繁体中文 Windows 中 ANSI 代表 Big5；在日文 Windows 中 ANSI 代表 Shift_JIS 编码。

1.3　Java 开发环境

Java 开发工具涉及 JDK 和 Java 开发集成环境。前者是开发、运行 Java 程序的基础，包含开发、运行所需的各种类库；后者提供更友好的界面，让开发过程更简单高效。

1.3.1 JDK 的下载和配置

JDK 是 Java 官方推出的免费 Java 开发工具包，主要包含 Java 基本类库、运行 Java 所需的 JRE 以及一些辅助工具（如编译器 javac.exe、解释器 java.exe）。面向桌面软件开发的 JDK 安装包称作 Java SE（Java Software Environment），网址为 https://www.oracle.com/cn/Java/technologies/Javase/Javase-jdk8-downloads.html。

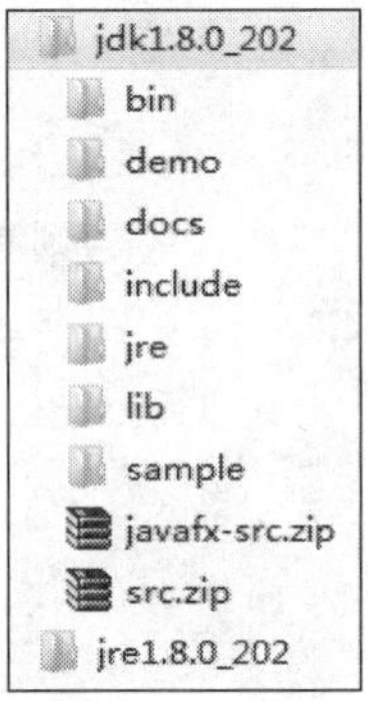

- jdk1.8.0_202
  - bin
  - demo
  - docs
  - include
  - jre
  - lib
  - sample
  - javafx-src.zip
  - src.zip
- jre1.8.0_202

图 1.9　JDK 目录结构图

注意，要选择与所用操作系统对应的版本。另外，网址对应页面的下部还有两个资源：Java SE 8 Documentation、JDK 8 Demos and Samples，前者是 Java 官方帮助文档，也是 Java 基础类库的最权威解释；后者是为方便学习了解 Java 各种机制而提供的一组参考示例。这两份文档下载后直接解压到安装目录即可。该网站还有其他许多学习资源，如各类教程、电子书等，可免费查阅。直接运行下载的安装包即可安装 JDK。本书基于 JDK 8 Update202 来组织案例。安装后 JDK 的目录结构见图 1.9。

JDK 安装后，建议初学者先在 DOS 环境下调试运行 Java 程序（原因见“对初学者的几点建议”）。为此，需要手工配置 Java 编译及运行环境。主要步骤如下。

（1）配置 path 变量，告诉 Dos 环境 Java 编译器、解释器所在的位置。操作如下：

> 右击“此计算机”→“属性”→“高级”→“环境变量”→path→“编辑”菜单命令，在头部添加“Java 的安装目录\bin；”，其中分号“;”是路径间的间隔符。bin 目录存放 Java 编译器、解释器等工具，设置 path 变量后，用户可在任意目录下运行编译器、解释器等工具。（注：微软支持 Java，故原有 path 路径信息中包含 Windows 自带 Java 解释器路径信息。将 bin 目录放在 path 路径的首位，旨在确保 JDK 的 Java 解释器被首选。）

（2）配置 classpath 变量，告诉 Dos 环境运行时所需类及类库的位置。操作如下：

> 右击“此计算机”→“属性”→“高级”→“环境变量”菜单命令，在“系统变量区”单击“新建”，变量名为 classpath，变量值为“.; Java 的安装目录\lib”，其中“.”表示当前目录，lib 是 Java 系统类库所在目录。lib 目录中有个名为 ct.sym 文件，实际上是个压缩包，该包中的 rt.jar 文件，包含了 Java 运行时所需的基本类库。读者可尝试用 WinRAR 等解压工具打开（如复制后将后缀名改为.rar），查看其内容。若需要在程序中使用第三方类库（如数据库连接驱动相关库），也需要在 classPath 中指定。

（3）其他配置方式。

① 用变量指定 Java 安装目录，继而用此变量配置 path、classPath。具体做法如下：

> a. 新建环境变量 JavaH，值为 C:\Java\jdk1.8.0_202（即当前 Java 的安装目录）。
> b. 在 path 中新增“%JavaH%\bin;”在 classPath 中新增：“.; %JavaH%\lib”。

其中 Windows 系统以 %x% 的形式获取环境变量 x 值。

② 用 set 指令配置。set 是 DOS 内部指令，可以查看和配置环境变量。方法为

开始菜单→运行→输入 cmd，或开始菜单→附件→命令提示符，执行如下指令

a. set path= C:\Java\jdk1.8.0_202\bin; %path%

　　表示在原有 path 基础上新增“…\bin”目录；

b. set classpath= .; C:\Java\jdk1.8.0_202\lib

　　表示新建一个环境变量，值为：.; C:\Java\jdk1.8.0_101\lib。

注意：set 是临时配置，只对当前 DOS 窗口有效，关闭该窗口后配置改变消失。

***对初学者的两点建议**

为帮助初学者快速入门，这里有两点建议。

1）先从底层做起，找到 Java 编程感觉

俗话说，磨刀不误砍柴工。从底层做起，是指用文本编辑器（如记事本、EmEditor、EditPlus 等）书写代码，之后手动调用 Java 编译器、解释器来编译、运行 Java 程序。对初学者而言，此过程比较痛苦，但效果明显，有助于熟悉 Java 的程序框架、基础语法和运行机理。不建议初学者使用 Eclipse 等 IDE 工具，因为 IDE 中，许多东西自动完成，不利于初学者找到编程感觉。编程感觉是程序员对语言及其程序的直观感受，对后期的学习有持续潜在的影响。在对 Java 基础编程比较熟悉后，就可以使用 Eclipse 等工具了。另外，也不建议采用填空式编程，即提供部分实验代码，编程人员填写剩余部分。这妨碍了系统设计思维的建立。试想：工作中，谁会提供这些空让你填呢？

2）多参考 Java 自带帮助、源文件和示例

自带帮助是指 Java SE 8 Documentation，它是程序员最常用、最权威的帮助文档。其中 docs\api\index.html 是自带帮助的索引，按照字母序列出了 Java 类库中的所有类。可借助浏览器搜索功能，快速定位到特定类，查阅其说明。虽然是英文的，但一般能看懂。Java 类是用 Java 语言书写的，源码在安装目录下的 src.zip 中。借助源码，可以更详细地查看类的内部结构（包括私有成员等），深化对类应用方式及规则的理解。JDK 8 Demos and Samples 是 Java 官方主推的学习范例，简单、易懂。模仿示例，并在此基础上适当增、改功能是很有效的学习手段。

1.3.2　Java 开发工具简介

为更方便、高效地书写和管理 Java 代码，各公司开发出了很多优秀的集成开发环境（Integrated Development Environment，IDE）。这些 IDE 与系统安装的 JDK 对接，能方便地编译运行 Java 程序，并具备跟踪调试、项目管理、代码自动完成等功能。常见的包括：

（1）JBuilder，这是一款商业软件，目前由 CoderGear 公司所有。基本上可称为开发 Java 的最为强大的工具。以界面友好、功能强大著称；

（2）Eclipse，是一款免费的共享软件，可通过安装各类插件来拓展功能，如标准版的 Eclipse 不支持 Java 开发，支持 Java 开发的 Eclipse 实际上是集成了 Java 相关插件的版本。当然，如何确保插件可靠、如何配置插件，则是一件较为麻烦的事。

（3）Netbeans，是 SUN 公司提供的一款免费的开发 Java 的集成环境。

1.3.3 Java 应用程序框架及其编译、运行

Java 程序编译运行流程大体见图 1.10。先写出源程序；之后用编译器对源程序编译，产生统一格式的字节码文件，之后用解释器中的 Java 虚拟机（即 JVM）解释执行.class 文件。运行期间，会根据需要自动加载相关类库。

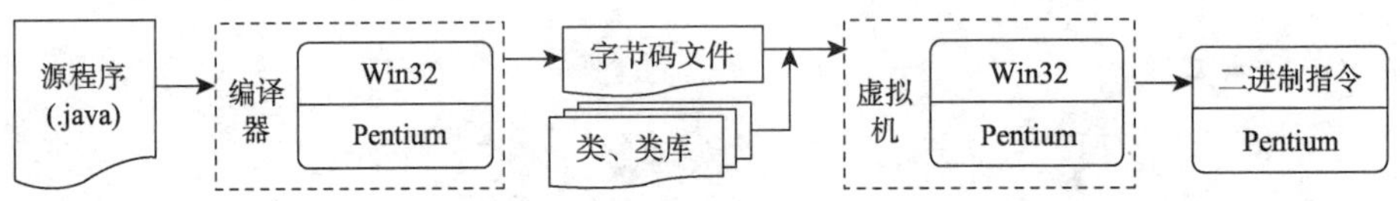

图 1.10 Java 程序的编译运行

假定已配置好 path 和 classpath。下面通过一个示例展示 Java 程序框架及编译、运行的全过程。程序要完成的功能需求是：在屏幕上输出“Hello World!”。完成需求的步骤如下。

（1）假定在 D:\myJava 目录下，用 EmEditor 或记事本创建 **a.Java**，内容如下：

```
class HelloWorld{
    public static void main(String[] s){
        System.out.print("Hello World!");
    }
}
```

（2）直接在资源管理器 D:\myJava 的地址栏输入 cmd，或是：开始菜单→运行→输入 cmd→输入 d: →输入 cd D:\myJava。

（3）编译：javac　a.java。

（4）运行：java　HelloWorld。

【说明】

- ✧ 本例特意采用文件名和类名不同的方式，旨在提醒：Javac 后面的参数是文件名，需要带后缀；而 Java 后面的参数是带有 main 函数的类名。输入 Java －help 或 Javac －help，可调出相关参数配置和用法。
- ✧ Java 程序必须包含在类中，其基本框架为：class 类名{ 类体 }；
- ✧ Java 应用程序的入口是 main 函数，其格式为

```
public static void main(String[] s){ 函数体 }
```

注意： 下画线部分单词及顺序不得改变。具体原因详见第 3 章。

- ✧ Java 标识符要求大小写敏感，上述代码中 String、System 单词首字母要大写，class、public、static、void、main 均为小写。

本章小结

本章首先引入 Java 设计初衷：嵌入式编程。由于程序要烧制到芯片中，要求程序规模小，能跨平台运行，且高可靠（请思考原因）。传统的主流语言 C++无法满足这些要求（请思考原因），需要开发新语言以满足需要。另外，若融入当时主流的 OOP 技术，功能扩展将更容易。因此，项目组就依托 C++，借鉴 Smalltalk、Ada 等经典 OOP 语言的特色，构造出 Java 语言。

Java 产生后因各种原因被搁置。之后互联网开始流行。Java 团队分析发现：互联网编程与嵌入式编程要求相似：要求程序小、能跨平台运行，且对安全性高有更高要求，常涉及世界各国的文字。因此设计者对 Java 做了修订，并开发出浏览器 hotJava 以及能在该浏览器上运行的小程序框架 applet，在当时展示取得了惊艳的效果，Java 被各大公司关注和支持，并开始流行。

Java 安装后需要配置两个环境变量，1. path 变量，设定 Java 自带的各种工具的路径，如编译器、解释器等；classPath 变量，设定 Java 系统类库、自定义类库等的目录位置。之后通过 Javac 编译，用 Java 解释执行。

思考与练习

一、简答题

1. C++为何难以满足嵌入式编程需求？为何说嵌入式编程与网络编程有相似需求？
2. 为何说 Java 特别适用于嵌入式领域和网络领域的编程？
3. Java 为何选用 Unicode 字符集？该字符集有何特色？Java 的采用何种 Unicode 编码方式？
4. 什么是平台无关性？Java 是如何跨平台的？
5. 简单说明编译器、字节码、虚拟机在 Java 实现跨平台过程中起的作用。
6. 不同软硬件平台，虚拟机是否相同？为什么？
7. Java 最初设计时，为何十分重视可靠性和安全性，并为此实施了哪些举措？
8. Java 设计者如何让用户相信：从远程下载的 applet，在本机运行是安全的。简述其实现的基本策略。
9. 环境变量 Path 和 classPath 各有何作用？如何配置？
10. 简述 Java 的垃圾回收机制。

二、实践题

1. 以关键词“Java”，查阅维基（中英文）、百度等，了解 Java 的诞生和发展历程。
2. 找到 Java 官方网站，下载 JDK、JDK 帮助文档、示例文件。
3. 安装 JDK，配置环境变量 path 和 classpath，并检验配置是否成功。
4. 编写一个简单的 Java 程序，输出“Java 你好，我来了！”。要求以命令行方式编译和运行。

第 2 章

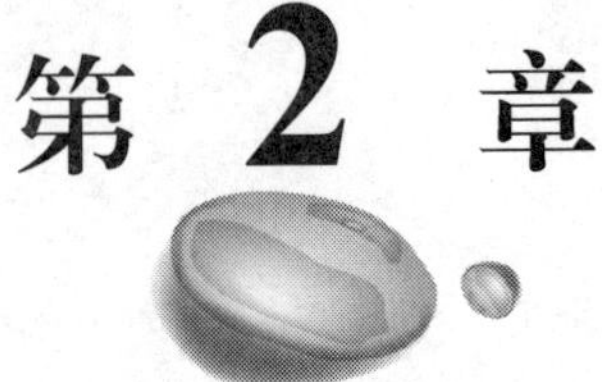

从 C 过渡到 Java

2.0 本章方法学导引

【设置目的】

本书假定读者已完成“数据结构”课程，熟悉一门编程语言（假设是 C 语言）。本章目的有二：①快速入门，能够用 Java 设计数据结构及相关应用操作；②在实践中逐步融入一些 OOP 相关的理念和概念，为后续学习奠定基础。

【内容组织的逻辑主线】

首先通过“求 n 的累加和”的设计，让读者快速从 C 过渡到 Java：熟悉 Java 程序基本语法及从编码到运行的全过程；之后进一步拓展认知范围，引入数组、字符串和输入类 Scanner 的应用；继而通过顺序表、链表、树和二叉树、班级学生管理系统等一系列应用设计，让学生彻底熟悉 Java 编程方式。应用中逐步融入类、对象、构造函数、this 引用、toString() 方法等一些 OOP 基础知识，为后续学习奠定基础。

深度实践后，进行理性分析：从内存管理视角讨论 Java 程序内存分配、对象（含普通对象和数组对象）构造、参数传递、String 和数组的特色等。之后，继续强化实践，通过丰富班级管理系统的功能，逐步引入一些高级操作，如格式化输入输出、文件读写、利用现有框架实现排序等。最后，通过一些预定义类的应用示例，让读者熟悉和掌握类库的使用方式。

【内容的重点和难点】

（1）重点：①熟练掌握 Java 程序书写，并能通过命令行方式编译、运行；②能熟练应用 Java 设计数据结构及相关应用操作；③初步理解类、对象的含义，区分二者间的关系，并熟练应用；④掌握输入类 Scanner 的基本用法；初步理解构造函数、this 引用、toString()

方法、引用型数组对象的使用等；⑤掌握预定义类的使用方式。

（2）难点：①掌握不同类型数据的批量输入，②掌握引用型数组对象的使用，③理解构造函数作用及使用、this 引用的含义及使用、toString()的使用、正则表达式的使用。

2.1　快速入门

这里假定读者已经学过一门程序设计语言（如 C 语言），知晓标识符、数据类型、表达式、语句、分支及循环结构、指针、函数等概念，掌握了数据结构的基础知识，了解线性表、树等基本概念，并能进行简单应用。

2.1.1　Java 类型概述

类型系统是语言的核心，它蕴含了语言设计者对数据的分类、处理的基本策略。Java 类型系统分成基本型和引用型两大类，见图 2.1。其中 char 是无符号整数，因 JVM 用 UTF-16 编码，故每个字符占 2 字节（但有些字符用双字符表示，即占 4 字节，详见：*阅读材料：Unicode 字符集和编码 · 1. Unicode 字符集及字符表达）。在 Unicode 字符集中，各国文字如希腊字母“π”、汉字“张”等，地位与英文字母相同，均为“字母”。boolean 型的值只有 2 个：true 或 false（均为小写字母），用于表达逻辑判断，且与其他基本型不兼容，如 if(x=5) 将产生语法错。除 boolean 之外的其他基本型，使用方式与 C 基本相同，如 5、5.0、'a'分别是 int、double、char 型字面量。为快速入门，对基本型，后面示例仅关注 int、char、double、boolean 等 4 种。

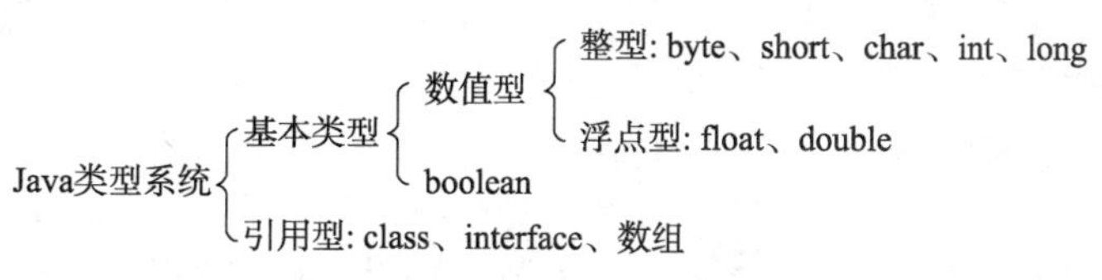

图 2.1　Java 语言的类型系统

引用型，即“删减版”的指针型，删减了指针偏移等操作，仅保留“按名引用”。因此，引用型变量必须要指向一个对象，引用值才有意义。class、interface 是关键字，数组型无关键字，以[ ]标记。如：

```
class Student{ … }          //定义 Student 型，隶属 class 大类
interface USB{ … }          //定义 USB 型，隶属 interface 大类
int[] a;  Student[] s;      //a 是 int[]型变量、s 是 Student[]型变量
```

说明：

（1）三种引用型代表着三种不同的设计需求。现阶段只需关注 class 和数组。class 用于构造自定义数据类型，类似 C 中的 struct，但功能更多更强，详细用途将在后续章节陆

续引入。数组旨在定义可随机存取的批量数据空间。

（2）前已提及：Unicode 字符集目前有一百多万个字符。其中最初定义的 6 万多字符位于基础字符集；之后新增的位于增补字符集。Java 默认采用 UTF-16 编码规则，故基础字符集中的每个字符占 2 字节；增补字符集中的字符用双字符描述，即每字符需要占用 4 字节。给定 4 字节，究竟算一个字符，还是两个字符呢？为区分上述情形，基础字符集就必须留有一些不能用于表达字符的特殊段，以标识区分上述情形。

2.1.2 入门示例：求累加和

先看个简单示例，熟悉 Java 的基本语法元素及相关注意事项。

【例 2.1】 编写程序计算 1+2+…+n，并输出其结果，其中 n 是正整数。

目的：①认识 Java 程序的基本框架；②通过与 C 语言对比，掌握 Java 常用语法元素的使用，包括标识符定义、常、变量中定义、函数定义及对返回类型的约束规则、各类语句（赋值、分支、循环、跳转、输出）的使用；③认识对象、对象的成员，理解并掌握“必须先造对象才能引用对象的成员”，以及如何引用对象的成员；④认识 main 函数定义的格式。

设计：本例所有内容均包含在类 Ch_2_1 中，设计框架如下：

```
class  Ch_2_1{              //该类有三个成员：常量 maxN、函数 sum()和 main()
   final int maxN=7000;   //定义常量 maxN，用于限制 sum(n)中 n 的最大值
   int sum(int n){…}     //计算 n 的累加和
   public static void main(String[] s){…}  //调用 sum(n)
}
```

代码如下：

```
class Ch_2_1{
    final int maxN=7000;        //定义常量。类中定义的变量/常量，也称作类的属性
                                //属性的作用域是整个类，故 maxN 可直接在 sum()中使用
    int sum(int n){             //定义函数。类中定义的函数，称作类的行为/方法
        if(n<0||n>maxN)  {
            System.out.printf("不能计算！");  //作用类似 C 中的 printf()
            return 0;           //此句对应返回类型，不可少，否则无法通过编译
        }
        int s=0;                //定义变量
        for(int i=1; i<=n; i++)    //变量 i 在 for 中定义 i，出循环则不存在
            s=s+i;
        return s;               //此句对应返回类型，不可少，否则无法通过编译
    }
    public static void main(String[] s){
        Ch_2_1 c=new Ch_2_1();    //创建类 Ch_2_1 的对象
        int n=10;               //定义变量
        System.out.printf("sum(%d)=%d",n,c.sum(n));
                                //借助对象 c 调用成员 sum(n)
                                //此处的 printf()用法与 C 语言中的用法相同，
                                //但必须加前缀：System.out
```

```
    }
}
```

【编译和运行】

```
编译：Javac Ch_2_1.Java        //即 Javac  源文件名
运行：Java  Ch_2_1             //即 Java   包含 main 方法的类名
```

【输出结果】

```
sum(10)= 55
```

【示例剖析】

本例中，程序的整体就是类 Ch_2_1，函数 sum(…)、main(…) 均定义在类中，main 依旧是程序运行的入口，在 main 中对 sum(…)实施调用。回顾设计，C 的很多语法与 Java 相似，如：标识符、函数、变量、各类语句（如赋值语句、for、while、do-while、if、switch、break、continue、return 等），均与 C 语言基本相同，可直接使用。

与 C 程序相比，Java 程序有一些不同。

（1）类是 Java 程序的基本结构。类的基本框架为：class 类名{ 类体 }，类体由一组变量、函数组成，均称作类的成员，其中变量也称作属性，函数也称作方法/行为。如类 Ch_2_1 有 3 个成员：成员常量 maxN，成员方法 sum()和 main()。

① 成员变量和局部变量的作用域不同。

成员变量定义在类中、方法外，相当于方法的外部变量，故作用域是整个类，可直接应用于该类的成员方法，如 maxN 可旨在在 sum()方法中使用。注：在 main 中不能直接使用 maxN，因为 main 前有 static 修饰，具体原因将在下一章阐述。

方法中定义的变量称作局部变量，其作用域仅限于所在函数。如 sum()方法中的形参 n、变量 s，只能在 sum()函数中使用。

② 成员方法有更严格的约定：若函数有返回类型，则函数体中要有对应的“return 值”；若无返回类型，必须用 void 作为返回型，且不得有“return 值”。违反约定将产生编译错误。

（2）组成标识符的字母范围更广。标识符就是程序员为变量/常量、函数、类等起的名字。Java 标识符由字母、数字、下画线（_）、货币符等字符组成，数量不限，其中数字不能作为第一个字符。关键字是语言中有特殊含义的单词，不能用作标识符。例如：

合法标识符示例：　name123　a5$　　$123　　_123　　_abc　　姓名　£1　¥2　β

非法标识符示例：　123　　sun.Java　zhang-san　　abc+5　true　System

关键字：int、double、char、if、else、while、for、return、class（小写的 c）、final public、static、void、interface 等

注：系统提供的类或字面量不是关键字，如：Object、System、String、Class（大写的 C）等是类名，null、true、false 是字面量，也不是关键字。main 也不是关键字。

（3）输出语句不同。与 C 语言的 printf(…)相对应，Java 用 System.out.printf(…)输出，

二者的使用方式及相关格式控制符基本相同。当然，Java 还有其他输出格式，后文详述。

（4）调用函数的方式不同。必须先基于类创建对象，然后基于对象调用函数。例如：

```
Ch_2_1 c=new Ch_2_1();  //用 new 类名()创建对象
c.sum(10);              //用"对象名.函数名(实参列表);"的方式调用函数
```

（5）main()的书写格式不同。main()依旧是执行程序的入口，但书写格式固定：
public static void main(String[] x){…} ，其中 x 是 String[]型变量
至于为何使用上述方式描述，将在第 3 章阐述。

练习 2.1

1. 指出下列哪些是合法的标识符。

(1) 张三 (2) name (3) hello.Java (4) Bill Gates (5) null (6) Class (7) main
(8) new (9) π (10) Ch-2 (11) $5 (12) _3 (13) 姓名 (14) System
(15) true (16) 3a

2. 编写程序，打印输出九九乘法表。

3. 希腊字母共有 24 个，也区分大小写，从“A”“α”到“Ω”“ω”。编写程序打印希腊字母表。注意观察：打印出的字符是否和希腊字母一致，并分析原因。

4. 假设某理财产品按照每万元每日产生 1 元利息。某手机价值 12000 元，有 12 期免息优惠。请编程计算：从利息角度来看，12 期免息相当于优惠了多少钱。

提示：若第一天交完所有费用，就不会产生利息（即利润），即剩余金额才会产生利息。

5. 设计两个递归程序，分别打印图 2.2 的两个数字三角形。

```
1 2 3 4 5 6 7 8 9 8 7 6 5 4 3 2 1
  1 2 3 4 5 6 7 8 7 6 5 4 3 2 1
    1 2 3 4 5 6 7 6 5 4 3 2 1
      1 2 3 4 5 6 5 4 3 2 1
        1 2 3 4 5 4 3 2 1
          1 2 3 4 3 2 1
            1 2 3 2 1
              1 2 1
                1
```

```
                1
              1 2 1
            1 2 3 2 1
          1 2 3 4 3 2 1
        1 2 3 4 5 4 3 2 1
      1 2 3 4 5 6 5 4 3 2 1
    1 2 3 4 5 6 7 6 5 4 3 2 1
  1 2 3 4 5 6 7 8 7 6 5 4 3 2 1
1 2 3 4 5 6 7 8 9 8 7 6 5 4 3 2 1
```

图 2.2 两个数字三角形

2.1.3 理解类和对象：汽车类的设计

【例 2.2】 假设某赛车游戏中，汽车涉及如下内容：车主、品牌、颜色，能够进行启动、前进、后退、停止、熄火等动作，并要求，若汽车已经启动，就不能重复启动；若汽车处于熄火状态，不能执行除启动外的其他动作。另外，要能够直接打印出汽车对象的信息。请完成汽车类的设计，其中各项动作给出相关信息提示即可。

目的：①初步理解类应如何设计，进一步理解类由成员组成；②初步理解类、对象的基

本含义，以及二者间的关系；③认识 String 型、构造函数、toString()方法。

设计：类中的成员包括属性和方法（即函数）。根据要求，汽车类有车主、品牌、颜色等属性，启动、前进、后退、停止、熄火等方法。为实现需求“若汽车处于熄火状态，不能执行除启动外的其他动作”，需要设置属性 isActive，boolean 型，用于标识汽车是否已经启动。为方便给对象的各属性值初始化，新增构造函数。为实现“能够直接打印出汽车对象的信息”，增设 toString()方法，该方法在打印对象时会被自动调用。另外，本例将 main()放在单独的 App 类中。设计框架如下：

```
class  Car{
    String  owner,brand,color;  boolean  isActive;  //属性集
    void start(){…} void stop(){…} void go(){…} void back(){…}
        void stall(){…}                                  //方法集
    Car(String ow, String br, String co){ … }        //构造函数
    public String toString(){…}  //以字符串方式提供对象的相关信息
}
class App{  public static void main(String[] s){…}  }
```

代码如下：

```
class Car{
    String  owner,brand,color;                     //车主、品牌、颜色
    boolean  isActive;                             //是否启动
    Car(String ow, String br, String co){     //构造函数
        owner=ow; brand=br; color=co; isActive=false;
    }
    void start(){                                  //功能：启动
        if(isActive==false){ isActive=true;
            System.out.print(owner+"的车启动了。\n");
        }
        else System.out.print(owner+"，不能重复启动汽车。\n");
    }
    void stop(){                                   //功能：停止
        if(isActive==true)
            System.out.print(owner+"的车停止了。\n");
        else System.out.print(owner+"，车已熄火，不需要停止。\n");
    }
    void go()  {/* 功能：前进，内容与 stop()类似  */  }
    void back(){/* 功能：后退，内容与 stop()类似  */  }
    void stall(){/* 功能：熄火，内容与 start()类似  */  }
    public String toString(){                      //提供对象的字符串信息
        return "车主:"+owner+" 品牌:"+brand+" 颜色:"+color;
    }
}
class App{
    public static void main(String[] args) {
```

```
            Car c=new Car("张三","奇瑞","红色"); //创建汽车对象
            System.out.println(c);
               //直接输出对象信息，隐含调用 Car 中的 toString()
            c.go();                               //错误行为验证
            c.start();c.back(); c.stop();         //正常行为验证
            c.start();                            //错误行为验证
            c.stall();
        }
    }
```

【编译】javac Ch_2_2.Java　　　　【运行】java App

【输出结果】

```
车主：张三 品牌:奇瑞 颜色:红色
张三，车已熄火，无法前进。
张三的车启动了。
张三的车在后退。
张三的车停止了。
张三，不能重复启动汽车。
张三的车熄火了。
```

【示例剖析】

（1）类 String 用于描述字符串，隶属 class 大类，是最为常用的引用型。常用方式如下：

```
String s="abc\n"; 或 s=new String("abc\n"); //定义变量、创建对象
s=1+2+"abc"+true+5+6;  //字符串相加表示连接，结果为："3abctrue56"。
   注：字符串可以和任意类型（包含对象）的数据相加（即连接），结果为字符串。
s=1+true+2+"abc";       //编译错，表达式运算从左至右，1+true 不能运算
```

String 类的内涵丰富，详见 api 类库中 String 类说明，本书将在后续章节陆续介绍。

（2）类由成员组成，成员包括属性（即变量、常量）和方法（即函数），属性刻画类的数据信息，方法描述类的行为/操作信息。因此，类是数据和操作的封装体，如 Car 类防撞了车主、颜色等属性，以及启动、前进等行为。注意，类中的成员间是平等关系，如启动、停止等操作可直接使用属性 isActive，不同成员方法间也可相互调用。当然，成员被封装在类的内部，即作用域仅限于所属类。在类外部就不能直接使用了。例如，在 App 类中定义的方法就不能直接使用 Car 类的 isActive、前进()等成员，必须先创建对象，借助该对象才能使用相关成员。

（3）本例新增构造函数 Car(⋯)，它有如下特点：

① 定义规则与普通函数不同，必须同时满足：与类同名，不得有返回类型，不得使用 void 修饰，函数体中不得有“return 值”。如 Car 类的构造函数为 Car(⋯)。

实际上，在例 2.1 中曾经用过构造函数：Ch_2_1 c=new Ch_2_1()，Ch_2_1()是系统自动为类 Ch_2_1 提供的默认构造函数。

② Java 约定：类中未定义构造函数，系统就自动提供一个无参构造函数（如类 Ch_2_1）；若类中定义了构造函数，则系统不再自动提供构造函数。

注意： 使用时构造函数，实参与形参必须匹配，否则将产生编译错（这点与普通函数相同）。如本例若使用 new Car( )创建对象，则会编译错：找不到此构造函数。这是因为本例定义了有参构造函数，系统不再为 Car 类提供无参构造函数。此时，若希望 new Car( ) 正确，用户可以再添加一个无参构造函数：Car( ){ ; }。

③ 构造函数的作用是初始化对象。new 指令根据类的定义为对象分配空间，即实现对象的构造；构造函数旨在为对象中的各属性赋值，若未赋值则自动填充默认值：数值型、布尔型、引用型数据的默认值分别为 0、false、null。即对象中的所有属性都有值：要么是用户赋予的值，要么是默认值。（注：局部变量不会被自动赋值。）

④ 输出语句 System.out.print(表达式)中，表达式的结果可以是任何类型。注意对比它与 printf()的用法不同。例如：int x,y;　x=5, y=6；要输出：x=5 y=6，两种方式为

```
System.out.printf("x=%d \t y=%d", x,y);    //格式化输出
System.out.print("x="+x+" \t"+" y= "+y); //打印的实际上是字符串
System.out.println(表达式)，作用等同于 System.out.print(表达式+"\n")。
```

⑤ System.out.print(c);语句会自动调用 c 所属类的形如 public String toString()的方法。读者可尝试注释该方法，看看输出效果。另外，通过控制该方法的返回值，可控制对象的输出信息。例如，return 品牌:"+brand+" 颜色:"+color;，输出信息中就不包含车主信息。

注意： 必须书写成“public String toString()”形式，才能被 System.out.print()在打印对象时自动调用。这涉及继承、重写等机制，后文详述。现阶段只需会用即可。

⑥ 类和对象的简单理解：类相当于设计图纸，对象是基于图纸造出的实体。以汽车为例，类 Car 是图纸，描述了 Car 的所有构成元素（即属性集）和所有功能（即操作集），其中行为的描述方式可理解为：行为(执行所需的参数){一系列有序执行的机械动作; }。因此，不创建对象，就没有执行动作的实体。执行 Car a, b;　a=new Car(…);，其中 new Car(…)就是基于图纸 Car 造的实体汽车，该车被命名为 a。注意：对 b.start();会产生编译错，因为 b 并未关联实体车辆；a.start()正确，因为 a 关联了实体车辆。另外，引用对象成员的方式为：对象名.成员，如 c.go(); c.owner="李四";等。

2.1.4　顺序表及其应用

下面先介绍 Java 数组和输入类 Scanner，在此基础上定义顺序表类型，并展开应用。

1. 认识 Java 的数组类型

数组是处理批量数据时常用的数据类型，以程序方式随机存取是其显著特点。鉴于读者已了解数组的一般知识，下面仅强调四点：

（1）Java 用方括号[]来标记数组，例如：

```
int[] a,b; //a、b 是 int[ ]型变量。注意：定义时不能指定容量，如 int [3] a; 会报错
```

（2）必须先创建数组对象，才能引用其元素，例如：

```
a=new int[10];      //创建数组 a 引用的对象，a 的合法下标范围为 0~9
a[0]=5;             //给数组元素赋值
b[0]=3;             //编译错：空指针引用，因为 b 并未关联数组对象，b[0]不存在
```

注意： 数组对象是用 new 创建（即动态产生）的，故其容量也可用变量来定义，例如

```
int  x=100;  int [ ] m=new int[x];  //用变量 x 来指明数组的容量
```

（3）可以在定义时创建或初始化数组对象，例如：

```
int[]c=new int[20];  //定义 int[]型变量 c，并创建其引用的对象
int[]d={1,2,3,4,5};  //定义 int[]型变量 d，并初始化
```

（4）每个数组对象都有一个常量属性 length，用于记录数组的容量。例如，上述 a.length、d.length 的值分别是 10、5。使用 b.length 将产生错误，因为 b 并未关联对象。

Java 数组的功能远比 c 的强大，关于数组更详细的信息将在 2.3.5 节介绍。

2. 理解输入类 Scanner

Scanner 是 Java 的输入类，现阶段只需掌握三点：

（1）使用前必须导入 Scanner 类，即在文件头部增加语句：import java.util.Scanner;

导入类，就是设定特定类的搜索路径，如 import java.util.Scanner 表示当前文件的代码若遇到 Scanner，可到 java.util 包中找。java.util 的位置则由环境变量 classPath 确定。包是类库的组织形式，对应目录或压缩包。包中的内容是类，即 class 文件，一个类对应一个.class 文件。读者可将文件“安装目录/lib/ct.sym”拖至 WinRAR 中打开，观察 Java 的类库结构。包名之间用“.”分隔。java.lang 包会被自动导入，故该包中的 System、String 等类可以直接使用。

另外，“包名.类名”常被视作类的全名，就像张三的全名是“中国.江西.南昌.XX 区.YY 路.ZZ 号.张三”。若未导入，代码中所有使用 Scanner 的地方必须用全名：java.util.Scanner。

（2）创建 Scanner 对象方式为：Scanner sc=new Scanner(System.in);

System.in 代表标准输入设备，即键盘。这样通过键盘的所有输入都可从 sc 读取。数据间默认用空格分隔。详细用法可查阅 api 中 Scanner 类的说明。

（3）读取 int 型数据的方式为：int x=sc.nextInt();

说明：类似地，nextDouble()、nextBoolean()可以读取 double、boolean 型数据。

3. 构造和使用顺序表

从构造角度看，顺序表=数组+表长+操作集，其中数组提供顺序存储空间，表长框定数组中存储数据的范围，至于操作集，可根据需要灵活定义。

【例 2.3】 设计存储 int 型元素的顺序表类 SeqList。要求：顺序表的最大容量在创建顺序表对象时指定；包含从尾部追加、输出表中全部数据、插入元素至指定位置、排序等基本操作。

目的：①借助数据结构，进一步理解：类就是类型，是数据集+操作集，在操作集中可

直接使用属性；②掌握如何使用 Scanner 类；③如何借助工具类 java.util.Arrays 实施排序；④进一步理解构造函数的功能和使用。

设计：本例设计了两个类：SeqList 和 App，前者是单纯的顺序表，后者仅包含 main 方法。SeqList 基本框架：属性集（数组、表长）+方法集（构造函数、尾部追加、输出、插入、排序），其中构造函数的参数，用于设定数组对象的容量。另外，借助 Arrays 的 sort(a,i,j)方法，可对 a[i,j－1]范围内的数值型元素实施排序。类 Arrays 位于 java.util 包，使用前必须导入，或者必须借助全名使用，即代码中所有 Arrays，都要写成 java.util.Arrays。

```
import java.util.Scanner;
import java.util.Arrays;  //针对数组的工具类，内有可直接使用的排序函数
class SeqList{            //顺序表结构=数组+表长
    int []a;   int len;   //属性集：数组和表长
    //构造函数对顺序表初始化：设定顺序表的容量、构造存储数据的数组、表长为默认值 0
    SeqList(int max){ a=new int[max]; }
    //以下定义顺序表的基本操作
    void append(){        //向顺序表中"追加"输入一组数，以 0 结束
        int x,i; Scanner sc=new Scanner(System.in);
        i=len; x=sc.nextInt();              //将数据读到变量 x
        while(x!=0&&i<a.length){a[i]=x;  i++;   x=sc.nextInt();}
        len=i;
    }
    void show(){                            //输出数组中的数据
        for(int i=0; i<len; i++)
            System.out.print(a[i]+"  ");  //输出数据 a[i]
    }
    void insertX(int x, int pos){//将 x 插入到下标 pos 处
        if(pos<0||pos>len||len==a.length)return;    //无法插入
        for(int i=len-1; i>=pos; i--) a[i+1]=a[i];  //空出待插入位置
        a[pos]=x;  len++;
    }
    void sortByAccend(){
        //借助类名 Arrays，直接调用类中的静态方法 sort(…)
        Arrays.sort(a,0,len);//将数组段 a[0]~a[len-1]排成升序
    }
}
class App{
    public static void main(String[] args) {
        SeqList c=new SeqList(100);
        System.out.print("请输入一组数，0 表示结束：");c.append();
        System.out.print("Data is : ");  c.show();
        c.insertX(99,3);
        System.out.print("\n 将 99 插入下标为 3 处，结果为：");c.show();
        c.sortByAccend();
        System.out.print("\n 排序后，结果为：");  c.show();
    }
}
```

【输出结果】

```
请输入一组数，0 表示结束：3  6  1  4  2  5  0
Data is  : 3  6  1  4  2  5
将 99 插入下标为 3 处，结果为：3  6  1  99  4  2  5
排序后，结果为：1  2  3  4  5  6  99
```

【示例剖析】

（1）与 C 相比，Java 等 OOP 语言设计的数据结构，真正实现了“数据和操作绑定在一起”，其好处之一就是操作更方便。如用 C 设计添加操作，需要这样：append(SeqList *L)、L->a[i]、L->len；用 Java 则不需要传入 L，且可直接使用 a[i]、len。

注意：对象知晓自身的一切属性值，不需要外部传入。换言之，假设将 show()设计成：void show(SeqList s){…}，那么 c.show(s)输出的将不是自己（即 c）的数据，而是 s 的数据。这种设计不符合面向对象思维方式。

（2）假设有 x、y 两个顺序表对象，输入的数据究竟存放在哪个顺序表中呢？应从对象操控角度看问题，如执行 x.append();，输入的数据将放在 x 中。换言之，a、len 隶属于对象。就好像每个人都有 high、weight。张三.showHigh()显示的自然是张三的 high。

（3）用 Scanner 输入时，需要：导入、创建 Scanner 对象、借助对象读取数据。

（4）在构造函数中对对象初始化是常用方式。如本例，不同顺序表对象可拥有不同的容量。

（5）Arrays.sort(a,0,len);是借助用类名直接调用方法。通过类名调用方法，要求方法前必须用 static 修饰（原因将在第 3 章介绍）。如 sort(a,0,len);对应 Arrays 中的方法：

（6）public **static** void sort(double[] a,int x, int y) //对数组段 a[x] ~ a[y -1]实施升序排序。

（7）java.util.Arrays 提供了基于数组的常用算法，如复制、排序、检索（仅针对有序数组）等，操作涉及的所有数据均通过参数传入。故这些方法均用 static 修饰，使用时不需要创建对象，可通过类名直接调用。类似地，java.lang.Math 中也均为 static 方法。

【思考】 Java 的数组是对象，即可以在运行时按需动态创建。假设本例新增需求：对 insertX()操作，若数组满，则先自动扩容当前容量的 $\frac{1}{3}$，继而实施插入。应如何处理呢？

提示：这种问题与“原有房屋太小”情形类似，住不下。处理策略是：先按需盖出新房子；之后把原有家具搬入新房；最后把房产证的地址改成新房地址。

【例 2.4】 在例 2.3 的基础上，实现将两个升序表合并成新的升序表。

目的：①理解并掌握对象间的互操作方式；②理解 this 引用。

设计：为类 SeqList 新增方法：void merge(SeqList L)。关键是理解两个问题：

（1）L 与谁合并？答：对调用方式：L1.merge(L2)，是将 L1、L2 合并；

（2）对 L1.merge(L2)，在设计 merge(L2)时，如何获知 L1 是谁？换言之，如何存取 L1

中的数据？答：为解决此类问题，Java 引入了常量引用 this（即不能通过 this=xxx;方式给 this 赋值）。关键字 this 代表“对象自己”。实际上，前面 show()直接输出 a[i]的值，a[i]实际上是 this.a[i]。这样，对 a、b 两个不同顺序表，在执行 a.show()、b.show()时，show()中 this 指代的对象不同，使得 this.a[i]不同，最终产生不同输出结果。本例代码详见 Ch_2_4.Java。

```
import java.util.Scanner;   import java.util.Arrays;
class SeqList{
    /* 其余部分均与例 2.3 的 SeqList 相同，这里略 */
    void merge(SeqList L){
                    //将本表（即 this）和将升序表 L 合并成升序表，结果放在本表中
        if(L.len==0) return;
        int[] newA=new int[this.a.length+L.a.length]; //存放合并后的数据
        int i,j,k; i=0;j=0; k=0; //k 是新表的起始位置
        while(i<this.len && j<L.len)
            if(a[i]<L.a[j]){newA[k]=a[i]; i++; k++;}
            else {newA[k]=L.a[j]; j++; k++;}
        while(i<this.len){newA[k]=a[i]; i++; k++;}
        while(j<L.len){newA[k]=L.a[j]; j++; k++;}
        this.a=newA; this.len=this.len+L.len;
          //将 this 中的 a 替换成合并后的结果
          //注：this 不可改变（即 this 代表的地址不可改变），但 this.a、this.len
          //是可以改变的
    }
}
class App{
    public static void main(String[] args) {
        SeqList La,Lb;La=new SeqList(100); Lb=new SeqList(100);
        System.out.print("请按升序输入一组数，0 表示结束："); La.append();
        System.out.print("请按升序输入一组数，0 表示结束："); Lb.append();
        System.out.print("La= ");La.show();
        System.out.print("\nLb= ");Lb.show();
        System.out.print("\n 将 La、Lb 合并成升序表，结果放在 La 中。\nLa=");
        La.merge(Lb);  La.show();
    }
}
```

【输出结果】

```
请按升序输入一组数，0 表示结束：2  4  6  8  0
请按升序输入一组数，0 表示结束：1  3  5  7  9  10  11  0
La= 2  4  6  8
Lb= 1  3  5  7  9  10  11
将 La、Lb 合并成升序表，结果放在 La 中。
La=1  2  3  4  5  6  7  8  9  10  11
```

【示例剖析】

（1）merge(L)设计策略：先创建 int[]型数组对象 newA，再将 this 和 L 的合并结果放在 newA，最后将 this 中的数组替换成 newA，并修改 this 的表长。换言之，合并后，用存放合

并数据的新数组对象取代原有的数组对象，并修改了表长。

【思考】 对merge(L)，若希望将合并后的结果放在L中，应如何处理？

（2）a.merge(b);，就是a、b两个对象的互操作。要注意，操作前，a、b必须关联对象，否则将发生空指针引用错误。在merge(b)方法中，可通过“.”操作引用b的成员，如b.len、b.a[i]等，有别于len、a[i]（即this.len、this.a[i]）。

2.1.5 单链表及其应用

【例2.5】 设计见图2.3的带头结点的单链表LinkedList。该表存储和处理int型数据，包括用尾插法创建链表、输出表中全部数据、删除链表中所有值为x的结点等3个操作。

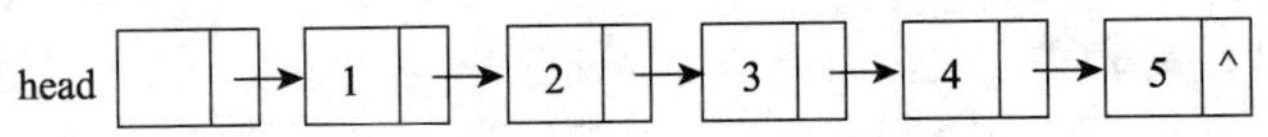

图2.3 带头结点的单链表示意图

目的： 掌握this不得不用的场合，理解和掌握链式结构的定义、构造和使用。

设计： LinkedList框架为

```
class LinkedList{  int data; LinkedList next; 构造函数;  append(); show();
   delAllX(x);  }
```

其中关键是如何获取单链表的表头结点，如尾插法建表时首先要将尾指针tail的初值设为头结点。获知表头结点的唯一方式就是this，即tail=this;，这也是this不得不用的场合。执行h.append();时，this就是h。类似地，用show()、delAllX(x)都要借助this获取表头位置。代码详见Ch_2_5.Java。

```
import java.util.Scanner;
class LinkedList{                                    //带头结点的单链表
    int data;   LinkedList next;                     //属性集
    LinkedList(int x){ data=x;}                      //构造函数
    void append(){                                   //创建带头结点的单链表
        Scanner sc=new Scanner(System.in);
        LinkedList tail,p;   tail=this;              //this是表头结点
        while(tail.next!=null) tail=tail.next;       //走到链表的末尾结点
        int x=sc.nextInt();
        while(x!=0){ p=new LinkedList(x);
            p.next=tail.next; tail.next=p;           //将p插入表尾,修改表尾tail
            tail=p;  x=sc.nextInt();                 //修改表尾，继续读
        }
    }
    void show(){                                     //输出带头结点的单链表
        for(LinkedList p=this.next; p!=null; p=p.next)
```

```
            System.out.print(p.data+" ");
    }
    void deleAllX(int x){    //删除所有值为 x 的结点
        LinkedList pre,p;    //借助 p 扫描整个链表，pre 始终是 p 的前驱
        pre=this;p=pre.next;
        while(p!=null)
            if(p.data!=x){ pre=pre.next; p=p.next; }
            else{p=p.next; pre.next=p;}//删除结点,pre 不移动
    }
}
class App{
    public static void main(String[] args) {
        LinkedList h=new LinkedList(0);
        System.out.print("请输入一组数，以 0 结束：");h.append();
        System.out.print("h= ");h.show();
        System.out.print("\n 删除值为 3 的元素后，h= ");
        h.deleAllX(3);   h.show();
    }
}
```

【输出结果】

```
请输入一组数，以 0 结束：1 2 3 4 3 3 3 5 3 3 6 3 0
h= 1 2 3 4 3 3 3 5 3 3 6 3
删除值为 3 的元素后，h= 1 2 4 5 6
```

【示例剖析】

如果说，前面顺序表操作时，this.a[i]、this.len 中的 this 均可省略，本例 tail=this;中，this 就不能缺少。这也是不得不用 this 的场合之一。结合调用更容易理解 this，如 h1.show()、h2.show()，show()执行时，this 指代不同对象，因此就输出不同结果。可能有读者疑惑：append()中，对语句：tail=this; while(tail.next!=null)…，若初始时 this 为 null，则 while 判断处将产生空指针引用错误。实际上这种情况不可能发生：因为 this 不可能为 null，所有对象均存在 this。

删除链表结点时，Java 不需要像 C 语言那样用 free()来回收对象空间，因为 JVM 会在适当的时候调用垃圾回收器来收回对象空间。

【思考】 若创建头指针型单链表，应如何处理呢?

提示：可考虑让 append()返回头指针。具体操作为：若输入的数据是 0，则直接返回 null；否则，创建一个节点 h，h.data=x; tail=h; 之后的操作，与原有 append()基本相同。最后返回 h。值得指出的是，在 main 中调用时：

```
LinkedList h=new LinkedList();   //此时 h 定不为 null
h=h.append();                    //此时 h 可能为 null
h.show();                        //此句可能产生空指针引用异常
```

练习 2.2

1. 创建满足如下功能的顺序表类。

（1）顺序表能存储 double 型数据，在创建时指定其容量；

（2）顺序表具有指定位置的插入、删除、返回元素值操作；

（3）可以对顺序表实施升序、降序排序；

（4）假设顺序表中无重复元素（即视为集合），计算两个集合的并、交、差，结果作为新的顺序表返回。

2. 给定类 class Data{ int d;　Data(int x){d=x; }}，创建能存储 Data 型元素的顺序表，并打印输出。要求：①先用普通方式输出顺序表内容；②借助 toString()直接输出顺序表对象。并仔细体会：Data 型顺序表与 int 型顺序表在输出时有何异同?

3. 设计能存储 int 型数据的带头结点单链表，并配备如下操作：

（1）用头插法创建链表；

（2）输出单链表中的所有元素；

（3）编写操作 insert(int x, int y)，在链表中查找元素 x，找到则将 y 插在 x 之前；找不到则将 y 插在末尾；

（4）将两个升序单链表 h1、h2 合并成降序单链表，结果放在 h1 中。要求，合并时不得创建新的结点对象。

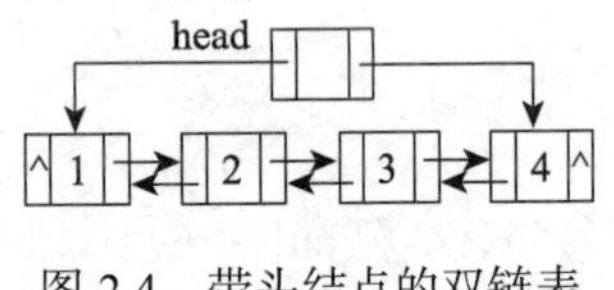

图 2.4　带头结点的双链表

4. 创建如图 2.4 所示的双链表，并配备如下操作：

（1）用尾插法创建双链表；

（2）配备两个输出操作：从头至尾输出、从尾到头输出；

（3）假设该双链表为升序顺链表，设计插入操作，使得插入值 x 后，新表依旧为升序。

2.2　强化实践

2.1 节介绍了 Java 编程的基础语法，以及类和对象的使用。本节将结合需求，设计出满足自己需要的类，并灵活运用。

2.2.1　二叉树及其应用

【例 2.6】 设计能存储 char 型数据的链式二叉树结构，见图 2.5，并实现前、中、后序的递归遍历，前、中序非递归遍历。

目的：①理解和掌握如何逐字符读取 char 型数据；②理解并掌握"static 方法可通过类名来调用"；③理解并掌握内部类的基本含义、构造和使用；④初步理解类的设计思想：何时需要设计类，类应具有哪些功能。

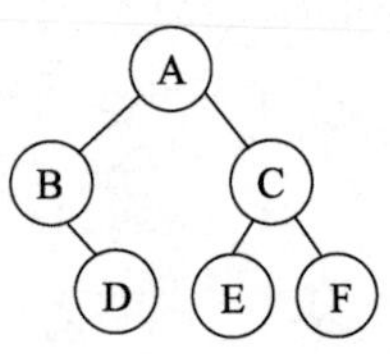

图 2.5　二叉树

设计：本例设计了 BinTree、ReadChar、App 等三个类：

（1）类 ReadChar 主要提供读字符服务（因为 Scanner 未提供读取

字符的专门操作）

```
class ReadChar{  String data;   int i; //data是建树字符串，i是当前读取位置
      ReadChar(String d){  data=d; }    //建树数据通过构造函数传入
      char getChar(){ char x=data.charAt(i); i++;  return  x; }
}
```

（2）类 BinTree 实现二叉树结构和相关遍历操作，其框架如下：

```
class BinTree{  char data;  BinTree L, R;          //属性集
      BinTree(char x){  data=x; }                 //构造函数
      static  BinTree  create(ReadChar  r){… }     //建树操作
      void pre(){;} void in(){;}  void post(){;}  //三种递归遍历
      class Stack{…}                               //栈，用于非递归遍历
      void preN(); void inN();                     //前序、中序非递归遍历
}
```

设计中有两点特别，①create(…)用 static 修饰；②类 Stack 位于类 BinTree 中。

对①：若未用 static 修饰 create()，调用方式为：BinTree t=new BinTree(…); t=t.create(…);。显然，最初为 t 创建的对象，在执行 t.create(…)后就丢弃了。用 static 修饰，操作形式为：BinTree t=BinTree.create(…);，未浪费空间。static 修饰的成员属性/方法，可直接通过类名引用。

对②：由于非递归遍历需要栈的支持，因此就设计了类 Stack。由于 Stack 中的元素类型已经固定为 BinTree，不具备通用性，因此将其放在 BinTree 定义，即：Stack 是 BinTree 的内部类。Stack 是类 BinTree 的“类型成员”，地位与其他成员（属性或方法）相同，即可用于定义属性，或在方法中定义参数、变量。实际上，内部类是一种类型封装机制，不仅可定义在类中，还可定义在方法中。当然，本例也可将 Stack 放在 BinTree 的外部，不影响其使用。

（3）类 App 仅提供 main 方法，代码详见 Ch_2_6.Java。

```
import java.util.Scanner;
class ReadChar{                               //专门提供读取字符的getChar()服务
   String data; int i=0;                      //data保存建树所需的所有字符
   ReadChar(String d){ data=d; }
   char getChar(){  char x=data.charAt(i); i++; return x; }
}
class BinTree{                                //二叉树类
   char data;    BinTree L,R;                 //属性集
   BinTree(char x){ data=x; }
   static BinTree create(ReadChar r){ //通过r读取数据创建二叉树
      //思路：读取输入，若为#，return NULL;
      //否则，造结点t，为t的三个属性赋值，返回t
      char x=r.getChar();
      if(x=='#') return null;
      BinTree t=new BinTree(x);
```

```
        t.L=create(r); t.R=create(r);
        return t;
    }
    void pre(){//前序遍历，this 是根
        System.out.print(this.data+" ");
        if(this.L!=null) this.L.pre();//this 不为空，但 this.L 可能为空
        if(this.R!=null) this.R.pre();
    }
    void in(){//中序遍历
        if(this.L!=null) this.L.in();
        System.out.print(this.data+" ");
        if(this.R!=null) this.R.in();
    }
    void post(){//后序遍历
        if(this.L!=null) this.L.post();
        if(this.R!=null) this.R.post();
        System.out.print(this.data+" ");
    }
    class Stack{//内部类，供非递归遍历使用
        int top;  BinTree[] s=new BinTree[20];
        boolean isEmpty(){ return top==0; }
        void push(BinTree x){
            if(top==s.length){//若栈满，就自动扩容 20 个元素
                BinTree[] news=new BinTree[s.length+20];
                for(int i=0; i<s.length; i++)news[i]=s[i]; //回填数据
                s=news;//用新表替换 s
            } s[top]=x; top++;
        } BinTree pop(){ top--; return s[top]; }
    }
    void preN(){//前序非递归遍历
        // 策略：while(t 不空||栈不空)
        // if(t 不空){访问 t; push(t); t=t.L;}
        // else{t=pop(s); t=t.R;}
        // 注：因 t 代表要访问的树，因此，t=t.L;可理解为"访问 t 的左子树"
        BinTree t=this;
        Stack st=new Stack();
        while(t!=null || st.isEmpty()==false)
            if(t!=null){ System.out.print(t.data+" ");st.push(t); t=t.L;}
            else{ t=st.pop(); t=t.R;}
    }
    void inN(){//中序非递归遍历
        BinTree t=this;   Stack st=new Stack();
        while(t!=null || st.isEmpty()==false)
            if(t!=null){ st.push(t); t=t.L;}
            else{ t=st.pop(); System.out.print(t.data+" "); t=t.R; }
    }
}
class App{
    public static void main(String[] x){
```

```
        System.out.print("请输入建树数据，#表示 null: ");
        Scanner sc=new Scanner(System.in);
        String str=sc.next(); //读取所有的创建链表数据
        ReadChar r=new ReadChar(str);
        BinTree t=BinTree.create(r);
        System.out.print("pre = ");t.pre();
        System.out.print("\npreN= ");t.preN();
        System.out.print("\n in = ");t.in();
        System.out.print("\n inN= ");t.inN();
        System.out.print("\npost= ");t.post();
    }
}
```

【输出结果】

```
请输入建树数据，#表示 null: AB#D##CE##F##
pre = A B D C E F
preN= A B D C E F
 in = B D A E C F
 inN= B D A E C F
post= D B E F C A
```

【示例剖析】

（1）对象的核心目的是提供服务。ReadChar 的对象能提供 getChar()服务，Stack 类的对象能提供一些栈的基本服务，如判空、push、pop 等。另外，上述操作不适合放在 BinTree 中，否则会让 BinTree 的维护更加困难。

（2）关于内部类的理解，现阶段主要是回答如下几个问题：

① 内部类是什么？内部类依旧是类，可封装属性、方法，满足类的各种特色。本例是将内部类作为内部类型来使用。

② 内部类为何需要放在内部，应放在谁的内部？考虑到 a）Stack 存储元素的类型已经固定为 BinTree，不再具有通用性；b）Stack 用于 BinTree 中的非递归遍历，因此将 Stack 放在 BinTree 的内部。BinTree 常被称作囿类，或是包围类。当然，读者也可将 Stack 放在 BinTree 之外。对本例没有影响，但把 Stack 和 BinTree 分离开，将产生设计隐患：对 Stack 的修改（如更改存储元素的类型），可能未顾及 BinTree，从而导致 BinTree 的非递归遍历出错；类似地，对 BinTree 的修改（如把类名改为 Bintree），也可能未顾及 Stack。

③ 如何使用内部类？内部类作为囿类的成员，主要当成内部定义的数据类型来使用。如本例，Stack 位于 BinTree 内，作用域与 data、pre()等其他成员相同，只不过是“作为类型使用”，如直接在 preN()中定义变量。内部类实际上还可放在方法中定义，这样其作用域仅限于所处方法，在方法外就无法使用。下节将展示这种方式：在树的层次遍历中方法中定义队列 Queue。

（3）在 Stack 定义中，s=new BinTree[20];创建了什么类型的对象，1 个还是 20 个？这里 new BinTree[20]中用的是方括号，未调用 BinTree 的构造函数，仅造了一个数组对象，该数组对象中包含 20 个 BinTree 型引用（默认值均为 null）。若要构造 BinTree 型对象，必须用 new BinTree(…)，注意 BinTree 后面是圆括号，调用 BinTree 的构造函数。

（4）静态成员就是 static 修饰的成员（属性或方法）。2.1.4 节曾提及：使用静态成员时，可以不造对象，直接通过“类名.成员”的方式使用静态成员。但这也造成静态方法使用时有很多限制，如在静态方法中不能使用 this：因为静态方法执行时对象可能不存在，故也就不存在 this。有关 static 的更多细节将在第 3 章阐述。

*2.2.2　树及其应用

编者于 2010 年提出树遍历新算法[①]，给出二叉树的前、中、后序遍历、K 叉树的前、后序的非递归算法的统一形式（见表 2.1）。其策略是：用栈记录树的访问次序，结点的状态决定入栈次序，根据结点的状态直接书写非递归遍历算法。具体而言，在结点中增加 int 型数据域 tag，用于记录结点的状态。如 t.tag=x，0≤x≤k，表示 t 的第 x 个孩子已被访问。如对 K 叉树的后序遍历，t.tag=0 表示 t 是首次出现，应入栈；t.tag=K 表示 t 的第 K 个孩子已被访问，此时 t 应出栈。S.push(t)、S.push(t.lchild)分别表示访问树 t、访问 t 的左子树（这里的访问并非打印输出，而是表示访问次序）。这样，根据遍历定义就可直接书写非递归算法。如对二叉树后序遍历：t.tag=0 表示 t 首次出现，按后序遍历定义，应访问其左子树，即执行执行{ S.push(t.lChild); t.tag++; }；若 t.tag==1 表示 t.lChild 已访问，此时应访问其右子树，执行{ S.push(t.rChild); t.tag++; }；若 t.tag==2 表示 t.rChild 已访问，此时应访问根 t，且 t 不再需要，故执行{ S.pop();访问 t;}。

表 2.1　二叉树的前、中、后序、K 叉树的前、后序统一的遍历算法

根入栈 S;
While(栈 S 不空){
　t=S 的栈顶元素;
　if(t==null) pop(S)
　else 　见右侧
}
	二叉树的前序遍历	if (t.tag==0){ 访问 t;　S.push(t.lChild);　t.tag++; }
		else if (t.tag==1){ S.pop();　S.push(t.rChild); }

	二叉树的中序遍历	if (t.tag==0){　S.push(t.lChild); t.tag++; } else if (t.tag==1){ S.pop(); 访问 t;　S.push(t.rChild);　}

	二叉树的后序遍历	if (t.tag==0){　S.push(t.lChild); t.tag++; }
		if (t.tag==1){　S.push(t.rChild); t.tag++; }
		else if (t.tag==2){　S.pop();　访问 t; }

	K 叉树的前序遍历	if (t.tag==0){ 访问 t;　S.push(t.c[0]);　t.tag++; }
		if (t.tag<k){　S.push(t.c[t.tag]); t.tag++;　}
		else if (t.tag==k){　S.pop(); }

	K 叉树的后序遍历	if (t.tag<k){　S.push(t.c[t.tag]); t.tag++;　} else if (t.tag==k){ 访问 t;　S.pop(); }

注：为重复使用 tag 标志，可在 t 出栈时将 t.tag 重新置为 0。

【例 2.7】 设计如图 2.6 所示的 K 叉树，其中树各结点孩子指针数组的容量不统一，默认值为 3，当容量不足时可自动扩容（扩容策略如自行制定）。并为该树配备如下方法：

（1）建树方法 **static** KTree create(char d[][])。其中 d 数组形如：{{f1,c1,⋯,ck}, ,⋯}，f1 是 c1..ck 的双亲。图 2.6 对应的输入数据 data 为：{{'A','B','C','D'},　{'B','E','F'},　{'D','G','H'}, {'G','I','J','K','L'} }。

---

① 树非递归遍历统一的新解法及其形式证明，化志章 杨庆红 揭安全，江西师大学报（自然科学版），2010. 3. Vol. 34(2)：p123-127.

（2）提供 5 个遍历方法：层次遍历、递归和非递归的前、后序遍历。要求：栈类 Stack 不能是内部类，是满足“先进后出特色”的通用类；队列类 Queue 局部于层次遍历方法。

（3）提供两个新增节点方法：boolean add(char father, char x)和 boolean add(char father, char[] data, int begin, int end)，若 father 结点不存在，二者均直接返回 false；否则，前者为 father 增加一个孩子 x，后者增加一组孩子 data[begin]~data[end]，增加后均返回 true。

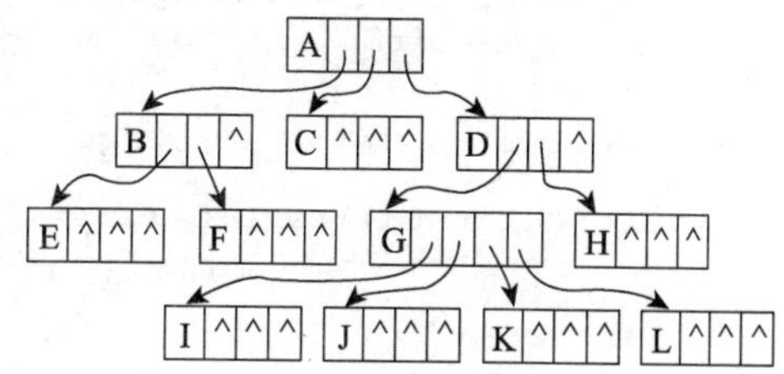

图 2.6　可自动扩充孩子容量的 K 叉树

目的：①进一步理解如何结合需求设计类；②初步认识 Object 类，理解该类与其他类的关系，初步理解引用型的强制类型转换和赋值兼容规则；③初步认识重载；④进一步强化对 static 方法、内部类的理解和使用。

设计：设计 Stack、KTree、App 等三个类，KTree 的层次遍历方法中包含内部类 Queue。

（1）类 Stack 是通用型的栈，“通用”体现在其存储的元素是 Object 型。Java 中，Object 是所有类的始祖类，Object 型变量可容纳任何类型的对象。其框架如下：

```
class Stack{  Object[] s=new Object[20];   int top;
       boolean isEmpty()、void push(Object x){…}、Object pop(){…}
}
```

（2）类 KTree 除实现题目要求外，为方便添加操作，还增添了查找方法，框架如下：

```
class KTree{  char data;  KTree[] child=new KTree[3];  int tag;  //属性集
     KTree (char x){ … }
     static  KTree  create(char [][] data){… } //建树
     void pre(){…}      void preN(){…}          //前序递归、非递归遍历方法
     void post(){…}     void postN(){…}         //后序递归、非递归遍历方法
     void level(){  class Queue {…} … }         //层次遍历方法
       boolean add(char father,char x){…}     //添加一个孩子
       boolean add(char father,char[] da,int begin, int end)
                                                //添加一组孩子
       KTree find(char x)  //在树中查找结点 x：为方便添加孩子新增的方法
}
```

代码详见 Ch_2_7.Java。

```
import java.util.Scanner;
class Stack{//通用型栈，存储 Object 型（即一切对象均可存入）
    Object[] s=new Object[20]; int top;  //栈的属性：数组+栈顶指针
    boolean isEmpty(){ return top==0; }  //判空
    void push(Object x){  //入栈
        if(top==s.length){//若栈满，就自动扩容 20 个元素
            Object[] news=new Object[s.length+20];
            for(int i=0; i<s.length; i++)news[i]=s[i]; //回填数据
```

```
            s=news;              //用新表替换s
        }    s[top]=x; top++; //入栈操作
    }
    Object pop(){ top--; return s[top]; }            //出栈
    Object top(){return (top==0)? null: s[top-1]; }//获取栈顶元素，不出栈
}
class KTree{                          //K叉树
    char data;                        //数据域
    int tag;                          //用于非递归遍历，指明当前待处理的孩子
    KTree[] child=new KTree[3]; //默认3个孩子，不够时自动添加3个
    KTree(char x) { data=x;}
    static KTree create(char[][] data) {//通过二维数组创建K叉树
        //如{{A,B,C,D},{B,E,F},{D,G,H,},{G,I,J,K,L}},
        //A是B、C、D的双亲，B是E、F的双亲……
        //即每个一维数组，对应一个{p, p的所有孩子}
        if(data==null)return null;
        KTree root=new KTree(data[0][0]);//创建root结点，data[0][0]是根
        KTree father, q;
        for(int i=0; i<data.length; i++) //向树root加入所有非叶子结点
            root.add(data[i][0],data[i],1,data[i].length-1);
        return root;
    }
    KTree find(char x){ //前序遍历查找
        if(this.data==x) return this;
        for(int i=0; i<child.length; i++)
        if(child[i]!=null && child[i].find(x)!=null)//若找到了
            return child[i].find(x);
        return null;      //出循环，即没找到
    }
    boolean add(char father,char x) { //将x作为father的孩子
        KTree f=find(father);            //先查找结点
        if(f==null) return false;
        int i=0;
        while(i<f.child.length && f.child[i]!=null) i++;//找第一个空孩子位置
        if(i==f.child.length) {                         //孩子已满，需要扩容
            KTree[] temp=f.child;                       //保留原始数据
            f.child=new KTree[child.length + 3];        //扩容
            for(int j=0; j<i; j++)                      //将原始数据写回
                f.child[j]=temp[j];
        }
        f.child[i]=new KTree(x);                        //实施插入
        return true;
    }
    boolean add(char father,char[] da,int begin, int end){
        //da[begin]~da[end]是father的孩子
        KTree f=find(father);                           //先查找结点
```

```
        if(f==null) return false;
        int i=0;
        while(i<f.child.length && f.child[i]!=null) i++;//找第一个空孩子位置
        if(i+end-begin+1>f.child.length){      //若添加后元素空间不够,需要扩容
            KTree[] temp=f.child;              //保留原始数据
            f.child=new KTree[i+end-begin+3];//扩容
            for(int j=0; j<i; j++)             //将原始数据写回
                f.child[j]=temp[j];
        }
        for(int k=0,j=begin; j<=end; j++,k++)
            f.child[i+k]=new KTree(da[j]);     //实施插入
        return true;
    }
    void pre(){   //递归的前序遍历
        System.out.print(data);
        for(int i=0;i<child.length; i++)
            if(child[i]!=null) child[i].pre();
    }
    void post(){ //递归的后序遍历
        for(int i=0;i<child.length; i++)
            if(child[i]!=null) child[i].post();
        System.out.print(data);
    }
    void preN(){                                       //非递归前序遍历
        KTree t=this; Stack s=new Stack();     //t 是树根
        s.push(t);//注意: Object 可兼容一切对象型, 当然可兼容 KTree 型
        while(s.isEmpty()==false){
            t=(KTree)s.top();//注意: top()返回的是 Object 型, 需要强制类型转换
            if(t==null) s.pop();
            else if (t.tag==0) { System.out.print(t.data);
                s.push(t.child[0]); t.tag++; }
            else if (t.tag<t.child.length){
                s.push(t.child[t.tag]); t.tag++; }
            else if (t.tag==t.child.length)  { s.pop(); t.tag=0;}
                                                       //出栈时置空
        }
    }
    void postN(){                                      //非递归后序遍历
        KTree t=this;                                  //t 是树根
        Stack s=new Stack();  s.push(t);
        while(s.isEmpty()==false){
            t=(KTree)s.top();
            if(t==null) s.pop();
            else if (t.tag<t.child.length){
                s.push(t.child[t.tag]); t.tag++; }
            else if (t.tag==t.child.length){
                System.out.print(t.data); s.pop(); t.tag=0;}
        }
    }
```

```
    void level(){    //层次遍历
        //策略：根入队；while(队不空){t=出队元素；访问 t；t 的所有非空孩子入队}
        class Queue{ //循环队列：局部于方法的内部类
            int max=20;
            KTree a[]=new KTree[max];
            int f,r; //队首、队尾指针
            boolean isEmpty(){ return f==r; }                //判空操作
            boolean isFull(){ return (r+1)%max==f; }         //判满操作
            void enQueue(KTree x){                           //入队操作
                if(isFull()==true){                          //满则扩容
                    max=max+10; KTree[] temp=a; a=new KTree[max];
                    for(int i=0; i<temp.length; i++)a[i]=temp[i];
                                                             //数据回写
                } r=(r+1)%max;  a[r]=x;                      //入队操作
            }
            KTree outQueue(){f=(f+1)%max; return a[f];}  //出队操作
        }//队列定义结束
        KTree t=this; Queue q=new Queue(); q.enQueue(t);
        while(q.isEmpty()==false){
            t=q.outQueue();  System.out.print(t.data);
            for(int i=0; i<t.child.length; i++)
                if(t.child[i]!=null)q.enQueue(t.child[i]);
        }
    }
}
class App{
    public static void main(String[] args) {
        char[][]s={{'A','B','C','D'},{'B','E','F'},
                    {'D','G','H'},{'G','I','J','K','L'} };//s[][0]是根
        KTree t=KTree.create(s);
        System.out.print("\n Pre = "); t.pre();
        System.out.print("\nPreN = "); t.preN();
        System.out.print("\nPost = "); t.post();
        System.out.print("\nPostN= "); t.postN();
        System.out.print("\nlevel= "); t.level();
        System.out.print("\n插入 XYZ 作为 B 的孩子，插入 R 作为 D 的孩子");
        char[] c={'X','Y','Z'};
        t.add('B',c,0,2);t.add('D','R');
        System.out.print("\nlevel= "); t.level();
    }
}
```

【输出结果】

```
Pre  = ABEFCDGIJKLH
PreN = ABEFCDGIJKLH
Post = EFBCIJKLGHDA
PostN= EFBCIJKLGHDA
level= ABCDEFGHIJKL
```

```
插入 XYZ 作为 B 的孩子，插入 R 作为 D 的孩子
level= ABCDEFXYZGHRIJKL
```

【示例剖析】

（1）总体而言，“按需设计”是类设计的宗旨，如 KTree 包含满足所有需求的属性和方法。另外，类就是类型，设计时还需考虑“类型的通用性（即重用性）”，如 Stack 将容纳元素的类型设计为 Object[]，就能容纳所有类型的对象。

（2）Object 类是 Java 的根类，即所有类的“始祖”。若一个类在定义时未继承其他类，则是 Object 的子类。引用型间的赋值兼容规则是：父类能兼容子类。例如：Dog 是 Animal 的子类，语句 Animal a=new Dog();是合法的，可理解为：a 可以引用任何“Animal 型的对象”，而 Dog 是 Animal 的子类，即“Dog 是 Animal”，因此 a 可引用 Dog 型对象，即 a=new Dog()合法。反之则不行，必须用强制类型转换，即 Dog d=(Dog) new Animal();。

Object 是始祖类，Object 有的，所有类都会有，能用 Object 之处，所有类都能用。这种思想是 Java 许多“统一机制”的基础。例如，任何类型的对象都能被 System.out.print()方法打印，打印时自动调用的 toString()方法，就源自 Object 类。

（3）KTree 中有两个 add 方法，它们函数名相同，但参数列表不同。这种在同一个类中存在“同名不同参”方法的现象，在 OOP 中被称作“重载”。重载增强了方法的适用范围。例如，读者使用 System.out.print()时发现：这个方法什么都能打印，就是因为该方法有很多同名方法（即重载），涵盖了各种可能的使用场景（即参数列表）。另外，前面一个类定义多个构造函数，是构造函数的重载。

（4）内部类 Queue 类定义在 level()方法的内部，地位相当于 level()方法中的变量。换言之，a()方法无法使用 b()方法中定义的变量，类似地，也无法使用 b()方法中定义的内部类。因此，内部类 Queue 是在 level()中定义的类型，其作用域仅限于 level()方法。

2.2.3　班级信息管理系统 1.0 版

【例 2.8】 设计一个简单的班级管理系统，满足如下要求：

（1）设计学生类 Student，包含学号（String 型）、姓名（String 型）、性别（'M'/'F'代表男/女）、年龄（int 型）、是否党员（boolean 型）、语文（double 型）、数学（double 型）等信息，要能够方便输出学生信息；

（2）设计班级类 BanJi，其中创建班级时可指定班级的最大容量。可向班级中批量增加学生信息，以及打印输出班级中所有学生的信息。

目的：①较为全面地理解 Scanner 类，掌握借助 Scanner 对象读取不同类型数据；②进一步理解 static 方法、toString()方法；③进一步加深对引用型数组的理解。

设计：本例主要设计三个类：Student 类、BanJi 类、App 类，框架如下：

```
class Student{//学生信息：学号、姓名、性别、年龄、是否党员、语文、数学
    String ID,name;  char sex;  int age;  boolean partyMember;
       double math,chinese;
    static void titleHint(){…}  //用于读取数据时给出的输入格式提示
    void read(Scanner sc){…}
```

```
      //从 sc 对象 Student 所有数据，读取次序与 titleHint()相同
    public String toString(){…} //自定义 Student 型对象的输出信息
}
class BanJi{//班级：存储 Student 型元素的顺序表
    final int maxN;  Student[] st; int renShu;
    BanJi(int max){ maxN=max; st=new Student[max]; renShu=0; }
    void add(Student s){ … }    //向班级中追加学生 s
    void append( ){ … }          //向数组尾部"追加"输入一批学生，以 Ctrl+Z 结束
    void show(){ … }
}
class App{  public static void main (String[] args) { … } }
```

详细代码参见 Ch_2_8.Java。

```
import java.util.Scanner;
class Student{//学生信息：学号、姓名、性别、年龄、是否党员、语文、数学
  String ID,name;  char sex;  int age;  boolean partyMember;
    double math,chinese;
  static void titleHint(){//用于读取数据时给出的输入格式提示。思考：为何设为静态？
     System.out.print("\n 请输入一组学生，输入 Ctrl+Z 结束，格式为：");
     System.out.print("\n 学号  姓名 性别  年龄  党员  数学  语文，  例如：");
     System.out.print("\n001 张三 M 18 true 84.2 93.7\n");
  }
  void read(Scanner sc){//从 sc 对象读取所需的所有数据，
                          读取次序与 titleHint()相同
     ID=sc.next(); name=sc.next();//读取学号、姓名两个字符串
     sex=sc.next().charAt(0);       //先读取 String 型数据，如"M",
                                      再取其首字符'M'
     age=sc.nextInt();              //读取 int 型数据
     partyMember=sc.nextBoolean();//读取 boolean 型数据
     math=sc.nextDouble();  chinese=sc.nextDouble();  //读取 double 型数据
  }
  public String toString(){//自定义 Student 型对象的输出信息
     String xb=(sex=='F'||sex=='f')?"女":( (sex=='M'||sex=='m')?
        "男":"未知");
     String dy=(partyMember==true) ? "中共党员":"非党员";
     return ID+" "+name+" "+xb+" "+age+"岁 "+dy+" 数学："+math+"
        语文："+chinese;
     }
}
class BanJi{//班级：班级容量+存储 Student 对象的数组+实际人数
    final int maxN;  Student [] st; int renShu;
    BanJi(int max){ maxN=max; st=new Student[max]; renShu=0; }
    void add(Student s){st[renShu]=s; renShu++; }//向班级中追加学生 s
    void append(){              //向数组尾部"追加"输入一批学生，以 Ctrl+Z 结束
       Student.titleHint();  //通过类名调用静态方法，给出输入次序和格式的示例
       Scanner sc=new Scanner(System.in);
```

```
        Student s;                  //下面循环:造对象--向对象填充数据--将对象加入班级
        while(sc.hasNext()==true){ s=new Student(); s.read(sc); add(s); }
    }
    void show(){
        for(int i=0; i<renShu; i++) System.out.println(st[i]);
        System.out.println("班级中共有 "+renShu+" 人。");
    }
}
class App{
    public static void main(String[] args) {
        BanJi bj=new BanJi(20);   bj.append();
        System.out.println("班级信息如下: ");bj.show();
    }
}
```

【输出结果】

```
请输入一组学生，输入 Ctrl+Z 结束，格式为:
学号    姓名    性别    年龄    党员    数学    语文，  例如:
001     张三     M       18     true    84.2    93.7
001     赵颖     F       18     true    73.1    98.6
002     李晓明   M       19     false   89      76
003     罗亮     M       20     true    78      99
004     王大川   F       18     true    100     20
^Z
班级信息如下:
001     赵颖     女     18 岁    中共党员    数学: 73.1    语文: 98.6
002     李晓明   男     19 岁    非党员      数学: 89.0    语文: 76.0
003     罗亮     男     20 岁    中共党员    数学: 78.0    语文: 99.0
004     王大川   女     18 岁    中共党员    数学: 100.0   语文: 20.0
班级中共有 4 人。
```

【示例剖析】

（1）BanJi 类是存储 Student 型元素的顺序表。st=new Student[max]只创建了一个 Student[ ]型数组对象，对象中包含 max 个 Student 型对象引用。由于对象中的所有属性均有默认值，故此时所有的 st[i]均为 null。若期望使用 st[i].read()之类的操作，必须先确保 st[i]不能为 null，即先要执行 st[i]=new Student()，使得 st[i]关联一个对象。

（2）为避免 append()方法代码过多，特将输入提示和读取对象信息设计为独立的方法。其好处是：append、输入提示、读取对象，每个方法都很简单。当需要更改输入信息的格式时，只需更改后两个方法即可，append()方法不需要改动，更易于维护。另外，之所以将 titleHint()设为静态，是因为输入格式信息与对象是否存在无关。

（3）关于 toString()。打印对象，执行的是 System.out.print(Object obj)，输出内容为 obj.toString()。Object 类的 toString()返回“类名+十六进制的哈希码”形式的字符串（详见 src.zip 中 Object）。若 Object 的子类，如 Student，有：public String toString(){…}方法，即

Object、Student 的 toString()方法声明完全相同（仅方法体不同），则在打印 Student 对象时，输出的就是 Student 类的 toString()返回的信息。这种替代机制是 OOP 中的“重写机制”，将在后续章节详细介绍，这里只需会用即可。

（4）Scanner 类的 next()、nextInt()、nextDouble()、nextBoolean 可分别读取 String、int、double、boolean 等类型的数据，其中 next()以空白符（即空格、tab、\n、\r 等）等作为 String 间的间隔符。如对输入“001　张三”，两次 next()分别读出"001"和"张三"。Scanner 未提供专门读取 char 型数据的方法，读取性别时采用变通手段：先读取字符串 s，再从借助 s.charAt(i)，获取 s 中位置 i 处的字符。其中首字符位置为 0。

（5）借助 Scanner 类的 useDelimiter(s)，可将分隔符指定为 s，可实现更加灵活的格式输入。例如，若 name 中含有空格，如“张　三”，期望用#作为间隔符，可以这样设定：

```
Scanner sc=new Scanner(System.in).useDelimiter("[\\n\\r#]+");  或是
Scanner sc=new Scanner(System.in);  sc.useDelimiter("[\\n\\r#]+");
```

"[\\n\\r#]+"是正则表达式（详见 2.5 节），表示由'\n'、'\r'、'#'等组成长度至少为 1 的字符串（作为分隔符），使用'\'时必须转义，即用"\\"。注意，从 Windows 控制台输入的“回车”（即换行），在 Java 中对应字符串："\r\n"，而在 UNIX/Linux 按 Enter 键，对应"\n"，在 Mac 中对应"\r"。

（6）Scanner 类的 hasNext()用于判断缓冲区中是否还有 String 型数据，若有，则返回 true，若遇到间隔符（如空白、Enter 等），则阻塞，等待用户输入；若遇到结束符（即 EOF 标记），则返回 false。不同平台输入 EOF 标志的方式不同，如 DOS/Windows 环境输入 Ctrl+Z，UNIX 或 macOS 输入 Ctrl+D。注意：JCreator、Eclipse 等工具的控制台并未把 Ctrl+Z 转换成“EOF 标记”，因此不能通过输入 Ctrl+z 来输入结束符。

注意：由于 JCreator、Eclipse 等环境是模拟控制台环境，输入输出在涉及中文时就不稳定。如输出中文有时会有乱码；采用复制粘贴等方式输入，有时也会产生异常。在纯 DOS 环境下则不会出现上述问题。建议初学者要习惯使用 DOS 环境下的命令行执行程序方式。

（7）Scanner 类还有 hasNextInt()、hasNextDouble()、hasNextBoolean()等，用法类似，但要注意：若无法读取到合适的类型，这些操作将产生异常。

2.2.4　回顾与小结

为快速入门，前面的实践涉不仅包括 Java 基本语法，还涵盖面向对象程序设计的基本概念和语法。为方便理解和掌握，这里做简单梳理。

1. 基本语法回顾

1）程序框架

Java 程序代码写在类（或接口）中。对类的设计和组成，从语法角度应掌握以下内容：

（1）类 = 属性集 + 方法集；属性集=成员变量/常量集合；方法集 = 行为集合（即函数

集）。这些属性和方法是同级的，相互间可直接访问，即方法可以直接访问属性，也可以直接调用其他方法。

（2）成员变量和局部变量：成员变量定义在类中、方法之外，其作用域是整个类，对象中的所有成员变量有默认值：0、false、null；方法（含参数列表）中定义的是局部变量，局部变量无默认值，作用域仅限于所处方法；

（3）Java 对方法有严格的要求：若函数无返回值，必须用 void 修饰；若有返回值，声明必须指明返回类型，且函数体中必须有“return 值”，且值的类型必须能被返回类型兼容。

（4）程序执行入口是 main，其声明格式必须是：public static void main(String[] x);

（5）若希望在类 A 或 main 方法中调用类 B 的成员（这里不考虑静态成员），必须先创建类 B 的对象 b，然后借助 b 引用其成员，形如：B b=new B();　b.x=5;　b.f();等。

（6）若类名前用 public 修饰，则类名必须与文件名一致，否则会编译错。例如，public class A{…}必须定义在 A.Java 中。

2）标识符和关键字

标识符描述规则：由字母、数字、下画线、美元符组成，其中数字不能放开头。关键字是专供系统使用标识符，如 void、this 等。对标识符应注意以下几点：

（1）各国文字（含英文字母）均是字母。

（2）true、false、null 不是关键字，System、Object 等是系统类，也不是关键字。

（3）文件名要尽量符合标识符命名规则，否则可能产生问题。例如，对诸如"123.Java"之类的文件，在 Eclipse 的 package explorer 视图中无法展开。

3）类型系统

类型系统包括基本型、引用型两大类。基本型包括：boolean、int、double、char 等 8 种，boolean 与其他类型均不兼容；引用型是“缩减版”的指针型，必须要指向一个对象，其值才有意义。引用型包括 class、interface、数组等三大类。诸如 String 等是 class 大类中的一个小类；数组的特色是为大批相同类型的数据提供命名和随机存取。数组创建需要用 new，可直接使用 length 属性，如：

```
int [] a=new int[10];  a.length 的值是 10
```

4）输出语句

（1）System.out.print(x); 将 x 作为字符串输出，x 是任何合法类型；

（2）System.out.println(x); 作用相当于 System.out.print(x+"\n");

（3）System.out.printf(…);，printf()的使用方式与 c 语言的 printf(…)基本相同。

5）输入语句

涉及三个环节：①导入；②以 System.in 为参数创建 Scanner 对象；③通过 nextInt()系列操作读取数据。其中读取字符型数据，常通过借助 String 类的 charAt(i)操作实现。

另外，Scanner 类的 hasNext()系列操作，可判别是否还有数据，可能遇到三种状况：有数据：返回 true；遇到结束符（即 EOF 标记）：返回 false；遇到间隔符：等待用户输入数据。其中间隔符默认为空白（包括空格、tab、\n、\r 等），可以更改。

2. 面向对象相关语法

1）构造函数

（1）外观：①与类同名；②不得有 void 或返回类型，且函数体中不得有 return 值。

（2）作用：在对象创建后实施初始化，如为成员变量赋值等。（注：对象的分配空间操作由 new+类名（即构造函数名）来完成。）

（3）特色：①可以被 new 调用；②若类中未定义构造函数，则系统自动提供一个无参构造函数；若类中定义了构造函数，系统不再提供。注意：对诸如 new A(…);，若类 A 中找不到对应的构造函数，将产生编译错。因此，当类中找不到匹配的构造函数时，可考虑新增一个对应参数类型的构造函数。

2）this 引用

每个对象内部都拥有的一个 final 型引用，表示对象"自己"。如顺序表的 show()中使用的 len、a[i]，实际上是 this.len、this.a[i]。由于不会造成含义混淆，故可省略 this。对单链表的输出时，为从头输出，故有 p=this.next;，this 就是头结点。这种常数属于不得不用 this 的场合。类似地，树、二叉树的非递归遍历，也需要使用 this。

3）static 修饰

static 修饰的成员被称作静态成员，其特色是：可以不造对象，直接通过类名引用。如前面 BinTree、KTree 中建树操作 static create(…)（否则，就需要专门创建一个对象来调用 create(…)，调用后将该对象丢弃）。类中提供专门算法的操作，常用 static 修饰，如 Arrays 类的 sort()操作、Math 类的各种操作等。另外，作为程序执行入口的 main 方法必须用 static 修饰，这样 JVM 就可直接通过类名调用 main。

4）存储引用型元素的数组对象

```
Student[] st=new Student[10];
   //创建 Student[]型对象，st[0]~st[9]的值均为 null
st[0]=new Student(); st[0].name="张三";
   //st[0]必须先关联对象，才能引用其成员
```

5）引用型的赋值兼容

在树的非递归遍历中，为让栈具有通用性，用 Object[]型数组来存储栈中数据。Object 是所有类的始祖类，即对任一个类，向上追溯，都继承了 Object。这样，Object 有的、能用的，其他类都有、都能用。OOP 中，父类能兼容子类。这种理念很容易理解：Animal 类派生出子类 Dog，从语义上看，Dog 的范畴是 Animal 的一个子集，因此 Dog 是 Animal。这样 Animal a=new Dog();就是合法的（因为 Dog 是 Animal）。即 Animal 能兼容 Dog，类似地，Object[]型数组就能存储一切类型的对象。

6）认识重载

在 KTree 类中，定义了两个 add 方法：

```
boolean add(char father,char[] da,int begin, int end){…}
boolean add(char father,char x){…}
```

它们位于同一个类，方法的名称相同，但参数列表不同，即所谓“同名不同参”。这种形式在 OOP 中被称作重载。另外，重载构造函数也很常见。例如，对 SanJiao 类，要求可用 1、2、3 条边构造任意三角、等腰三角、等边三角，可定义三个构造函数：

```
SanJiao(int x){…};  SanJiao(int x, int y){…};  SanJiao(int x, int y,
   int z){…};
```

7）认识重写：toString

前面很多涉及“打印对象”的示例，都要求写一个 public String toString(){…}的函数，此函数的外观实际上源自 Object 类，且 System.out.print(Object obj)实际上输出的是 obj.toString();的内容。当子类如 Student 中设计了与 Object 类的 toString()“外观一模一样”的 toString()方法时，就能以假乱真、以子代父，即若 obj 的实际类型是 Student，obj.toString()调用的实际上是 Student 中的 toString()。这种父子类拥有“外观上一模一样方法”的现象，被称作重写。重写是 OOP 的核心特色之一，第 3 章将会详细介绍。

8）内部类

这里只需理解：内部类首先是一种定义在类、方法内部的类型，其作用域仅限于所处的域。至于内部类的更多高级特色，将在后续章节讨论。

3. 关于类的设计理念

1）类是类型，是{属性集+操作集}的封装体

如班级管理信息系统中，学生类涉及学生的姓名、学号、数学、语文等成绩，经常需要对学生各项信息进行存取、打印完整的学生信息等。这样，就可造一个 Student 类，属性集为：姓名、学号、数学、语文，方法集是：对各项属性的存取操作（如 getName()、setName()等）、toString()等。学生类中只能处理自己的数据。

因类是封装体，故对象也是封装体。若希望对象 a 存取对象 b 的属性值，应通过 b 对象的相关方法来实现，而不是自己动手操作。就像更改宾馆的家具，要通过宾馆老板来变更，而不应自己动手。例如，假设 Student 类提供修改学生信息的操作 edit()，若要更改 bj 对象中学生 st[i]的信息，应当调用 st[i].edit()，而不是直接实施：st[i].name="张三"。

实际上，在程序设计方法发展历程中，“数据和处理数据的基本操作要封装在一起”是一个非常经典的设计理念。数据结构、类，以及以后接触的构件、中间件、agent 等概念，均与这一理念密切相关。C 等过程式语言未能实现这一理念，struct 仅能封装数据组成，无法封装处理数据的操作。故在设计诸如顺序表打印操作时，需要通过参数传入要打印的顺序表。OOP 语言真正实现了将数据和操作绑定在一起。这样，对象在操纵“自己的数据”时，就不需要通过参数传入。例如顺序表、链表的打印输出操作 void show()，使用无参方式，实际上蕴含两方面考虑：①无参，这样输出的信息只能是对象“自己”的；②若有参数，打印输出的就是传入对象的信息，这违背了 OOP 的设计理念：封装性。

2）类是模型（类似设计图纸），对象是用模型构造的实体，引用则是实体的名字

对语句 Car c=new Car();，类 Car 是可看作是汽车的设计图纸，Car 对象就是具体汽车，c 相当于该汽车的名字。图纸是不能执行动作（如 move()）的，具体汽车才可以，如 c.move()。

讨论：什么是好的设计？——从是否易于维护、易于重用角度看类的设计。

以平板电脑和台式计算机的设计为例，前者声卡固定在主板上，后者声卡和主板是分离的。当声卡出现故障，前者通常是更换主板（或者说声卡拆卸很麻烦）；后者更换声卡即可，主板不需要变更。显然，与平板电脑相比，台式计算机更易于维护（含升级）。主板、声卡的各自独立，重用性好，如维修时可从坏的台式计算机中拆下好的声卡，供另一台式计算机使用。

在软件设计中，维护（含增、删、改功能、运行环境变更等）工作贯穿整个软件生命周期。维护时可能引入新的错误。设计的好，维护工作就简单，不容易引入新的错误。如从平板电脑主板上拆卸声卡，很麻烦，容易造成引脚断，或是按让造成其他线路短路。而从台式计算机上拔插声卡，就比较容易。因此，易维护性是评价设计优劣的重要指标。另外，在软件设计时，若能直接使用以往设计的某个模块，不仅能减少开发工作量，而且，已在使用的模块，已经历了长期的实用检测，其发生错误的概率也较低。因此，易重用性也是评价设计优劣的重要指标。

例 2.8 的设计中，Student 类提供读入数据的 read()操作，BanJi 类中的 append()使用此操作。当 Student 类的属性集发生改变，只需更改 read()操作即可，BanJi 类不需要改变。若采用下面的模式：Student 不提供 read()操作，在 BanJi 类的 append()方法中读取 Student 的各项信息。当 Student 属性集发生变更，BanJi 类中的 append()也要相应的更改。Student 类与 BanJi 类的独立性低（或者说耦合度高）。显然，这种设计就质量不高。

练习 2.3

1. 借助 static 方法，创建头指针型单链表，并为其配备输出操作。

2. 创建三角形类 SanJiao，属性有三条边（均为 int 型），要求满足如下需求：

（1）构造时可输入 1、2、3 条边的信息，构造出等边/等腰/普通三角；

（2）要求打印三角形对象时，能够输出三条边的具体信息，如 a=xxx, b=yyy, c=zzz。

3. 设计存储 char 型数据的 m 度树，包括如下操作：静态建树方法、前/后序遍历（递归/非递归）、层次遍历、凹入输出（见图 2.7）、查找元素、统计叶子结点、统计 2 度结点等操作。

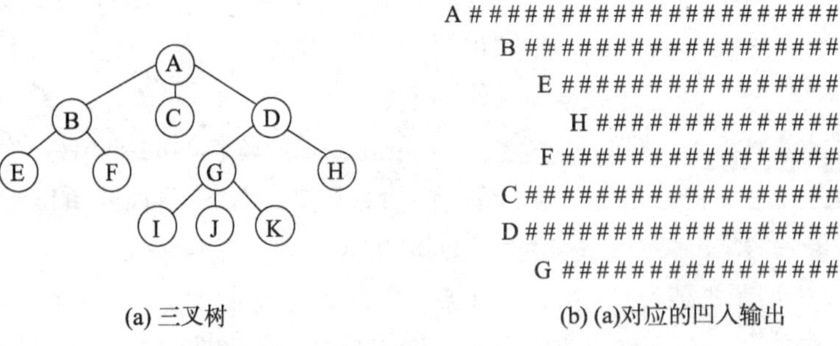

图 2.7　三叉树及其对应的凹入输出

4. 对例 2.8 中的学生，用带头结点的单链表作为班级的存储结构，实现向班级中批量增加学生信息，以及打印输出班级中所有学生的信息。

2.3　从内存管理视角观察程序

Java 程序由虚拟机解释执行。了解 Java 虚拟机的内部结构，认识类、对象、引用等概念在内存中的呈现方式，掌握程序运行期间的内存管理方式，有助于更加直观、清晰地理解 OOP 中的各种复杂机制的内在运行机理。

2.3.1　Java 虚拟机的内部体系结构

图 2.8 是 Java 虚拟机的内部体系结构，大致包括类装载子系统、运行期间的数据区、执行引擎等几个部分，各部分的主要功能如下。

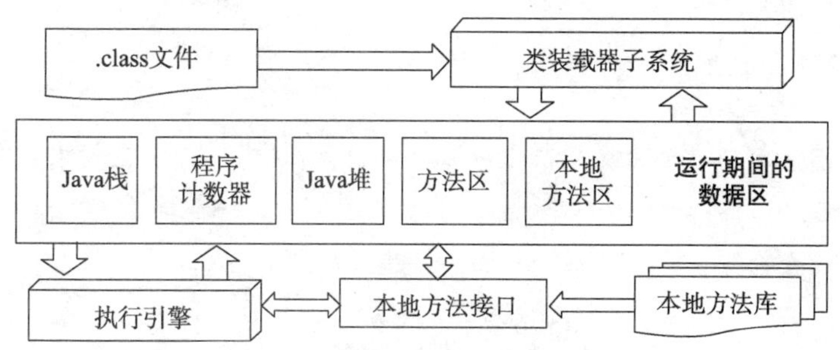

图 2.8　Java 虚拟机的抽象内部体系结构

（1）类装载子系统：在运行期间，动态装载所需类型（类或接口）的字节码文件。

（2）执行引擎：负责执行包含在被装载类的方法中的指令。

（3）运行期间的数据区：负责存储运行期间的数据。此区域又分成如下几个逻辑区域：

- Java 栈：虚拟机中可以拥有多个 Java 栈，每个线程一个，用于管理程序的执行。注：前面编写的程序可视为单线程程序。多个线程执行则能产生并发执行效果。
- 程序计数器：与线程一一对应（即可能有多个）。注：程序计数器的作用类似于 Java 栈的栈顶指针，程序计数器+程序栈，可实现函数的执行调度。
- Java 堆：虚拟机中只有一个 Java 堆，被该虚拟机上运行的所有程序共享，用于存放运行期间创建的各种对象（含数组对象）。
- 方法区：每个 Java 虚拟机只有一个方法区，用于存储被装载类型的类型信息（即类型定义）。类型中的静态变量同样也存储在方法区。
- 本地方法区：用 C 等语言书写、编译的函数，用 Java 语言包装后就是本地方法（即不能跨平台）。本地方法不能跨平台运行，但其执行速度快，常用于对速度要求苛刻的本地处理，如视频信息的采集、处理等，Java 程序则直接使用处理结果。Java 的本地方法区用于运行本地方法，此空间不受 JVM 限制，即可以使用本地的所有资源，如使用本地内存中的堆并指定分配内存的大小、使用本地寄存器资源等。

下面将围绕 Java 栈、Java 堆和方法区的作用展开一些讨论。

2.3.2 对象如何关联到方法

Java 对象存储模型见图 2.9。运行时，程序中的变量 s 存储在栈中，s 关联的对象存储在堆中，s 可使用的代码（实际上是 s 所属类型的定义）存储在方法区。当 s 引用方法时，会查找方法区中的类型定义，以检测引用成员（属性、方法等）是否存在、是否可以引用（涉及引用权限）。若 s 未关联对象，如 String s; int i=s.length();，将产生空指针引用异常。

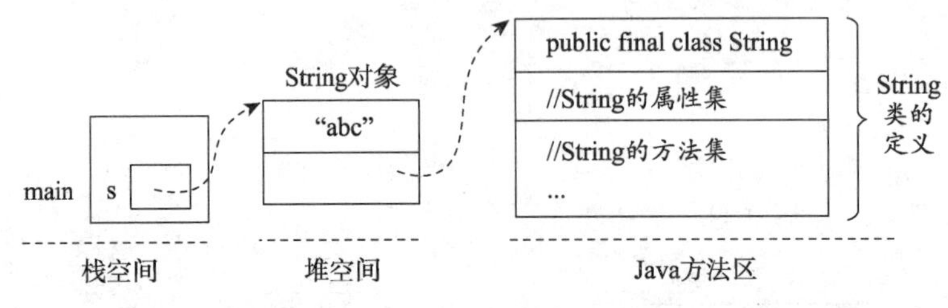

图 2.9 String 类的对象存储示意图

注意：方法区中的类型定义实际上也是一种对象：Class 型对象（不是 class 型）。数组虽然是与 class 不同的类型，但数组对象在方法区中也有一个特殊的类型对象与之对应，可通过如下方式查询对象的具体类型签名（即唯一标识），例如：

```
int[ ] a={1,2,3};  String b="abc";
System.out.println(a.getClass());//返回结果为：class [I
     //即数组对象与普通对象一样，有唯一的类型标识
System.out.println(b.getClass()); //返回结果为：class java.lang.String
//其中 getClass()是 Object 提供的方法。为强化理解，读者可用类似方式测试其他类对象
//的输出
```

图 2.9 仅仅是对象构造的简化示意图。为方便绘图，本书其他对象图示均略去这一指针。实际上，为支持面向对象相关机制以及其他特殊语法机制（如线程机制、事件机制等），真实的 Java 对象结构十分复杂，感兴趣的读者可参阅《Java 虚拟机规范》。

2.3.3 栈内存管理和堆内存管理

Java 使用栈内存管理和堆内存管理两种机制。了解程序执行时数据在内存中的存储和管理方式，对分析程序运行十分有益。

栈内存管理实现了函数调用时，函数空间的自动分配和释放。具体而言：每调用一个方法，就自动压入（push）一个栈帧空间；每结束一次调用，就自动弹出一个栈帧空间。

堆是一块内存区域，常借助内存分配登记表来管理。操作模式类似酒店住宿，有客人入住时，就查找登记表，找出空闲的房间分配并登记；当客人退房时，就从登记表中删除对应的房间号，让该房间可重新分配。堆内存管理实现了对象数据的按需分配。

注意：函数中所有定义的变量，均位于栈空间；函数中创建的对象，均位于堆空间。

【例 2.9】 请画出下面代码在函数调用的各阶段，栈内存和堆内存的分配状况（见图 2.10）。

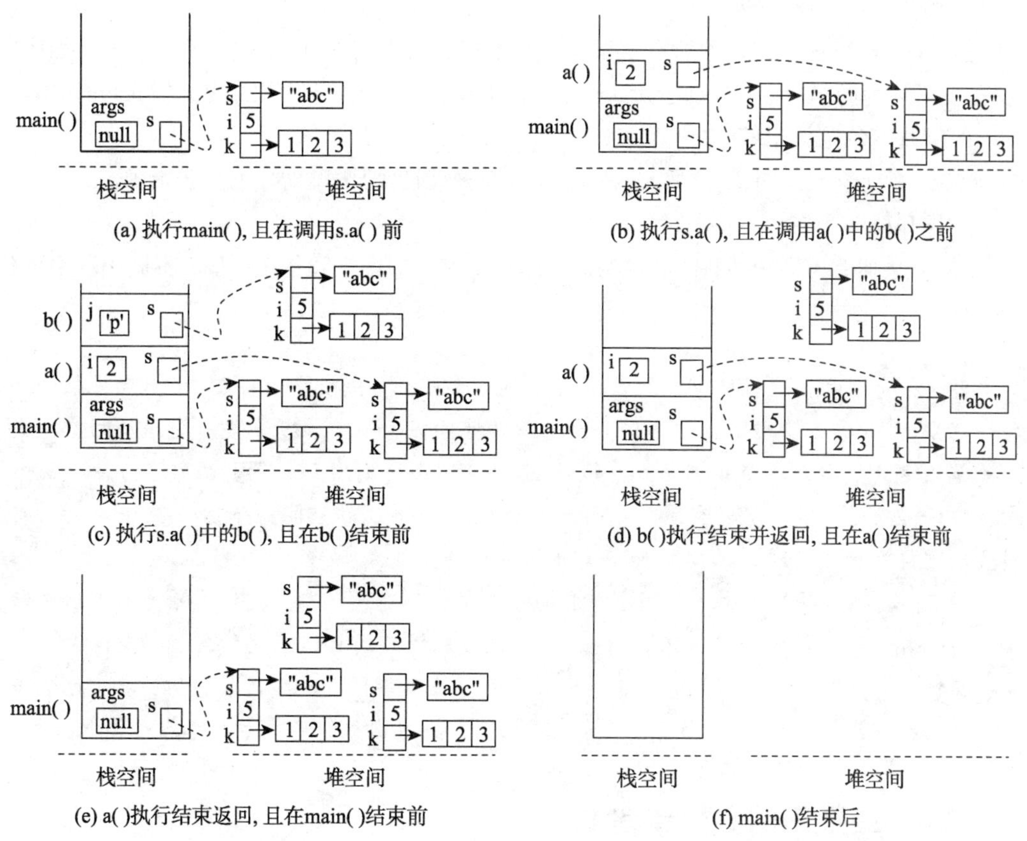

图 2.10　程序运行期间 Java 栈和 Java 堆的空间占用示意图

目的：理解栈内存管理机制和堆内存管理机制。（代码详见 Ch_2_9.Java）

```
class T{
    String s="abc";  int i=5; int[] k={1,2,3};
    void a(){ int i=2;     T s=new T();  b(); }
    void b(){ char j='p';  T s=new T(); }
}
class App{
    public static void main(String[] args){  T s=new T();  s.a(); }
}
```

【示例剖析】

（1）执行 main()后，main()中定义的变量 args 和 s，均位于 main 的栈帧空间；main 中创建的对象则位于堆空间。该对象的起始地址交给 s，即 s 指向该对象，见图 2.10(a)。

（2）main 调用 s.a()后，在栈空间压入 a()的栈帧，如图 2.10(b)所示；a()调用 b()，自动压入 b()的栈帧，如图 2.10(c)所示；当 b()执行结束后，b()对应的栈帧被弹出，如图 2.10(d)所示；a()执行结束后，自动弹出栈帧元素 a()，如图 2.10(e)所示；main 结束后，整个应用结束，回收整个应用程序空间，如图 2.10(f)所示。

（3）重要结论。

① 哪些变量存放于栈？

程序（即函数）中定义的所有变量（含基本型、引用型）。由于栈帧不同，因此程序中定义的变量均为局部变量：局部于所属栈帧。基本型，如 a()中的 i，引用型，如 main()中的 s。

② 哪些变量存放于堆？

所有对象（含数组对象）。如 main()、a()、b()中创建的 T 型对象均位于堆中。

③ 堆和栈的关系？

不同方法拥有不同的栈帧，各栈帧间共享堆空间。即堆空间是统一的，不同函数中创建的对象均位于堆空间。

注 1：每个方法执行所需的数据空间大小是不同的。栈帧空间由 JVM 自动分配和回收。JVM 是如何知晓当前应该分配多大的栈帧空间呢？首先，基本型、引用型的空间大小均是固定的（引用型变量值是一个地址）；其次，编译时，编译器扫描整个方法，统计出该方法涉及的所有参数、变量、字面量（如 5、null 等）的空间，并登记在 class 的特定位置。这样在加载类时，JVM 就可查知方法占用的空间大小了。

注 2：在程序设计领域，有两个重要的修饰词“静态……”“动态……”。前者通常与编译密切相关（编译时程序尚未执行），或者说在编译期间可以确定的，诸如空间大小、类型等；后者往往与运行密切相关，或者说在程序运行期间才能确定的，如链表中包含多少个元素。栈式内存管理属于静态内存管理机制，堆式内存管理属于动态内存管理机制。

2.3.4 函数间的参数传递

参数传递，就是将实参值传递给形参。本质上，Java 参数传递方式只有一种：值传递，即将实参值复制（引用型复制的是地址）一份交给形参。函数执行时，只能对副本进行修改，执行后销毁副本。下面通过一个示例展示 Java 的参数传递的执行效果。

【例 2.10】 向函数 f(int x, int[] a, int [] b)传递基本型、引用型值，展示参数传递效果（见图 2.11），其中 x、a 展示普通传递效果，b 展示如何更改对象的值。代码详见 Ch_2_10.Java。

目的：深度理解 Java 参数传递的机理和功效。

```
class T{
    void f(int x, int [ ]a, int [ ]b){
        //其中 x 是基本型代表，a 是引用型代表， b 用于展示如何真正修改引用对象
      x=11;  a=new int[3];  a[0]=22;  b[0]=33;   //注意 a、b 的修改方式不同
       System.out.print("\n 函数中: "); show(x,a,b);
    }
    void show(int x, int [ ]a, int [ ]b){
      System.out.print("x= "+x+", a= {" };
```

```
        for(int i=0; i<a.length; i++)System.out.print(a[i]+",");
        System.out.print("), b={ " };
        for(int i=0; i<b.length; i++)System.out.print(b[i]+",");
        System.out.print(" ) ");
    }
}
class App{
    public static void main(String[] args) {
        T t=new T();
        int x=1; int []a={2,3}; int []b={4,5,6};//将作为实参的 3 个变量
        System.out.print("原始值: ");  t.show(x,a,b);
        t.f(x,a,b);  //执行函数调用，注意对比执行前后 a、b、c 值的变化
        System.out.print("\n 返回后: ");  t.show(x,a,b);
    }
}
```

【输出结果】

```
原始值: x=1, a={2,3,}, b={ 4,5,6, }
函数中: x=11, a={22,0,0,}, b={ 33,5,6, }
返回后: x=1, a={2,3,}, b={ 33,5,6, }
```

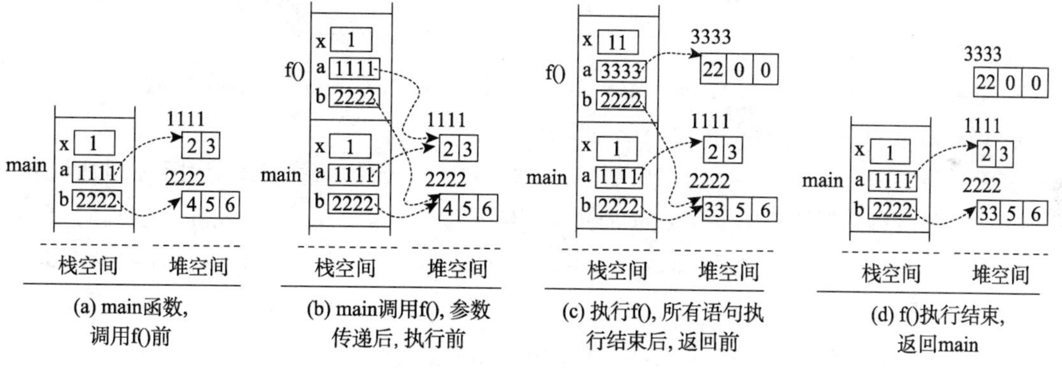

图 2.11　函数参数传递及执行过程示意图

【示例剖析】

（1）图 2.11(a)展示了调用 f()前实参变量的情况：局部变量 x、a、b 均位于栈，引用型变量 a、b 的值均为地址，指向了堆空间的对象。图 2.11(b)表示调用 f()后、执行 f()前的状况：形参从对应实参获得值，即 Java 中参数传递只有值传递；图 2.11(c)表示 f()运行后、f()返回前的状况：f()中的 x、a 值被直接改变，注：a 指向了新对象，并更改新对象中的 a[0]，而 b 未改变地址，故更改的是原来对象的 b[0]；图 2.11(d)表示 f()结束后，所占用的栈帧空间被自动回收，main()中的 x、a、b 的值均未改变，但 b 指向对象中的内容发生了改变。

（2）Java 参数传递方式只有值传递，故实参值不会被改变。见图 2.11(a)、2.11(d)中 x、a、b 值均相同。但若实参是引用型，其指向对象中的属性值可能会被改变（如 b[0]从 4 变为 33）。

2.3.5 再谈 String 和数组

1. String 的特色

字符串涉及各种提示信息、输入、输出等，使用十分频繁。为提高处理效率，Java 对 String 对象做了一些特殊处理。这里仅介绍两点：常量对象和常量池，见图 2.12。

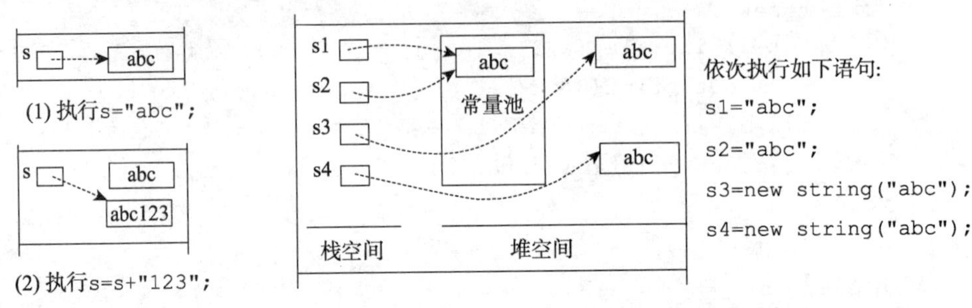

图 2.12　指令操作对应的内存分配示意图

1）String 对象是常量对象，对象内容不可更改

```
String s="abc";  s=s+"123"; //s 指向了一个新对象，见图 2.12 (a)
```

思考：图 2.12(b)中，s1、s2 指向了同一对象。若对 s1 进行更改，是否会对 s2 产生影响？

2）String 对象使用了常量池

为了避免频繁的创建和销毁对象而影响系统性能，Java 字符串对象使用了常量池机制，即编译时把所有的字符串字面量（如"abc"等）存于堆中的常量池（注：用 new 创建的 String 对象不会放入常量池），相同字面量只占用一个对象空间。见图 2.12 (b)中，为 s2 赋值时发现常量池中已有对象"abc"，就不再创建，而是直接将 s2 指向这一对象。s3、s4 用 new 创建的对象，与普通对象一样，并未放在常量池中。

String 有==和 equals()两种判等方式，前者判断两个对象的地址是否相同（即是否为同一对象），后者判断值是否相同。常量池对 String 对象的相等判断有直接影响。从图 2.12 (b) 发现，s1==s2 值为 true，s1==s3、s3==s4 值均为 false，s1.equals(s2)、s1.equals(s3)、s3.equals(s4) 的值均为 true。

2. 数组的特色

1）Java 数组是动态数组，可实现不规则数组（即各行元素数量不等）的构造

为支持数组元素的随机存取（即按下标存取），数组空间的绝对地址必须是连续的。程序执行时内存空间很容易碎片化，导致获得足够大的连续空间有时会很困难。因此 C 或 C++ 采用静态数组：在编译时确定数组空间大小，在程序运行前需要预留好数组空间。Java 借助垃圾回收机制，可在运行时将碎片化的内存“化零为整”。因此 Java 支持动态数组机制，即在程序运行期间分配数组空间。前面在构造函数中创建数组对象、对树结点的孩子域动态扩

容，就使用了动态数组特色。显然，动态数组在空间利用方面更加灵活、高效。

Java 定义多维数组很简单，如 int[][] a=new int[2][3];定义了 2 行 3 列的规则数组。注意：由于 Java 的数组对象是动态产生的，因此 2 行 3 列的数组并非以往看到的“矩形块”状的形式，而是图 2.13(a)的形式，即 a 首先是一个包含两个元素的一维数组，a[0]、a[1]均为 int[]型，各指向一个包含 3 个 int 型元素的数组对象，对象中所有元素均有默认值 0。图 2.13(b)创建一个有 3 个元素的 int[][]型数组对象 b（即 new int[3][]），图 2.13(c)对 b[0]、b[1]分别赋值。因 b[0]、b[1]元素数量不同，整体上看，b 数组就是不规则数组。

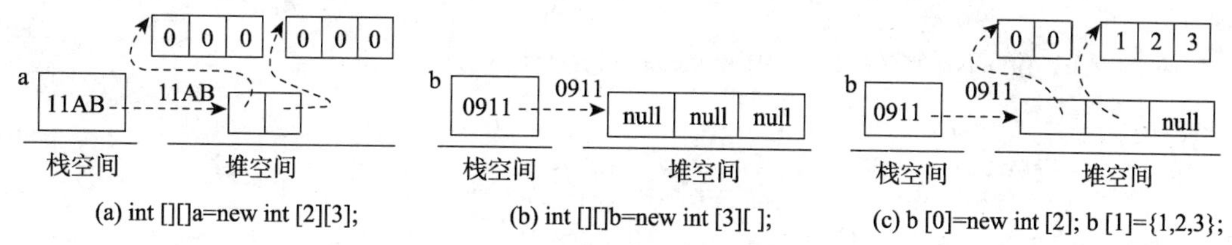

图 2.13　执行语句后数组对象示意图

图 2.14 展示了两个数组的交换。从图中发现，执行后，x、y 引用数组对象的容量均发生了变化（注：数组对象本身未变，而是 x、y 改变了指向）。那么，在运行时如何获知 x、y 的容量呢？另外，对图 2.13 (b)的不规则数组，又如何遍历呢？

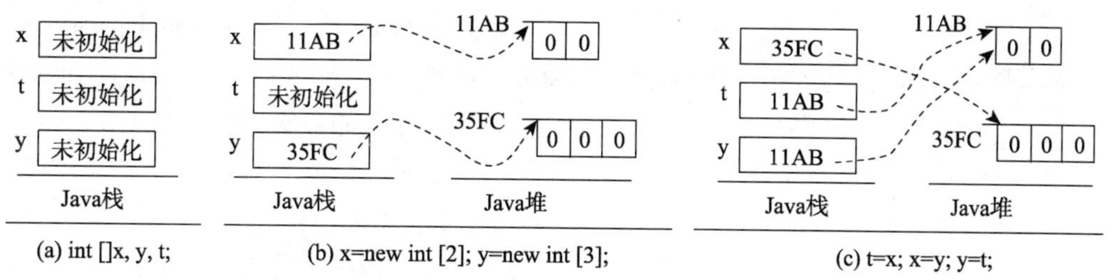

图 2.14　两个数组引用交换示意图

Java 为数组对象配备了一个 final int 型属性 length，记录数组对象的容量。对图 2.13(c)中的二维数组 b，b.length、b[0].length、b[1].length 的值分别为 3、2、3，而 b[2].length 则会产生“空指针引用错误”。对 b 的遍历方法如下：

```
for(int i=0; i<b.length; i++){
  if(b[i]!=null)//避免产生空指针异常
     for(int j=0; i<b[i].length; j++)
        System.out.print(b[i][j]+" ");
  System.out.print("\n");
}
```

2）Java 数组支持 for-each 语句

Java 有一种称作 for-each 的循环语句，格式为：for(Type　x:　y)，其中 y 是 Type[]型，

该语句借助 x 逐一遍历 y 中的每一元素。例如：

```
int [] a={1,2,3,4};
for(int x: a) System.out.print(x+" ");
//上句等同于：for(int i=0; i<a.length; i++) System.out.print(a[i]+" ");
```

输出结果为：1 2 3 4

注意：for-each 语句中作为临时变量的 x，必须"新"变量，否则将产生编译错。例如：

```
int [] a={1,2,3,4};  int x=10;            //此处使用了变量 x
for(int x: a) System.out.print(x+" "); //编译错，x 必须是新出现的变量
```

对图 2.13(c)的不规则数组 b，用 for-each 对其遍历：

```
for(int[] x: b){
  if(x!=null)
     for(int y: x) System.out.print(y+" ");
  System.out.print("\n");
 }
```

【说明】 任何数组或是实现了 java.lang.Iterable 接口的结构，都可使用 for-each 进行遍历。在泛型章节（8.5 节）中，让树实现该接口，从而可对树用 for-each 语句进行遍历。

【思考】 例 2.3 中的顺序表，在输出时能否使用 for-each 语句，请思考原因。提示：遍历范围不同。

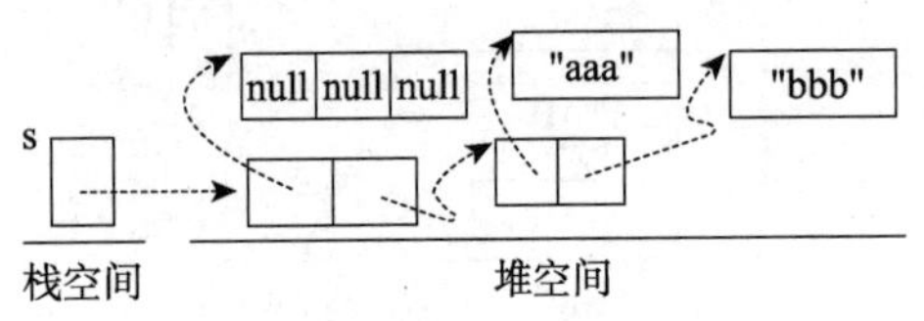

图 2.15　语句 String[][] s={ new String[3], {"aaa","bbb"} };的内存分配

【例 2.11】 执行语句 String[][] s={ new String[3],{"aaa","bbb"} };，画出 s 及其引用对象在堆、栈内存中的存储示意图（见图 2.15）。

目的：理解多维数组对象的内存表现形式。

【示例剖析】

变量 s 在栈空间，s 引用一个 String[][]型数组对象，该对象位于堆空间。众所周知，任何 n 维数组均可视为一个一维数组，其中每个元素类型为 n–1 维的数组。s 视为一维数组时，内有 2 个元素，元素类型为 String[]型。s[0]指向 new String[3]创建的数组对象，对象中的元素均为 String 型，因对象中各属性均有默认值，故 s[0]引用对象的 3 个属性值均为 null。s[1]指向数组对象{"aaa","bbb"}，故 s[1]指向一个有两个元素的 String[]对象，s[1][0]、s[1][1]均为 String 型，分别指向 String 对象"aaa""bbb"。

【辨析】 为何说 Java 数组不是静态数组？

有些资料认为：Java 数组是静态数组，理由是：Java 数组空间已经分配，就不能改变大小。本书认为，这种观点不正确。原因有二：

（1）程序设计理论中，"静态"和"动态"有着特定的含义。静态通常指"编译期间能够决定的"，如基本型/引用型变量（而非对象的大小）的空间大小；动态通常指"运

行期间才能决定的"，如链表中包含多少个结点。Java 的数组空间也可以在运行时确定。例如：

```
int n; 输入 n 的值; int[] a=new int[n]; //编译时 n 的值未知，运行时才能确定
```

（2）Java 的数组也是对象，不能因为数组对象的空间大小不能改变就说它是"静态的"。实际上，绝大多数对象空间大小都是一经分配就无法改变的。例如，String 对象，再比如：

```
class A{int x; char y;String s="abc"; int[] a;}
    //A 型对象的空间大小是无法改变的
```

*2.4　班级信息管理系统 2.0 版

2.4.1　输入输出的格式化

实际应用常遇到一些格式化需求，如商品名称要占据固定宽度，金额要保留两位小数等。虽然 System.out.printf()可完成部分需求，但有时希望获得（而非直接输出）格式化的字符串，以便进一步处理。String 类的静态方法 fromat(⋯)提供了字符串格式化功能：

```
String 类: public static String format(String format, Object… args)
```

因 format()的参数列表与 printf()完全相同，故后者的使用技巧可完全用于前者，只不过二者功能不同：前者获得格式化后的字符串，后者直接输出格式化后的字符串。

format()的使用示例如下：（为更清晰地展示结果，下面用#表示空格）

```
String.format("%5s","001");       //结果为: "##001", 其中 5s 表示字符串宽度为 5
String.format("%-5s","001");      //结果为: "001##", 其中-表示左对齐
String.format("%6.2f",12.345);    //保留小数时会四舍五入，默认右对齐，结果为:
                                  //"#12.35"
```

其中 6.2f 表示：总宽度（整数部分+小数点+小数部分）为 6，保留 2 位小数，f 表示浮点数。

```
String.format("%3.2f",12.345);    //总长度不足，以实际长度为准。结果为: "12.35"
String.format("%-6.2f",12.345);   //结果为: "12.35#"
String.format("%04d",5)           //0（零）表示用 0 填充。结果为: 0005
```

值得注意的是，当字符串涉及中文时出现了问题。例如：

```
String s=String.format("%7s","0 中国 1");
System.out.println("1234567890"); //作为标尺
System.out.println(s);
```

输出结果见图 2.16。

```
1234567890
  0中国1
```

图 2.16　1 个汉字占 2 个字符宽度

由于 Java 中汉字与英文字母和数字地位相同，因此“0 中国 1”被视为 4 个字符。根据“%7s”要求，需要在左侧补充 3 个空格。但本地环境（即实际输出的 DOS 环境）中，一个汉字占用 2 个英文字符的宽度（见图 2.16），这就造成了上述结果。

鉴于此，下面计了一个支持中文字符格式化的工具类 StringFormat，包括求字符串占用的实际宽度、左对齐等，其中核心是识别中文字符的方法 isChinese(char c)。对此方法，建议读者暂不要深究其细节，会用即可（代码详见配套资源 StringFormat.java）。

```
public class StringFormat{                          //可对包含汉字的字符串实施格式化
   public static boolean isChinese(char c) {//识别是否为汉字
      Character.UnicodeBlock ub = Character.UnicodeBlock.of(c);
      if(ub == Character.UnicodeBlock.CJK_UNIFIED_IDEOGRAPHS ||
         ub == Character.UnicodeBlock.CJK_COMPATIBILITY_IDEOGRAPHS  ||
          ub ==Character.UnicodeBlock.CJK_UNIFIED_IDEOGRAPHS_
             EXTENSION_A||
          ub == Character.UnicodeBlock.CJK_UNIFIED_IDEOGRAPHS_
             EXTENSION_B||
          ub ==Character.UnicodeBlock.CJK_SYMBOLS_AND_PUNCTUATION ||
          ub == Character.UnicodeBlock.HALFWIDTH_AND_FULLWIDTH_
             FORMS ||
          ub == Character.UnicodeBlock.GENERAL_PUNCTUATION)
             return true;
      return false;
      }
   public static int length(String s){              //求 s 的实际占用宽度:
                                                    //1 个汉字占 2 个字符宽度
      char[] chAr = s.toCharArray();
      int c=0;
      for(char x: chAr)  c=(isChinese(x))?c+2:c+1;
      return c;
   }
   public static String repeat(char c, int n){ //将字符 c 重复 n 次
      if(n<=0) return null;
      String s="";for(int i=0; i<n; i++)s=s+c;
      return s;
   }
   public static String stringHead(String s, int len){
      //取 s 中从头开始的 len 个字符宽度
      //如: stringHead("ab 中国 cd123",4) 的返回值是"ab 中"
      char[] chAr = s.toCharArray();
      int c=0,i=0;
      for(; i<chAr.length && c<len; i++) //当 c 满足宽度要求时,
                                         //i 就是所取字符的实际数量
         c=(isChinese(chAr[i]))?c+2:c+1;
      return s.substring(0,i); //substring(0,i)源自 String: 从头取 i 个字符
   }
   public static String formatL(String s, int n, char c){ //左对齐
```

```
        //将 s（可能含有汉字）补成长度为 n 的字符串，c 是填充字符，补充在右部
        int len=length(s);
        if(len>=n) return stringHead(s,n); //若超长，则截取
        return s+repeat(c,n-len);           //若不足，则补充字符
    }
}
```

【例 2.12】 在例 2.8 的基础上，对班级管理信息系统进行初步完善：

（1）将学生信息中的年龄改为出生日期（日期型）；

（2）能够以整齐格式输出班级中的学生信息。

目的：①掌握包含中文字符串如何格式化；②理解和掌握日期型数据的读取和输出；③借助 Student 类，理解类中应封装哪些内容。

设计：与例 2.8 相比，本例主要更改了 Student 类：①int 型 age 改为 LocalDate 型 birthday，并调整 read()方法以适应上述变化；②新增输出学生信息的标题行（showTitle），并借助前面展示的工具类 STringFormat，对 toSTring()方法进行了格式对齐（与标题行对齐）。

```
import java.time.LocalDate;     //JDK1.8 新增的日期类
class Student{//学生信息：学号、姓名、性别、年龄、是否党员、语文、数学
    String ID,name; char sex; boolean partyMember; double math,chinese;
    LocalDate birthday;           //将 int age 改为日期型的生日
    static void titleHint(){…}  //无变化，给出数据输入提示
    static void showTitle(){      //作为打印输出时的标题行
        System.out.print(" 学号   姓名   性别  出生日期   党员    数学  语文\n");
        System.out.print("----------------------------------------\n");
    }
    void read(Scanner sc){//从 sc 对象读取所需的所有数据,读取次序与 titleHint()
                          //相同
        ……//读取 ID、name、sex
        String bd=sc.next();           //用于读取生日字符串
        birthday=LocalDate.parse(bd); //将日期型字符串转变成日期型
        ……//读取 partyMember、math、chinese
    }
    public String toString(){          //格式化后的字符串
        String id,xm,xb,dy,sx,yw;
        id=String.format("%-5s",ID);
        xm=StringFormat.formatL(name,8,' ');
            //姓名占 8 个字符，左对齐，不足部分用空格补充。注：1 个汉字占 2 个字符宽度
        xb=(sex=='F'||sex=='f')?"女":( (sex=='M'||sex=='m')?"男":"  ?  ");
        dy=(partyMember==true)?"共产党员":"非党员  ";
        sx=String.format("%-6.2f",math); //整数位至多 3 位，保留 2 为小数，左对齐
        yw=String.format("%-6.2f",chinese);
        return " "+id+" "+xm+" "+xb+" "+birthday+" "+dy+" "+sx+" "+yw;
    }
}
```

StringFormat、BanJi、App 等类基本无变化。

【输出结果】

```
请输入一组学生，输入Ctrl+Z结束，格式为：
学号 姓名 性别 出生日期    党员 数学 语文，  例如：
 001 张三 M 2001-07-15 true 84.2 93.7
   004 赵芬 F 1998-09-18 true 100 20
002 李晓明 M 1997-08-03 false 89 76
001 司马相如 F 2002-07-15 true 73.1 98.6
003    马凯   M 2001-04-01 true 78 99
^Z
班级信息如下：
 学号   姓名    性别  出生日期    党员     数学  语文
------------------------------------------------------------
 004   赵芬      女 1998-09-18 共产党员 100.00  20.00
 002   李晓明    男 1997-08-03 非党员    89.00  76.00
 001   司马相如  女 2002-07-15 共产党员  73.10  98.60
 003   马凯      男 2001-04-01 共产党员  78.00  99.00
班级中共有 4 人。
```

【示例剖析】

（1）java.time.LocalDate 是 JDK 1.8 新增的日期类，用法比以往更简单（更多有关日期、时间的用法见 2.5.1 节）。但要注意，输入日期时必须要严格遵循 yyyy-mm-dd 的格式，如 1998 年 1 月 5 日，不能写成 98-1-5，必须写成 1998-01-05，否则会产生异常错误。读取日期时，先读入日期字符串 bd，如："1998-01-05"，然后借助静态方法 LocalDate.parse(bd)获得 LocalDate 型对象。LocalDate 类重写了 toString()方法，在打印 LocalDate 对象时，可直接输出 yyyy-mm-dd 格式的字符串。

（2）格式化输出通常是让信息占用固定宽度、有特定对齐方式。本例设计 StringFormat 类，以满足对包含中文字符的字符串进行格式化处理。类中的方法均为静态，这样可通过类名直接调用相关方法。类似地，数学类 java.lang.Math 中也只有静态方法。

注意：当输出涉及非中文时，必须使用英文等宽字体，如 Consolas、Courier New 等。若使用非等宽字体，如 Times New Roman，很难展现格式化效果。

类的设计强调"高内聚、低耦合"，要求类中的属性和方法要密切相关（即高内聚），类之间的相关性要尽可能的低（即低耦合）。这样，类的通用性就比较强。例如，本例将针对学生信息的读取（read(…)、titleHint()）、输出（toString、showTitle()）均放在 Student 中。当学生信息发生变更时（如将年龄改为生日），其他类不需要改变，可维护性较好。

若用这种设计：Student 不提供 read()操作，BanJi 类的 append()方法中对学生各项信息进行逐一读取。当 Student 的信息发生改变时，如将年龄改为生日，就要更改 BanJi 类。即一个类的改变，会导致另一个类需要修改。这种依赖性会让软件维护变得复杂。上述设计问题的根源，一方面在于 Student 未提供足够的操作；另一方面，BanJi 类处理了"不属于自己的数据"（即读取学生的各项信息）。

2.4.2 读文件和单项排序

1. 读文件和异常处理

假设有需求：从文件中读取学生成绩数据，并对学号实施排序。从文件读取数据比较简单，将 Scanner 对象的数据源从 System.in 替换成文件，之后的读取操作相同。使用方式如下：

```
File f = new File("a.txt");  //借助 f 可操作当前目录下的 a.txt
Scanner sc=new Scanner(f);   //从 f 读取数据
```

或是直接用：

```
Scanner sc=new Scanner(new File("a.txt"));
```

说明：

（1）内存中需要一个 java.io.File 型变量（也称文件指针）与外存中的文件关联，借助该变量可操纵外存中的文件，如 Scanner 对象从 f 中读取，相当于从 a.txt 中读取。

（2）当前目录，是指读取文件类的 .class 文件所在的目录。也可用绝对路径，例如：

```
new File("d:/Java/a.txt");
```

或是

```
new File("d:\\Java\\a.txt");
```

（3）new Scanner(fp)可能抛出 FileNotFoundException 异常（详见 JDK 中 Scanner 类的构造函数说明），Java 要求必须使用异常处理机制对其处理，否则无法通过编译。这里介绍最简单的异常处理方式：throws Exception，即从 main 到 new Scanner(fp)的调用链上，涉及的所有函数，都必须在函数声明处添加 throws Exception，若未声明，则产生编译错。例如：

```
void readFromFile(File f)throws Exception{//必须声明异常
   …Scanner sc=new Scanner(f);…         //此句可能产生异常
}
… main(String[] args) throws Exception{  //必须声明异常
   … bj.readFromFile(f);…               //对可能产生异常的方法实施了调用
}
```

有读者疑问：若能确保指定位置文件存在，能否不用异常处理？答：不能。Java 实际上通过这种方式（即必须使用异常处理）提醒程序员：要注意文件是否存在。编译时若未发现异常处理，就产生编译错。实际上，很多涉及外存、网络等的操作，常需要进行异常处理。异常处理机制将在后续章节介绍，这里只需要会模仿使用即可。

2. java.util.Arrays.sort(…)的应用框架

OOP 语言常有庞大类库，许多开发环节（如对一组对象排序）可借助类库来完成。特定应用有特定的使用框架。就像乘坐飞机出行，涉及机票代售点、机场、飞机等多个环节（即类），整个操作流程就是乘坐飞机出行的框架。编程不涉及复杂的算法，只需要套用框架即可。

java.util.Arrays 类的静态方法 sort(Object[] a, int start, int len)，可对 a[start],…,a[len–1]的元素实施升序排序。读者会有疑问：对象中属性很多，如学生中有姓名、学号、成绩等，究竟按哪个属性来排序？另外，如果期望排成降序，又如何处理呢？

其实，用 Arrays.sort()对 Student 对象实施排序，应用框架是：让 Student 类实现 Comparable 接口即可。具体而言：①在 Student 的声明处加入 implements Comparable<Student>；②在

Student 类中新增 public int compareTo(Student s)方法，在该方法中指定排序规则：比较的是哪个属性、如何比较（即升序还是降序）。之后，直接调用 Arrays.sort(…)实施排序即可。例如，对 Student 类的 ID 实施升序排序，方式为

```
class Student implements Comparable<Student>{ //对应（1）
  //画线部分表示：实现接口 Comparable<Student>，其中 Student 是比较的类型
    public int compareTo(Student s){           //对应（2）
      //此处 s 的类型必须与前面 Comparable<Student>指定类型相同，即 Student
      //注：实际上是 this 和 s 进行比较，比较结果为-1、0、1，决定升序或降序
        if(ID.compareTo(s.ID)<0)return -1; //String 有 compareTo()方法
        if(ID.equals(s.ID))return 0;
        else return 1;
    } //注：上述是排成升序的比较。若排成降序，将返回值 1、-1 互换即可
}
```

其中 java.lang.Comparable<T>是泛型接口，将在后续章节介绍，此处只需要会模仿应用即可。

【例 2.13】 在例 2.12 的基础上，新增从文件批量读取学生信息存入班级对象。并能对班级中的学生信息按学号升序排序，输出排序前后的结果。

目的：①掌握如何从文件读取数据；②初步认识异常处理概念和实施方式；③掌握借助 Arrays.sort(Object[] obj)对对象数组 obj 实施排序的应用框架。

设计：在例 2.12 基础上做如下更改：

（1）Student 的更改：实现 Comparable<Student>接口，新增 compareTo()方法；

（2）BanJi 类的更改：

新增 readFromFile(File f)，以实现从文件读取批量学生信息；

新增 sort()方法，以调用 Arrays.sort(…)排序。

下面代码仅列出新增或变化部分。代码详见 Ch_2_13.Java。

```
import java.util.Scanner; import java.time.LocalDate;
import java.io.File; import java.util.Arrays;   //新增两个导入类
class Student implements Comparable<Student>{
    /* 以上代码与例 2.12 相同 */
    public int compareTo(Student s){ //会被 Arrays.sort()自动调用
        if(this.ID.compareTo(s.ID)<0)return -1;
        if(this.ID.equals(s.ID))return 0;
        else return 1;
    }
}
class BanJi {
    /*以上代码与例 2.11 相同 */
   void readFromFile(File f)throws Exception{//从文件读取学生数据
        Scanner sc=new Scanner(f);
        sc.nextLine();sc.nextLine(); //注：实际文件的前两行是标题行
        Student s; //下面代码与 append()方法相同
        while(sc.hasNext()==true){s=new Student(); s.read(sc);add(s);}
    }
```

```
    void sort(){Arrays.sort(st,0,renShu);}//对数组 st 实施排序
}
class App{
    public static void main(String[] args) throws Exception{
        BanJi bj=new BanJi(50);   //bj.append();改为从文件读取信息
        File f;  //定义一个文件引用，类似文件指针
        System.out.println("从文件读取数据……");
        f = new File("StudentInfo.txt");
        bj.readFromFile(f);
        System.out.println("班级信息如下：");bj.show();
        System.out.print("\n 按学号排序后：\n");
        bj.sort();   bj.show();
    }
}
```

【输出结果】

从文件读取数据……

你输入的学生信息如下：

学号	姓名	性别	出生日期	党员	数学	语文
002	李红	女	1998-09-13	共产党员	87.30	64.80
001	王平	男	2001-01-01	清白	60.20	77.00
…… 因数据较多，省略……						
012	杨慧琼	女	2001-08-16	清白	69.40	71.40

按学号排序后：

学号	姓名	性别	出生日期	党员	数学	语文
001	王平	男	2001-01-01	清白	60.20	77.00
002	李红	女	1998-09-13	共产党员	87.30	64.80
…… 因数据较多，省略……						
020	马凯	男	2003-01-11	清白	82.70	58.00
021	牛得草	男	2001-04-03	共产党员	82.00	68.40

【示例剖析】

附：StudentInfo.txt 的部分内容。

学号	姓名	性别	出生日期	党员	数学	语文
002	李红	F	1998-09-13	true	87.3	64.8
001	王平	M	2001-01-01	false	60.2	77
……信息较多，此处略……						
012	杨慧琼	F	2001-08-16	false	69.4	71.4

readFromFile(File f)：从文件读取数据。关键是将 f 作为 Scanner 的数据源即可。因文

件的前两行是标题行，不属于数据，因此要空读两行，即 sc.nextLine();　sc.nextLine();

借助 Arrays.sort(Object[] obj)对 obj 排序，要求对象必须是可比较的，即实现 Comparable 接口，并在接口提供的 compareTo()方法中指明比较规则：比较的是哪个属性，通过对比较值（0、1、–1）的调整，决定排成升序还是降序。

Comparable 接口和 Exception 类均位于 java.lang 包中，故可直接使用，不需要导入。但 File 类位于 java.io 包，需要导入。

2.4.3　对班级信息多种方式排序

例 2.13 在用 Arrays.sort(…)排序时，并未在参数中指明排序的依据。换言之，这种排序属于对象的默认排序方式，只能面向一种排序依据。若希望提供多种排序方式备选，如按生日升序，按总成绩降序、按某专科成绩降序，这种排序框架显然无法满足需求。Arrays 的静态方法：sort(T[] a, int fromIndex, int toIndex, Comparator<? super T> c)可实现这一需求。假设基于数学成绩排序，具体应用框架为：①专门定义一个实现接口 java.util.Comparator 的排序类 S，在 S 中定义方法 public int compare (Student a,Student b)，在该方法中比较 a、b 的 math（即指定排序规则）；②之后直接调用 Arrays.sort(st,x,y,new　S())，即可对 st[x]…st[y–1]的数组段基于总成绩实施排序。具体代码如下：

```
class SortByMath implements Comparator<Student>{//数学排序专用类
   public int compare(Student a, Student b){     //按降序排
      if (a.math> b.math) return -1;             //将大小翻转，以实现降序
      else if(a.math<b.math) return 1;
          else return 0;
   }
}
```

排序时，只需执行如下语句：

```
Arrays.sort(st,0,renShu, new SortByMath()); //指明比较器
```

【例 2.14】 对班级信息新增按数学成绩降序排序。

目的： 掌握用 Arrays. sort(T[] a, int from, int to, Comparator<? super T> c)排序的应用框架。

设计： 在例 2.13 基础上做如下更改：①新增类 SortByMath；②在 BanJi 类中新增方法 sortByMyth()，调用 Arrays.sort(…)。下面代码仅列出新增或变化部分，详见 Ch_2_14.Java。

```
……
import java.util.Comparator;                        //新增导入类
class Student implements Comparable<Student>{…}  //与例 2.13 相同
class SortByMath implements Comparator<Student>{ //数学排序专用类
   public int compare(Student a, Student b){      //按降序排
      if (a.math> b.math) return -1;              //将大小翻转，以实现降序
      else if(a.math<b.math) return 1;
      else return 0;
   }
}
```

```
class BanJi {
    …  //属性和方法与例 2.13 相同，并新增如下方法
    void sortByMath(){ Arrays.sort(st,0,renShu,new SortByMath()); }
}
```

输出结果略。

【示例剖析】

要用 Arrays.sort()排序，必须实现 Comparable 或 Comparator 接口，这样相关对象才是“可比较的”。前者实现的是内置比较器，只能嵌入一种比较规则；后者实现外置比较器。一个比较器对应一种排序规则。可根据需要定义多种比较器，以满足不同排序要求。要注意：①实现接口的类不同：Comparable 需要比较对象（如 Student）直接实现（这样才能将比较规则内置到 Student 中），Comparator 则需要建立专门的类（如 SortByMath），以便将比较规则“外置”到 SortByMath 类中。排序时，按需指定排序对象即可。②实现接口对应的方法名称和参数数量均不同，分别为 compareTo(s)和 compare(s1,s2)；调用排序的方式也不同，分别为：Arrays.sort(st,0,renShu)和 Arrays.sort(st,0,renShu, new SortByMath())。

【小知识】 类库的理解、使用和学习

可能有读者认为，实现排序太麻烦了：需要造实现接口，还要指定比较器。不如直接编写排序函数，想怎么排就怎么排！这种做法落伍了。试想坐飞机出差，就必须履行买票、安检、在规定的时间登机等诸多手续或限制。估计没有人会说：手续太麻烦，我自己造个飞机，或者走路去。自己写程序固然灵活，但若涉及复杂的机制，如网络通信、并发机制等，则费时费力且很难实现。即使实现，未经过长期使用，可靠性也很难保证。企业级语言如 Java、C#等提供了庞大的类库，很多公司也开发出特色明显、功能强劲的商业类库（泛称第三方类库）。类库就像生活中的各种社会服务。用户借助这些类库，用简单的代码就能实现复杂的功能。

对庞大的类库，读者不可能更没必要逐一学习。通常的方法是：遇到特定复杂问题（如播放 mp3、上传下载文件、类似 Word 的论坛帖子编辑框等），借助互联网及相关资料查询是否有相关类库。如果有则研究其相关类库及使用框架，借助 demo 示例，先模仿，再拓展，再反思、总结、提炼，最终彻底掌握。

2.4.4 对系统设计的反思

第一门程序设计语言（如 C 语言）及之后的数据结构课程，学习的都是最为基础的程序设计思维，如认识基本语法、掌握经典算法、基于经典数据结构编程等。与之相比，“面向对象程序设计”则更接近软件开发，关注的是应用框架的设计。只有从软件开发的角度审视系统设计，才能真正理解和掌握面向对象程序设计技术。本小节将从软件开发层面提出一些问题或视角，不鼓励立即着手编码，而是希望引发读者从实际软件开发层面对系统设计展开深度思考。为鼓励创新思维，这里不提供问题的解决方案。

假定“班级信息管理系统 2.0 版”使用效果非常好，有中学教师希望使用：需求基本相

同，但课程名称和课程数量不同，如何改？一种可能的方案是：直接修改学生类中课程相关信息。之后又发现，辅助排序类也需要重新设计。经历一番折腾后完成任务。又有大学教师希望使用。而且不同学院、不同专业的课程也很不相同，还有公共选修课……程序员受困于大量烦琐的重复劳动，如果由于粗心遗漏一处，程序就会报错。

被上述任务折磨不堪的程序员开始重新审视设计和反思，他们发现，修改（包含排序辅助类的修改）大多源于课程名称和数量的不同。如果设计时将这部分内容独立出来，让用户按照自己的需求填入适当数量的课程，问题就解决了一大半。例如，单独设计一个“教学计划类”，内置一个数组用于存放课程数据，并提供课程信息维护的基本操作。而学生类也包含一个数组，把学生学习的课程纳入该数组（这样不同学生就可以拥有不同的课程）。这样，课程与学生分开，处理起来就更灵活了。

但这种方式似乎没有解决成绩排序问题。分析发现，对特定课程成绩排序，排序辅助类的差别仅在课程名称不同（类名的区分也是如此）。Java 提供了一种称作“反射”的机制，可以实现：给定字符串形式的类名（如 ABC），若该类存在，可动态生成对应的类（即类 ABC）及相应的对象（即 ABC 型对象）。这种方式显然为排序辅助类的设计提供了很好的思路。按照上述思路对系统重新梳理和设计（常称作“系统重构”）后，面对不同课程的需求，程序员不需要修改代码，在一定程度上减轻了繁杂的维护工作。

另外，需求还可能有其他变更方式，如在班级成绩管理的基础上，要编写学院学生的信息管理，即每个学院有不同专业、年级、班级，并要求能对学院、专业等做一些简单查询和统计。这需要修改数据的存储结构。如果早期设计时考虑到这点，后期的维护就比较方便。

综上可知，在软件设计中，需求通常是不稳定的。每次变更都重新设计系统是不现实的。因此，能够较好应对各种需求变更的设计就是好设计。这里的设计泛指需要程序员定义的内容，如数据组织、有哪些类、对象间如何交互、如何实现业务逻辑等。面向对象程序设计的很多技术，如继承、多态、接口、抽象类等，就是期望从语言层面为“好设计”提供一些支持。更为重要的是，从易于维护角度审视系统设计，才能更高效和深入地理解面向对象技术。

2.5 一些工具类的使用

2.5.1 计算程序运行时间

各类应用系统常涉及日期、时间的处理，如计算两个日期间的天数、测量程序执行耗费的时间等。下面以 JDK1.8 新增的日期、时间类为基础展示一些处理方式，基本可满足常规需要。涉及类 5 个类，但用法十分简单。建议遇到类似需求，模仿即可。

【例 2.15】 编写程序完成如下需求：输入出生日期，显示共计活了多少年、月、日，共计多少天，吃了多少顿饭（按一日三餐计算），以及程序执行时间（毫秒、秒两种方式）。

目的：掌握如何输入日期、如何获取当前日期、从日期中提取年、月、日、计算两个日期之间的差值（以多少年月日方式和多少天方式）、以秒级、毫秒级两种方式计算时间差。

设计：详见代码：Ch_2_15.Java。

```
import java.util.Scanner;  //下面 5 个导入类均是 JDK1.8 新增类
import java.time.LocalDate;      import java.time.Period;
import java.time.Duration;       import java.time.Instant;
import java.time.temporal.ChronoUnit;
class App{
  public static void main(String[] args) {
      Scanner sc=new Scanner(System.in);
      System.out.print("请输入生日(yyyy-mm-dd):");
      String stringDate=sc.nextLine();          //读入字符串表达的日期,
                                                //必须形如 yyyy-mm-dd
         //如若输入: 1998-7-2, 则会产生错误, 必须是: 1998-07-02
      Instant begin = Instant.now();            //开始计时
      LocalDate brithDate=LocalDate.parse(stringDate);
         //将字符串日期转换成真正的日期
      LocalDate today=LocalDate.now();          //获取当前日期
         //从日期中读取年月日
      int y=brithDate.getYear();
      int m=brithDate.getMonthValue();
         //注: getMonth()返回的是英文表示的月(Month 型), 如 May
      int d=brithDate.getDayOfMonth();
      Period p=Period.between(brithDate,today);
      long days=ChronoUnit.DAYS.between(brithDate,today);
         //注: 返回值是 long 型
      System.out.printf("你出生于 %d 年 %d 月 %d 日",y,m,d);
      System.out.printf("\n 你活了 %d 年 %d 个月 %d 天, 共计 %d 天.",
           p.getYears(),p.getMonths(),p.getDays(),days);
      System.out.print("\n 你已经吃了 "+ days*3+" 顿饭。");
      Instant end = Instant.now();
      System.out.print("\n 程序运行了"+
           Duration.between(begin, end).toMillis() +"毫秒");
      System.out.print("\n 程序运行了"+
           Duration.between(begin, end).getSeconds() +"秒");
  }
}
```

【输出结果】

```
请输入生日(yyyy-mm-dd):1998-08-18
你出生于 1998 年 8 月 18 日
你活了 21 年 3 个月 16 天, 共计 7778 天.
你已经吃了 23334 顿饭。
程序运行了 59 毫秒
程序运行了 0 秒
```

【示例剖析】

虽然使用到的类比较多（共计 5 个），但用法十分简单。模仿即可。

2.5.2 生成验证码、计算π

1. 生成验证码

随机数在软件开发中很常用，如生成登录的验证码、随机展示图片、扑克洗牌、样本抽取等。java.util.Random 类可产生随机数对象，借助该对象可产生一组 int 或 double 型的随机数。随机数通常是对特定数值（被称作种子）进行复杂运算产生。下面展示随机数的构造和使用：

1）创建随机数对象（又称随机数产生器）

```
r=new Random(1000);  或是

r= new Random();
```

注：前者用 1000 做种子，后者用 Random 随机产生的数值做种子。

2）借助随机数对象获取随机数

```
int a=r.nextInt();                              //获取 int 范围内任意数
int b=r.nextInt(10);                            //0 ≤ b < 10
double c=r.nextDouble();                        //0.0 ≤ c < 1.0
```

例如：

```
int x=r.nextInt(5)+1;                          //结果:  1≤ x ≤ 5
double d=5+r.nextInt(5)+r.nextDouble();       //结果:  5.0 ≤ d < 10.0
```

【例 2.16】 利用随机数类 Random，生成五位随机码。

目的：①掌握随机数对象的构造和使用方式；②掌握随机数的基本应用技巧。

设计：用数组存储候选字符，用随机数作为字符数组的下标，进而获得随机字符。

详见代码：Ch_2_16.Java。

```
import java.util.Random;   //随机数类 Random 位于 java.util 包中
class App{
    public static void main(String[] args) {
        int pos, len;  len=5;                 //假定产生 5 位验证码
        String s="589abcpq0rtu6vwxyhzAB 章 CeD 王 EFG 李 UHI3
           赵 7JKsLMsdfRSXYZ@#$%&()!+-";
            //s 是随机数候选字符组成的字符串，数组中字符可任意排列、可有重复
        char[] charSet=s.toCharArray();    //产生验证码候选字符数组
        char[] yzmCh=new char[len];         //用于存储生成的验证码
        Random r=new Random();              //创建随机数产生器对象
        for(int i=0; i<len; i++){
            pos=r.nextInt(charSet.length); //产生的随机数作为下标
            yzmCh[i]=charSet[pos];          //读取对应的候选字符
        }
        System.out.print("产生的验证码为：");
        for(char c: yzmCh)System.out.print(" "+c);
    }
}
```

【输出结果】

```
产生的验证码为：E b I r U
```

【示例剖析】

建议用无参方式构造随机数对象，因为①这种方式的种子由系统算法产生，更复杂：详见 src.zip 包 java.util.Random.Java；②给定种子，产生的随机数序列是确定的，即这种随机数是伪随机。实际上，任何用算法产生的随机数都是伪随机数。例如：

```
Random a=new Random(100);
for(i=0; i<5; i++)System.out.print(a.nextInt()+"  ");
```

不论何时运行，a 产生前 5 个随机数始终为

```
-1193959466  -1139614796  837415749  -1220615319  -1429538713
```

nextInt(n)执行 n 次，不要指望能生成 n 个完全不同的数。例如扑克洗牌：初始集 S={红桃 A,…,黑桃 A,…,梅花 A,…,方块 A,…,小王,大王}。用 r.nextInt(54)生成 54 个随机数作为下标，继而得到洗牌结果。这种方式有问题：①产生的随机数可能相同，如可能产生多个 5；②某些数据也可能一次都不出现，如即使调用 nextInt(54)1000 次，可能一直未产生 15。实际上，扑克洗牌的常见策略是：每次产生 2 个随机数 x，y，交换 S[x]和 S[y]的牌面，如此重复 1000 次。这种方式不会造成“多牌”“少牌”现象。请思考原因。

2. 计算 π

1777 年法国科学家浦丰提出用随机投针法计算圆周率，见图 2.17 (a)。具体步骤为：①取一张白纸，在上面画上许多条间距为 D 的平行线；②取一根长度为 L（L < D）的针，随机地向画有平行直线的纸上掷 n 次，记录针与直线相交的次数，记为 m；③ π = (2 × 针长 ÷ 线距) × (试验次数 ÷ 相交次数)。若线距是针长的 2 倍，则 π = 试验次数 ÷ 相交次数。

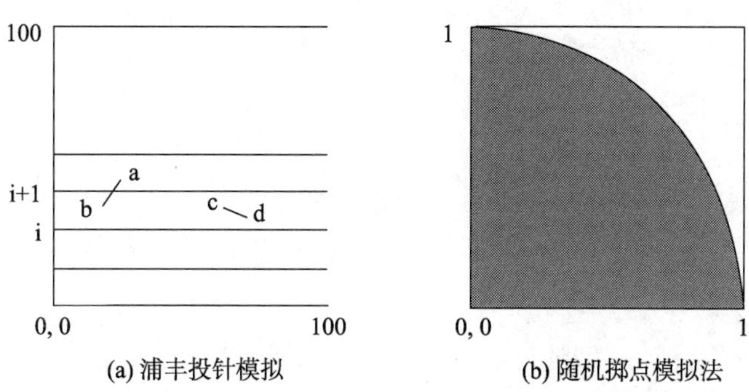

图 2.17　圆周率计算的两种方法图示

另外，随机掷点法也是计算圆周率的经典方法，见图 2.17(b)，边长为 1 的正方形面积为 1，其中的扇形面积则为 $\frac{\pi}{4}$。向正方形中随机掷 n 个点（n 足够大），假设有 m 个点位于圆中，则可将 n 和 m 分别视为正方形面积和圆形面积。故：圆面积 ÷ 正方形面积 = (π/4) ÷ 1 = m ÷ n。容易得出：π = 4 × m ÷ n。

【例 2.17】 模拟浦丰投针实验计算圆周率。

目的：①掌握随机数实验的模拟和设计；②了解 Math 类及其应用。

设计：将长为 100 的纵轴分成 100 条线，间距为 1，针长为 0.5。投针：随机生成针的一端坐标点(x,y)和角度 jd，结合针长，可计算出针另一端的坐标(x1,y1)。若 y、y1 的整数位不同，见图 2.17(a)中的 a、b 两点，则针与线相交，否则不相交（见图 2.17(a)中的 c、d 两点）。注意：由于针两端的横坐标不参与相交判断，只需控制横坐标不越界即可。因此在生成坐标点时，可以不计算横坐标。代码详见：Ch_2_17.Java。

```
import java.util.Random;        //随机数类 Random 位于 java.util 包中
class TestPF{
    double d,dd,width,high;     //dd 为间距，d 为针长,width,high 为区域的宽和高
    //假设在(0,0)到(100,100)的单位空间中，分 100 条横线行间距是 1.0，针长就是 0.5
    TestPF(){width=100; high=100; dd=1; d=0.5;}
    double x,y,x1,y1,jd;        //坐标(x,y)和(x1,y1)，jd 为随机角度
    void PF(int n){             //n 是试验次数
        Random r=new Random();int count=0;
        for(int i=0; i<n; i++){
            jd=r.nextInt(360)+r.nextDouble();
            y=r.nextInt(99)+r.nextDouble();y1=y+d*Math.sin(jd);
            if(Math.floor(y)!= Math.floor(y1))count++;
                                //若整数位相等，必不相交
        }
        System.out.println("投针"+n+"次，相交"+count+"次，
           PI="+n*1.0/count);
    }
}
class App{
    public static void main(String[] args) {
        TestPF pf=new TestPF();
        pf.PF(2122);pf.PF(2122000);
    }
}
```

【输出结果】

```
投针 2122 次，相交 672 次，PI=3.1577380952380953
投针 2122000 次，相交 674747 次，PI=3.1448824522376535
```

【示例剖析】

注意：若单纯生成 int 型随机数进行验证，如间距为 2，针长为 1，y=r.nextInt(…)，结果不理想。读者可在模拟随机掷点法求 π 时进行尝试。

Math 位于 java.lang 包，就像 System 类一样，可以直接使用，不需要导入。另外，该类中的所有方法均为静态，可通过类名调用。如 Math.round(x)、Math.floor(x)、Math.ceil(x)分别是对 x 四舍五入、向下取整、向上取整。

2.5.3 识别 C 标识符、手机号码、邮箱

C 标识符由若干个字母、数字、下画线组成，且数字不能放开头。例如，若不考虑区分

关键字，语句 long a123=11+b123–1234L;中，标识符包括 long、a123、b123。用 C 语言很难写出识别标识符的算法：因为标识符是按照规则识别，而非匹配固定字符串。

正则表达式（regular expression）是描述字符串组成规则的“特殊字符串”。java.util.regex 是专门处理正则表达式的包，其中类 Pattern 和 Matcher 封装了处理正则表达式的主要机制。String 类也有几个处理正则表达式的方法。

为方便描述规则，需要一组词法记号。表 2.2 给出了部分记号示例。Pattern 类说明文档中，对构造正则表达式的各种记号进行了系统的说明。

表 2.2　Java 正则表达式的常用元字符和量词

元字符描述：表达特定含义				量词描述：表达重复次数	
记号	含义	记号	含义	记号	含义
\d	数字	\D	数字以外的字符	X?	X 出现 0 或 1 次
.	任何一个字符（换行除外）	\w	字字符（英文字母、数字、下画线）	X*	X 重复多次（≥0 次）
\s	空白字符			X+	X 重复多次（≥1 次）
[]	要查找的字符集	\W	字字符以外的字符	X{n}	X 重复 n 次
-	一段连续的范围	^	不存在的字符	X{n,}	X 重复至少 n 次
&&	并且	()	刻画一个整体	X{n,m}	X 重复至少 n 次，至多 m 次

例如：

```
[aeiou]        匹配"a"、"e"、"i"、"o"、"u"中的任何一个字符
[a-cA-C]       匹配'a'、'b'、'c'、'A'、'B'、'C'中的任何一个字符
[^abc]         匹配'a'、'b'、'c'之外的任何一个字符
[^a-c0-2]      匹配'a'、'b'、'c'、'0'、'1'、'2'之外的任何一个字符
[a-z&&[^bc]] 匹配除'b'、'c'之外的所有小写英文字母
```

注意：上述描述只能匹配一个字符。若要匹配多个字符，建议用量词，例如：

```
(abc){3}         匹配 abcabcabc        //即括号中的内容重复 3 次
```

思考：[abc]{3}能匹配什么样的单词呢？

```
[a-zA-Z_]+(\\w)*     匹配 C 标识符
```

注意：“元字符”不是“转义符”。若希望表达元字符“\w”，需要用转义符'\\'表示'\'，即用"\\w"表示\w。类似地，描述\d、\D、\W、\s 也应做相似处理。

再看一个略复杂的描述。手机号码定义规则为：13（0～9）、14（5、7 或 9）、15（0～3、5～9）、17（0～3、5～8）、18（0～9）等开头，后接 8 位数字。匹配手机号码的正则表达式为

```
(13[0-9]|14[579]|15[0-35-9]|17[0-35-8]|18[0-9]){1}\\d{8}
```

下面结合示例，展示正则表达式的构造和使用。

【例 2.18】 给定语句字符串和正则表达式，识别出语句中所有与正则式匹配的单词。以

C 标识符、手机号码、邮箱为例进行验证。

目的：①理解正则表达式的含义，掌握其构造方式和若干注意事项；②掌握如何从字符串中提取候选单词；③掌握如何检测单词是否满足正则表达式。

设计：从语句中识别单词的基本步骤如下：

（1）执行 text.split(reg)，从语句串 text 中提取所有候选单词。其中 reg 是描述分隔符的正则表达式。分隔符由“不可能在单词中出现的若干字符”组成。为识别 C 标识符，分隔符设为[\\W]+，其中\W 表示“英文字母、数字、下画线以外的所有字符”，“+”表示这种字符至少有 1 个。因邮箱名称中包含“.”“、”“@”等字符，故提取邮箱的分隔符应是“[\\W&&[^.@]]+”，即将这两个字符从分隔符排除。详见 Recognizer 类中的 getWords(…)。

（2）将候选单词与正则式匹配，获得满足条件的单词。

方式 1：借助 String 类的 matches(String reg)方法，例如：（详见 recognize (…)）

word.matches(reg)，若 word 与正则式 reg 匹配，则返回 true，否则返回 false

方式 2：借助 Pattern、Matcher 类获得匹配结果，例如：（详见 recognize1(…)）

```
Pattern p=Pattern.compile(reg);    Matcher m=p.matcher(word);
```

之后 m.matches()可返回 m 中的 word 是否匹配 p 中的 reg

```
import java.util.regex.Pattern; import java.util.regex.Matcher;
class Recognizer{                                            //智能识别器
    static String[] getWords(String text) {                 //提取单词
        System.out.print("给定的字符串是："+text);
        //将英文字母、数字、下画线、.、@以外的字符作为分隔符
          (加入.、@是为了将邮箱作为单词)
        String[] words=text.split("[\\W&&[^.@]]+");
        System.out.print("\n 分离出的单词是：");
        for(String x:words)System.out.print(x+"、"); //、作为分隔符
        return words;
    }
    static void recognize(String text, String reg){ //方式 1：用 String 的
                                                    //matches()识别
        String[] words=getWords(text);
        System.out.print("\n 识别出的单词是：");
        for(int i=0; i<words.length; i++)           //识别并输出识别结果
        if(words[i].matches(reg)==true)
            System.out.print(words[i]+"、");
    }
    static void recognize1(String text, String reg) {//方式 2：用 Pattern、
                                                    //Matcher 识别
        Matcher m;  String[] words=getWords(text);
        System.out.print("\n 识别出的单词是：");
        Pattern p=Pattern.compile(reg); //先对正则表达式 reg 编译（即预处理）
        for(int i=0; i<words.length; i++) {
```

```
            m=p.matcher(words[i]);
            if(m.matches()==true)
                System.out.print(words[i]+"、");
        }
    }
}
class App{
    public static void main(String[] args) {String text,reg;
        System.out.print("==== 下面识别 C 标识符 =====\n"); //
        text="int  x,y,a12; m=567+y11; z= 张三 + 15L";
        reg="[a-zA-Z_]([0-9a-zA-Z_])*";
        Recognizer.recognize(text, reg); //用 String 类进行识别
        System.out.print("\n==== 下面识别电话号码 =====\n");//
        text="张三的电话是 15907911234   1681234567   12345678912
                   13107911234";
        reg="(15[0-35-9]|13[0-9]){1}(\\d){8}";
        Recognizer.recognize1(text, reg); //借助 Pattern、Matcher 类识别
        System.out.print("\n==== 下面识别邮箱 =====\n");//
        text="张三的邮箱 aa.bb.cc - 341234@qq.com abc.@123.com
                  xyz@123.com.  abc@163.com; xyz@sina.com.cn; ";
        reg="([\\w]+@[\\w]+.[\\w]+)|([\\w]+@[\\w]+.[\\w]+.[\\w]+)";
        Recognizer.recognize(text, reg);
    }
}
```

【输出结果】

```
==== 下面识别 C 标识符 =====
给定的字符串是: int  x,y,a12; m=567+y11; z= 张三+15L
分离出的单词是: int、x、y、a12、m、567、y11、z、15L、
识别出的单词是: int、x、y、a12、m、y11、z、
==== 下面识别电话号码 =====
给定的字符串是: 张三的电话是 15907911234   1681234567   12345678912
                13107911234
分离出的单词是:、15907911234、1681234567、12345678912、13107911234、
识别出的单词是: 15907911234、13107911234、
==== 下面识别邮箱 =====
给定的字符串是: 张三的邮箱 aa.bb.cc - 341234@qq.com abc.@123.com xyz@123.com.
                abc@163.com; xyz@sina.com.cn;
分离出的单词是:、aa.bb.cc、341234@qq.com、abc.@123.com、xyz@123.com.、
          abc@163.com、xyz@sina.com.cn、
识别出的单词是: 341234@qq.com、abc@163.com、xyz@sina.com.cn、
```

【示例剖析】

识别过程可视为工具操作，故 Recognizer 类中的 recognize (..)和 recognize1(..)均设为静态方法，可通过类名直接调用，相关数据通过参数传入。另外，这两个静态方法中使用了

getWords(…)，该方法也需要设置成静态的，具体原因见 3.3.5 节。

总体框架为：先用 text.split(reg)，从语句 text 中提取候选单词，然后再对候选单词逐一识别。注意：形如\x 的元字符（如\d、\D、\w、\W 等），外观与转义符相似，为避免 JVM 将其作为转义符（即：不存在的转义符），因此必须用\\x 形式描述，如\\d 等。

对 split("[\\W&&[^.@]]+")，若不带+号，就是以单字符作为分隔符，将会产生很多无用的空字符""（注意不是 null）。如，对语句"int###y"（#表示空格），将产生 4 个单词，int、""、""、y。另外，在识别电话号码、邮箱时，为何候选序列前有个“、”，而识别 C 标识符没有？实际上，“、”之前输出的是空字符串""。split()提取单词时，将“起始位置到第一组分隔符之间的内容”作为第 1 个单词，如对“int　x……”，第一组分隔符是"　"，故第一个单词是"int"；对“张三的电话是 159…”，第一组分隔符是"张三的电话是"，故第一个单词是""。注意：在正则表达式描述中，字符仅包含英文字符，不包含汉字等。

String 类中的正则表达式仅能满足于字符串相关的基本要求。Pattern 提供了更强大的正则表达式处理机制，例如 compile(…)实际上还可加入 int 型参数 flag，如加入 COMMENTS 可以忽略空白和注释，加入 CASE_INSENSITIVE 让匹配大小写不敏感（默认是敏感），详见 Pattern 类说明。

转义符在任何场合都能使用，但正则表达式只能在特定场合使用，如 String 类 API 说明中，只有参数名为 regex 的地方才支持正则表达式，涉及 split(…)、matches(…)、replaceAll(…)、replaceFirst(…)等少数几个方法。如：String　replaceAll(String regex, String rep)，只有第一个参数支持正则表达式，第二个不支持。

【思考】如何实现将语句中的所有大写数字替换成小写数字，如“四百五十”替换成“450”，将“一千零五”替换成“1005”。（注：此题难度较高。）

正则表达式应用领域很广。如 iReader 等文本阅读器可自动对文本格式化处理：自动产生章节目录等、对章节标题的字体字号特殊处理、行首自动缩进等，前提就是借助正则式识别出章节目录。再比如，信息的模糊识别，如找出形如"赣??8?26"的所有车牌、提取网页中的电话号码等，这些都涉及了正则表达式的使用。另外，要注意不同语言支持的正则表达式描述符通常存在差别。

练习 2.4

1. 编写工具类 RandUtil，内有以下两个方法：

int[] randInt(int min, int max, int num)：返回值位于 max、min 之间的 num 个随机整数；

int[][]randInt(int row, int cow, int min, int max)：返回 row 行 cow 列的不规则数组，其中每行值的数量至少 1 个，至多 cow 个，数值位于 max、min 之间。

2. 利用随机数，模拟微信发红包。即假定红包为 x 元，发给 y 个人，恰好发完，且每个人都能得到大于 0 的金额$\left(\text{若 } y>2\text{，则个人所得金额应小于 } \frac{x}{2}\right)$。输出每个人所得的金额。

3. 扩展例 2.11 中 StringFormat，加入一个方法：sort(String [] a, int begin, int end)，可以对 a[begin]…a[end]进行排序。注意，字符串可以包含中文。

4. 给定如下文本：

手机 13766665959 的网友说：这首歌很怀旧。

座机 0791-8120410 打来电话说：我想点歌，可忘记歌名了。

利用正则表达式，屏蔽具体的号码，只显示尾部 4 个数字，即处理成：

手机尾号 5959 的网友说：这首歌很怀旧。

座机尾号 0410 打来电话说：我想点歌，可忘记歌名了。

5. 对 Java 源程序 Ch_2_1.Java，利用正则表达式技术为每行加入行号，并输出结果。

【提高】 将源程序格式化成锯齿形。提示：可以考虑多轮处理，如第一遍先删除行首空格、删除空行，第二遍识别 if、while、{ 等标志，下一行的行首空格数=标志的行首空格数+4。

6. 利用 RandUtil 类产生 1000 个随机数，并将其同时存入四个数组 a1、a2、a3、a4，编写冒泡排序、选择排序、快速排序，分别对 a1、a2、a3 进行排序，用 Arrays 的 sort()方法对 a4 进行排序，输出四种方法各自占用的时间。

*2.6　综合示例

2.6.1　示例：设计文本计算器

文本计算器能计算用字符串描述的算式，如：1.2+(3.4-5.6)*7.8。它的实现机理很简单：识别出字符串中的数值（如"12.34"）和算符（如'+'），然后按特定计算策略实施计算。借助正则表达式，可方便从字符串中提取数值字符串；借助包装器类，能方便将数值型字符串转换成数值，还有适用各种类型的系统预定义的栈，实现时重点关注表达式计算方法即可。下面先简单介绍实现文本计算器的关键步骤和涉及的技术，之后给出实现代码。

1. 以加减乘除、括号、空格、\t、#等作为分隔符，提取数值型数据

例如：

```
"5 * (4.1 + 2 -6/(8-2))".split("[+\\-*/() \t#]+")  //注：正则式中有一空格
```

上式结果为{"5","4.1","2","6","8","2"}。

注意："-"在表示范围的"[ ]"中有特殊含义（如[a-z]），在特指"-"字符时，需要转义。

2. 用包装器类实现字符串-数值间的相互转换

基本型不能像类那样封装方法，故 Java 为每个基本型均提供一个对应的类，即 Byte、Short、Integer、Long、Float、Double、Character、Boolean，统称为包装器类。包装器类提供了基本型与 String 型相互转换等常用功能，并包含一些属性，如最大值、最小值等。下面以 Double 类为例，介绍本节将使用的类型转换。其他包装器类型的使用与此类似。

（1）基本型与引用型之间的自动转换，例如：

```
Double  D=1.5;  //将基本型数据 1.5 自动转换成引用型数据，称作"自动装箱"
double  d=D;    //将引用型数据 D 自动转换成基本型数据，称作"自动拆箱"
```

注意： double 可兼容 int，但 Double 不能兼容 Integer。引用型赋值兼容规则详见第 3 章。

如：Double d=5; //语法错，5 会被自动装箱成 Integer，Double 不能兼容 Integer

（2）基本型、包装器型与 String 型之间的相互转换，例如：

```
String 转 double: double d=Double.parseDouble("1.2");
double 转 String: String s=Double.toString(3.14);  或：s=""+3.14;
String 转 Double: Double objD=new Double("1.2");
Double 转 String: String s=objD.toString();
```

注意： Double 类有两个 toString 方法：静态有参 toString(…)、非静态无参 toString()。

3. 实现存放数值和字符的栈：用 java.util.Stack<T>

对栈，无论存放何种类型数据，其功能均大体相同，即只能从栈顶压入/弹出数据，具有判空操作，能获取栈顶元素等。java.util.Stack<T>是泛型栈，使用时只需将 T 替换成所需类型（注：T 只能被引用型替换）。例如：

```
Stack<Character> sc=new Stack<Character>();
                                            //sc 能容纳 Character/char 型数据
Stack<Double>sd=new Stack<Double>();    //sd 能容纳 Double/double 型数据
push(x)、pop()、empty()、peek()可实现入栈、出栈、判空、读取栈顶元素的功能
```

4. 表达式计算算法

表达式计算算法比较简单，用到两个栈：操作数栈和操作符栈。为方便计算，在文本串的首尾分别加入一个'#'。当两个#相遇时，计算结束。计算策略如下：

```
开始扫描文本串，读取单词 x；初始化操作符栈、操作数栈；
while（未到文本串末尾  或者 操作符栈不为空）{
    if（x 是操作数）操作数栈.push(x);
    else if（x 是操作符）//下面的"内"指栈顶元素的优先级；"外"指 x 的优先级
        if（内小外大）操作符栈.push(x);          //如 1+2*3，栈内为+，栈外为*
        else if（内外相等）弹出栈顶；            //栈内为(，栈外为)，或栈内外均为#
        else if（内大外小）{                    //如 1*2+3，内为*，外为+
           实施计算并将结果压入栈；continue；}//注：栈外 x 不变，故不能继续读
    继续读下一个字符；
}//返回操作数栈栈顶元素
```

【例 2.19】 实现文本计算器：给定正确描述的语句，如$(1+2.5)\times 3-4$，或是$1+2\times(3+4)$，

能得到正确的运算。其中运算符支持加减乘除，支持括号，但可以不支持负数。

目的：①掌握包装器类及其使用；②掌握泛型栈及其使用；③综合应用正则表达式、包装器类、泛型栈，实现表达式计算。

设计：类 MyExpression 用于实现表达式计算，设计框架如下：

```
class MyExpression{
    String exp;                                              //待计算的文本表达式
    MyExpression(String strData){exp=strData;}              //传入文本表达式
    boolean isOpChar(char c) { … }                           //判断是否是操作符
    char comparePRI(char a, char b) { … }                    //比较运算符的优先级
    double compute(double x, double y, char c) { … }  //具体计算
    double expCompute(){ … }                              //文本表达式的分析和计算
}//代码详见 Ch_2_19.Java
```

```
import java.util.Scanner; import java.util.Stack;
class MyExpression{
    String exp;//代表待计算的文本表达式
    MyExpression(String strData){exp=strData;}
    boolean isOpChar(char c){//判断是否是操作符
        return(c=='+' || c=='-' || c=='*' || c=='/' || c=='(' ||c==')'
              || c=='#');
        //也可写成: return "+-*/()#".indexof(c)!=-1;  //-1 表示 c 未在
                                                      //"+-*/()#"找到
    }
    char comparePRI(char a, char b){
    /* 优先级比较列表：第一列代表栈顶算符，第一行代表栈外运算符，第一列代表栈顶运算符
              +     -     *     /     (     )     #
    ---------------------------------------------------
        +  |  >     >     <     <     <     >     >
        -  |  >     >     <     <     <     >     >
        *  |  >     >     >     >     <     >     >
        /  |  >     >     >     >     <     >     >
        (  |  <     <     <     <     <     =     e
        )  |  >     >     >     >     e     >     >
        #  |  <     <     <     <     <     e     =
        **/
        if( (a=='('&& b=='#') || (a==')'&& b=='(') || (a=='#'&& b==')') )
          return 'e';/*error*/
        if( (a=='('&& b==')')|| (a=='#'&& b=='#') ) return '=';
        if(  a=='(' ||a=='#' ||
          (a=='+'||a=='-')&&(b=='*'||b=='/'||b=='(') ||
          (a=='*'|| a=='/')&& b=='(')  return '<';
         else return '>';
    }
    double compute(double x, double y, char c){ //比较运算符的优先级
        if(c=='+') return x+y;
        if(c=='-')  return x-y;
        if(c=='*')  return x*y;
```

```
     if(c=='/'&& y!=0)  return x/y;
    return 0;
  }
  double expCompute(){                                    //表达式计算
     Stack<Character> stkChar=new Stack<Character>();//操作符栈
     Stack<Double>   stkData=new Stack<Double>();     //操作数栈
     double a,b,r;            //为计算设置，形如 r=a+b;
     char opChar, pr;         //操作符、 pr 是优先级比较结果
     int i=0,k=0;             //i 用于扫描表达式，k 用于扫描操作数数组
     String s1=exp+"#";  stkChar.push('#');            //预处理
     String[] strData=exp.split("[+\\-*/() \t#]+");//提取操作数
     if(strData[0].equals(""))k=1;//如(1+2)*3 会在第 1 个位置产生空串，
                                  //直接跨过
     char[] c=s1.toCharArray();   //数组更易于文本的逐字符扫描
     while(i<c.length||stkChar.empty()==false){
        if(c[i]>='0'&&c[i]<='9'){//扫到数字就跨过操作数，从操作数数组获得数据
           while(i<c.length&&(c[i]>='0'&&c[i]<='9'||c[i]=='.') )i++;
                  //跨过数据
           stkData.push(new Double(strData[k])); k++; //将数压入栈
           continue;//注：此处已经读到非数字，故直接跳转到循环起始处
        }
        if (isOpChar(c[i])){  //c[i]是操作符，peek()读取栈顶元素（但不出栈）
           pr=comparePRI(stkChar.peek(),c[i]);
           if(pr=='<')stkChar.push(c[i]);
           else if(pr=='=')stkChar.pop();//左右括号相遇或两个'#'相遇
           else if(pr=='>'){                       //实施计算
              b=stkData.pop(); a=stkData.pop();
                opChar=stkChar.pop();
              r=compute(a,b,opChar); stkData.push(r);
              continue;//注：计算后栈外元素不变，故直接跳转到循环起始处
           } else if(pr=='e')return 0;        //有错
        }  i++;                                //继续读下一个字符
     }
     r=stkData.pop();    return r; //结束时，从栈中弹出并返回结果数据
  }
}
class App{
  public static void main(String[] args) {
    Scanner stkChar=new Scanner(System.in);
    System.out.print("请输入四则运算表达式(支持括号): \n");
    String exp=stkChar.nextLine();
    MyExpression e=new MyExpression(exp);
    System.out.print("="+e.expCompute());
    }
}
```

【输出结果】

```
请输入四则运算表达式(支持括号)：
(1.8+2.2)*3-4*5
=-8.0
```

【示例剖析】

用 k 作为操作数数组的下标，因"(1+2)*3".split("[+\\-*/() \t#]+")的结果为{"","1","2","3"}，故判断第一个数是否为""，以决定 k 的初值是 0 或 1。特别注意："-" 在表示范围的方框 "[ ]" 中有特殊含义，如[a-z]，故用 "-" 作为分隔符时，必须使用转义，即\\-。

可能有读者认为：isOpChar()完全不必写成函数形式，可以将功能直接放在程序中。本书认为：有些时候，简洁易读，比微不足道的效率提升更重要。isOpChar()体现了功能的封装性，当增加新的运算符时，只需要修改该函数就可以了。这让程序更易于维护。

本例实现的文本计算器还不完善，如不支持负数，或者当非表达式非法时，将直接报错。可新增一个预处理函数，检测括号是否匹配、数值型数据是否合法、运算符是否正确、是否存在非法字符等。若遇到负数，如-x，直接将其改为(0-x)即可。请读者自行完善。

2.6.2　示例：游戏中玩家组队

【例 2.20】 模拟实现如下需求：某游戏中玩家与其他玩家可在游戏开始前结盟，也可不结盟。一个玩家只能加入一个联盟。同一联盟的玩家间不能相互攻击，不同联盟及自由玩家间互为敌人，可相互攻击。另外，玩家可以查看所属联盟体的所有玩家信息，每个联盟至多允许加入 10 位玩家。请编写代码，模拟上述功能的实现。

目的： 理解如何基于需求设计类之间的组织结构，掌握对象间如何建立关联（即联盟）。

设计： 定义了联盟类 Ally 和玩家类 Player，其中 Ally 内有联盟名称和玩家数组，Player 内有姓名和指向联盟对象的指针。两类对象间的结构见图 2.18。基于此设计很容易描述结盟、识别友军。如，若多个玩家指向同一个联盟对象，表示玩家结盟；若玩家的 ally 指针为 null，表示是独行侠，见图中的赵二、马六。若两玩家的联盟指针地址相同且均非空，则为友军，见图中王大、张三；通过联盟对象，可方便显示该联盟所有成员信息。联盟类 Ally 和玩家类 Player 框架如下：

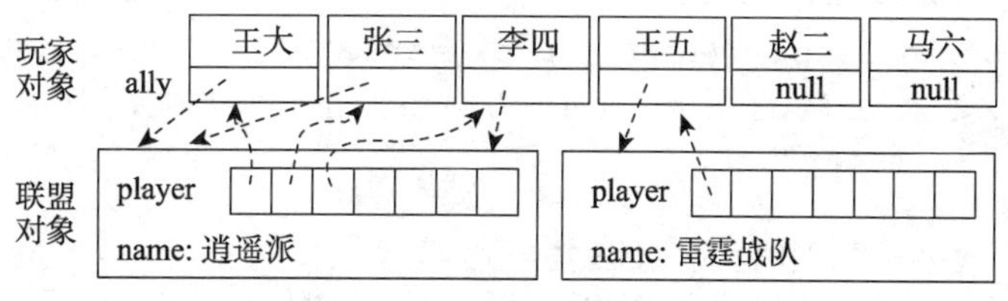

图 2.18　联盟与玩家组织结构图

```
class Ally {属性：名称、联盟成员数组； 操作：构造函数、添加成员、显示所有成员 }
class  Player { 属性：名称、所属联盟（注：未加入联盟则为 null）
    操作：构造函数 2 个（对应加入盟军或自由人）、各属性的 get/set、toString()、
         友军识别及显示 isFriend()、showInfoIsFriend、显示本联盟的所有成员}
```

代码详见 Ch_2_20.Java。

```
class Ally{//游戏中的联盟
    String name;                                    //联盟的名称
    final int maxNum=10;
    Player[] player=new Player[maxNum];             //联盟中的玩家
    Ally(String s){ name=s; }
    void addMember(Player p){                       //增加成员
        for(int i=0; i<player.length; i++)          //将玩家加入联盟对象中的数组
            if(player[i]==null) { player[i]=p; return;  }
        System.out.print("\n 该联盟成员已满，无法加入！\n");
    }
    public String toString(){
        String s="【"+name+"】全部成员：";
        for(int i=0; i<player.length; i++)
            if(player[i]!=null)s=s+player[i]+" ";
        return s;
    }
}
class Player{                                       //玩家类
    String name;   Ally ally;                       //玩家的姓名、所属联盟
    Player(String n, Ally a){  name=n;              //下面建立玩家与联盟之间的双向指针
        this.ally=a;                                //玩家对象（即 this）指向联盟。
                                                    //注：可省略 this
        ally.addMember(this);                       //联盟对象指向玩家
    }
    Player(String n){ name=n; ally=null; }
                                                    //不提供联盟信息，就是不结盟
    public String toString(){return name;}
    boolean isFriend(Player p){                     //注意：独立玩家的 lm 指针为 null
        if(this.ally==null||p.ally==null)return false;
                                                    //自己或者对方是独立玩家
        return this.ally==p.ally;
    }
    void showIsFriend(Player p){                    //显示"是否为朋友"的输出信息
        String result=(isFriend(p)==true)?"是！ ":"不是！ ";
        System.out.print(name+" 与 "+p.name+" 是朋友？ "
            +result+"\n");
    }
    void showAllyInfo(){//System.out.println(ally);
        if(ally!=null)  System.out.println(ally);
        else System.out.println(name+" 是独行侠，未加入任何联盟！ ");
    }
}
class App{
    public static void main(String[] args) {Ally a1,a2;
        a1=new Ally("逍遥派"); a2=new Ally("雷霆战队");
        Player[] p={ new Player("王大",a1),new Player("赵二"),
            new Player("张三",a1),new Player("李四",a1),
```

```
        new Player("王五",a2),new Player("马六")};
    System.out.println("======组队情况如下：");
    System.out.print(a1+"\n"+a2+"\n");
    System.out.print("======验证玩家显示联盟信息，以 p[0]、p[1]、p[5]
      为例：\n");
    p[0].showAllyInfo();p[1].showAllyInfo();
      p[5].showAllyInfo();
    System.out.print("======验证是否为朋友：\n");
    p[0].showIsFriend(p[1]);
    p[0].showIsFriend(p[2]);
    p[1].showIsFriend(p[5]);
  }
}
```

【输出结果】

```
======组队情况如下:
【逍遥派】全部成员：王大 张三 李四
【雷霆战队】全部成员：王五
======验证玩家显示联盟信息，以 p[0]、p[1]、p[5]为例:
【逍遥派】全部成员：王大 张三 李四
赵二 是独行侠，未加入任何联盟!
马六 是独行侠，未加入任何联盟!
======验证是否为朋友:
王大 与 赵二 是朋友? 不是!
王大 与 张三 是朋友? 是!
赵二 与 马六 是朋友? 不是!
```

【示例剖析】

本例旨在展示对象间如何组织。如借助一个共享对象，关联同一共享对象的可看成是一组。如果不考虑“列出所有成员信息”之类的需求，可直接用 String 对象代替 Ally 对象。考虑这一需求，就需要通过联盟对象获知其他组员信息，故在 Ally 类中设置一个 Player[]数组，建立玩家与联盟对象之间的双向指针。实际应用中，对象间的组织非常灵活，没有定式，满足需要即可。

> **【思考】** 若希望不同联盟也能暂时成为友军，如何处理？提示：让 Ally 对象指向同一对象。

本章小结

本章旨在快速入门，能用 Java 编写过程式程序。包括如下内容：

（1）Java 的类型系统，包括基本型和引用型两大类。基本型大体与 C 类似，但多了 boolean 型，要注意各种逻辑判断只能用布尔型，不能用整型等其他类型，即 if(x=y)之类将会编译错。另外，char 型使用 Unicode 字符集，基本集、扩展集中的每个字符分别占 2、4 字节。至于引用型，主要介绍了 class 和数组，其中 class 功能类似 C 中的 struct，但功能更强，封装的成员中可以包含方法（C 中的 struct 不能）。另外，C 中的数组是静态的，即编译时必须能确定其空间大小；Java 的数组是动态的，即可以在运行时才确定大小（如数组规模通过参数传入）。因此，Java 数组必须先创建对象，然后才能使用。

（2）过程式编程的基本语法，主要包括标识符、各类语句、函数声明及调用、类的构造、main 的写法等。另外，还包括开发环境的配置，以及通过命令行方式编译、运行 Java 程序。

（3）OOP 相关的理念、概念，包括初步理解类、对象的含义，对象的状态，类中成员在类、对象中的作用及使用，如何从对象读或向对象写数据，以及为何需要先造对象再运行，对象间如何互操作。

（4）OOP 语法初步，包括：数组（特别是诸如存储引用型元素（如 Student 型）的数组）的声明，数组对象的构造和使用，length 属性的作用，不规则数组的形态及遍历方式；Scanner 类的使用；构造函数的作用、特点和使用方式；this 的含义，打印单链表为何需要 this；如何借助 toString()方法打印对象，以及该方法的书写格式等。另外，理解对象如何关联到方法（见图 2.9），栈内存管理、堆内存管理，各自管理那些数据，管理方式有何特点，在此基础上理解：为何说 Java 只有值传递。

（5）系统类库的使用：通过一组与时间、日期、随机数、正则表达式相关的应用示例，掌握如何使用类库，以及如何查看类库说明文档。

思考与练习

1. 就设计和运行“求累加和”程序而言，Java 程序结构是怎样的，又如何编译、运行？

2. 为何需要先基于类创建对象，然后才能调用类中的函数？

3. 如何输入若干个 Student 信息，存入 Student 数组，并借助 toString()打印输入学生信息。

4. 结合顺序表等数据结构的使用，谈谈在设计类时，为何通常把数据和操作封装在一起，二者有何关系，这样做有何好处？

5. 内存中的 Java 栈、Java 堆存储什么样的数据？简述基于栈的内存空间管理和基于堆的内存空间管理各自的管理对象和管理特点。并画出语句 String[][] s=new String[][]{ new String[3],{"aaa","bbb"} };执行后，s 及其引用对象在堆、栈内存中的存储示意图。

6. 参数传递方式中，值传递与引用传递有何区别？为何说 Java 中只有值传递？如何让方法执行后能让对象中的数据被影响。

7. 为何说 String 对象是常量对象（即对象中的数据不可变），常量池有何作用？

8. 为何说 Java 的数组是动态数组？动态数组有何特色？不规则数组如何输出？

9. 使用 java.util.Arrays 类对数组中的对象排序时，相关类需要实现 Comparable 接口或 Comparator 接口。请说明这两个接口分别适用于什么样的排序场景，相关实现和应用框架是怎样的，如何进行升序/降序的排序？

10. for-each 语句如何使用？能否使用 for-each 语句输出顺序表？

11. 如何从文件读取数据？

12. 如何获取方法的运行时间？

13. 如何获取随机数？为何说程序产生的随机数都是“伪随机数”？

14. 什么是正则表达式？如何精确描述 Java 语言标识符？可参阅 Java Language Specification。

15. 模拟拖拉机游戏中的洗牌和发牌。给定完整的两副扑克，四个玩家，底牌埋 8 张，将其余扑克发给依次发给 4 个玩家。要求：①先尽可能随机的洗牌；②依次将牌发给甲、乙、丙、丁四个玩家，并预留 8 张底牌。其中将相同花色的牌放在一起；同色牌按大小排序。③依次输出各个玩家手上的牌，以及底牌。提示：对花色分组、排序，可让 54 张牌分别对应一个数字，如红桃 2~A 对应 0~12，黑桃 2~A 对应 13~25……这样排序时只需用 Array.sort() 对数组排序即可。在输出牌面时，根据数值获取对应的牌面字符串。

16. 完成如下工作：

（1）手工操作：从学校“教务在线”之类的网站获取班级所有学生的信息，复制后粘贴到 EmEditor 之类的支持正则表达式处理的文本编辑器中，将文本处理成字符串数组，形如 {"张三","李四"}；之后将学生手工分成若干组，每组学生人数数量不等，最终处理成一个不规则二维数组：{ {"王大","李二","张三"},{"马六","吴七"},{"宋八"},… }。

（2）编写程序，实现从上述各小组中随机抽取一人，代表该组进行考核测试。（注：为增强不确定性，可首先选择生成一个 20~100 以内的随机整数 n，只有第 n 轮抽取的结果才是最终结果。输出第 n 轮的抽取学生名单。）

17. 给定一个文本小说，某文本阅读器需要提取其中的章节名字，以便后续处理（如生成目录、标题加粗、加黑等），请实现对文本文件中章节名字的提取。

【提示】章节标题的识别方法为：若某行剔除行首行尾空白符后的格式为 "第"+若干个字符（至多 10 个）+"\n"，则认为是章节标题。

18. 结合前面示例中使用的支持中文格式化的类 StringFormat，查阅资料，实现含有中文的字符串进行排序（如按拼音排序、按姓氏笔画排序）。

19. 在例 2.14 的基础上，补充完善班级信息管理系统。需要增添如下功能：

（1）配备单条记录的增加、删除和修改；

（2）能按成绩查询，如总成绩大于 x、专业成绩大于 y 等；

（3）按生日升序排序、按总成绩降序排序；（注：假设有 a、b 两个 LocalDate 对象，不能用 a > b 来比较，可用 a.isAfter(b)、a.isBefore(b)或是 a.isEquals(b)。）

（4）为排序功能提供菜单，供用户选择；

（5）借助网络搜索，编写姓名按拼音排序。注：String 类的比较，在遇到汉字时会失败。

第 2 部分
面向对象程序设计

第 3 章

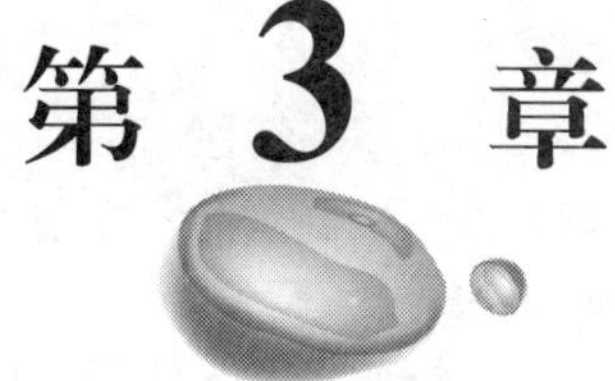

面向对象程序设计基础

3.0 本章方法学导引

【设置目的】

在认识类、对象等基本概念后，本章关键要解决两个问题：为何需要 OOP，如何实现 OOP。前者涉及某些特定应用场景和程序设计方法，后者涉及 OOP 的语言支撑机制和应用框架。结合一系列有实际应用背景的案例，实践 OOP 的思想、方法，获得对 OOP 的实际体验和真实感受。之后通过认真总结、反思，方能真正理解和领会 OOP 思想，掌握 OOP 相关技术。

【内容组织的逻辑主线】

首先，讨论为何需要 OOP，并简单认识 OOP。具体而言，结合“图书管理系统”，讨论以前使用的结构化程序设计方法，之后引入一些需求场景，让读者认识到：有些需求，结构化方法确实难以有效应对。继而引入 OOP 的思想，介绍其如何应（即模拟）对上述场景。为深入理解 OOP 的思维方式，实现“借书管理系统”，即，OOP 设计首要任务不是考虑有哪些模块，而是“为模拟系统运行”，需要设计那些类，对象间如何组织、如何交互，功能又如何实现。另外，这部分不讨论继承、封装等思想，否则容易空谈理念、概念。

其次，学习“如何 OOP”。鉴于 OOP 语法多，且在实际应用中常交织在一起。另外，有些知识看似简单（即语法简单），但如何使用却大有讲究。因此后续内容的逻辑主线是：快速认知批量语法→深化关键点、训练核心设计框架→综合应用→系统反思。具体而言：

（1）快速认知（3.3 节）。用几个简单示例，认知大部分 OOP 的基础语法和术语，如权限、关联、消息传递、继承、重写、重载等，并通过一些典型案例剖析，强化若干容易引发问题的语法。这部分内容强调“简单”“快速”，不做拓展、不触及实际应用，旨在为后续内容奠定语法基础。其中 3.3.5 节，因后期无相关用例，阐述的较为深入。

（2）深化关键点，训练核心设计框架（3.4 节）。重写机制是 OOP 的核心特色，可编写能“对象即插即用”的框架程序，通过“形状智能识别器”彻底理解重写机制。抽象方法可让框架程序设计的更加规范。介绍抽象方法基础上的两大体系：抽象类和接口，并通过“模拟主板集成各类板卡”和“游戏兵种设计”展示抽象类和接口的应用，以便深入理解这两种机制的内涵及特色。

（3）综合应用（3.5 节）。通过一组设计模式的典型案例，展示使用抽象类和接口，完成综合设计要求。

（4）系统反思（3.6 节）。在有了一定应用基础和实践感受后，系统性回顾 OOP 如何基于对象间的交互来模拟系统运行，剖析封装、继承、多态、抽象等机制的作用、蕴含的思想，最后总结出 OOP 的一些优势和特色。

（5）引入后期应用涉及的辅助机制，如包和权限、异常处理、内部类、初始化块等。现阶段只需要简单了解语法表现和作用，不必深究细节。

【内容的重点和难点】

（1）重点：掌握面向对象程序设计 OOP 的适用场景、视角，理解如何借助对象间的模拟实现系统的运行；掌握对象间的赋值兼容规则；掌握变量的声明类型和实际引用对象类型之间的区别；掌握超类有参构造函数对创建子类对象的影响；掌握对象间复杂关系的设计；掌握重载与重写机制；掌握 static 修饰和单例模式；理解和掌握包和权限的使用；理解和掌握契约、抽象类、接口三者之间的关系；掌握各类基于抽象类和接口的编程框架；理解和掌握基于 OOP 实现图书管理系统；领会 OOP 封装、继承、多态、抽象蕴含的思想。

（2）难点：对象间特定约束的设计；static 修饰的作用、static 成员与普通成员在使用时的区别；重写调用方法机理和应用框架；各类基于抽象类和接口的编程框架；理解和掌握基于 OOP 实现图书管理系统。

3.1 面向对象程序设计思想的引入

对待不同的问题，都有其独特的视角。例如，从外科医生的视角看病人，人由头、颈、躯干、四肢等组成；从医院 CT（计算机断层扫描）机器视角看，人就像砖头造的墙一样，是一层层的物质的叠加。不同视角下，关注点、分析和处理方式（即思维方式）都是不同的。程序设计方法也是如此。对设计需求，结构化程序设计方法的视角是：需求应要对应到哪些模块；面向对象程序设计方法的视角是：如何基于对象模拟需求的运作。类、对象、封装、继承、多态等是这种视角下描述解决方案的常用概念。本节将对 OOP 的产生背景、核心思想、基本概念作简单介绍。

3.1.1 不得不提的结构化程序设计

可能有读者会疑惑：介绍面向对象，为何要涉及结构化程序（Structured Programming，SP）设计呢？实际上，绝大多数程序员首先接触的是用顺序、分支、循环等语句构造程序，这三种控制结构就是 SP 的基础。算法和数据结构的学习，从思想和方法上强化了 SP。OOP 的思维方式与 SP 有很大不同。必须全面了解 SP 的优势和局限，理解 SP 有所不能，且这方面恰为 OOP 的强项，如此才会更自然顺畅地接受 OOP。

1. 结构化程序设计方法的产生

结构化程序设计起源于 1968 年关于 goto 语句的辩论。当时软件开发陷入困境，软件危机征象显现，具体表现为软件的质量差、产出率低、难于维护。E. W. Dijkstra 和 N. Witrh（见图 3.1）等人将其归咎于滥用 goto 语句导致程序结构混乱，提出 SP 的思想、原则和策略，如：通过顺序、分支、循环等结构组装程序、系统，程序应保持单入口、单出口，系统开发策略是自顶向下逐步求精（即先写纲要再填细节）。goto 语句争论结束时，SP 基本被业界接受。经过不断丰富和完善，它已成为最为经典的程序设计方法之一，并流行至今。

2. 结构化程序设计方法的核心思想

从 SP 的视角看，需求对应功能，软件系统是满足所有需求的功能集合（见图 3.2）。

E. W. Dijkstra

N. Wirth

图 3.1　结构化程序设计先驱

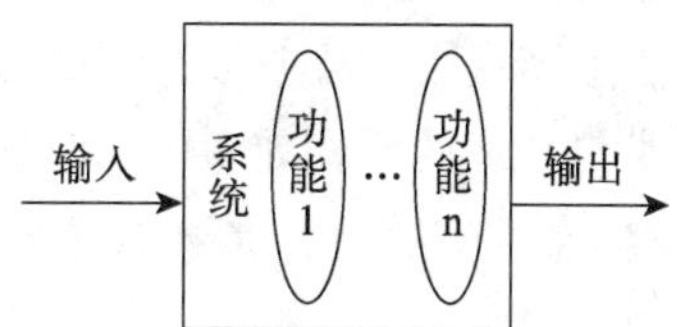

图 3.2　从结构化视角审视系统

系统由不同粒度的功能模块（如模块、子模块、过程）组成。结构化的含义：①是指若干小的功能模块可组合起来实现一项大的系统功能，即模块可组合；②从 A 系统拆解下来的模块，可以不修改或略加修改，就应用于 B 系统，即模块可拆解。模块、功能的实现策略是自顶向下逐步求精，关注功能如何分解、如何组装和实现。

例如，设计一个图书管理系统，需求包括借书和还书、检索统计等常见功能。从结构化视角看，图书管理系统是最终目标，它可分解为信息维护、数据检索等四个子目标。每个子目标可进一步按照需求进行分解，直至子目标十分简单，可直接实现，见图 3.3。

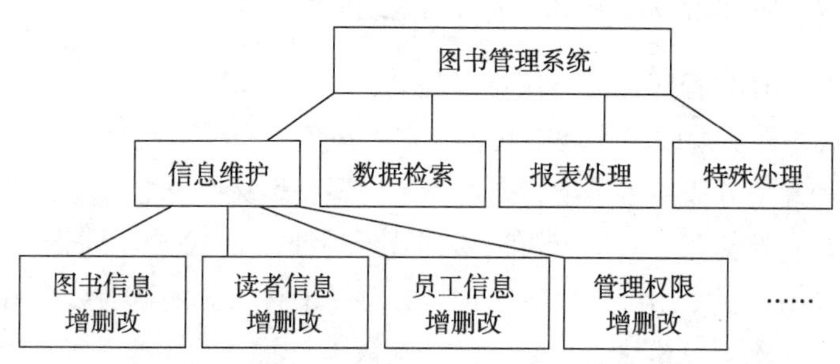

图 3.3　结构化视角下的图书管理系统

3. 结构化程序设计方法的优缺点

SP 以功能为核心构建系统，目标清晰，设计思想和开发策略简便易行。具体而言，自顶向下逐步求精的开发策略能有效地从复杂的功能需求中梳理出层次分明的设计框架（见图 3.3）。模块是功能的封装体，对设计和维护都有益。例如，在设计图书信息维护等模块时，不必考虑查询、打印模块的处理；当有错误时，只需要关心产生错误的模块即可。实际上，PC 就是一个结构化系统：PC 由各种板卡、显示器、机箱、鼠标等组装而成（即有结构），设计显卡时不必关心声卡、网卡的设计（即设计时聚焦范围小、降低了设计复杂度），当显卡损坏或不满足需求时，只需要更换显卡即可（即易于维护），甚至可以替换成其他机器的显卡（即模块独立性强、易于重用）。相应地，平板电脑的结构化不明显，维护就比较麻烦。

SP 的缺点也很明显。首先，功能是系统中变化最频繁的部分：需求描述常因早期描述上的遗漏、不准确或错误而在后期频繁修改。这不仅让维护工作变得繁重，且常常会破坏初期设计的系统结构，并在维护时带入新的错误。可将软件系统比作一块居民小区，初期整洁、有序（即结构良好），而后的维护工作就像是住户根据需要进行调整（如各种违章建设、私拉电线、楼道对方杂物等），几十年后，小区就变得杂乱。当面临新的需求变更（如道路重新规划、拓宽等），改造难度极大，其结果往往就是推倒重来（即系统重构）。其次，模块是以功能为核心，不同模块对数据做不同处理。为实现数据在不同模块间的共享，数据和模块（即操作）通常是分离的。例如，图 3.3 中的信息维护、数据检索、报表处理均涉及“图书信息”。当图书信息发生变更，如增加译者等信息时，上述模块都需要修改，维护起来很麻烦，模块难于重用。

对比：若将图书相关信息封装在图书类中（即数据和操作封装在一起），信息维护、数据检索、报表打印等涉及图书信息的操作均调用图书类的相关方法，改动就集中在图书类，维护更简单。

注意：许多资料常谈及“过程式程序设计”，或者说“面向过程”的概念，其本质上属于结构化设计的早期形式，如基于 C 语言的编程本质上属此类，过程是完成功能的一组动作，表现形式就是 C 的函数。后来，人们发现过程函数的粒度太小，不利于思考和描述大型软件的设计。在过程的基础上逐步演化出“模块”概念（一组功能相近的过程的集合），直至最终形成结构化程序设计。

3.1.2 这些问题很难用结构化方法处理

有些问题，用结构化程序设计方法难以处理，或是处理效果不佳。

场景 1：游戏编程。某即时战略游戏，有多种角色，每种角色涉及士兵、坦克、飞机等不同兵种。各兵种又细分成很多子类，如坦克包含轻型坦克、重炮坦克、激光坦克，士兵有普通士兵、火箭兵、航空兵等。玩家可以指挥若干兵种（如 10 个不同士兵、5 辆不同坦克）与敌方对战。这种场景很难用结构化方法进行分解，士兵、坦克等也很难用模块来实现。总不能说：指挥我方 5 辆坦克模块进行战斗……这极不自然。

场景 2：GUI 编程。如右击后弹出的弹出式菜单。用 C 编写弹出式菜单，代码涉及界面绘制和事件响应，显示菜单还要考虑弹出位置不能超出屏幕边缘，实现起来比较麻烦，而且经常面临调整菜单项内容、更改颜色配置、调整字体等需求，要在源码中定位并修改，稍有不慎就会出错。代码维护困难，复用性较差。

场景 3：仿真模拟。如汽车导航系统，能基于车主所在区域调出相应地图，实时显示车主的位置，遇到限速、转弯等进行语音提示。显然，这个系统也很难用结构化方法进行处理。

类似的例子有很多，如数字电路仿真实验、网络协议的攻防模拟测试等。它们有一个共性：系统是某场景下一组基本元素的交互，其中基本元素，如士兵、弹出式菜单、汽车等，在系统中的含义、涉及的数据以及行为（即与数据相关的功能）均十分明确。元素即使发生改变，其核心也通常较为稳定。如弹出式菜单的基本行为是弹出菜单界面和单击，涉及的数据包括菜单项、字体、颜色等，变化的只是数据的内容，如菜单项的数量、颜色和字体等。这些基本元素就是对象。面向对象机制，如抽象、封装、继承、多态等，就是为了更易于描述和实现对象，让对象的操作更简单、重用更容易，系统的维护更方便。从本质上看，OOP 就是先描述和实现对象及对象间的交互，然后在此基础上构造程序、系统。

3.1.3 面向对象程序设计方法的诞生

面向对象思想萌芽于 1960 年左右。当时运筹学非常流行。对水雷最佳布阵之类的运筹学问题，为找出最佳方案，常需要对设计方案进行多轮实地测试和调优。挪威学者 K. Nygaard 和 O. J. Dahl 合作研究用计算机来解决运筹学问题，计算机模拟显然比现实中的模拟更省时、省力、省钱。模拟涉及各种因素的交互作用，当时的主流语言 Algo-60 难以完成此类任务。他们就自己设计语言，1962 年完成语言雏形 Simula-62，整理后于 1967 年正式发布 Simula-67，它被称作第一个 OOP 语言。后来 Alan Kay 为开发基于图形用户界面的程序，参考 Simula 设计出语言 Smalltalk-72，并将这种新型程序设计方法称作面向对象程序设计。Dahl 和 Nygaard 在 2001 年、Kay 在 2003 年获得图灵奖，见图 3.4。

O. J. Dahl

K. Nygaard

Alan Kay

图 3.4 面向对象程序设计先驱

OOP 和 SP 几乎同时出现，但当时程序规模小，简单易学的 SP 足以满足需求，得以迅速普及。而 OOP 的思维方式不如 SP 简单直接，且程序执行效率低下：对象间的交互存在大量的函数调用，执行时内存和 CPU 的开销都比较大。在 20 世纪 70 年代，只有较为昂贵的设备才能满足 OOP 程序的编译和运行开销。综上，OOP 仅在特定领域展开应用，初期发展缓慢。

1980 年左右，程序规模和复杂性剧增，以功能为核心的弊端充分暴露出来（见 3.1.1 节）。

人们更加关注系统和模块的可靠性、可重用性和易维护性。另外，游戏和带有图形用户界面的程序日渐受到重视，SP 对此难以有效应对。人们还发现：数据比功能更稳定，以数据为核心构造的模块更易于重用和维护。这些都是 OOP 的特色。OOP 日渐受到重视。伴随商品化的 Smalltalk-80 及其相关支撑环境的推出（1984 年方作为产品公开），OOP 进入实用阶段。

3.1.4 面向对象程序设计方法简介

从面向对象视角看，软件是用对象和对象间的互操作模拟现实系统（或软件系统）的运行。Simula 本意就是 Simulation Language。模拟，即“把现实系统搬入计算机”。怎么搬呢？通俗地说，就是现实中有什么、怎么做，在计算机中就有什么、怎么做。系统开发的主要流程为：场景描述→抽取描述中频繁出现概念→概念细化→获得一组类、对象→用对象间的交互描述功能运作（即用例）→系统实现：完成所有的用例描述。

以图书管理系统为例。首先，从 OOP 视角看系统，关注的不是功能，而是现实系统的场景描述，如描述现实中整个借书和还书流程。从描述中抽取一组频繁出现的概念，如读者、管理员、借书卡、图书等，这些概念就是候选类。然后剔除作用不大的概念（如后面实现中剔除管理员），并对概念内涵细化，如对图书，借书和还书描述中涉及哪些属性、哪些操作，在此基础上获得图书类及其属性集和操作集。类只是一类数据的描述框架，向类中填入具体数据（书名、作者等），就产生这可供借阅的图书对象（即将图书搬入计算机）。

其次，在 OOP 中，一个完整的系统功能（如整个借书流程）被称作用例（User Case）。系统实现，就是实现系统涉及的所有用例。用例的实现，本质上体现为一个或一组对象状态的改变，对象状态就是对象在某一时刻所有属性取值的集合。如读者 r 借阅图书 b 成功的体现为①图书 b 的在库数量减少 1，②读者 r 关联的借书卡新增一个关于 b 的借阅条目，③图书馆的登记册新增一个关于读者 r、图书 b 的借阅条目。修改对象 obj 的状态通常由 obj 自身的方法来完成。A 对象更改 B 对象的状态，通常是 A 对象调用 B 对象的方法来实施更改，这种调用在 OOP 中被称作“消息传递”或是“对象间的交互”。

鉴于 OOP 的思考方与 SP 有很大差别，下节通过简单图书借阅系统的设计和实现，展示 OOP 的思考过程和基本开发流程，展示如何模拟现实世界，即“将现实世界搬入计算机”。

练习 3.1

1. 结构化程序设计如何审视系统需求？如何分析和设计？“结构化”的含义是什么？
2. 哪些场景难于用结构化程序设计方式处理，难在何处？
3. 面向对象程序设计如何审视系统需求？如何分析和设计？为何称之为“面向对象”？

*3.2 基于对象视角开发图书借阅系统

3.2.1 需求描述

1. 需求场景描述

某图书室负责向本院教师、学生提供图书借阅服务。图书室有一本表格形式的登记册，表格栏目包括读者编号（学号或者教号）、姓名、书名、ISBN、借阅日期、还书日期。每个读者有一张借书卡，记录个人借阅情况（书名、ISBN、借阅日期、还书日期）。不同类型人员（教师或学生）有不同的借阅数量限制，如每位学生未还图书至多 2 本（教师为 4 本），否则将不允许借书。借书时，要填写读者的借书卡和图书室的登记册，还书时则在借书卡、登记册相关条目上填写还书日期。还书后，图书室管理员会在登记册及读者借书卡的对应条目上盖章。

2. 设计前的考虑

本节示例旨在展示 OOP 的思维方式和设计过程，熟悉一些常用术语。为凸显这一目的，设计不能过于复杂（需求也主要涉及借书和还书）。不考虑图书、读者信息的增、删、改。图书、读者的原始信息从文本文件 bookDB.txt 和 readerDB.txt 获取。也不设立管理员对象，在还书记录上填写了“还书日期”，就相当于现实系统中的“管理员确认盖章”。

3. 拟实现的功能

①实现借书、还书功能。②为方便使用，能列出所有图书库及所有读者的信息，列出登记册的所有记录，列出某读者的登记卡上所有记录及当前未还书记录。③为方便借阅，用户可以对书名模糊查询，并根据图书的位置号借阅（位置号显然比 ISBN、书名等更容易记忆和输入，体现了友好的系统交互）。④系统启动时，若未初始化，就自动初始化（即从文本文件导入所有图书、读者信息）；若已经初始化，则载入存储系统所有数据（包括图书库、读者库、所有借阅信息）的文件；系统退出前，将系统中的所有数据写入文件。

3.2.2　类的设计

分析前面的场景描述，发现系统中主要出现以下概念：图书、读者、登记册、借书卡、借阅规则等。图书量大，读者众多，需要设立图书库、读者库等结构进行组织和管理。读者的借书卡和资料室登记册条目结构基本相同。可考虑将单条借阅记录看成对象（借阅条目），借书卡和登记册都是存储借阅条目的线性表。

综上，设计三组类：图书类和图书库类、读者类和读者库类、借阅条目类和借书卡类。借阅规则及其识别和借书和还书功能，属于系统的服务和业务范畴，可单独设计一个业务逻辑类。另外，设计一个包含 main 方法的主类，用于显示和执行菜单、系统数据初始化等。为让系统更友好地输出信息，还需要考虑格式化类。结合需求，对上述类细化，内容见表 3.1。

表 3.1　图书借阅系统的基本类库

类　名	类的内容：属性集 + 方法集
图书类：Book	属性集：书名、作者、ISBN、出版社、出版日期、图书总量、在库数量、借阅次数；方法集：属性的 get/set 方法、构造函数、toString()
图书库类：BookDB	属性集：Book 型顺序表定义；方法集：增加、查找、从文件读取所有图书、通过下标获取图书、显示单条/所有图书信息
读者类：Reader	属性集：姓名、ID、分类标记、借书卡、未还数量；方法集：属性的 get/set 方法、借书卡的 add/get、显示全部借阅/未还图书信息、toString()、分类号转字符串

续表

类　　名	类的内容：属性集 + 方法集
读者库类：ReaderDB	属性集：Reader 型顺序表定义；方法集：通过 id 获取读者、从文件读取所有读者、显示所有读者信息
借阅条目类：BorrowItem	属性集：图书、读者、借阅日期、还书日期；方法集：属性的 get/set 方法、构造函数、toString()
借书卡类：BorrowItemDB	属性集：BorrowItem 型顺序表；方法集：增加借阅条目、获取指定位置条目、显示所有借阅记录、显示所有未还记录
业务逻辑类：BusinessLogic	属性集：用数组存储各类读者的最大借书量（即借阅规则）；方法集：是否满足借书规则、借书服务、还书服务
系统主类：BookMisApp	属性集：3 个文件名（书库、读者库、完整库），3 个变量（书库、读者库、借阅条目库）；方法集：读写所有数据到完整库，初始化、显示菜单、执行菜单项、main
系统格式化类：BookMisFormat	属性集：系统涉及各属性的宽度，图书、读者、借阅条目的标题行字符串；方法集：各属性格式化、初始化（指定各种宽度、构造标题行）、get 各标题行

3.2.3　系统数据组织

系统的数据组织见图 3.5。其中，BookMisApp 对象内有三个变量，与图书库、读者库、借阅条目库（即登记册，存储所有读者的借阅信息）关联。

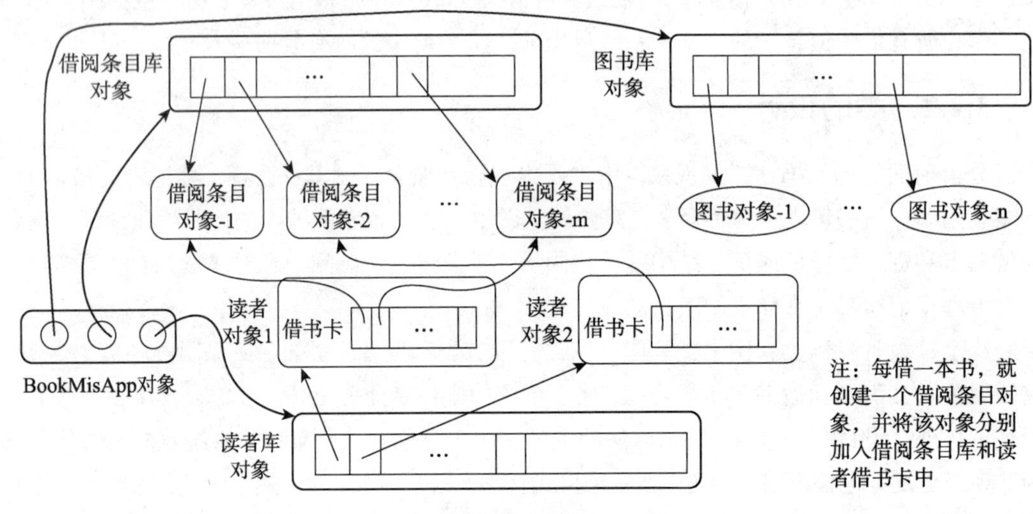

图 3.5　图书借阅系统数据组织示意图

初始化时创建这三个库对象，并将图书、读者信息从文本文件导入相关库对象。每借出一本书就创建一个借阅条目对象，并将其加入读者借书卡和系统借阅条目库中（见图 3.5）。借助对象序列化机制（详见第 6 章），只需要将此 BookMisApp 对象（即 1 个对象）写入文件，与该对象直接或间接关联的所有对象，见图书对象、读者对象、借阅条目对象等，均会被自动写入文件；恢复时类似，只需从文件读取该对象即可，其他相关对象会被自动载入内存。换言之，系统所有数据的保存或恢复，只需要保存或恢复一个 BookMisApp 对象。

注意： BookMisApp 对象的保存和恢复涉及序列化机制，将在后文详述。这里只需知晓：调用 BookMisApp 类 writeAllData(…)/readAllData(…)，能够保存和恢复系统即可。另外，诸如 Book 等类的声明中还需要加入“implements Serializable”，这样才能使用序列化机制。

3.2.4 业务逻辑

系统功能也称业务，通过一组对象的交互来实现。业务逻辑是指对象间交互应遵循的逻辑次序。下面以 BusinessLogic 类的设计为例，阐述如何实现业务逻辑。该类框架如下：

```
class BusinessLogic{
    static final int[] maxUnreturnBookNum={2,4};
                                    //设置某类读者最多未还数量
                                    //下标对应类别，值对应该类别读者最多未还图书量
    static boolean isFitRules(Reader reader, Book book){…}
                                    //是否满足借阅规则
    static boolean borrowBooks(Reader r, Book b, BorrowItemDB bDB){…}
                                    //借书
    static void returnBooks(Reader reader, int pos){…}
                                    //还书
}
```

isFitRules(r,b)的作用：若图书 b 存在且有库存且读者 r 还能借阅，就返回 true，否则返回 false。

借书过程代码如下：

```
static boolean borrowBooks(Reader r, Book b, BorrowItemDB bItemDB){
    if(isFitRules(r,b)==false) return false;
    BorrowItem bItem=new BorrowItem(r,b);         //1. 生成借阅条目
    bItemDB.add(bItem);                           //2. 将借阅条目填入登记册
    r.addBorrowItem(bItem);                   //3. 将借阅条目填入读者的借书卡
    r.setUnreturnNum(r.getUnreturnNum()+1);     //4. 修改读者未还数量
    b.setUnreturnNum(b.getUnreturnNum()-1);  //5. 修改库存当前数
    b.setBorrowCount(b.getBorrowCount()+1);  //6. 修改本书的借阅次数
    System.out.println(b.getTitle()+" 借阅成功！");
    return true;
}
```

从代码中发现，整个流程包括生成借阅条目、填写登记册等 6 个步骤。其中第 2 步涉及 bItemDB 和 bItem 两个对象，这一步骤就是两个对象的交互，也称这两个对象间的消息传递，其目的就是要更改某个对象的状态，如第 2 步更改的是借阅条目库 bItemDB 的状态：新增一个条目 bItem。再比如游戏中，士兵攻击坦克，sb.attack(tk)，实质上就是要更改坦克的生命值。类似地，第 3 步是读者 r 和借阅条目 bItem 消息传递。注意：这种调用之所以称作“消息传递”，蕴含着另一层含义：即 a 对象发消息给 b，让 b 做状态调整（而不是由 a 直接修改

b 的相关属性值）。这样可确保对象的安全性。如三角形提供 setEdge(a,b,c)修改三边值，若修改时不满足“任意两边之和大于第三边”就不能修改，否则就允许修改。若允许其他对象能跳过此方法，直接修改三角形边的值，这一条件可能就不能被满足。

还书流程的设计如下：

```
static void returnBooks(Reader r, int pos){
                                        //读者提供自己借书卡的流水号来还书
    BorrowItem jt=r.getBorrowItem(pos);
                                        //通过 pos 定位读者借书卡中的借阅条目
    jt.setReturnDate(LocalDate.now());       //填写借阅条目中的还书日期
    Book b=jt.getBook();                     //通过借阅条目找到对应的书籍
    r.setUnreturnNum(r.getUnreturnNum()-1);  //修改读者未还数量
    b.setUnreturnNum(b.getUnreturnNum()+1); //修改库存当前数
    System.out.println(b.getTitle()+" 还书成功！");
}
```

3.2.5 系统实现

系统源码：详见第 3 章 BookMisApp.Java，下面是各类的内容框架：

```
class Book implements Serializable{ //图书类
     //属性集：书名、作者、出版社、ISBN、出版日期图书的总量、在库数量、借阅次数
     String title,author,press,ISBN;LocalDate publicationDate;
     int total,unreturnNum,borrowCount;
     //方法集：构造函数（对所有属性赋值)、各属性的 get/set 方法 ---略
     public  String  toString(){//借助系统格式化类获取图书信息格式化后的字符串
          //格式：书名 作者 出版社 出版日期 ISBN 总量 在库数量 借阅次数
          return BookMisFormat.bookTitle(title)+BookMisFormat.author
             (author)
               +BookMisFormat.press(press)+BookMisFormat.date
                  (publicationDate)
               +BookMisFormat.ISBN(ISBN)+BookMisFormat.num(total)
               +BookMisFormat.num(unreturnNum)+BookMisFormat.num
                  (borrowCount);
     }
}
class BookDB implements Serializable{  //图书库类：用顺序表组织 Book 数据
     Book[] db;  int length;  final int maxNum;
                                        //属性集：Book[]型数组、表长、最大容量
     //方法集：构造函数（构造数组对象)、增加图书、根据 ISBN 或书名模糊查找、通过下
     //标获取图书。从文本文件读取所有图书、显示指定位置图书信息、显示所有图书信息
}
class Reader implements Serializable{//读者类
     //属性集：姓名、编号、类别（如 0/1 代表学生/教师)、未还图书的数量、关联借书卡
       String name,ID;  int tag,unreturnNum;  BorrowItemDB
          borrowItemDB;
```

```
    //方法集：构造函数（为所有属性赋值、创建空白借书卡）、各属性的 get/set、借书卡
    //的 add/get 将分类标记转成字符串、显示借书卡全部借阅信息、显示借书卡当前所有
    //未还图书 toString()：返回对读者信息格式化后的字符串
}
class ReaderDB  implements Serializable{//读者库类：用顺序表组织 Reader 数据
      Reader[] db; int length;final int maxNum; //属性集：Reader[]型数组、
                                                  //表长、最大容量
      //方法集：构造函数、通过 id 获取读者、从文本文件读取所有读者、显示所有读者信息
}
class BorrowItem implements Serializable{//借阅条目类：借书和登记时需要填写的
      Book book; Reader reader; LocalDate borrowDate,returnDate;
        //图书、读者、结束日期、还书日期
        //方法集：构造函数（对读者、图书赋值、结束日期设为当日）、各属性的 get/set
        //toString()：返回对借阅信息格式化后的字符串
}
class BorrowItemDB implements Serializable{
      //借阅条目库：用顺序表组织 BorrowItem 数据
      BorrowItem[] db; int length;final int maxNum;
      //属性集：BorrowItem []型数组、表长、最大容量
      //方法集：构造函数（构造数组对象）、增加借阅条目、获取指定位置的借阅条目
      //（方便还书）、显示所有借阅记录、显示所有未还记录
}
class BusinessLogic{ //业务逻辑类：所有属性、方法均为 static
      static final int[] maxUnreturnBookNum={2,4};
     //方法集：是否可以借阅、借书服务、还书服务
}
class BookMisApp implements Serializable{ //系统主类
      //属性集：三个文件名字符串、三个数据库变量
      static final String bookDBFileName="bookDB.txt";
         //存储所有图书信息的文本文件名
      static final String readerDBFileName="readerDB.txt";
         //存储所有读者信息的文本文件名
      static final String sysObjFileName="bookMisObj.dat";
         //存储 BookMisApp 型对象的文件名
      BookDB bookDB; BorrowItemDB borrowItemDB; ReaderDB readerDB;
        //方法集：读/写所有数据到完整库（即读/写 BookMisApp 型对象）、显示菜单、
        //执行菜单项、main 初始化（创建并返回 BookMisApp 型对象，并从文件读取图书、
        //读者信息为相关库赋值）
}
class BookMisFormat{//系统格式化类：对本系统中的所有数据的格式化输出，包括输出的
                        //标题行
     //属性集：系统涉及的所有属性的宽度、显示图书/读者/借阅条目信息时的标题行字符串
     static int numWidth,authorWidth,bookTitleWidth,pressWidth,
        isbnWidth,dateWidth,readerIDWidth,readerNameWidth,
```

```
    readerCategoryWidth;
  static String bookItemTitleStr, readerItemTitleStr,
     borrowItemTitleStr;
  其中，图书信息标题行显示如下：
        流水号 书名 作者 出版社 出版日期 ISBN 总量 在库 借阅
        ----------------------------------------------------
  读者信息标题行显示如下：
        编号 姓名 性别
        ------------
  借阅条目信息标题行显示如下：
        流水号 编号 姓名 类别 书名 作者 出版社 ISBN 借阅日期  还书日期
        ------------------------------------------------------------
  //方法集：初始化（即指定所有宽度、构造标题行）、对各属性格式化按对应宽度对齐、
  //get 各标题行
}
```

【输出结果】（为节约篇幅，仅显示部分数据，结果有拼接）

```
书籍信息如下：
流水号                书名                     作者          出版社           出版日期       ISBN        总量  在库  借阅
---------------------------------------------------------------------------------------------------------------------
000000 java程序设计：从方法学角度描述   化志章        机械工业出版社      2012-01-01  9787111340874   10    10    0
000001 java编程思想(第4版)              陈昊鹏(译)    机械工业出版社      2007-06-01  9787111213826   4     4     0
000002 数据结构与抽象：java语言描述     辛运帏(译)    机械工业出版社      2017-06-01  9787111567288   2     2     0
000003 数据结构(C语言版)(第3版)         李云清        人民邮电出版社      2014-09-01  9787115364630   10    10    0
000004 Android应用开发案例教程          吴志祥        华中科技大学出版社  2015-02-01  9787568005319   6     6     0
…

读者信息如下：
    编号          姓名      类别
------------------------------
002351          化志章    教师
201526203002    郭靖      学生
201526203005    杨康      学生
201526203006    黄蓉      学生
…

******************************
      图书借阅系统菜单
******************************
     1. 查询图书
     2. 借书
     3. 还书
     4. 显示所有图书
     5. 显示所有读者信息
     6. 显示登记册全部信息
     7. 显示读者借阅信息
     8. 保存当前数据

     0. 退出系统
  1234. 初始化系统数据

注：查看结果后，输入任意非空白字符+回车，返回主菜单
------------------------------
请选择：1
请输入书命中包含的文字： java
…查询结果如下…：
流水号                书名                     作者          出版社           出版日期       ISBN        总量  在库  借阅
---------------------------------------------------------------------------------------------------------------------
000000 java程序设计：从方法学角度描述   化志章        机械工业出版社      2012-01-01  9787111340874   10    10    0
000001 java编程思想(第4版)              陈昊鹏(译)    机械工业出版社      2007-06-01  9787111213826   4     4     0
000002 数据结构与抽象：java语言描述     辛运帏(译)    机械工业出版社      2017-06-01  9787111567288   2     2     0
=====按任意非空白字符+回车 返回===
请选择：2
【借书】请输入读者ID和图书的位置号： 002351 0
java程序设计：从方法学角度描述 借阅成功！
借书成功！当前未还记录为：
流水号   编号     姓名    类别              书名                    作者        出版社              ISBN        借阅日
------ ---------- ------- ---- ------------------------------ ---------- ------------------ ------------ ----------
000000   002351   化志章  教师 java程序设计：从方法学角度描述 化志章     机械工业出版社     9787111340   2017-12
```

```
请选择：3
请输入读者ID： 002351
读者 化志章 的未还书籍如下：
流水号      编号      姓名    类别              书名                        作者          出版社          ISBN      借阅日
------  ----------  ------  ----  --------------------------  --------  ----------------  --------  ------
000000    002351    化志章   教师  java程序设计：从方法学角度描述 化志章     机械工业出版社      9787111340 2017-12
请输入要还图书的位置号： 0
java程序设计：从方法学角度描述 还书成功！
还书成功！当前未还记录为：
流水号      编号      姓名    类别              书名                        作者          出版社          ISBN      借阅日
------  ----------  ------  ----  --------------------------  --------  ----------------  --------  ------
…
```

【示例剖析】

（1）本例代码较多，建议观察代码时，建议先了解每个类有哪些属性，之后排除类相关的属性和常规的 get 或 set 方法，这样有利于快速掌握设计框架。

（2）对待需求，结构化程序设计首先想的是：需求对应到哪些功能、功能如何细分。OOP 视角与此不同，首先关注“现实中需求运作的场景描述”，继而从描述中提取一组频繁出现的概念，如本例的图书、读者等，还包括一些潜藏的概念，如存储所有图书和读者的图书库、读者库等。这些概念对应计算机中的对象。借助这些概念，尝试重新描述系统需求。例如将“读者 r 借阅图书 b”描述成：若符合借阅条件，就先基于 r、b 生成借阅条目 j，继而将 j 填入登记册、填入 r 的借书卡，将 r 的未还书数量增加 1，将 b 当前库存量减少 1，将 b 的借阅次数增加 1。显然，这种描述就是用计算机视角下的借书场景描述，即“将现实系统搬入计算机”。在描述过程中，不断对概念细化、提炼，最终将产生一组类。

（3）类的设计首要原则是有较强的内聚性（即单一职责原则），即一个类只能围绕一个核心来设计，相关行为尽量不要涉及其他类，这样更易于维护。如 Book、Reader、BorrowItem 等设计的就十分简单，操作仅涉及自身数据。值得注意的是，对图书的增删，不能放在图书类中：自己不能删除自己。这类操作应该放在 BookDB 中进行。另外，诸如借书和还书等行为，不能放在管理员或读者类中，因为这种行为涉及很多对象：图书、读者、借阅条目等，隶属于系统的功能需求，或者说系统应该完成的业务，因此专门设计了业务逻辑类来封装这类行为。这样，当对象间交互的逻辑次序有变动时，只需调整业务逻辑即可。业务逻辑代表服务，即功能实现。功能改变时，只需改变业务逻辑，图书、读者等类仍能保持相对稳定。这体现了“OOP 是以数据为核心”（而非以功能为核心）。

（4）对象间的交互，又称消息传递，实质上是一个对象调用另一个对象的方法，其目的就是更改某个对象的状态，如 bItemDB.add(bItem)。就好像妈妈（对象 A）希望孩子（对象 B）吃饭，不能把食物直接放在孩子的胃中（即不能直接更改 B 对象的属性值），只能让孩子自己吃，即调用 child.eat(food)。这样的好处是：操作更简单（不必关心后续从口到胃的运输、消化、吸收等一系列操作）、对象更安全（食物口感不好、太热或已吃饱时就不吃）、维护更方便，如本例在显示图书信息时增加借阅次数、去除 ISBN，只需调整 Book 类的 toString()方法即可，BookDB 类中的显示图书信息、增加图书等操作不受影响。换言之，只要类提供的方法声明不改变，对象的其他改变，就不会影响对方法的调用，即不会影响对象间的交互。这就是强调“对象间通过交互来实现影响”的原因。

（5）理论上讲，以对象（即数据）为核心，稳定性更强，更易于维护。这主要得益于系统的稳定性和维护工作被分散到对象上。例如，当图书新增一些信息，如关键字、价格是否外文等信息时，只需调整 Book 类即可。如果涉及对这些信息的查询、统计等处理，则需调整 BookDB 类。如果定制复杂的借阅规则，只需在业务逻辑中调整。只要借阅规则的调用方式不变，就不需要改变其他部分的代码。当然，扩展内容太多时，可考虑派生出子类。借助重写机制，子类对象可纳入基于超类编写的框架，系统代码总体改动会很小，且易于定位。

（6）很多类使用了实现了 Serializable 接口。这涉及序列化机制，详见 6.3.3 节。这里只需了解序列化机制的好处：对复杂结构，如树，只需要将根结点对象保存到文件，与根直接和间接关联的所有节点都会被自动保存，从文件恢复也是如此。本例 BookMisApp 类的 writeAllData(…)方法将 this 对象（BookMisApp 型）写入文件，借助序列化机制，与 this 关联的 BookDB、ReaderDB、BorrowItemDB 等对象，以及这三种对象中以顺序表形式分别存储的 Book、Reader、BorrowItem 等类型的对象，均会被自动保存。简言之，只需保存和恢复 BookMisApp 对象，就可保存和恢复所有系统数据。注：与 BookMisApp 直接或间接相关的类，按序列化机制要求，都必须实现 Serializable 接口。

强调：系统初次执行，在退出时会产生一个名为“bookMisObj.dat”的文件，该文件存储对象数据。若对系统中的类做了修改，建议删除该文件，否则可能产生错误。具体原因见 6.3.3 节。

3.2.6 反思和拓展

图书借阅系统的设计展示了 OOP 的思考过程，即“如何将现实世界搬入计算机”，如何从需求描述中提取类、对象，对象间如何交互，如何利用对象间的交互实现系统功能。但分析整个系统设计，读者可能感觉不到 OOP 技术有何优点，觉得仅仅是思维方式不同而已。

实际上，要真正发挥 OOP 的特色和优势，还需要抽象、封装、继承、多态等机制的支持。这四大机制，常被称作 OOP 的四大核心特色。面向对象视角下的软件系统=一组对象+对象间的交互。这四大特色旨在确保对象使用更简便、维护更方便、重用性更好、可靠性更高，这种作用会直接影响到系统。例如，对场景 1，可以先抽象出中坦克类，在此基础上增加一些特色，可以快速产生新的子类型，如喷火坦克、放电坦克等。这就用到了继承特色：继承让坦克类更易于派生出子类，即更易于重用。编写 playGame()时，只需要考虑坦克攻击，不必刻意区分是何种坦克。运行 playGame()时，不同种类的坦克攻击又能呈现各自特色，如喷火、放点等。这些涉及抽象、多态等特色。

要精准理解四种特色，还需要一些语法和应用做铺垫，将在后续章节中详细介绍。

练习 3.2

1. 对图书借阅系统，简述“将现实系统搬入计算机”的方法。

2. 请读者在理解上述设计的基础上对需求做如下拓展：

（1）丰富借阅规则：如教师分职称，学生分年级，四年级权限等同讲师，其他属于学生权限。如教授一次至多借阅 3 本，累计最多 5 本未还。新增典藏图书，只有教授方可借阅，且一次至多借阅一本典藏图书。

（2）提供预警、超期处罚两项功能，如每本书的借阅时限不得超过 90 天，系统提供一项 3 天的预警功能：列出近三天将要借阅超期的读者名单。对逾期未换的读者，若逾期记录满 3 次就自动停止借阅资格。

（3）增加管理员角色，增加管理员登录模块，在借阅记录中自动增加当前管理员姓名、ID。

3.3 语法认知-1

OOP 基础语法量多且杂，相互间作用交织，很难梳理出严格的先后次序。本节将结合示例介绍部分语法，以方便理解语法功能和应用场景。涉及的知识点包括：public 和 private 权限、继承、重载、重写及部分相关机制，如继承引发的 is-A 和 has-A 关系、继承对构造函数的影响、this 和 super 引用构造函数、static 和 final 修饰等。其中还涉及一些较深的内容，如继承的实现机理、对象的构造、重写的实现机理等内容。了解这些，为后期正确应用奠定基础。

3.3.1 示例：带约束的三角形

【例 3.1】 设计三角形类 Triangle，内有三个 double 型成员代表三条边，有一个无参构造函数可创建三边值均为 1 的单位三角，通过 setEdges(x,y,z)方法修改三条边的值，通过 equals(t)判断是否与 t 全等。要求：若新的边值 x、y、z 不满足三角形约束“三边均为正值且任意两边之和大于第三边”，则不允许修改边的值。在打印三角形对象时，输出三条边的具体值。

目的：认识 public、private 权限的基本作用和应用场合。

设计：关键点有二，①需要禁止用户直接存取三边值（能存取就能直接修改），用 private 修饰三条边来实现；②setEdges(…)必须所有用户都能接触到，用 public 修饰 setEdges(…)来实现。这样，必须通过 setEdges()才能更改三条边的值。代码详见：Ch_3_1.Java。

```
class Triangle{
    private double a,b,c;                                    //三条边属性
    public Triangle(){a=1;b=1;c=1;}                          //创建一个单位三角
    private boolean limit(double x,double y,double z){//三角形的约束条件
         return(x>0&&y>0&&z>0&&x+y>z&&x+z>y&&y+z>x);
    }
    public void setEdges(double x,double y,double z){
         if(limit(x,y,z)==false)return;   //不满足约束条件，则不能修改
         else {a=x;b=y;c=z;}
    }
    public String toString(){return "a="+a+", b="+b+", c="+c;}
    public boolean equals(Triangle t){
         String s=a+","+b+","+c;            //将三边连接成字符串
         String x,y,z; x=t.a+"";y=t.b+"";z=t.c+""; //将三边转变成字符串
         if(s.indexOf(x)<0)return false; //若边 x 在 s 中不存在，则不可能全等
            else s=s.replaceFirst(x,"#");//把 s 中的 x 用#替换，即删除其中的 x
```

```
            if(s.indexOf(y)<0)return false;
              else s=s.replaceFirst(y,"#");//把 s 中的 y 用#替换，即删除其中的 y
            if(s.indexOf(z)<0)return false; //此前已有两条边相等
              else return true;
        }
    }
    class App{
        public static void main(String[] args) { Triangle t1,t2,t3;
            t1=new Triangle();
            //下面模拟能否不通过 t 的对外接口（即 public 方法），直接存取 t 的 private
            //成员
            //t.a=2;   t.limit(2,3,4);  //两条语句均会产生编译错：因为外部不能使用
                                        //private 成员
            t1.setEdges(1,2,3);System.out.println("赋值 1,2,3, t1: "+t1);
            t1.setEdges(2,3,4);System.out.println("赋值 2,3,4, t1: "+t1);
            t2=new Triangle();  t2.setEdges(3,4,2);  System.out.print
              ("t2: "+t2);
            t3=new Triangle();  t3.setEdges(3,4,5);  System.out.println
              ("\tt3: "+t3);
            System.out.print("t1==t2: "+t1.equals(t2));
            System.out.print("\tt1==t3: "+t1.equals(t3));
        }
    }
```

【输出结果】

```
赋值 1,2,3, t1: a=1.0, b=1.0, c=1.0
赋值 2,3,4, t1: a=2.0, b=3.0, c=4.0
t2: a=3.0, b=4.0, c=2.0   t3: a=3.0, b=4.0, c=5.0
t1==t2: true    t1==t3: false
```

【示例剖析】

（1）权限用于标注“类及其成员”何时能使用（即可视）。完整的权限介绍涉及包、继承，必须有一定应用基础才能真正理解。这里只需要初步理解 private、public 权限即可。

（2）用 private 修饰的成员，在类外部就不能使用（本类内部使用不受影响），否则产生编译错。如在 App 类中尝试引用 Triangle 类中的 private 成员：t.a=2;。

> **注意**：equals(t)方法旨在证明 private 成员在“本类内部”使用不受影响。如 equals(t)位于 Triangle 内，故 equals(t)中使用 t.a 就合法。若在 App 类的 main()中使用 t1.a，将产生编译错。

（3）用 public 修饰的成员，通常是该类对外提供的服务。即：类的设计者希望程序员通过 public 成员来操纵类或对象的使用。

在实际应用中，类中所有属性、绝大多数方法都会设为 private，只有极少数成员方法才会设为 public，这样可以让类和对象的使用更简单、维护更容易、更易于重用。请读者在后续应用中慢慢体会和感悟。

思考：假设有 A、B 两个系统类，已经发布给用户使用。现需要将 A 中的 5 个 public 方法改成 private，B 中的 5 个 private 改成 public，哪种更改对用户的影响最小，请思考原因？

3.3.2　示例：狗嗅、狗咬人

【例 3.2】 用 Java 实现如下描述：狗有多种嗅的功能，嗅到骨头流口水，嗅到老虎吓得跑，嗅到主人很高兴。人有生命值（假设为 100）。所有狗都会咬人，藏獒（或泰迪）攻击一次可减少 50（或 1）个生命值。我先后养了藏獒、泰迪，用相同的宠物名 pp。pp 咬人了。

目的：①认识继承的含义和实现方式，理解继承相关的两种关系，is-A 与 has-A；②认识重载、重写的用途和表现形式；③理解子类对象构造时，会自动调用超类的构造函数；④理解引用型赋值兼容规则：超类兼容子类。

设计：①为展现继承，令 Animal 派生出 Dog，Dog 派生出泰迪和藏獒，泰迪和藏獒是狗（即 is-A 关系），拥有狗的全部内容（即 has-A 关系）；②为展现重载，定义一组 smell(⋯)方法，展现狗对不同气味有不同反应；③重写机制主要体现在：pp.bite()在可产生不同效果，其中 pp 是 Dog 型，运行时插装不同子类对象，如藏獒或泰迪，从而展现出藏獒咬或泰迪咬的效果。④引用型赋值兼容规则：pp 是 Dog 型，可插装 Dog 的子类对象，如藏獒、泰迪等。代码详见：Ch_3_2.Java。

```
class BoneSmell{;}          //骨头气味
class MasterSmell{;}        //主人气味
class TigerSmell{;}         //老虎气味
class Person{
    private int blood=100;
    public int getBlood(){return blood;}
    public void setBlood(int x){ blood=(x<0||x>100)?blood:x; }
    public String toString(){ return "blood="+blood; }
}
class Animal{//旨在展现创建 Dog 对象，会自动调用 Animal 的构造函数
    public Animal(){System.out.println("调用构造函数：Animal()");}
}
class Dog extends Animal{
    public Dog(){System.out.println("调用构造函数：Dog()");}
    void smell(BoneSmell b){System.out.println("哦，美味的骨头！");}
    void smell(TigerSmell t){ System.out.println("老虎，太可怕了，投降！");}
    void smell(MasterSmell m){ System.out.println("主人，见到你好开心！"); }
    public void bite(Person p){
        System.out.print("按照标准狗的咬法，人失血 10 点。");
        p.setBlood(p.getBlood()-10);
                                        //能否换成:p.setBlood(p.blood-10); why?
    }
}
class Teddy extends Dog{            //泰迪
    public Teddy(){System.out.println("调用构造函数：Teddy()");}
```

```
    public void bite(Person p){
        System.out.print("按照泰迪的咬法，人失血1点。");
        p.setBlood(p.getBlood()-1);
    } }
class TibetanMastiff extends Dog{//藏獒
    public TibetanMastiff(){System.out.println("调用构造函数:
                        TibetanMastiff()");}
    public void bite(Person p){
        System.out.print("按照藏獒的咬法，人失血50点。");
        p.setBlood(p.getBlood()-50);
    }
}
class App{
    public static void main(String[] args) {
        Person p=new Person();
        System.out.println("====验证【构造子类对象时会自动调用超类的构造函数】
                        ====");
        System.out.println("1.构造Dog对象（注意调用构造函数的次序）:");
        Dog d=new Dog();
        System.out.println("2.构造Teddy对象:");
        Teddy td=new Teddy();
        System.out.println("3.构造TibetanMastiff对象:");
        TibetanMastiff tm=new TibetanMastiff();
        System.out.println("\n====验证【重载】 泰迪对不同气味有不同反应
                        ====");
        td.smell(new BoneSmell());td.smell(new TigerSmell());
        td.smell(new MasterSmell());
        System.out.println("\n====验证【重写】，即语句 pp.bite(); 的即插即
                        用====");
        System.out.println("==即：pp处插装不同对象，语句 pp.bite()将产生不同
                        效果==");
        System.out.println("---人被咬前的状况："+p);
        System.out.print("1.pp处插装泰迪，pp开始咬人：");
        Dog pp=td; pp.bite(p); System.out.println(p);
        System.out.print("2.pp处插装藏獒，pp开始咬人：");
        pp=tm; pp.bite(p); System.out.println(p);
    }
}
```

【输出结果】

```
====验证【构造子类对象时会自动调用超类的构造函数】====
1. 构造Dog对象（注意调用构造函数的次序）:
调用构造函数：Animal()
调用构造函数：Dog()
2. 构造Teddy对象:
调用构造函数：Animal()
调用构造函数：Dog()
调用构造函数：Teddy()
3. 构造TibetanMastiff对象:
调用构造函数：Animal()
调用构造函数：Dog()
调用构造函数：TibetanMastiff()
```

```
====验证【重载】：泰迪对不同气味有不同反应====
哦，美味的骨头！
老虎，太可怕了，投降！
主人，见到你很开心！

====验证【重写】，即语句 pp.bite(); 的即插即用====
==即：pp处插装不同对象，语句 pp.bite()将产生不同效果==
---人被咬前的状况：blood=100
1. pp处插装泰迪，pp开始咬人：按照泰迪的咬法，人失血1点。blood=99
2. pp处插装藏獒，pp开始咬人：按照藏獒的咬法，人失血50点。blood=49
```

【示例剖析】

（1）class Teddy extends Dog{…}，称作 Teddy 继承 Dog。Teddy 是 Dog 的子类，Dog、Animal 等称作 Teddy 的超类（也称基类 baseclass）。对继承，应了解如下要点：

① **继承的实现机理、子类对象构造。**Java 只支持单继承，即 extends 后面只能有一个类名。为方便理解，可将 extends 视为一个指向父类的指针，Teddy 继承类之间的关系见图 3.6。换言之，借助 extends 指针，Teddy 对象（只要权限允许）可借助 extends 指针向上追溯至 Object 类。换言之，只要权限允许，Teddy 中可使用 Dog、Animal、Object 类中定义的成员。其中 Object 是 Java 中约定的始祖类，相当于所有类的根类。相应地，构造 Teddy 对象，会遵循派生次序，会依次自动调用 Object、Animal、Dog、Teddy 等类的构造函数。如结果中调用 Teddy 对象时的输出。（思考：为何没有 Object 类的输出信息？）。图 3.7 是 Teddy 对象的构成示意图。

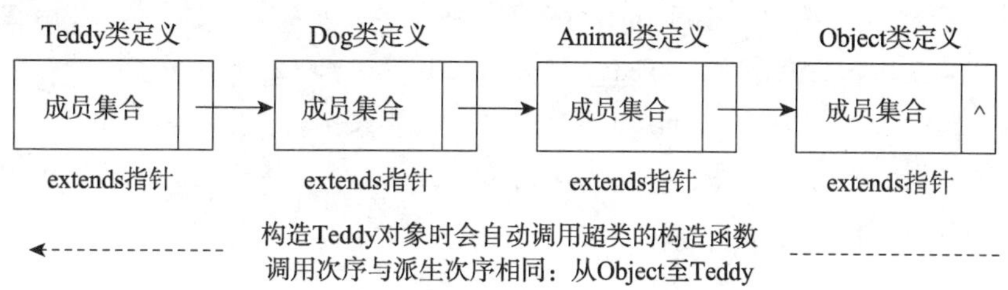

图 3.6　继承类之间的关系示意图

② **is-A 关系。**从语义上看，Teddy 是 Dog 的子类，就是 Dog 的一个子范畴，见图 3.8。因此，可以说“泰迪是狗”（即 is-A 关系），即 Dog d=new Teddy();是合法的。换言之，d 可引用任何 Dog 对象，Teddy 属于 Dog 的范畴，当然也可以引用。注意，反之则不成立，不能说“狗是泰迪”，即 Teddy t=new Dog();是非法的。简言之，is-A 代表着引用型数据的赋值兼容规则，父类可兼容子类。借助 is-A 关系，始祖类机制成为统一机制的基础，例如，Object 对象支持线程机制，Dog 是 Object，故 Dog 对象也支持线程机制。

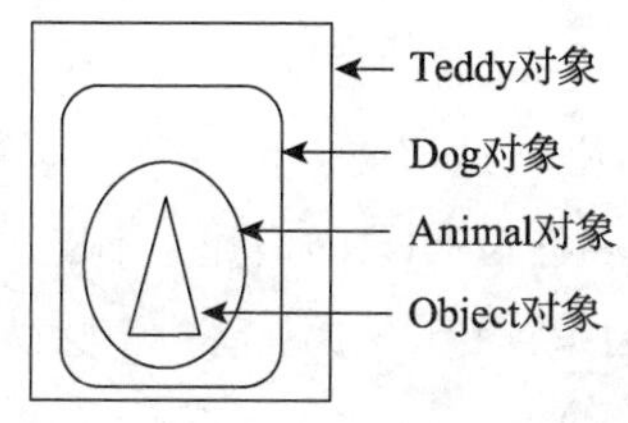

图 3.7　Teddy 对象的构成示意图

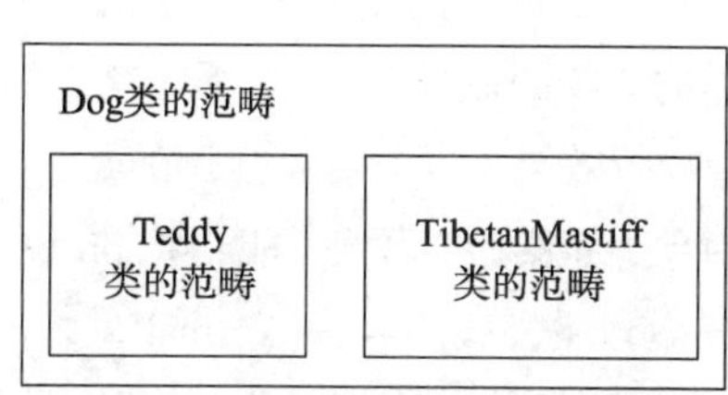

图 3.8　Teddy　is-A　Dog 示意图

③ **has-A 关系**。图 3.7 表明，Teddy 对象实际上包含了 Dog 对象的全部内容（即 is-A 关系），即“超类有，子类就有”。如 main 中 Teddy 对象 t 可直接使用：t.smell(…)。注意：对超类的私有成员，子类拥有，但无法使用。这可理解成私有成员的作用域仅限于本类，这类似于：void f(){   for(int x=0;;);   int y=x}，f()中虽然包含变量 x，但只能在 for 循环中使用 x，在 for 外部使用则编译错。

（2）对重载（overload），应了解如下要点：

① 语法上，重载表现为“同名不同参”，如 Dog 有 smell(BoneSmell)、smell(TigerSmell)、smell(MasterSmell)三个方法，它们方法名相同，但参数列表不同。注：参数列表仅考虑参数数量、类型和排列次序，不考虑参数名。

② 应用上，重载旨在实现某一功能（即同名）在不同参数环境下有多种执行方案。如本例实现了“狗什么气味都能嗅”。再比如，System.out.print(…)也有很多重载预案，这样，在使用时，感觉该语句“什么都能打印”。思考：新增“嗅毒品气味”该如何处理？

③ 若无重载机制，必须给出不同方法名，如 smell_1(…)、smell_2(…)……不仅使用上不方便，而且很容易产生方法名和参数列表的错配现象。

（3）对重写（rewrite），应了解如下要点：

① 要求“一模一样”是为了“以子代父”。具体而言：对 pp.bite(p)，因为 pp 是 Dog 型，编译时，检查 Dog 类中是否有 bite(p)（即判别 has-A 关系）；执行时，因 pp 实际引用的是 Teddy 对象，故 pp.bite(p)执行 Teddy 中定义的 bite(p)，即以子类 Teddy 的 bite(p)替换超类 Dog 的 bite(p)，机理见图 3.9。pp 通过对象中的指针找到该对象所属类 Teddy，若该类中有该方法，则执行；若无该方法，就向上追溯至 Dog。（注：能通过编译，说明该继承链上的类中定有匹配的 bite(p)。）

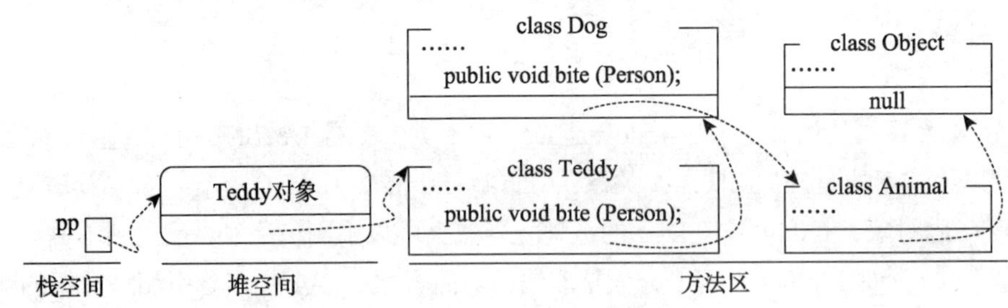

图 3.9　重写的实现机理示意图

② 应用上，重写可实现“同一条语句可产生不同效果”，如语句 pp.bite();，在不同时刻能产生不同的“咬的效果”。产生不同效果的原因是：对象的即插即用。即 pp 处插装泰迪和藏獒对象，执行效果不同。需要强调的是：pp 的类型必须是超类类型 Dog，这样才能插装不同的子类对象，如泰迪、藏獒。能否将 pp 设为 Animal 甚至 Object 型呢？不能。因为 Animal 类中没有 bite()方法，若 pp 为 Animal 型，pp.bite()会编译错。也不能将 pp 设为 Teddy 型，这样 pp 出就无法插装“藏獒对象”（不满足 is-A 关系）。

另外，前面使用的 public String toString()，就是重写 Object 类的 toString()。

③ 拓展：包含诸如 pp.bite()的程序，常因其用于插装不同子类对象而被称作“框架程序”。如游戏中基于“兵种”的移动、攻击设计操控程序，在实际运行时，向兵种填入具体的“喷火坦克”“普通步兵”等，就能产生不同的移动、攻击效果。

> **注意**：重写应用中，框架程序设计才是重点。其核心就是“基于超类设计框架程序，运行时插装子类对象”。

重载、重写是多态的具体表现形式，均可视为“一名多义”：一名，即同一个名称；多义，是指有不同的方法体。仔细体会：①实现“狗什么气味都能嗅”用重载，若发现有某种气味不能嗅，就要新增重载方法。②实现“狗咬”效果的模糊指代、自动匹配，就要用重写。模糊指代，如狗可以指代藏獒、泰迪等不同种类的狗；自动匹配，是指若狗是藏獒或泰迪，狗咬就呈现出藏獒或泰迪咬的效果。当需要新增指代物时，如新增狼狗，就需要使用重写。

Person 的属性 blood 设为私有，使用 get 和 set 方法存取 blood，是一种常用的方式。

3.3.3　示例：引用自己的成员为何出错

【例 3.3】 下面 main 中代码存在问题，请找出所有错误。

目的：①理解编译时基于类型声明，检查赋值兼容规则是否满足；②理解运行时基于实际对象，检查赋值兼容规则是否满足。③进一步理解 is-A 和 has-A 关系的影响。

```
class Animal{public void eat(){;}}
class Dog extends Animal{public void bark(){;}}
public class App{
    public static void main(String[] args) {
        Animal[] a=new Dog[2];
        a[0]=new Dog();      a[0].eat();  a[0].bark();
        a[1]=new Animal();   a[1].eat();  a[1].bark();
    }
}
```

【分析】

（1）Animal 是 Dog 的超类，故 Animal [] a=new Dog[2];正确。a[0]等均是 Animal 型，故 a[0]=new Dog()、a[1]=new Animal()均符合 is-A 关系，均可通过编译。

（2）Animal 中未定义 bark()，故 a[0]/a[1].bark()会产生编译错，即不满足 has-A 关系。

（3）删除 a[0]/a[1].bark()。运行时，a[1]=new Animal()产生 ArrayStoreException 异常。此时内存分配见图 3.10。具体而言：new Dog[2]创建的是 Dog[]型对象，故 a[0]/a[1]的实际类型是 Dog，这样，a[1]=new Animal() 类似于 Dog d=new Animal();，这显然违反了 is-A 规则，因此在运行时会报错。

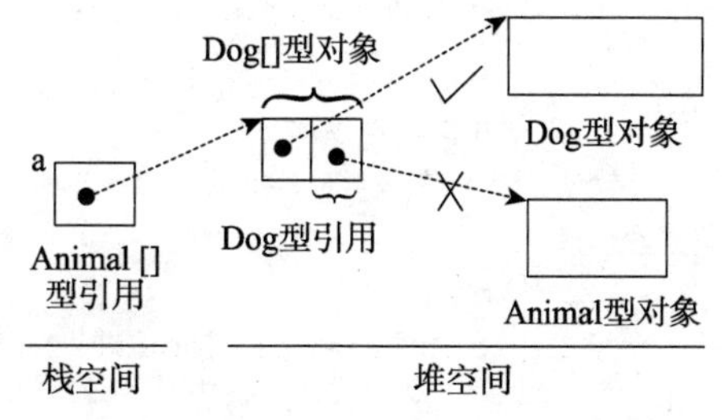

图 3.10　a[1]=new Dog()会产生运行时错误

（4）可能有读者疑惑：前面分析说 a[0]、a[1]均是 Animal 型，不能引用 Dog 的 bark()方法；现在又说 a[1]又是 Dog 型，不能引用 Animal

型对象。前后矛盾呀！实际上，程序是先编译后执行。编译时只考虑类型定义，a[1]是 Animal 型，故 a[1]=new Animal();可通过编译；运行时考虑的是对象的实际类型，a 引用的是 Dog[] 对象，故 a[1]的实际类型是 Dog 型，故运行时 a[1]=new Animal();会产生 ArrayStoreException 异常。

3.3.4 示例：构造直角三角

前面曾经提及：子类对象在构造时，定会自动调用超类的构造函数，默认时调用的是无参构造函数。若超类定义了有参构造函数，即超类没有无参构造函数，应如何处理呢？

【例 3.4】 对例 3.1 中设计的类 Triangle 做如下调整。①删除无参构造函数；②设立三个构造函数：分别输入 1/2/3 条边构造三角形。当然，若边值不满足约束，则只能创建边值为 1 的单位三角形；③新增直角三角形类 RtTriangle，作为 Triangle 的子类，它有两个构造函数：通过两条直角边构造；或是通过三条边构造，要求，若给定的三边不满足直角三角约束，只能创建以 3、4、5 为边长的直角三角。

目的：①掌握借助 this、super 主动调用构造函数；②进一步理解：子类对象构造定会调用超类的构造函数；③进一步理解构造函数的作用。

设计：①借助构造函数重载和 this 引用构造函数，为 Triangle 增加三个构造函数；②借助继承机制实现 RtTriangle，借助 super 主动调用超类有参构造函数。代码详见：Ch_3_4.Java。

```
class Triangle{  private double a,b,c;
    public Triangle(double x,double y,double z){//普通三角或单位三角
        if(limit(x,y,z)==false){a=1;b=1;c=1;}
        else{a=x;b=y;c=z;}
    }
    public Triangle(double x,double y){this(x,y,y);}
                                                  //等腰三角，x 是底，y 是腰
    public Triangle(double x){this(x,x,x);}   //等边三角
    private boolean limit(double x,double y,double z){//三角形的约束条件
        return(x>0&&y>0&&z>0&&x+y>z&&x+z>y&&y+z>x);
    }
    public void setEdges(double x,double y,double z){
        if(limit(x,y,z)==true) {a=x;b=y;c=z;}
    }
    public String toString(){return "a="+a+", b="+b+", c="+c; }
}
class RtTriangle extends Triangle{
    public RtTriangle(double x,double y,double z){
                                    //假设 x、y 是直角边，z 是斜边
        super(x,y,z);               //super 引用构造函数必须放在构造函数的第一句
        if(x*x+y*y!=z*z) setEdges(3,4,5);
                                    //若不满足直角三角条件，就构造特定直角
    }
    public RtTriangle(double x,double y){super(x,y,Math.sqrt(x*x+y*y));}
}
class App{
    public static void main(String[] args) {
```

```
        System.out.println("new Triangle(1,2,3)
                                     结果: "+new Triangle(1,2,3));
        System.out.println("new Triangle(2,3,4)
                                     结果: "+new Triangle(2,3,4));
        System.out.println("new Triangle(3,1)
                                     结果: "+new Triangle(3,1));
        System.out.println("new RtTriangle(20,30,40)
                                     结果: "+new RtTriangle(2,3,4));
        System.out.println("new RtTriangle(30,40,50)
                                     结果: "+new RtTriangle(30,40,50));
    }
}
```

【输出结果】

```
new Triangle(1,2,3)         结果: a=1.0, b=1.0, c=1.0
new Triangle(2,3,4)         结果: a=2.0, b=3.0, c=4.0
new Triangle(3,1)           结果: a=1.0, b=1.0, c=1.0
new RtTriangle(20,30,40)    结果: a=3.0, b=4.0, c=5.0
new RtTriangle(30,40,50)    结果: a=30.0, b=40.0, c=50.0
```

【示例剖析】

（1）Triangle 和 RtTriangle 均使用了构造函数重载。

（2）示例中，this(x,x,x)、super(x,y,z)都是调用构造函数 Triangle(double x,double y,double z)，其中关键字 super 表示超类（包含父类）。注意：使用 this、super 引用构造函数需遵循两点限制：①只能在构造函数中；②this(…)、super(…)必须作为第一句。这样，不能同时存在 this、super 引用构造函数。

（3）RtTriangle 的构造函数会自动调用父类 Triangle 的构造函数。若未指明，调用的是无参构造函数。但 TriangleB 定义了构造函数（有参），系统就不再提供默认的无参构造函数。故必须在 RtTriangle 的构造函数中，借助 super 主动调用 Triangle 的有参构造函数。否则会产生编译错。当然，为 Triangle 新增一个无参构造函数，也是一种常用方案。

（4）Triangle 的构造函数中调用了非静态方法 limit()。有读者可能疑惑：构造函数调用前，对象不存在，此时调用 limit()为何不产生空指针引用错误？实际上，这种理解是错的。因为：对象的创建（即分配空间）实际上是由 new 指令完成的，后面的构造函数名对应空间大小。构造函数的真正作用就是初始化，给对象中的各属性赋初值，或者做其他一些准备工作，如打开文件、连接数据库等。

（5）鉴于 super()引用的构造函数必须放在第一句，对需求“若直角三角的三条边数值非法，就只能创建特定三角”，就不能先判断边值合法性，再使用 super(x,y,z)。本例采用：先用 super(…)，然后用继承自超类的 setEdges()更改属性值。

> **注意：**本例之所以要求：若属性值非法就只能创建特定三角形（而非不创建），是因为：一旦调用构造函数，哪怕构造函数执行期间产生错误，也会创建出对象。

（6）super 还可引用超类的成员。如在 RtTriangle 类中，可使用 super.setEdges()；无权限的成员（如 private 成员）除外，如 super.a 就非法。实际上，若超类成员与本类定义的成员不同名，可直接使用，不需要借助 super，如 RtTriangle 中直接使用 setEdges()。

3.3.5 示例：禁止创建边值错误的三角形

有时希望只有符合某种条件才能创建对象，否则就禁止创建（而非创建特定规格对象）。例如，红警游戏中盟军的角色“谭雅”，要求在运行期间至多只能存在一个，死亡后可以再创建。如何实现此类需求呢？这需要用到关键字 static。

static 只能修饰类中的成员，其作用见图 3.11。从图中发现，static 修饰的属性并未放在对象中，而是放在了方法区（注：方法区实际上存储的是类的定义）。这样，static 成员实际上被该类所有对象共享，如执行 c=new T(5,6)后，a.x、b.x、c.x 的值均为 5。

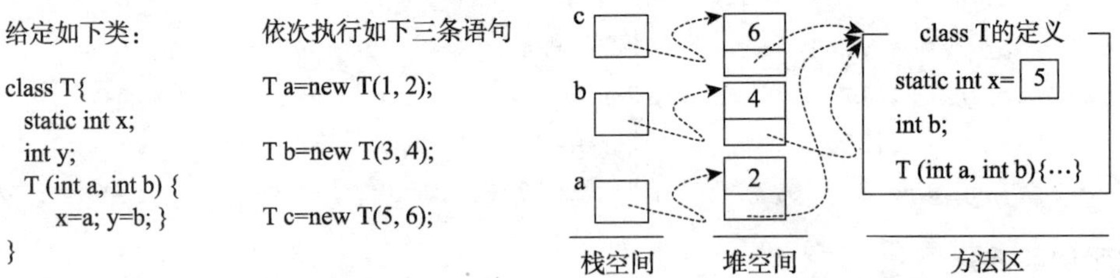

图 3.11 三条语句的执行效果图

静态成员的最大特色，就是能通过类名引用，当然也可通过对象来引用。未被 static 修饰的成员称作实例成员，实例成员只能通过对象来引用。另外，静态方法中只能使用静态成员，不能使用示例成员。实例方法无此限制，即：既可引用静态成员，也可引用实例成员。例如：

```
class T{
    static  int x;   int y;
    void f(){ x=5; y=6; } //合法：实例方法中既可引用静态成员，也可引用实例成员
    static void h(){
        x=5;  //正确，静态方法中能引用静态成员
        y=6;  //编译错：静态方法中不能引用实例成员，y=6，实际上是 this.y=6
      /*由于静态方法可通过类名来引用，执行场景为：T.h()，
        此时 h()并未与任何对象关联，即 h()中不存在 this，故 this.y 是非法的。
        因此，Java 规定：在静态方法中只能引用静态成员，不能引用实例成员。
      */
    }
}
```

【例 3.5】 设计三角形类 Triangle，要求满足如下需求：①有属性三条边，要求必须为正数，且任意两边之和大于第三边；②只有一个为三边赋值的构造函数，若不满足条件，就无法构造三角形对象；③至多只能构造三个这种三角形对象（即对象有数量上的限制）。

目的：①理解 static 修饰的作用：静态变量被该类所有对象共享，静态方法可通过类名

引用；②理解 static 方法约束规则：静态方法中只能使用静态成员，不能使用非静态成员。

设计：总体策略为

（1）调用构造函数后，即使构造函数执行期间出现异常，也定能造出对象。因此，为实现“不符合条件就不能造对象”，必须将构造函数均设置为私有，这样外界（即三角形类的外部）就无法调用构造函数创建对象。

（2）提供创建对象的静态方法，该方法以三角形构造参数为参数，若满足三角形约束，则返回三角形对象，不满足约束则返回 null。其框架为

```
public static creatTriangle(double x,double y,double z){
  return(limit(x,y,z)==true)? new Triangle(x,y,z): null;
}
```

（3）为实现对象数量的限制，还必须新增一个静态属性 count，用于对象计数。

（4）被静态方法调用的约束规则 limit()也必须是静态的。

代码详见 Ch_3_5.Java。

```
class Triangle{ private int a,b,c;
   private static final int total=3; //三角形对象的限额
   private static int count=0;        //当前三角形对象的数量
   private Triangle(int x,int y,int z){a=x;b=y;c=z; count++;}

   private static boolean limit(int x,int y,int z){//三角形的约束条件
       return(x>0&&y>0&&z>0&&x+y>z&&x+z>y&&y+z>x&&count<total);
   }
   public static Triangle creatTriangle(int x,int y,int z){
       return(limit(x,y,z)==true)?new Triangle(x,y,z):null;
   }
   public void showCount(){System.out.println("count= "+count);}
   public String toString(){ return "{"+a+","+b+","+c+"}";}
}
class App{
   public static void main(String[] args) { int i,j;
       Triangle[] t=new Triangle[10]; //创建的是 Triangle[]对象，而非
                                       //Triangle 对象
       t[0]=Triangle.creatTriangle(1,2,3); //非法数据
       t[1]=Triangle.creatTriangle(2,3,4); //合法数据
       for(i=2; i<t.length; i++)//注：鉴于数量限制，很多对象不能创建
           t[i]=Triangle.creatTriangle(3,4,5);
       for(i=0; i<t.length; i++)System.out.print(t[i]+"、");
       t[1].showCount();          //注：已确定 t[1]非空
   }
}
```

【输出结果】

```
null、{2,3,4}、{3,4,5}、{3,4,5}、null、null、null、null、null、null、count= 3
```

【示例剖析】

（1）设计策略：①构造函数必须私有化；否则，在 Triangle 类外部调用构造函数将不受

限制。这样，即使用错误的数据也能构造出对象。②鉴于私有化构造函数后，Triangle 类外部无法使用构造函数，即无法构造对象。必须提供 public static 方法来创建对象。设为 public 以确保在 Triangle 类外部使用不受限制，设为 static，确保在无对象存在的情况下，可通过类名来调用该方法。③该静态方法返回类型必须为 Triangle，在构造对象前实施约束判断 limit(…)，满足条件则创建对象，不满足则返回 null。④limit(…)及其中使用的 count、total 也必须是静态的：因为静态方法中只能使用静态成员。

> **拓展**：若静态方法中使用到内部类，这个内部类必须设为静态。
> 实例方法中，成员的使用不受限制，如 showCount()中可使用静态成员 count。

（2）把所有约束条件放在一个函数中，其好处为：当需要维护约束条件时，只需要修改该函数即可，其他地方不必改动。这提高了程序的易维护性。

（3）若新增需求：Triangle 类可通过 1/2/3 条边构造对象，其他要求不变，应如何设计？

答：三个构造函数均需设为私有，creatTriangle()、limit()也必须有三个，参数与构造函数的参数对应。

（4）实际上，很多内部封装大量算法的类，如 Math、Arrays 等，其方法几乎都设为 static，目的就是直接通过类名引用方法，这样省却构造对象的步骤，更简洁。

（5）强调：构造函数设为私有后，派生子类会受到影响：子类对象在构造时，将无法调用超类私有的构造函数，即子类将无法构造对象。换言之，构造函数私有化的影响实际上非常严重，要慎用。

（6）设计模式中的单例模式（即某个类只能创建一个实例），其实现框架就是：私有化构造函数，然后提供一个静态方法用于存取构造函数，在静态方法中检测对象是否存在。

（7）可能有读者认为：构造函数前并未用 static 修饰，应属于实例成员。静态方法中不是不能使用实例成员吗？从本例执行效果看，这种认识不正确。换言之，构造函数不属于实例成员，而应视为一种“特殊”成员。

3.3.6 示例：银行取款攻防

重写是编写框架程序的基础，能实现对象（代码的）动态插装，功能强大。但同时该机制的不当使用，也会带来设计隐患。

【例 3.6】 假定银行有账户类 Account，提供存款、取款和查询余额操作。某黑客设计了一种程序，可将取款 1 元操作变成存款 100 元。请实现上述要求。

目的：①理解重写机制隐含的缺陷：不当重写对系统造成安全威胁；② 掌握屏蔽重写的若干手段（见分析）；③掌握 final 修饰。

设计：设计黑客账户类继承 Account，重写存款方法，其功能变成存款。代码见 Ch_3_6.Java。

```
class Account{              //账户
   private int balance;     //余额
   public Account(int x){ balance=x;}
```

```
    public void saveMoney( int x ){  balance = balance + x;  }//存款
    public void  drawMoney( int x ){  balance = balance - x;  }//取款
    public int getBalance(){return balance; }//查询余额
}
class HackerAccount extends Account{
    public HackerAccount(int x){ super(x); }
    public void drawMoney( int x ){ saveMoney(100*x); } //取款实为存款
}
class App{
    public static void main(String[] args) {
        Account h=new HackerAccount(1000);
        System.out.print("账户的当前余额为: "+h. getBalance());
        h.drawMoney(500);   //取款 500 元
        System.out.print("\n 取款 500 元, 余额为: "+h.getBalance());
    }
}
```

【输出结果】

账户的当前余额为：1000
取款 500 元，余额为：51000

【示例剖析】

（1）HackerAccount 设计的关键，就在于继承 Account 类，并重写了 drawMoney()方法。

（2）要防止上述状况，必须禁止对 Account 类的取款方法进行重写。禁止重写有四种手段：用 private、static、final 修饰 drawMoney()，或是用 final 修饰 Account 类。具体而言：

① 子类无法获得超类的私有方法，因此私有方法不能被重写。但由于取款是账户必备操作，这种策略实际上不可行。

② 重写必须依赖对象，通过对象找到所属类及方法。静态方法使用时对象可能不存在，故静态方法不能被重写。但取款操作中的余额不能设为 static（请思考原因），故也不可行。

③ final 表示最终的、不能被改写的，可修饰成员变量、成员方法和类。

> final 修饰变量，表示该变量不能被改写，即常量。注：常量只能用等号直接赋值，或是通过构造函数赋值，否则会产生编译错。
>
> final 修饰方法，表示方法不能被改写，即方法不能被重写。
>
> final 修饰类，表示类不能被改写，即类不能被继承（因子类实际上是对超类的更改）。如：final class Account{…}，Account 就是最终类，不能派生出子类。例如 Math 类就被设为 final 类，显然不希望对该类封装的数学函数进行重写。

鉴于用 final 修饰类，影响较大，故本例禁止重写取款操作，用 final 修饰 drawMoney()即可。读者可自行尝试。

> **注意：** 若子类定义的方法与超类的私有方法同名，或是与超类的静态方法同名，由于这两种情形都不属于重写，故不必遵循重写的约定，只需要满足方法定义要求即可。

3.3.7 语法小结

通过示例，本小节快速认知了以下语法：

（1）public、private 权限，其中 private 成员被封装在对象内部，外界无法访问；public 成员可被外界访问。

（2）继承，Java 采用单继承机制，子类拥有超类的全部（注：private 等成员拥有但无法直接使用），超类兼容子类。继承产生了很多影响，包括：①is-A 与 has-A 关系，其中 is-A 主要用于引用型的赋值兼容判断，如 Animal a=new Dog();就是合法的；has-A 主要用于判别成员是否能被引用，如 a 是 Animal 型，不能引用 Dog 中定义的成员。②子类对象构造时会自动调用超类的构造函数，默认时调用超类的无参构造函数，若超类只有有参构造函数，则子类的构造函数中，必须借助 super 来主动调用超类的构造函数，且用 super 调用的构造函数必须放在第一句。this 能调用本类的构造函数，且用 this 调用的构造函数必须放在第一句。另外，this、super 类的两个实例成员，其中 this 代表对象自己，super 代表对象中属于超类对象的那部分。

（3）重载，语法表现为一组类中的方法具有“同名不同参”特点，旨在让同一方法在不同环境下使用。例如，Dog 中有一组重载方法，如嗅(主人){}、嗅(老虎){}……编译时，基于嗅(…)的实参列表，决定究竟执行哪个方法。上述重载定义，可以让狗遇到主人、骨头等不同环境，有不同的反应；再比如，System.out.print()重载定义，让人感觉该语句什么都能打印。

（4）重写，语法表现为子类和超类有“一模一样”的方法，这样，诸如“狗咬人”中的狗（超类引用），在执行时就可用藏獒、泰迪等具体子类对象替代，并展现出不同的“咬”的效果，即一条语句，在执行时插装不同对象，可展现不同的执行效果。

（5）static 修饰，static 变量，因处在方法区，故被该类所有对象共享；static 方法，可不需要造对象，直接通过类名引用（实例成员必须先造对象再引用）。另外，static 方法中只能使用 static 成员，不能使用实例成员。

（6）final 修饰，修饰变量，变量为常量；修饰方法，方法禁止重写；修饰类，类禁止派生。

练习 3.3

1. 购物车设计。某电商平台，为方便商品展示，需要将商品分类。在购物时，可将不同类别的商品加入购物车，并自动计价。假设购买如下商品：U 盘 2 个（每只 100 元）；显示器 1 个（共 2000 元）；音箱一对（共 300 元）。请设计购物车，能添加、移除商品，并自动计算出总价格（提示：购物车内有商品数组，以容纳不同种类的商品）。

2. 发票打印。假设需要打印发票，发票中包含如下内容：抬头、订单号、货物名称、规格型号、数量、单价、金额、总金额等。其中，货物名称由商家自定义，如音箱，货物名称：创新小音箱，规格型号：Inspire T12。请模拟打印上述发票信息。提示：基于商品中约定发票格式；具体商品的 toString()中填入个性化信息。

3. 一对一、一对多控制。某商场电视机展销处，有不同种类的电视机。有两种遥控器：

A 型遥控器可控制所有不同种类的电视机，如统一调至某个台、统一设置静音；另有专用遥控器，如 B1 型遥控器只能控制 B1 型电视。请模拟实现上述控制。

提示：电视 TV 及其子类 TV_1 等，A 型遥控器，内有 TV 数组，填入各种子类对象，调用各自的调台方法；B1 型遥控器，通过构造函数关联 TV_1 电视机。

3.4　基于抽象类和接口的编程

基于抽象类和接口编程的核心是重写机制。本节先用一个示例展示重写的应用框架，在此基础上引出重写为何需要“抽象方法”的支持，介绍容纳抽象方法的两种形式：抽象类和接口，最后综合抽象类和接口展开应用。

3.4.1　示例：设计形状智能识别器

【例 3.7】 设计形状智能识别器，能够识别形状并输出其相关信息。如传入圆形对象，识别器能输出圆形、面积、半径等信息；传入矩形对象，能输出矩形、面积、矩形的长和宽。另外，这里的“智能”，是指识别不能用 if 语句。

目的：①理解完整的应用重写机制涉及两部分：（a）重写的语法支撑，即超类和子类间拥有一模一样的方法；（b）重写的应用框架，即框架程序；②理解何谓框架程序，为何称其为框架程序，为何及如何能实现对象的即插即用；③掌握如何设计类，才能让该类的对象插装到特定框架程序中；④掌握@Override 的作用。

设计：共 5 个类。Shape 及子类 Rectangle、Circle，Recognizer、App 类，其中前三个建立重写应用的语法支撑，即超类和子类间有一模一样的面积计算方法；Recognizer 包含重写的应用框架，即 showInfo()，该方法基于 Shape 类编程（注：Circle 的设计存在缺陷，与 Rectangle 的设计对照后很容易发现问题，继而理解相关注意事项）。代码详见 Ch_3_7.Java。

```
class Shape{                                    //形状类
    private String type;
    public Shape(String s){ type=s; }
    public String getType(){ return type; }
    public double getArea() { return 0; }       //待重写的方法
}
class Rectangle extends Shape{                  //矩形类
    private int high, width;                    //定义矩形的高和宽
    public Rectangle(int g, int k){super("矩形"); high=g; width=k;}
    @Override public double getArea() {return high*width;}
        //重写超类的方法
        //方法前标注“@Override”后，若该方法不对超类方法形成重写，就产生编译错
    public String toString(){ return "高="+high+" 宽="+width; }
}
class Circle extends Shape{                     //圆形类
```

```
    private int r;  private final double pi=3.14;//半径和圆周率
    public Circle(int r1){super("圆形"); r=r1;}
    public double getArea(int r) { return pi *r *r; }
    public String toString(){ return "半径="+r; }
}
class Recognizer{                           //智能识别器类
    public void showInfo(Shape s){//框架程序：必须要基于超类 Shape 编程
        //注意，s 必须是 Shape 型，s 不能是 Circle 等型，why?
        System.out.println("类型:"+s.getType()+",面积:"+s.getArea()+",
                        属性:"+s);
    }
}
class App{
    public static void main(String args[]){
        Recognizer rcg=new Recognizer();
        Shape[] s={new Rectangle(2, 3),new Circle(10)};
        for(int i=0; i<s.length; i++)rcg.showInfo(s[i]);
    }
}
```

【输出结果】

```
类型:矩形,面积:6.0,属性:高=2 宽=3
类型:圆形,面积:0.0,属性:半径=10
```

【示例剖析】

（1）为实现能插装不同形状对象的智能识别器（即分析的入口），逻辑思路为

① 识别器需要基于“形状”来编程（即设计 showInfo(s)），且形状要提供面积计算方法，以便在 showInfo(s)中使用。另外，为识别矩形、圆形等对象，形状要派生出矩形、圆形等子类，这样借助 is-A 关系，showInfo(s)的“形状”变量 s 才能插装矩形、圆形等的对象。因此 showInfo(s)就是框架程序，其特征就是“对象的即插即用”。

② 要实现“准确识别”，仅仅能插入不同对象还不够。考虑到对象类型的无限性（如以后可能插入三角、梯形等），使用 if 语句是不现实的。鉴于对象对自己的一切信息都很清楚，若能让矩形等对象使用“自己的”面积计算方法，就能准确给出面积信息。因此，矩形等子类要提供自己的面积计算方法，且该方法的外观必须与形状类的外观一模一样，这样，运行时才能“替换”超类的面积计算方法。

实际上，编译、运行阶段的双重检查，决定着重写的最终形式。如对 s.getArea()，s 的类型 Shape，编译器基于 Shape 型检测 s.getArea()能否使用，如 Shape 中首先要有 getArea()，且实参形参相匹配，存取权限要允许，不能是静态方法……。运行时，要基于 s 引用的对象来检查 s.getArea()究竟执行的是哪个方法（详见 3.3.2 节图 3.9），即按就近原则，从对象所属类向上追溯。如 s 引用矩形对象，若矩形类中有一模一样的 getArea()，就使用矩形类自己的（即以子代父），因此矩形的面积就正确；再比如，s 引用圆形对象，圆形类中定义的面积计算方法有参数，即与超类面积计算方法外观不同，因此就继续向上追

溯至 Shape，即最后调用的是 Shape 的 getArea()，因此圆形的面积输出就是 0。这表明，重写要求的“子类方法与超类方法外观上要一模一样”是运行时实施替换的前提和保障。

（2）showInfo()中的 s.getType()是不是重写？当然不是，因为子类没有重新定义这个方法。另外，矩形等类中的 toString()也使用了重写机制：对 Object 类的 toString()实施重写。

思考：例 3.1 中的 equals()是重写吗，为什么？若不是，请改写成重写方式。

（3）小结：重写应用涉及语法支撑和应用编程。语法支撑就是超类 Shape 和子类 Rectangle 要拥有一模一样的方法 getArea()。应用编程就是基于超类编写框架程序，即 Recognizer 类中的 showInfo()。

（4）如果希望识别器能识别三角、梯形等对象，应如何处理？三角等的设计与矩形类相似，运行时提供三角类的对象即可。显然，这种设计具备优异的可扩展性：可以方便地新增任意形状，不需要更改框架程序。

（5）如何让识别器的输出信息中包含周长（即修改框架程序的影响）？需要在 Shape 中新增 getPerimeter()，并修改 showInfo()，以及在所有子类中重写该方法。

（6）@Override 是 Java 注解机制的一个指令，表明该方法是对继承自超类方法的重写。若无法形成重写，将产生编译错。如矩形类的 getArea()前，加或不加此指令均正确。若在圆形类的 getArea(int x)前加入此指令，将产生编译错。换言之，此指令旨要求编译器检查子类重写方法的外观是否一致。若不一致，就编译错，提醒程序员修改。

拓展：@Deprecated，可修饰类、方法、属性等，表示已过时（为兼容仍可使用），不建议再使用。

关于框架程序的说明：

《面向对象的思考过程（第 4 版）》（英文名 *The Object Oriented Thought Process* (*Fourth Edition*)）的 8.2 节，认为框架（framework）是“实现拔插机制和重用准则”的一种形式，其中拔插的是对象，重用准则就是：框架能够拔插的对象必须符合重写的准则，如子类对象、重写方法等。本书将 framework 称作框架程序。

3.4.2 抽象方法、抽象类和接口

1. 框架程序需要抽象方法

例 3.7 中，Circle 类的未重写超类的 getArea()方法，也能编译和运行，仅仅是结果不正确而已。有没有一种机制，能够强制用户在设计 Circle 等类时，必须重写 getArea()呢？有，这种机制就是抽象方法，即用 abstract 修饰的方法，只有方法声明，不能有方法体。例如：

```
abstract double getArea(); //抽象方法：返回形状面积
```

由于抽象方法没有方法体，故不能执行。Java 规定：若类中有抽象方法，就不能造对象，否则将产生编译错。为抽象方法添加方法体的唯一方式就是重写。换言之，若将例 3.7 中 Shape

类的 getArea()设计成抽象方法，Circle 作为 Shape 的子类，就必须重写 getArea()，否则创建对象的语句会产生编译错。因此可见，抽象方法可看成是框架程序与插装对象间的一种契约：框架程序中使用该契约（即使用抽象方法），对象所属类必须实现该契约，才能被插装到框架程序中。若未实现，会给出提醒：编译错。

注意：鉴于抽象方法必须被重写，因此不能用 private 修饰抽象方法。

2. 抽象方法的两种集成方式：抽象类和接口

有两种容纳抽象方法的机制：抽象类和接口。抽象类旨在建立类家族内部共同遵守的契约。如，若 Shape 类的 getArea()设置成抽象方法，表示“所有形状对象都遵守（即实现了）该契约”，其中 Shape 及其子类就是一个“类家族”。接口旨在建立任意类之间的契约。如“上传、下载”可看成是两个方法，集成于 USB 接口。电视、PC、手机等不同类都可实现 USB 接口（即共同遵守 USB 接口中的契约）。这类对象可统称“拥有 USB 接口的对象”。

简言之，以抽象方法为基础，Java 提供了两种契约集成机制：抽象类和接口。抽象类旨在建立抽象类与其派生类之间的契约；接口则是在任意类之间建立契约。

3. 抽象类

抽象类就是包含抽象方法的类，必须用 abstract 修饰类名，例如：

```
abstract class Shape{//形状类
  private String type;
  public Shape(String s){ type=s; }
  public String getType(){ return type; }
  public abstract double getArea() ; //待重写的抽象方法
}
```

假设类 A 有 10 个抽象方法，A 的子类 B 实现了 7 个，则有 3 个抽象方法未提供实现，故 B 只能是抽象类，需要用 abstract 修饰。

抽象类可看成“半成品模型”。如属性、非抽象方法可看成模型和类中的“已实现部分”，如 Shape 中的 type、getType()等；抽象方法 getArea()则是模型中的“待实现部分”。这“半成品模型”的好处是“能快速产生成品模型”，如矩形类、圆形类。成品模型才能造对象。再比如，java.awt.Component 就是组件的抽象类，定义了 GUI 编程中组件的一些共有的特征（如组件的左对齐、右对齐等对齐方式）和行为（如将组件设为禁用、响应鼠标动作等）。

读者可能疑惑：为何不一步到位的创建成品模型，而是弄出个“半成品模型”，意义何在？意义就是：基于半成品模型可编写抽象的框架程序，基于成品模型无法编写框架程序。如基于矩形类编写的 showInfo()，无法插装圆形对象。

抽象类不能创建对象，是否有构造函数呢？如果有，构造函数有何作用？实际上，任何 class 都有构造函数。抽象类也是 class，因此有构造函数，可对抽象类中的相关属性初始化，或进行某些预处理（即调用其他方法）。另外，Java 约定：abstract 不能修饰构造函数，也不能与 final、static、private 等修饰同时使用，为何如此呢？这是因为子类无法重写超类的构造函数，也无法重写用 final、static、private 等修饰的方法。

4. 接口

类的单继承特性，让使用抽象类中的契约代价很高：继承抽象类后，无法再继承其他类。故 Java 定制了接口机制，使用关键字 interface 来定义。例如：

```
interface USB{                                    //USB 接口
  public final static String 协议名称="HID";  //所有 USB 设备必须遵守的通信协议
  public abstract void send(USB target);      //从本地上传到目标
  void receive(USB source); //从源头下载到本地,注:此方法隐含有 public abstract
                            //修饰
  default void 供电(USB 源头){//Java 8 新特性，默认方法，可以直接使用，或被重写
       ……//如：调控电流电压，给电池充电
  }
  static void 其他(){;}        //Java 8 新特性，显然该方法不能被重写
}
```

注意：接口不是类，它有自己的特性：

（1）接口中变量，无论是否加“public final static”修饰，都自动拥有这些修饰；接口中“没有方法体的”方法，无论是否加“public abstract”，都自动拥有这些修饰。若加入的修饰与默认的不同，则产生编译错。注意：接口中的常量必须在定义时直接赋值，如 USB 中的协议名称也可直接写成：String 协议名称="HID";。

（2）接口不是类，没有构造函数，支持多继承（继承的含义与类相同）。例如：

```
interface A{void f1();}  interface B{void f2();}
interface C extends A,B{void f3();}//C 继承 A、B，拥有三个抽象方法
```

（3）Java 8 开始对接口机制做了修订，新增两类非抽象方法（默认是 public 权限）：默认方法（用 default 修饰）和静态方法，如 USB 接口中的：供电()、其他()。Java 9 甚至允许私有方法，该方法必须带有方法体，可作为多个默认方法的共性部分，供其他方法调用。

5. 接口要和类结合起来使用

接口与类之间是实现（implements）关系，一个类可实现多个接口。类实现接口，就拥有了接口中的全部内容。例如：

```
interface Bluetooth{  void send(Bluetooth obj); void receive(Bluetooth
                      obj); }
interface USB{  void send(USB obj);  void receive(USB obj); }
abstract class CellPhone implements Bluetooth,USB{ //类可同时实现多个接口
    public void send(USB obj){;} //空实现。public 不可缺，请思考原因
              //因为接口中的方法具备 public 权限，重写不能缩小权限
    public void receive(USB obj){;}
} //注: CellPhone 未实现 Bluetooth 定义的方法，故必须是抽象类
class HWCellPhone extends CellPhone{
```

```
    public void send(Bluetooth obj){;}
    public void receive(Bluetooth obj){;}
}//注：HWCellPhone 实现 CellPhone 定义未实现的所有方法，故不再是抽象类
class TV implements USB { //TV 实现了 USB 接口
    public void send(USB obj){;}
    public void receive(USB obj){;}
}
```

类实现接口，就拥有接口的全部内容。这种效果类似于继承：接口相当于实现类的超类，故这种关系被称作 is-like-A 关系。简言之：接口可兼容实现类。例如：

```
USB u=new HWCellPhone();  u=new TV();
```

注意：接口中的静态方法只能通过接口名引用，不能被实现类重写。另外，不恰当的使用接口的多继承，可能产生许多问题。例如：

```
interface A{  int x=5;         void f();  }
interface B{  boolean x=true;  int f();   }
interface C extends A, B{ ; }//编译错
```

C 中同时拥有 A、B 的方法 f()，由于重写不考虑返回类型，显然放在一起就有错了。另外，C 中同时拥有两个不同类型的常量 x，在使用时难于区分，产生运行时错误。

6. 接口的用途：能力、特征标签

接口可视为一种“能力、特征标签”。类实现接口，该类的所有对象就贴上来该接口的标签。如电视机、手机实现 USB 接口，电视机、手机对象就是“有 USB 接口的”对象。因此接口名通常以 able 或 ible 结尾。如 Cloneable：可复制的，表示该类支持复制。既然是标签，对象上当然可以多贴几个（即类可以实现多种接口），如手机有 USB、蓝牙、红外、NFC 等多个接口。

3.4.3 示例：模拟主板集成各类板卡

【例 3.8】 请模拟实现如下情形：PC 包括主板，主板上有 5 个 PCI 插槽，可插装显卡、声卡、网卡等 PCI 设备。主板启动、关机时，依次启动、关闭主板上的各设备。

目的：①理解接口与实现类之间的关系，以及类如何实现接口；②理解何时需要应用接口数组，如何定义和使用接口数组。

设计：PCI 接口有启动、运行、关闭三个方法，显卡、声卡、网卡等类实现 PCI 接口；主板上有能容纳 5 个元素的 PCI 数组（代表 5 个 PCI 插槽），另有计算机类。代码详见 Ch_3_7.Java。

```
interface PCI{void start();void run();void stop();} //PCI 接口
class DisplayCard implements PCI{                    //显卡
    public void start() {System.out.print("\t 显卡启动");};
    public void run(){System.out.print("--显卡运行");};
    public void stop(){System.out.print("\t 显卡停止");};
}
```

```
class NetCard implements PCI{…}     //网卡设计与显卡类似，略
class SoundCard implements PCI{…}  //声卡设计与显卡类似，略
class Mainboard{                    //主板
    PCI[] pci=new PCI[5];           //代表主板提供 5 个 PCI 插槽
    void add(PCI p) {               //向主板插入 PCI 设备 p
        for(int i=0; i<pci.length; i++)
            if(pci[i]==null) {pci[i]=p; return;}
    }
    void run() {                    //运行主板上的所有设备
        for(int i=0; i<pci.length; i++)
            if(pci[i]!=null) {pci[i].start();  pci[i].run();}
    }
    void stop() {                   //停止主板上的所有设备
        for(int i=0; i<pci.length; i++)
            if(pci[i]!=null) pci[i].stop();
    }
}
class Computer{
    private Mainboard mb=new Mainboard();
    Computer(){                     //创建对象时要插入各种板卡
        mb.add(new DisplayCard());
        mb.add(new SoundCard()); mb.add(new NetCard());}
    void start() { System.out.print("【开机】");mb.run();}
    void stop() { System.out.print("\n【关机】");mb.stop();}
}
class App {
    public static void main(String[] args) {
        Computer c=new Computer();
        c.start();c.stop();
    }
}
```

【输出结果】

　　【开机】　　显卡启动--显卡运行　声卡启动--声卡运行　网卡启动--网卡运行
　　【关机】　　显卡停止　　声卡停止　　网卡停止

【示例剖析】

（1）显卡、声卡、网卡等属于不同类型体系，故共性 PCI 只能是接口，显卡等类实现该接口。

（2）实现接口，就是对接口中定义的所有抽象方法提供方法体。由于接口中的方法均为 public，故显卡等类重写的方法前必须加上 public。

（3）new PCI[5]创建的是数组对象，不是接口对象。该数组能容纳所有实现 PCI 接口类的对象，如显卡对象。从效果上看，接口相当于实现类的超类。

（4）接口不是类，不能自己造对象。但可以使用实现类的对象。当然，只能“使用”接口中定义的成员，如 pci[i].start();。

（5）本例的 MainBoard 类就是框架程序，基于接口 PCI 来编程，可插装 PCI 实现类的对象。

3.4.4 示例：游戏兵种设计

应用前先介绍设计中将用到的关键字：instanceof，可视为一种运算符，用于测试对象是否隶属某种类型。例如，假设 Animal 有子类 Dog、Cat，并有：Animal a=new Animal();　Dog d=new Dog();　Animal aDog=new Dog();，即：a、d 引用对象的类型与变量相同，aDog 引用的是子类对象，有

null　instanceof　Cat：结果为 false，null 不是任何引用型的实例

aDog　instanceof　Animal、 aDog　instanceof　Dog ：结果均为 true

aDog　instanceof　Cat　、　a　instanceof　Dog ：结果均为 false

d　instanceof　Cat：产生编译错：因 Dog 与 Cat 无关，d 不能强制地转换成 Cat 类型

> **注意：** 强制类型转换只能是自动类型转换的逆过程，如 Animal 型可强制转换成 Dog 型，但 Dog 型、Cat 型互不隶属，相互间不能强制转。换言之，对 obj　instanceof　type，obj 的类型必须是 type 的超类型（即超类或实现的接口）或子类型，若无关，如 Dog 和 Cat，则会产生编译错。

【例 3.9】 某游戏中有轰炸机、直升机、重型坦克、轻型坦克、航空兵、步兵等六种类型。请设计一组类和接口，满足如下设计要求：①轰炸机、直升机均属于飞行器这一大类。重型坦克、轻型坦克均属于坦克这一大类；航空兵、步兵均属于士兵这一大类。②重型坦克、轻型坦克、步兵均属于陆军；轰炸机、直升机、航空兵均属于空军。③轰炸机、轻型坦克、步兵只能攻击陆军；直升机、航空兵、重型坦克既可攻击空军，也能攻击陆军。编写一组类和接口，模拟实现上述兵种，并验证兵种间的攻击。

目的： ①理解接口作为能力标签的作用；②掌握接口中的默认方法的设计和使用；③综合运用重载、重写、instanceof 设计解决方案。

设计： 本例设计了 10 个类和 5 个接口，见图 3.12。图中带圈数字是简化的接口标签，如飞行器实现了接口②（即空军），步兵实现了①（即陆军）、③（可对地攻击）两个接口。

（1）类的设计：根据需求 1，设计了飞行器、坦克、士兵三组类，并派生相关子类。因任何两类兵种都可能相遇或攻击，故需要“兵种”类作为共性，并包含抽象方法 attack(兵种 x)。

（2）接口的设计：根据需求 2、3，设计出陆军、空军等 5 个接口。其中 “可对地对空攻击”接口继承了“可对地攻击”“可对空攻击”两个接口。代码详见 Ch__9.Java。

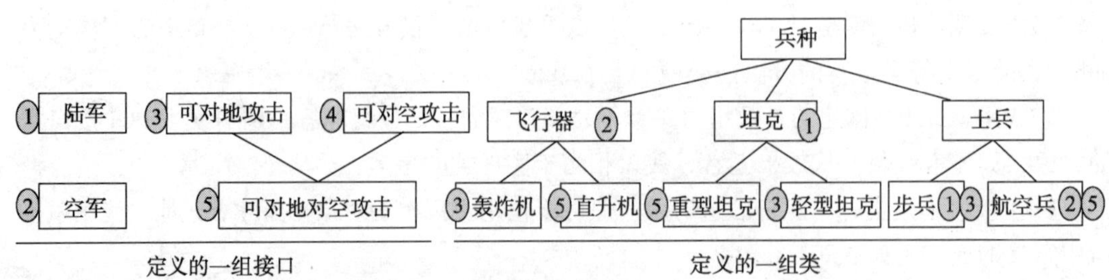

图 3.12　各兵种类之间的继承关系

```
interface ILandForce {;}    //陆军
interface IAirForce {;}     //空军
interface IAttackLandForce{//可对地攻击
   //由于仅输出信息，为避免重复书写，这里就加上了默认方法。注：必须用 JDK1.8 版
   default void attack(ILandForce x){System.out.print("可以攻击陆军");}
}
interface IAttackAirForce{ //可对空攻击
   default void attack(IAirForce x){System.out.print("可以攻击空军");}
}
interface IAttackAirLandForce extends IAttackLandForce,IAttackAirForce{;}
                              //可对地对空攻击
abstract class Arms{          //兵种类
   private String type;
   public Arms(String n){ type=n; }
   public abstract void attack(Arms x);    //所有兵种都能攻击
   public String attackInfo(Arms x){return type+" 遇见 "+x.type;}
}
abstract class AirVehicle extends Arms implements IAirForce{//飞行器类
   public AirVehicle(String n){super(n);}
}
class Bomber extends AirVehicle implements IAttackLandForce{//轰炸机类
   public Bomber(){super(" 轰炸机 ");}
   public void attack(Arms x){//轰炸机只能攻击陆军，攻击前需对目标进行识别
       System.out.print("\n"+attackInfo(x)+": ");
       if(x instanceof ILandForce)attack((ILandForce)x);
       else System.out.print("不能攻击！");
   }
}
class Helicopter extends AirVehicle implements IAttackAirLandForce{
                                                              //直升机类
   public Helicopter(){super(" 直升机 ");}
   public void attack(Arms x){//直升机可对空、对地攻击
       System.out.print("\n"+attackInfo(x)+": ");
       if(x instanceof ILandForce)attack((ILandForce)x);
       else if(x instanceof IAirForce)attack((IAirForce)x);
       else System.out.print("不能攻击！");
   }
}
abstract class Tank extends Arms implements ILandForce{     //坦克类
   public Tank(String n){super(n);}
}
class HeavyTank extends Tank  implements IAttackAirLandForce {//重型坦克类
   public HeavyTank(){super("重型坦克");}
   //注意：下面重写接口 IAttackAirLandForce 中的默认方法
   public void attack(ILandForce x){System.out.print("用重炮攻击陆军");}
```

```
    public void attack(IAirForce x){ System.out.print("用地对空导弹攻击空
                                                        军");}
    public void attack(Arms x){      //重型坦克可对空、对地攻击
        System.out.print("\n"+attackInfo(x)+": ");
        if(x instanceof ILandForce)attack((ILandForce)x);
        else if(x instanceof IAirForce)attack((IAirForce)x);
        else System.out.print("不能攻击！");
    }
}
class LightTank extends Tank  implements IAttackLandForce{//轻型坦克类
    public LightTank(){super("轻型坦克"); }
    public void attack(Arms x){      //轻型坦克只能对地攻击
        System.out.print("\n"+attackInfo(x)+": ");
        if(x instanceof ILandForce)attack((ILandForce)x);
        else System.out.print("不能攻击！");
    }
}
abstract class Soldier extends Arms{//士兵类
    public Soldier(String n){super(n);}
}
class Infantry extends Soldier  implements ILandForce,IAttackLandForce{
                                        //步兵类
    public Infantry(){super("  步兵  ");}
    public void attack(Arms x){      //步兵只能对地攻击
        System.out.print("\n"+attackInfo(x)+": ");
        if(x instanceof ILandForce)attack((ILandForce)x);
        else System.out.print("不能攻击！");
    }
}
class FlyingSoldier extends Soldier  implements IAirForce,
    IAttackAirLandForce{            //航空兵类
    public FlyingSoldier(){super(" 航空兵 "); }
    public void attack(Arms x){      //航空兵可对空、对地攻击
        System.out.print("\n"+attackInfo(x)+": ");
        if(x instanceof ILandForce)attack((ILandForce)x);
        else if(x instanceof IAirForce)attack((IAirForce)x);
        else System.out.print("不能攻击！");
    }
}
class App{
    public static void main(String[] args) {
        Arms[]a={new HeavyTank(), new HeavyTank(), new LightTank(),
                new LightTank(),new FlyingSoldier(), new FlyingSoldier(),
                new Infantry(), new Infantry()};
        Arms[]b={new Bomber(),new Infantry(), new Infantry(),
                new Helicopter(),new Helicopter(), new LightTank(),
                new LightTank(), new Bomber()};
```

```
        for(int i=0; i<a.length;i++) a[i].attack(b[i]);
    }
}
```

【输出结果】

重型坦克 遇见 轰炸机 ：用地对空导弹攻击空军
重型坦克 遇见 步兵 ：用重炮攻击陆军
轻型坦克 遇见 步兵 ：可以攻击陆军
轻型坦克 遇见 直升机 ：不能攻击!
航空兵 遇见 直升机 ：可以攻击空军
航空兵 遇见 轻型坦克：可以攻击陆军
步兵 遇见 轻型坦克：可以攻击陆军
步兵 遇见 轰炸机 ：不能攻击!

【示例剖析】

（1）兵种 Arms 类的设计：游戏中任何两类兵种都可相遇、攻击，故 Arms 类必须要有攻击方法，且被攻击方（即参数）类型必须是兵种。并配备了显示攻击双方兵种类型的方法。

（2）各接口设计的考虑：不同兵种间有相同的攻击方式，如步兵、轰炸机等只能攻击陆军，故需要有陆军、空军接口（因为接口才能被不同类共享和共同实现），以标记不同兵种的特征，如 ILandForce、IAirForce（为方便区分名称是接口还是类，自定义接口名的首字母常加个“I”）。类似地，攻击方式也需要设计成接口，内有攻击方法，通过参数指明被攻击对象的类型，如：interface IAttackAirForce{ default void attack(IAirForce x){…}}。

（3）轰炸机等具体类的设计：游戏操控程序和框架程序考虑的是“兵种”攻击，故重型坦克等具体对象攻击时首先调用的是 attack(Arms x)方法，在该方法中，需要针对目标 x 的不同类型（空军和陆军），调用自己合适的方法，如 attack((ILandForce)x)、attack((IAirForce)x)等。具体调用那个方法，需要先用 instanceof 对 x 进行识别，识别后还要对 x 实施强制类型转换。若不转换，则依旧是调用 attack(Arms)，不能提现攻击陆军和空军等专属攻击。

轰炸机等具体兵种虽然实现了对地攻击接口 IAttackLandForce，但并未重写接口中的方法 attack(ILandForce x)，为何可以不是抽象类呢?

因为该方法是默认方法，有方法体。接口中的默认方法也可自己被重写，如重型坦克重写了对空、对地攻击。

（4）接口作用：陆军和空军接口展示接口的标签（标识、特征）作用，即实现这个接口，就隶属于某一类。对地、对空、空地攻击等三个接口，凸显接口在不同类之间的特征共享，如步兵、轻型坦克只能“对地攻击”，航空兵、重型坦克可对空对地攻击。

接口中的默认方法，可以直接使用，也可以被重写，如重型坦克的攻击。

（5）抽象类作用：类家族内部的契约共享，如坦克和重型坦克间，可有大量相同的属性，很难用接口来表达二者间的相同的属性部分（请思考原因）。抽象类则比较容易。

（6）上述设计框架具备良好的可扩展性，如新增航母、水陆两栖坦克等均十分容易，不需要更改游戏的主控程序，运行时只需提供相关对象即可。另外，在设计电磁坦克时，在遵守契约的前提下，只需关注电磁坦克应具备的特色即可。换言之，关注的范围更小、设计更独立，减轻了设计负担。

（7）实际上，接口不是为某个类而专门定义。特定接口类似某种通用标准（如 USB 接口）。实现这种接口，就能享受到通用带来的好处，如手机实现了 USB 接口，就可通过 USB 接口与其他同样拥有 USB 接口的设备进行数据交互。

练习 3.4

1. 假定有四种气味：主人、老虎、骨头、鱼。猫能识别主人、老虎、鱼等气味；狗能识别主人、老虎、骨头的气味，能识别的气味输出针对性的信息，不能识别的气味输出“没感觉”。例如，让猫依次闻鱼、老虎、主人、骨头气味，产生的输出结果为

鱼，我所欲也！| 这种气味没感觉！ | 主人，你来了！ |这种气味没感觉！

让狗依次闻上述气味，产生的输出结果为

这种气味没感觉！| 老虎，我怕！| 主人，我爱你！| 骨头，我的最爱！

编写程序实现上述场景模拟。

拓展：假设狗新增识别“毒品气味”。请将此功能加入上述框架。

2. 请分别用接口、抽象类重新实现例 3.7 中的 Shape，完成其余功能。注意仔细体会两种实现方式的不同。

3. 微信程序中可以插装青桔等小程序。某公司编写了一款名为“菜场”的软件，计划支持插装小程序，插装标准为 CaiChangApplet，符合该标准的小程序都可插装到菜场中。该标准内有 start()、run()、stop()三项功能。main 中演示了插装“白菜”“萝卜”等小程序，以及插装后的运行结果。要求，菜场中至多能插装 10 个小程序。为简化处理，添加小程序时，可不考虑小程序插满的情形。请完成 CaiChangApplet 标准的设计，以及菜场（CaiChang）、白菜（BaiCai）、萝卜（LuoBo）等类的设计。

4. 对例 3.9 的游戏中，①各兵种新增攻击半径，若攻击目标处于半径内，则实施攻击，否则，则向目标移动，然后再攻击；②新增水陆两栖坦克，该坦克可对空用导弹攻击，对地用炮火攻击；③新增驱逐舰，可以攻击海上目标，以及岸边的目标（即：若无法接近目标，则不能攻击）。

3.5 设计模式

3.5.1 设计模式概述

针对程序设计领域一些“典型应用”，有人写出了“较为优秀的解决方案”。Gamma 等四人对这些方案进行了归纳、整理和抽象（抽象后适应面更广），出版著作 *Design Patterns:Elements of Reusable Object-Oriented Software*，形成程序设计领域的设计模式。

设计模式（Design Pattern）自诞生以来，尚无广为接受的精确定义。《百度百科》根据刘伟主编的《设计模式》（清华大学出版社，2011.1），给出了较为通俗的解释：

> 设计模式是一套被反复使用、多数人知晓的、经过分类的、代码设计经验的总结。使用设计模式的目的：为了代码可重用性、让代码更容易被他人理解、保证代码可靠性。

简言之，设计模式就是“对以往优秀经验的总结，供后人模仿”。这类模仿在生活中很常见。例如，工作后初当班主任，可模仿“班级管理模式”：在班级中设置班长及各类委员，并赋予相应职能。想开超市，模仿相似规模超市的进、销、存管理，员工管理，货物摆放等（即超市管理模式）。当然，上述模式可能并非完全适用，但至少提供了快速解决框架，至于不合适之处，后期可根据需要进行调整。这也是设计模式的实际应用策略。

通常，设计模式是在 OOP 有一定基础后系统性介绍，并用 UML 类图精准展示个类、接口之间的关系，并引入一些设计准则。本书放在这里介绍，主要有以下考虑：①设计模式源自 OOP 的应用场景，且应用中不涉及太多新的语法知识（诸如反射之类的在第 10 章介绍），现阶段可作为 OOP 经典应用示例进行介绍。②这里不准备使用 UML 类图，因为 UML 类图隐含很多概念，放在这里介绍，不仅无法掌握 UML，还会影响示例的理解。本书会尽量采用较为通俗的方式来介绍。③设计模式涉及很多理念，这里也不准备介绍。因为在没有 OOP 实践应用基础的情况下，谈理念、原则就是说教，益处不大。现阶段的主要任务是结合具体案例，开阔视野，一点点强化对 OOP 的真实感受：认识到原来系统可以这样设计，类、接口可以这样使用，并仔细体会：这种设计模式好在那里，要能梳理出设计框架。在此过程中体会设计之美：如何让程序更易于维护、更易于重用、更可靠，并在学习过程中，逐步熟悉 OOP 的思考方式和设计策略。有一定积累后，再去接触一些概念、理念、理论，就会更有感触，学习也会更高效、更深入。

> **注意**：本节的策略模式、装饰模式示例参考了《设计模式解析（第二版）》（徐言声 译，人民邮电出版社），但为通俗易懂，在设计上有一定改动和简化。

3.5.2　策略模式：实现国际化电商计价

【例 3.10】 某国际化电商平台，商品展示中标注的是本地价。国际买家在下单后，会根据买家的收货地址识别目的地国，继而采用该国该商品的税率。例如，对“柱形灯笼”，美国客商购买需额外加 30%的税率，中国客商需加 20%的税率。另外，要考虑的关税计算很复杂，不同国家可能还有各种附加税、退税等，要能方便实施这些个性化计算。请为该电商平台设计国际化计价模块。

目的：掌握策略模式：将处理策略封装在对象中，通过插装对象应用不同处理策略。

设计：策略模式，通俗地讲，就是针对某对象的处理，根据对象的状态不同，涉及不同处理策略。如本例，针对订单对象，根据订单中的收货区域不同，采用不同的计税策略。设计的核心就是：①先创建策略体系，如本例 Tax 及其子类 USTax、ChinaTax，用于描述抽象或具体的税率计算；②基于 Tax 编写处理框架，向其中插装 Tax 的子类对象。

本例设计 5 个类，Customer 描述客户基本信息；Tax 及其子类 USTax、ChinaTax 用于描述抽象或具体的税率计算；Order 类描述订单，process()是订单总价计算的处理框架：基于抽象类 Tax 编程，通过插装 USTax 等对象，产生不同计税效果。Order 类的设计框架为

```
class Order{                                              //订单类
    属性集：客户、订单编号、商品名称、商品标识号、价格、购买数量等。
    构造函数传入上述信息。
    private Tax getTaxObjFromAdress(String address){//根据收货地址获取税率
                                                             //对象
        if(address.indexOf("中国")>=0) return new ChinaTax();
        if(address.indexOf("USA")>=0) return new USTax();
        return null;
    }
    public void process(){                                //为商品加入税率
        获取客户地址→从地址获取国别→创建对应税率（如 USTax）对象
        →从税率对象获取应缴税率（double 型）→打印订单信息
    }
}
```

代码详见 Ch_3_10.Java。

```
class Customer{                                        //客户
    private String name,id,address;                    //姓名、身份证、收货地址
    public Customer(String i, String n, String a){
        name=n; id=i; address=a;
    }
    public String getAddress(){return address;}
    public String toString(){return name+", "+id+", "+address;}
}
abstract class Tax{                                    //抽象的税率类
    abstract public double getTax(String itemSold, double price,
                                  int quantity);//计算税率
}
class ChinaTax extends Tax{                            //中国的税率
    public double getTax(String commodityID, double price, int quantity){
        return 0.2;             //根据商品的种类、价格、数量计算税率
    }
}
class USTax extends Tax{        //美国的税率
    public double getTax(String commodityID, double price, int quantity){
        return 0.3;             //根据商品的种类、价格、数量计算税率
    }
}
class Order{
    private Customer custumer; //客户对象
    private String orderNum,commodityName,commodityID;
```

```
                                   //订单编号、商品名称、商品的标识号
    private double price;        //商品价格
    private int quantity;        //购买数量
    public Order(String o, Customer c,String n, String i, double p, int q){
        orderNum=o; customer=c; commodityName=n; commodityID=i; price=p;
        quantity=q;
    }
    private Tax getTaxObjFromAdress(String address){
       //根据客商收货地址提取国家信息，进而获取对应税率
       if(address.indexOf("中国")>=0) return new ChinaTax();
       if(address.indexOf("USA")>=0) return new USTax();
       return null;
    }
    public void process(){
        String address=customer.getAddress();//从原始订单中获取客户的地址信息
        Tax taxObj=getTaxObjFromAdress(address);  //从地址信息获取国别，进而
                                                  //获取对应税率
        double tax=taxObj.getTax(commodityID,price, quantity);//施加税率
        System.out.println("订单号:"+orderNum+" 客户:"+custumer);
        System.out.println("\t 编号:"+commodityID+", 名称:"+commodityName+",
            价格:"+price+" 数量:"+quantity+" 税率:"+tax+"  最终总价:
            "+price*quantity*(1+tax));
    }
}
class App{
    public static void main(String[] args) { Customer c1, c2;
        c1=new Customer("360134222197208180030","张三","中国·江西·南昌·
                        北京西路 437 号");
        c2=new Customer("987654321","Alan Kay","New Mexico,Rio Rancho,
                        4100 Sara Roa,USA");
        Order order1=new Order("001",c1,"立柱灯笼", "9505900000", 150,
                              10000);
        Order order2=new Order("002",c2,"立柱灯笼", "9505900000", 150,
                               10000);
        order1.process();order2.process();
    }
}
```

【输出结果】

```
订单号:001 客户:张三, 360134222197208180030, 中国·江西·南昌·北京西路 437 号
    编号:9505900000, 名称:立柱灯笼, 价格:150.0 数量:10000 税率:0.2  最终总价:
        1800000.0
订单号:002 客户:Alan Kay, 987654321, New Mexico,Rio Rancho,4100 Sara
    Roa,USA
    编号:9505900000, 名称:立柱灯笼, 价格:150.0 数量:10000 税率:0.3  最终总价:
        1950000.0
```

【示例剖析】

（1）策略模式（Strategy Pattern）的应用场景：某需求要使用某种策略（如订单需要计税），而不同情况下的策略是不同的（如中国、美国有不同关税）。设计的关键在于：将区分抽象策略和具体策略（如 Tax 和 USTax），基于抽象策略编程（如 process()基于 Tax 编程），运行时插装具体策略对象（如根据客户地址创建 USTax 等对象）。

（2）设计改进：可让每个地址关联一个国别对象，用户填写收货地址时自动创建该对象。这样，可提前发现地址错误（如地址中无法识别国名）。毕竟，在订单处理阶段才发现地址错误，处理起来比较麻烦。另外，根据 getTaxObjFromAdress(address)中，需要一组 if 语句，以便创建不同国别税率对象。实际上，借助反射机制，很容易根据字符串生成和关联对应类的对象，不需要再使用 if 语句（详见第 10 章）。

3.5.3 装饰模式：打印票据

【例 3.11】 某国际化电商平台需要为用户订单开具电子票据。电子票据的表头、页脚有多种模式可供选择。这里假定表头格式有 Head1、Head2，页脚格式有 Foot1、Foot2。有多种组合情形，如：Head1 -内容-Foot2、Head2-Head1 -内容-Foot1-Foot2 等。注意：表头格式必须添加在内容之前，表尾格式必须添加在内容之后。请为该电商平台设计电子发票打印方案。

目的： 掌握装饰模式，用不同装饰对象（如发票的表头、页脚等）层层包裹被装饰体（如发票中一行行的具体内容），形成最终装饰对象，通过该对象展现最终装饰效果。

设计： 装饰模式，就是对特定对象组装不同装饰。所谓“装饰”，代表是在对象上的不同处理动作。基本实现框架为：以被装饰的将具体内容和对象为基础，将不同装饰对象组装成一个装饰链，见图 3.13。就好像人的装饰，其中人是被装饰的对象，与衬衫、领带、西装、皮鞋等形成装饰链。各装饰对象间可以有先后次序，如本例，配置表头时，可以是 head-1、head-2，则 head-2、head-1 就是不同表头，另外，head 系列必须在内容之前，foot 系列必须在内容之后。也可以无次序，任选一种有方向的处理策略即可。

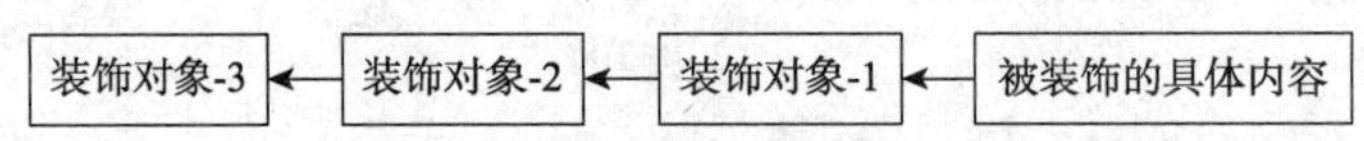

图 3.13　用灵活组织的装饰链来装饰具体对象

本例基于抽象类组织设计框架，结构见图 3.14。其中 Component 刻画装饰对象的共性，或者说，代表“完成装饰”的对象，如本例，设计打印发票框架时，就是基于 Component 来编程，调用其 prtTicket()操作；该类有两个子类，Ticket 代表被装饰的对象，即发票；Decorator 代表装饰器。装饰器中有 Component 型的属性 dc，最初传入的必须是 Ticket 对象（即被装饰对象），之后由各具体装饰对象进行装饰。注意，在 Head1 等具体装饰对象的装饰方法 prtTicket()中，要形成装饰链，即：自己的操作+dc. prtTicket()，或是 dc. prtTicket()+自己的操作。另外，Ticket 必须继承 Component，才能作为 Component 传给 Decorator 对象。另外，本例设计了类 Factory，用于模拟实施具体装配的模块：工厂（就好像用户单击所需装饰后执行的动作），代码详见 Ch_3_11.Java。

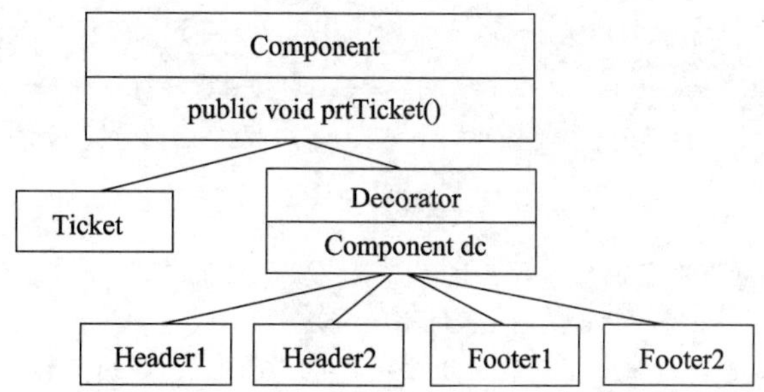

图 3.14　用 Head、Foot 系列装饰 Ticket

```
abstract class Component{//描述装饰对象--打印票据主程序基于此类编程
    abstract public void prtTicket();  //装饰操作
}
class Ticket extends Component{        //描述要装饰的实体，即票据本身的信息
    //……订单的具体信息，如客户、订单号等，这里略
    public void prtTicket(){System.out.println("一行行的票据内容");}
    //打印票据代码
}
abstract class Decorator extends Component{
    protected Component dc;  //即：decoratedContent，代表装饰后的内容
    Decorator(Component c){ dc=c; }
    //public void prtTicket();          //此方法继承自 Component，未实现
}
class Header1 extends Decorator{
    public Header1(Component c){ super(c); }
    public void prtTicket(){              //将个性化操作加在装饰链【之前】
        System.out.println("Header1"); //Head1 的个性化装饰操作
        dc.prtTicket();                   //接上装饰链
    }
}
class Header2 extends Decorator{
    public Header2(Component c){super(c);}
    public void prtTicket(){              //将个性化操作加在装饰链【之前】
        System.out.println("Header2"); //Head2 的个性化装饰操作
        dc.prtTicket();                   //装饰链
    }
}
class Footer1 extends Decorator{
    public Footer1(Component c){super(c);}
    public void prtTicket(){              //将个性化操作加在装饰链【之后】
        dc.prtTicket();                   //装饰链
        System.out.println("Footer1"); //Foot1 的个性化装饰操作
    }
}
class Footer2 extends Decorator{
    public Footer2(Component c){ super(c); }
```

```
    public void prtTicket(){            //将个性化操作加在装饰链【之后】
        dc.prtTicket();                 //装饰链
        System.out.println("Footer2"); //Foot2 的个性化装饰操作
    }
}
class Factory{//用于调用各种具体装饰器，实施装配的工厂
    public Component getComponent(){
        Component c;//下面的构造方式称作“包装”，即用装饰一层层把 Ticket 对象包
                    //起来，包装的次序，就是链接的次序
        //c=new Ticket(); c=new Footer1(c); c=new Header2(c);c=new
        //Header1(c);
        //c=new Header1(new Header2(new Footer1(new Ticket())));
        //装配方案 1
        //注意：Head 系列、Foot 系列调用装饰链的次序不同，下句与上句效果相同
        c=new Footer1(new Header1(new Header2(new Ticket())));
        //装配方案 1
        //c=new Header1(new Footer1(new Ticket())); //装配方案 2
        return c;
    }
}
class App{
    public static void main(String[] args) {
        Factory myFactory=new Factory();
        Component component=myFactory.getComponent();
        component.prtTicket();
    }
}
```

【输出结果】

```
Header1
Header2
一行行的票据内容
Footer1
```

【示例剖析】

（1）装饰模式（Decorator Pattern）的应用场景：某实体（如“一行行数据”）需要附加一些可选配置（Head 系列、Foot 系列），需要从中选取若干配置灵活组合，向用户提交组合后的结果（即 Factory 的 getComponent()的返回值）。设计的关键在于：①需要三种角色：装饰实体 Ticket、装饰者 Decorator，以及将二者统一起来的组件 Component（因为框架程序要基于 Component 来编写）；②为实现装饰者对实体进行装饰，装饰者对象中必须包含代表实体的属性 dc。这样，在装饰者的装饰操作中一方面可添加自己的个性化操作，并调用 dc 的装饰操作，从而形成装饰链。

（2）由于装配方案根据需要灵活定制，故设置 Factory 类，其中的 getCOmponent()方法提供装配结果。

（3）注意两个次序：①Head 系列个性化操作+装配链，装配链+Foot 系列个性化操作，决定了 Head 输出在具体数据之前，Foot 输出在具体数据之后；②getComponent()方法中的对象的构造次序，其中最先构造的必须是被装饰实体对象（即 Ticket 对象），之后 head1、head2 构造次序不同，决定了输出的先后次序不同。

> 对 new Header1(new Footer1(new Ticket())); 构造次序由内而外。

（4）另外，Decorator 类中的 dc 并未设置成 private（protected 权限将在后文阐述），是因为在子类中需要执行调用 dc.prtTicket()。当然，也可将 dc 设为私有，但必须在 Decorator 类中提供 public void callTrailer(){ dc.prtTicket(); }，之后将 Head1 等子类中的“dc. prtTicket();”改成“super. callTrailer();”，以实现装饰链的接续。

（5）实际上，Java 的 IO 流类库就广泛使用了装饰模式。读者可发现各种流的装配，和本例 getComponent()中的装配十分相似。这种方式，统称称作“包装”，即用各装饰对象将被装饰对象通过构造函数一层层包装起来；也称作链接，即形成装饰链。

在上个示例中，诸如 Head1 等具体装饰类，必须实现抽象类 Decorator，由于 Java 采用的单继承机制，就无法再继承其他类，限制了具体装饰类的拓展。采用接口方式实现装饰，无疑是一种替代选择。

【例 3.12】 用接口方式实现例 3.11。

目的： 掌握装饰模式的接口实现框架。

设计： 用接口 Decorator 取代例 3.11 中的抽象类 Component，被装饰的内容 Ticket 和装饰者对象 Header1 等均实现此接口，见图 3.15。其中，为获得被装饰的对象、调用装饰链，Header1 等具体装饰类中需要增设一个装饰对象属性 dc，通过 dc.prtTicket()形成装饰链。另外，由于取消了 Component 类，Factory 类的 getComponent()方法的返回类型也要做相应调整。代码详见 Ch_3_12.Java。

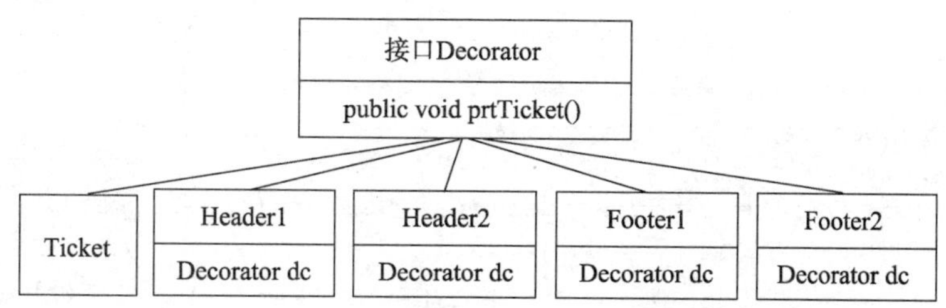

图 3.15　基于装饰接口设计相关类

```
interface Decorator{ void prtTicket(); }
class Ticket implements Decorator{//此处改为实现 Decorator 接口
    //……订单的具体信息，如客户、订单号等，这里略
    public void prtTicket(){System.out.println("一行行的票据内容");}
    //打印票据代码
}
class Header1 implements Decorator{//主要改动：1. 实现接口；2. 新增属性 dc;
```

```
                                                //3. 构造方法赋值
    private Decorator dc;
    public Header1(Decorator c){ dc=c; }
    public void prtTicket(){                    //将个性化操作加在装饰链【之前】
        System.out.println("Header1");          //Head1 的个性化装饰操作
        dc.prtTicket();                         //接上装饰链
    }
}
class Header2 implements Decorator{
    private Decorator dc;
    public Header2(Decorator c){ dc=c; }
    public void prtTicket(){                    //将个性化操作加在装饰链【之前】
        System.out.println("Header2");          //Head2 的个性化装饰操作
        dc.prtTicket();                         //装饰链
    }
}
class Footer1 implements Decorator{
    private Decorator dc;
    public Footer1(Decorator c){ dc=c; }
    public void prtTicket(){                    //将个性化操作加在装饰链【之后】
        dc.prtTicket();                         //装饰链
        System.out.println("Footer1");          //Foot1 的个性化装饰操作
    }
}
class Footer2 implements Decorator{
    private Decorator dc;
    public Footer2(Decorator c){ dc=c; }
    public void prtTicket(){                    //将个性化操作加在装饰链【之后】
        dc.prtTicket();                         //装饰链
        System.out.println("Footer2");          //Foot2 的个性化装饰操作
    }
}
class Factory{//用于调用各种具体装饰器，实施装配的工厂
    public Decorator getComponent(){
        Decorator c;//
        c=new Footer1(new Header1(new Header2(new Ticket())));
                                                        //装配方案 1
        //c=new Header1(new Footer1(new Ticket())); //装配方案 2
        return c;
    }
}
class App{
    public static void main(String[] args) {
        Factory myFactory=new Factory();
        Decorator dc=myFactory.getComponent();
        dc.prtTicket();
    }
}
```

【输出结果】 与例 3.11 相同，这里略。

【示例剖析】

（1）为实现向 Header1 等具体装饰类中传递装饰对象，Ticket 必须实现装饰接口 Decorator；Header1 等装饰对象也必须实现 Decorator 接口，以便将对象插装进基于 Decorator 编写的框架程序中。显然，基于接口实现的装饰模式，让 Ticket、Header1 等保留继承其他类的资格，实现方式更加灵活。

（2）装饰模式无论是基于抽象类实现，还是基于接口实现，基本框架均为：①装饰类和被装饰类均要继承同一抽象类（如 Component）或实现同一接口（如 Decorator），以确保均能提供装饰方法（如 prtTicket()）；②Header1 等装饰类必须能拥有或获取被装饰类的对象（如 dc），这样才能在共有的装饰方法（prtTicket()）中，“添加自己的操作”，并借助被装饰对象链上装饰链（即 dc.prtTicket()）。

3.5.4　适配器模式：拼接两个系统

适配器是一种转换装置，将原本不匹配的参数和行为，转变成自己所需的参数和行为。例如，笔记本电源适配器，输入电压是 220 V，经适配器转换后，输出电压为 60 V。适配器模式经常用于两个系统的对接。

【例 3.13】 假设有 A、B 两款面积计算器系统，其设计要点见表 3.2。

表 3.2　例 3.13 用表

	A 型系统（不可更改）	B 型系统（不可更改）
顶层类/接口	抽象类 XingZhuang	接口 IShape
提供的服务	String getName()：获取形状名称 double mianJi( )：获取形状面积	String getType()：获取形状名称 double getArea()：获取形状面积
派生类/实现接口类	子类：SanJiao、TiXing	实现类：Circle、Rectangle
框架程序	基于 XingZhuang 编程	基于 IShape 编程

注：设计者可以获得（但不能更改）A、B 系统的所有类，以免对现有应用造成影响。就像我们能获得 JDK 的 String 类，但不能对其更改。现要求：将 A 型系统获取三角形或梯形名称、面积的功能组装进 B 型系统。

目的：理解适配器模式。适配器对象具备两个特色，①将源系统的功能转接（如方法调用、数据转换等）实现成目标系统所需的格式，②适配器对象能插装到目标系统的框架程序中。

设计：适配器模式，关键是对“适配器”的理解和设计。如本例，B 型系统已有圆形、矩形类，现在需要处理梯形、三角形。理论上就需要设计这两个类。发现 A 型系统已有能满足需要的梯形、三角形类，但面积计算格式（如方法名称）与 B 型系统的框架程序不匹配。因此，①仍需要设计能插装到 B 型系统的三角形、梯形类，即实现 B 型系统框架程序所需的 IShape 接口。②这两个类的设计，可以 A 型系统的三角形、梯形类为基础（注：在实际系统中代表复杂的功能类），最简单的方式就是继承三角形或梯形类。因此，B 型系统的梯形类设计如下：

```
class Trapezia extends TiXing implements IShape{ //梯形
   public Trapezia(String s,double x, double y,double z)
      { super(s,x,y,z); }
   //下面基于功能转换来实现 IShape 接口
   public double getArea(){  return mianJi();  }
   public String getType(){  return getName(); }
}
```

代码详见 Ch_3_13.Java。

```
//下面三个类是 A 型系统的类【代码不可更改】
abstract class XingZhuang{ //A 型系统的形状类：不可更改
   private String name;
   public XingZhuang(String s){ name=s; }
   public abstract double mianJi();            //计算形状面积
   public String getName(){return name;}      //获取形状名称
}
class TiXing extends XingZhuang{               //A 型系统的梯形类：不可更改
   private double a,b,h;                       //上底、下底、高
   public TiXing(String s,double x, double y,double z){ super(s); a=x;
      b=y;h=z; }
   public double mianJi(){ return (a+b)*h/2; }
}
class SanJiao extends XingZhuang{ /* 设计与 TiXing 类似，这里略 */ }
//下面 IShape 接口及其实现类 Rectangle、Circle 隶属 B 型系统，Recognizer 代表 B 性
//系统的框架程序
interface IShape{                        //B 型系统的形状接口：不可更改
   double getArea();                     //计算形状面积
   String getType();                     //获取形状名称
}
class Rectangle implements IShape{//B 型系统的矩形类：不可更改
   private String type;
   private double width,high;
   public Rectangle(double x, double y){ type="矩形"; width=x;high=y; }
   public double getArea(){ return width*high; }
   public String getType(){return type;}
   //public String toString(){ return }
}
class Circle implements IShape{ /* 设计与 Rectangle 类似，这里略 */ }
class Recognizer{                         //B 型系统的识别器，即框架程序
   static String recognize(IShape shape){       //返回识别的结果
      return "类型："+shape.getType()+"\t 面积："+shape.getArea();
   }
}
//下面设计，将 A 型系统识别三角形、梯形的功能，组装到 B 型系统中
class Trapezia extends TiXing implements IShape{//梯形
   public Trapezia(String s,double x, double y,double z){ super(s,x,
               y,z); }
```

```
        //下面实现功能的转换，以满足 IShape 的要求
        public double getArea(){ return mianJi(); }
        public String getType(){return getName();}
    }
    /* Triangle 类的设计与 Trapezia 类似，这里略  */
    class App{
        public static void main(String[] args) {
            IShape[] shapes={new Rectangle(2,3),new Circle(10),
              new Triangle("三角形",4,5),new Trapezia("梯形",3,4,5)};

            for(IShape x: shapes)
                System.out.println(Recognizer.recognize(x));
        }
    }
```

【输出结果】

```
类型：矩形　　面积：6.0
类型：圆形　　面积：314.0
类型：三角形　面积：10.0
类型：梯形　　面积：17.5
```

【示例剖析】

（1）适配器模式的应用场景。先有两端系统，然后构造适配器以建立两系统的连接。如本例，已有 A、B 两系统，现在需要扩展 B 系统的功能：新增梯形、三角形的相关处理。这些需求在 A 系统中已经存在，但格式上不符合 B 型系统框架程序（即 Recognizer 类）的设计需求。希望通过设计适配器来转接引入。具体的梯形和三角形类就是适配器类。

（2）适配器类的实现策略。作为适配器的梯形和三角形类：①该类需要实现 IShape 接口，这样才能插装到 B 型系统的框架程序中。②需要以某种方式引入 A 型系统对应的功能，本例采用继承策略，这样就可直接使用 A 型系统相关类的功能。③通过转接方式实现 IShape，如实现 IShape 要求的面积计算格式：public double getArea(){ return mianJi(); }。

（3）注意：有时 A 型系统只能提供 B 型系统所需的“部分”功能，例如：B 型系统需要输出形状的属性信息，如：“类型：矩形，width：2　high：3　面积：6.0”，这些 Rectangle 等通过重写 toString()输出属性信息（当然框架程序也有对应输出），但 A 型系统的梯形等并未重写 toString()，应如何处理？此时 Trapezia 就需重写 toString()，根据构造函数的参数信息设置重写内容。

值得指出的是：本例 B 型系统的框架程序“恰好”基于接口设计，这样 Trapezia 继承 TiXing 才不受影响。若 B 型系统的框架程序是基于抽象类实现呢？

【例 3.14】 B 型系统基于抽象类 Shape 实现，其他条件和需求与例 3.13 相同。

目的： 理解适配器模式实现策略：通过成员（而非继承）来获取 A 型系统的相关功能。

设计： B 型系统的框架程序基于抽象类 Shape 实现，为插装到框架程序中，Trapezia 必须继承 B 型系统的 Shape，由于 Java 只支持单继承，故无法再继承 TiXing。此时可考虑在 Trapezia 中引入 TiXing 型引用，通过该引用调用 A 系统相关功能。Trapezia 调整成如下形式：

```
class Trapezia extends Shape{       //梯形
    private TiXing tx;              //注意：包装一个提供外系统功能的对象引用
    public Trapezia(String s,double x, double y,double z){ super(s,x,
                y,z); }
    public double getArea(){  return tx.mianJi();  }
    public String getType(){  return tx.getName(); }
}
```

代码详见 Ch_3_14.Java。

```
/* A 型系统的 XingZhuang、TiXing、SanJiao 类与例 3.13 相同，代码略 */
abstract class Shape{                //B 型系统的形状类：不可更改
    private String type;
    public Shape(String t){ type=t; }
    abstract double getArea();       //计算形状面积
    String getType(){return type;} //获取形状名称
}
class Rectangle extends Shape{
    private double width,high;
    public Rectangle(double x, double y){ super("矩形"); width=x;high=y; }
    public double getArea(){ return width*high; }
}
/* Circle 设计与 Rectangle 类似，将 Recognizer 中的 IShape 更改为 Shape，相关代
      码略 */ }
class Trapezia extends Shape{        //梯形
    private TiXing tx;               //注意：包装一个提供外系统功能的对象引用
    public Trapezia(String s,double x, double y,double z){
        super(s); tx=new TiXing(s,x,y,z); }
    public double getArea(){ return tx.mianJi(); }
    public String getType(){return tx.getName();}//使用 A 系统的相关功能
}
/* Triangle 类的设计与 Trapezia 类似，这里略  */
```

【示例剖析】

本例给出适配器模式的另一种实现：通过在适配器类 Trapezia 中引入 A 型系统 TiXing 类的引用（当然也要构造对应的对象），借助该引用获取 TiXing 类的相关功能。这种模式更加灵活，可适用如下情形：A 类的 TiXing 类设为 final（即禁止派生子类）。

在实际应用中，为安全起见，A 型系统不希望外界获知自己的类库（即 B 型系统无法获知 XingZhuang、TiXing 等类），但又希望能对其他系统开放部分功能。比如，Oracle 等数据库系统向 Java 等编程语言提供 SQL 语句处理功能（即 Oracle 系统与 Java 的对接）。这种情况下，如何实现呢？设计策略如下：①A 系统提供一个 Driver 类，该类有可供外部系统使用的功能；②B 型系统基于 Driver 类设计适配器（该适配器能插装到 B 型系统中）。

【例 3.15】 A 型系统仅对外提供 Driver 类，在该类中提供梯形、三角形的相关功能。B 型系统只能通过 Driver 来使用 A 型系统的相关功能。

目的：理解适配器模式的一种实现策略。通过 Driver 类实现两系统对接，并理解 Driver

类如何，又如何基于 Driver 类来设计适配器。

设计：Drver 类通过方法 setTiXing(…)接收构造 TiXing 对象所需数据，并构造 TiXing 对象；通过方法 tiXingMianJi()来提供面积计算服务，并返回计算结果。Trapezia 类通过设置 Driver 类成员来使用相关功能。代码详见 Ch_3_14.Java。

```
class Driver{//A 型系统对外提供的服务类 --  注：此类由 A 型系统来实现
    private TiXing tx;                //梯形引用
    private SanJiao sj;               //三角形引用
    void setTiXing(String s,double x, double y,double z){ tx=new
        TiXing(s,x,y,z); }
    public double tiXingMianJi(){     //对外提供的获取梯形面积功能
        return (tx==null)? 0 : tx.mianJi();
    }
    public String tiXingGetName(){    //对外提供的获取梯形的名称信息
        return (tx==null)? null : tx.getName();
    }
    /* 对外提供的三角形相关功能，实现方式与梯形类似，代码略 */
}
class Trapezia extends Shape{         //梯形
    private Driver drv=new Driver();  //需要通过 drv 获取 A 系统的功能
    public Trapezia(String s,double x, double y,double z){
        super(s);      drv.setTiXing(s,x,y,z); }
    public double getArea(){ return drv.tiXingMianJi(); }
    public String getType(){ return drv.tiXingGetName();}
}
/* Triangle 类的设计与 Trapezia 类似，这里略  */
```

【示例剖析】

（1）注意：由于 A 型系统仅对 B 型系统提供 Driver，换言之，B 型系统不能使用 A 型系统的 TiXing 等类，只能通过 Driver 类的 tiXingMianJi(…)方法来获取服务。

（2）本例实际上是“双适配器”，A 型系统提供适配器 Driver，通过该类对外部提供特定（或者说部分）系统功能；B 型系统通过适配器 Trapezia 对接 A 型系统适配器 Driver，转接 A 系统的相关功能。

3.6　OOP 蕴含的思想

至此，算是基本了解了面向对象的编程方式。有了这个基础，讨论 OOP 蕴含的思想，才不会觉得空谈。下面首先从 OOP 的视角谈起，之后探讨封装、继承、多态、抽象等概念中蕴含的设计理念，在此基础上，系统性地梳理 OOP 的思维和编程方式，以及由此产生的优势和特色。本节虽然不涉及语法和实例，但可看作是对前面内容的总结、凝练和升华。

3.6.1　OOP 视角

对同一事物，不同的视角产生不同的抽象。例如洗衣服，80 年代大学生视角：洗衣服是处理过程，即加洗衣粉-浸泡-反复揉搓漂洗；2020 年代大学生视角：找个洗衣机或洗衣店洗涤。前者用的是结构化视角，对功能处理实施分解（分解成一系列步骤或子功能）；后者用的是 OOP 视角：对象提供服务。为完成需求，需要认知对象（即了解洗衣机或洗衣店提供哪些服务），然后找对象、用对象。简单的任务只需一个对象即可，复杂的事物就需要多个对象协作完成，如装修房子涉及泥瓦工、水电工、地板店、灯具店、家具店等对象。房主向各对象提供数据（如购买的材料、房子、钱等），并合理安排对象间的交互次序，如：先做地平才能装地板等。

面对需求，从 OOP 视角分析时，首先考虑需求场景涉及哪些对象，这些对象涉及哪些数据、提供哪些功能和服务，在此基础上，考虑如何基于对象模拟场景运作，即系统=一组对象间的交互。详细分析和实现过程参阅 3.2 节：基于对象视角开发图书借阅系统。

简言之，从 OOP 视角看，系统是基于对象模拟场景运作，对象提供服务。

3.6.2 封装：让对象独立、简单和安全

封装的思想主要体现在类的设计中。类是对象的模板，类的封装性好，对象的封装性就好。在面向对象方法中，封装有打包、隐藏两层含义。

打包，是将组成对象的“零件”（即一组属性和方法）包起来，让对象只能以整体形式存在。打包的结果就是类。类是构造对象的模板，类是整体，对象自然也是整体。

OOP 认为：对象是提供服务的独立个体。在思考“究竟将哪些内容打包在一起”时，首先考虑对象的独立性。只有当对象既有数据（即类中的属性），又有处理数据的操作（即类中的方法），其独立性才能更强。例如，图书类中包含各种图书信息和显示图书信息（操作）。当图书信息改变时，只需改变图书类即可，使用图书类的相关应用（见图书库、借书和还书用例），则不必修改。注意：增加和删除图书操作不应放在图书类中（否则会破坏图书类的封装性），因为这实际上是对图书对象（而非对图书中的属性）进行处理。应抽象出图书库类，其增加和删除图书就变得很自然。若数据处理涉及多种对象时，如借书，这种处理实际上就是系统功能，应放在业务逻辑类中，即作为系统类对外提供的服务。简言之，打包方式很简单，但“将哪些内容打包到类中”，则需要从系统性的角度分析。

隐藏，是将对象中的所有属性和大部分方法借助权限修饰（如 private）隐藏起来，仅公开外界需要用到的部分（常被称作对象提供的服务）。为何要隐藏呢？旨在让理解对象更容易，操控更加简单、规范和安全。如电视机由大量的电子元器件组成，其中各种信号频率值、音量值等可视为属性，零件实现特定功能，代表方法。封装后，用户只能看见少数的按钮（即操控电视机的手段）。这样，对用户而言，看不见的部分自然不会去关心，认识、使用电视（对象）就更简单了。

隐藏后，迫使用户只能通过对象提供的接口（即 public 方法）来操控对象。这样，操控起来更安全；否则，假设用户可以直接向相关元器件供电（即提供实参），当电压过高时，元器件可能被烧毁。而通过正常方式供电，电压过高时会启动相关保护机制。换言之，通过对象提供的接口操控对象，更规范、更安全。另外，只要操作接口不变，即使对象内部细节改变，也不会对使用造成影响。

对象中哪些应该公开、哪些需要隐藏呢？对象存在的目的就是提供特定服务，因此服务功能必须要公开，用户不关心或涉及可能造成安全隐患的部分要隐藏。特别是数据部分，为安全起见，一般都要隐藏。具体而言：①要控制对象的公开服务的数量。太多则会让对象的使用变得复杂，太少可能用起来很麻烦。因此公开的方法必须是该对象最常用的功能。若某方法最初公开，之后由于某种原因不公开，带来的隐患很多。实际上，类中的提供的非私有成员越多，就越难以保持稳定。②通常类中的所有属性都要隐藏。例如游戏中坦克有生命值 blood，取值范围为 0～100。若该属性未被隐藏，其他对象都能存取该属性，可能会出现如 t.blood=100000,这违背了游戏设计初衷。将其设为 private 后，就只能通过 getBlood()/setBlood() 来存取 blood 属性，在 set 方法中可以加入限制，即值在范围内就允许修改，超出范围就禁止修改，这样数据的安全性就有保障。相应地，私有化后的 blood 外界无法读取数据，因此又需要配置对应的 get 方法。若需要修改 blood 的相关存取控制，只涉及对应的 set 或 get 方法，范围更小，维护起来更方便。

简言之，封装体现了一种思想：封装后，对象就是一个整体，外界不必了解对象内部细节，只需要关心对象对外提供哪些服务；对象知晓自己的一切。设计时要考虑让对象使用更简单、更安全，维护更方便。

从更广的范畴看，包也属于一种封装：将一组密切相关的类“封装”在同一个包里。例如，开发学校的办公自动化系统（OA）时，将财务、人事等不同子系统相关类放入不同包。

3.6.3　继承：重用、分散复杂性、语义兼容

理解继承，应把握如下几点：重用、分散复杂性、语义相容。

重用，是指借助继承，子类自动拥有（即重用）超类的全部属性和行为，并以此为基础，进行增加和修改（如子类方法对超类方法的重写），但无法删除。另外，在子类对象创建时，会自动调用超类的构造函数。从这点来看，可以认为子类对象在超类对象的基础上创建（或者形象地认为：超类对象包含了子类对象，见图 3.7）。简言之，继承让超类的重用和扩展变得更简单、更方便。

注意：拓展超类的成员或功能会自动延伸到子类，子类不必再做重复性地增加，这种维护简便高效。值得说明的是，继承实际上打破了封装：超类对子类有直接影响。例如，若超类某项功能有缺陷，则所有子类都有相同缺陷；若超类某项服务需要屏蔽（即将公开的方法变为私有），所有使用该方法的子类都需要修改，层次越多维护起来就越麻烦。因此超类公开哪些服务定要慎重选择，类家族体系设计更要十分慎重。

分散复杂性，是指继承将类家族的复杂性分散到各子类中。在设计时，为全面反应对象的所有特征，对象内常需要封装大量属性和服务。随着需求的增加，对象内封装的内容很多、很复杂，很难维护。这时候，就需要好好思考设计出一个类家族体系来分散这些复杂性，使得单个类的设计可以不必过于复杂。因此系统设计中类家族体系的设计，是一项需要多方权衡、细致摸索和体会的重要工作。

语义相容，是指语义上的包含，如 Dog 是 Animal 的子类。从语义上讲，Dog 也是 Animal 的子集。这是 is-A 关系的基础，也是重写的基础。

3.6.4 多态：对象的自适应能力

多态，本质上属于对象的自适应能力。若将函数的参数列表视为执行环境，重载就是一种为功能指定多种不同参数环境的机制。例如，狗的“嗅”，可以指定不同气味（即嗅不同气味产生不同反应）。重载让对象的使用更灵活（不必像 C 程序那样不同函数必须用不同的名称）。例如，System.out.print(…)，让人感觉什么都可以打印。当然，设计时需枚举出所有可能的环境（即参数列表），否则可能出错。当有多个重载方法，究竟执行哪一个？这由编译器决定，即编译器根据实参列表与形参列表的匹配情况决定执行哪个重载方法，故重载属于静态联编。

重写的自适应能力体现为一条语句可适应（即插装）不同的对象，从而产生不同的效果。如 t.getArea()，当 t 是圆形、矩形等不同对象时，计算出不同的面积。这种自适应也有限制：插装的对象（如圆形等）必须与 t 的类型之间满足 is-A 或 is-like-a 关系，这是 t 接受插装对象的必备条件。t 与实际对象的关联（继而关联到对应的方法）在程序执行期间完成，故重写属于动态联编。重写主要用来设计框架程序：同样的程序代码，因运行时插装不同对象而产生不同的效果。框架程序的可扩展性也极为优秀：很容易扩展出不同的子类，且子类对象可以直接被框架程序识别。因此重写常被看作是面向对象最具威力、最有特色的机制之一。

3.6.5 抽象：无处不在且又独具特色

抽象简单地说是剔除无关细节，提取感兴趣的内容。例如，与学生有关的信息非常多：学号、姓名、身高、体重……对“学生成绩管理系统”而言，关心的是学号、姓名、各科成绩等信息；对“学生心理健康健康系统”而言，还需考虑包括血型、健康情况、家庭状况……因此，抽象与需求（或者说问题域）密切相关。结合问题域提取出与求解密切相关的成分，就是抽象。使用面向对象技术开发时，从需求场景中获取若干对象概念，进一步确定对象应具备的属性和行为（即类），建立实现功能的对象交互模型等，这些都需要抽象。OOP 中的封装，需要抽象出对象需要封装哪些成分；继承，需要抽象出如何划分类的家族体系，多态，需要抽取同名功能作为变化（即重载、重写）的根基；接口，更是纯抽象的类型。可以说，抽象渗透于面向对象程序设计过程中的每一个角落。

有读者可能发现，根据上面描述，抽象是软件开发必备的能力，结构化编程中也必然存在各种抽象，如各种自定义类型（即数据抽象）、各种函数和模块（即功能抽象）。为何 OOP 要将其当作特色呢？这大概是 OOP 可以借助抽象类、接口等抽象类型和重写机制，使用抽象的数据（如抽象类或接口型变量）、抽象的行为（即抽象方法），构造出抽象的、威力强大、特色明显的框架程序。而结构化编程则无法编写出类似代码。

需要指出的是：OOP 最终要用对象间的交互来实现功能，因此类和对象才是 OOP 最核心的概念。抽象、封装、继承、多态等特色是赋予类和对象的特色，终极目的是让软件可靠性更高、更易维护和重用。学习时，千万不能将这些特色与简单的语法画等号。理解这些特色，关键是要理解其中蕴含的设计思想，并将这些思想融入类（或者说系统）的设计中。

3.7　语法认知-2

3.7.1　包和权限

1. 包和类的权限

用 OOP 技术开发较为复杂的软件系统时，可能定义数百个类、接口。这些数量庞大的类、接口放在一起，不仅容易产生命名冲突，而且管理起来也很麻烦。Java 中的包机制，可以将类进行分门别类地管理。例如，某高校的办公自动化（OA）系统，包括教务、人事、财务、设备、后勤等不同子系统，将这些子系统的类放置在不同包（即目录）中，就是一种常见方式。另外，Java 的类库也采用包（即压缩包）的方式组织，例如 lib 目录中的 ct.sym 就是一个压缩包。读者可用 WinRAR 之类的工具将其打开，了解 Java 系统类的组织。Java 的第三方类库（如连接操控数据库的类库）也常用 jar 包（也是一种压缩包）方式组织。下面通过一个简单示例，初步理解包和类的关系。

【例 3.16】 给定如下四个类，尝试在 C、D 中调用 A、B 中的方法。

```
package a.b.x;
public class A {
  public void fa() {
      System.out.println("A::fa()");  }
}
class B {
  public void fb() {
      System.out.println("B::fb()");}
}
```

```
package a.b.y;
public class C {
  public void fc() {
      /*尝试在此调用 A、B 中的方法*/}
}
class D {
  public void fd() {
      /*尝试在此调用 A、B 中的方法*/}
}
```

目的：①理解包的声明、包的导入的含义，掌握其使用方式；②掌握声明包对类的影响；③掌握类的权限及其作用；④掌握在 Dos 环境下如何编译和运行包中的类。

设计：类 A、B 位于 A.Java 中，类 C、D 位于 C.Java 中。在 C 的 fc()、D 的 fd()中尝试创建 A、B 的对象，并调用相关方法。修改后的 C、D 代码如下。全部代码详见 Ch_3_16.rar。

```
package a.b.y;      //此句必须是所在文件的第一句，且只能有一条 package 语句
import a.b.x.A;
//import a.b.x.B; //编译错：B 是默认权限，不能被导入
public class C {
    public void fc() {
        //下面语句需要先导入类 A，即 import a.b.x.A;
        A a=new A(); a.fa();                  //编译正确
        //若无语句：import a.b.x.A，下面语句也可
        //a.b.x.A a=new a.b.x.A(); a.fa(); //编译正确
        //注意：类 B 是默认权限，只能被本包（即 B 所属包）使用，不能被别的包使用
        //a.b.x.B b=new a.b.x.B();            //编译错
    }
}
```

```
class D {
    public void fd() {
        A a=new A(); a.fa();                    //编译正确
        //a.b.x.A a=new a.b.x.A(); a.fa(); //编译正确
        //a.b.x.B b=new a.b.x.B();          //编译错
    }
}
class App{                                  //位于 C.Java 文件中
    public static void main(String[] args) {
        C c=new C(); c.fc();D d=new D(); d.fd();
    }
}
```

【在 Dos 下的编译】 假设 A.Java、C.Java 均在 D:\K 目录下：

```
D:\K\Javac -d . A.Java
D:\K\Javac -d . C.Java
```

【在 Dos 下的运行】 `D:\K\Java a.b.y.App`

【运行结果】 略

【示例剖析】

（1）包的声明方式为：package 包名，包名格式类似网络域名，如 a.b.x、sina.com.cn。假设 A.Java、C.Java 位于 D:\K 目录中，编译后，将产生目录：D:\K\a\b\x 和 D:\K\a\b\y，A.class、B.class 位于 D:\K\a\b\x 目录中，C.class、D.class、App.class 位于 D:\K\a\b\y 目录中。换言之，声明包，实际上指定了类的存放路径。一个文件中，只能有一个包声明（即只能有一条 package 语句）。

（2）使用另一个包中的类，要么使用全名，如：类 C 的 fc()中，a.b.x.A a=new a.b.x.A();；要么先用 import 导入再使用，之后可使用简单名，如：类 C 的 fc()中 A a=new A();。

① 注意：导入类，实际上是设置类的搜索路径。

② 按需导入方式，如用 import java.util.*;，这种方式也可使用 Scanner 类。其机理为：假设在 IDE 环境（或 classpath）中设置了 4 个路径（如系统类、数据库相关包的位置等），然后在文件中有 import java.util.*; import java.awt.*; import java.io.*等三条语句，如果遇到在程序中遇到 Scanner 类，编译器就会在四个目录中逐一找 java.util 包是否存在、Scanner 类是否存在。注意，即使找到也不会停止，会继续以相同方式找 java.awt 包、java.io 包是否存在，Scanner 类是否存在。通过这种方式检测 Scanner 类是否在多个包存在，若存在，就产生类名冲突错误，即 Scanner 出现多处，无法确定哪个位置才是所需的。因此，若文件中出现的类名较多，编译时按需导入方式搜索类名会极为耗时。因此，不建议使用按需导入。另外，按需导入对程序执行无影响。

（3）有包的文件在 Eclipse 等 IDE 环境下编译、运行十分简单，在 DOS 下编译、运行要注意：

① 编译时必须要带参数"-d 目录"，即将包放在指定目录中。本例使用的是"-d ."，其中"."表示当前目录，即 D:\k。注意，若指定的目录不存在，将会报错。

② 编译时若未加参数“-d 目录”，则创建的.class 文件直接存在当前目录。但无法运行 App.class。这是因为：声明包后，包的名称已经记录在.class 文件中，如类 App 的实际名称为：a.b.y.App，因此，即使在 D:\K\a\b\y 目录下执行 Java App，也会报“找不到 App 类”。因此，执行时必须在包所在目录（即 D:\K）下，执行 Java　a.b.y.App。

（4）关于类的权限：类的权限有两种，public 和默认（即不加 public 修饰符）。注意，只有 public 类才能被其他包的类访问，默认权限的类，仅供本包（即该类所在包）使用，其他包无法使用。因此，C、D 类中无法访问外包中的类 D。就好像某单位有福利食堂，2 元钱能吃 8 个菜。但该食堂是非 public 类，其他包（即外单位）无法访问该食堂。

（5）在前期的设计中，文件中并未包含包。这样，该文件中的类就没有包名限制，即属于“无名包”中的类。这种类因为没有包名，不能通过导入来使用。但将其对应的 class 文件复制到期望的目录中，这样该类与目录中的其他类属于同一包，就可直接使用。

2. 类中成员的权限

类中成员的权限有四种：public、protected、默认、private。相关作用详见表 3.3，其中表示可见或可用。注意，应当纵向看表 3.3。

表 3.3　类中成员的访问权限

权限修饰符	同　一　类	同　一　包	不同包的子类	所　有　类
public	√	√	√	√
protected	√	√	√	
默认	√	√		
private	√			

① 对同一类而言，权限没有意义：成员间可任意访问，不受权限制约。②对同一包中的类 A 和 B，A 不能访问 B 中的私有部分，其他均可访问。③跨包访问的要求极为苛刻：只能访问 public 类的 public 成员。即对应表 3.2 中的最后一列“所有类”。④考虑到包外可能有某个类的孩子，亲疏关系与其他非孩子类还是不同的。故设置 protected 权限，仅供包外的孩子使用。

【例 3.17】 给定如下两个包中的四个类 X、Y、M、NX（全部代码详见 Ch_3_17.rar）：

```
package a.b.p1;
public class X {
    public int x1;
    protected int x2;
    int x3;
    private int x4;
}
class Y{
    public int y;
    protected int y2;
    int y3;
    private int y4;
}
```

```
package a.b.p2;
import a.b.p1.X;
class NX extends X{
  public void fnx(){ x2=5; //正确
      X a=new X(); a.x1=5;  //正确
      a.x2=6;               //编译错
  }
}
public class M{
  public void fm() { NX b=new NX();
      b.x2=5;               //编译错
  }
}
```

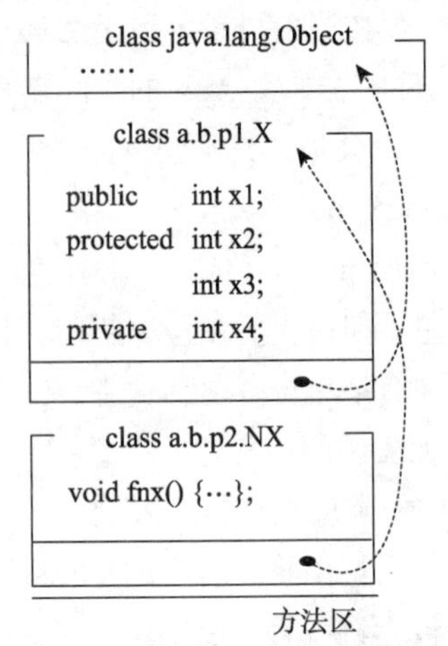

图 3.16 类之间的继承链

回答下列问题：（假设若未导入类，可以使用类的完整名称，即带包名的名称）

问：指出 M 和 NX 类能访问其他三个类的哪些成员？

答：考虑到跨包访问，只能访问外包中 public 类的 public 成员，故有：①M 类中只能访问 X 中的 x1，不能访问 X 中的其他成员；在 M 中不能访问 Y（当然更不能访问 Y 中的成员）；M、NX 属于同一类，故 M 可访问 NX 中除 private 外的其他成员。②NX 是 X 的子类，故可以访问 X 中的 x1、x2，不能访问其他成员。NX 不能访问 Y，NX 可访问 M 中除 private 外的其他成员。

问：为何 NX 类的 fnx()中，能直接使用 x2，但 a.x2 却产生错误？

答：NX 是 X 的子类，故可直接使用 x2（即通过继承链访问 x2），见图 3.16。但要注意，成员 x2 依旧属于 a.b.p1 包的 X 中，a.x2 通过对象引用来存取 x2，必须遵循跨包访问的准则：只能访问外包中 public 类的 public 成员，故产生编译错。

问：M 与 NX 属于同一个包，为何 M 类的 fm()中，使用 b.x2 产生编译错？

答：虽然 M、NX 属于同一包，但 NX 中的成员 x2 位于外包 a.b.p1 的 X 类中，依旧是 protected 权限，不能被 M 直接访问，故产生编译错。当然，若 NX 提供针对 x2 的 get 或 set 方法，M 可通过这组方法来访问 x2。

> **注意：**前面示例中未使用 package 语句，则相关类隶属“无名包”，或者说，类的名称未打上包名的标记。因此，没有包名的类无法被有名包中的类使用（因为无名包的类无法被导入、复制到相关包中也不行）；一组无名包类，由于没有包名，只需将它们放在同一目录或压缩包中，这些类就属于同一包了，相互间满足同包访问规则。另外，无名包类可以访问有名包类（如前面示例中 Scanner 的使用）。简言之，有名包中的类无法访问无名包中的类，无名包中的类可以访问有名包中的类。另外，无名包类之间，只需要复制到同一处，就属于同一包，可相互访问。

【例 3.18】某企业有商品销售系统，其中某商品价格涉及四种：成本价、出厂价、代理价、销售价。商品销售涉及市场部、直营店、代理商、普通超市四类部门。为安全起见，制订如下策略：①市场部可以控制上述四种价格；②直营店只能看到出厂价、代理价和销售价；③代理商只能看到代理价和销售价；④普通超市只能看到销售价。请在 com.infoMS 下设计一组包和市场部、直营店、代理商、普通超市等四个类，并完成相关权限配置。

目的：理解类和类成员权限的设计。

设计框架：本例重点在于通过需求描述推理出包和权限的设定。

①假设市场部类在 com.infoMS.A 包中，由于市场部控制四种价格，故四种价格应作为市场部的属性；②直营店可看到除成本价之外的其他三种价格，故直营店与市场部在同一包，且成本价为 private 权限；③普通超市只能看到销售价，故普通超市与市场部不能在同一包，

且市场部必须是 public 类，且销售价必须为 public 权限；④代理商可以看到代理价和销售价，故代理商必须继承市场部，且与市场部不能在同一包，且市场部的代理价必须为 protected 权限。源码详见 Ch_3_18.txt。

```
package com.infoMS.A;
public class 市场部{
    private   double 成本价;
              double 出厂价;
    protected double 代理价;
    public    double 销售价;
}
public class 直营店{ … }
```

```
package com.infoMS.B;
import com.infoMS.A;
public class 普通超市{ … }

package com.infoMS.C;
import com.infoMS.A;
public class 代理商{ … }
```

关于 protected 权限的实际用途，可以理解为不同包的父子类之间专用的“联系”通道。特别是，结合重写机制，可以实现这样一种场景：基于超类创建一个应用系统框架（主框架），基于子类编写各子系统（子框架）。主框架可以访问所有的子框架（含 protected 成员），但子框架间不能访问对方的 protected 成员。其中不同子框架位于不同的包。

【例 3.19】 假设某高校开发一个 OA 办公系统，包含人事、财务等子系统。有如下需求：①各子系统用统一界面登录，系统有统一处理流程，即：用户填写申请、相关子系统审核-处理-填写最终结果；②为安全起见，各系统间不得交叉访问。请完成上述需求的框架设计。

目的： 理解 protected 权限的实际应用场景。

设计框架： OA 系统设计相关框图见图 3.17。具体而言：

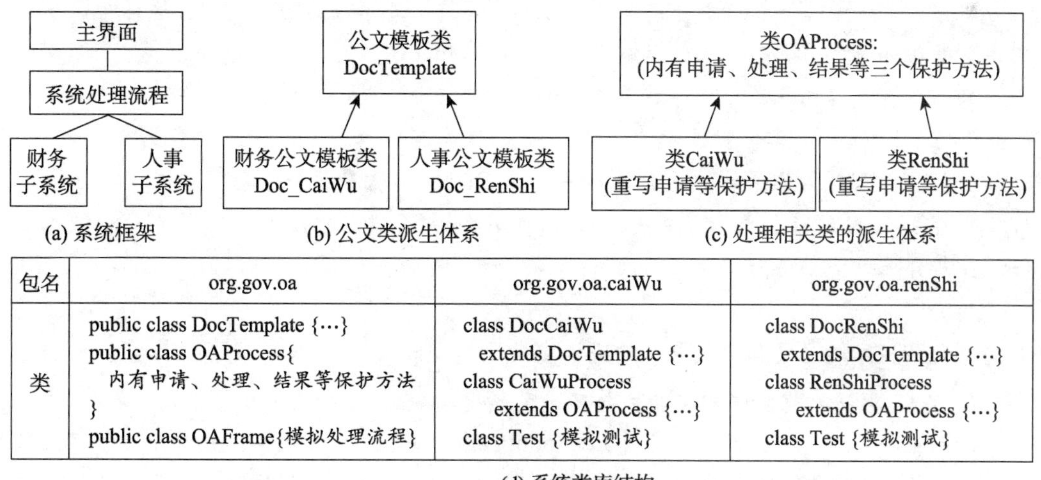

包名	org.gov.oa	org.gov.oa.caiWu	org.gov.oa.renShi

类	public class DocTemplate {…}
	public class OAProcess{
	内有申请、处理、结果等保护方法
	}
	public class OAFrame{模拟处理流程}
		class DocCaiWu
		extends DocTemplate {…}
		class CaiWuProcess
		extends OAProcess {…}
		class Test {模拟测试}
			class DocRenShi
			extends DocTemplate {…}
			class RenShiProcess
			extends OAProcess {…}
			class Test {模拟测试}

(d) 系统类库结构

图 3.17　OA 系统设计相关框图

（1）本例设计了三个包：org.gov.oa、org.gov.oa.caiWu、org.gov.oa.renShi，分别对应 oa 顶层类库、财务处子系统类库、人事处子系统类库。

（2）由于 oa 涉及公文填写，既有相同内容（如申请人、部门、各级处理意见等），各子系统可能也有自己的特殊之处，因此设计了公文类：公文模板类 DocTemplate，以及两个子类：财务公文类 Doc_CaiWu 和人事公文类 Doc_RenShi，分别位于 oa、oa.caiWu、oa.renShi 包中。另外，为简化设计，这三个类的类体均为空。

（3）类似地，处理类也有三个：顶层的 OAProcess 以及财务处理子类 CaiWuProcess、人事处理子类 RenShiProcess。其中 OAProcess 包括申请、处理、结果等三个基本操作，均为 protect 权限，各子类根据自身职能重写 OAProcess 的方法。

注意： 保护方法，本包（即 org.gov.oa 包）可以使用，这样同处一包的 OAMain 可访问保护方法（用于设计框架程序）；而它包（如 renShi 包、caiWu 包中）只能重写（即提供服务支持），RenShi 包、CaiWu 包中的类相互间无法访问对方的"处理"方法。即：只能走官方定义的处理流程。

（4）OAFrame 是系统应用框架，内有静态方法 run(OAProcess oaProc, DocTemplate d)，依次调用 oaProc.request(d); oaProc.deal(d); oaProc.finalResult(d);。

完整源码参见 Ch_3_19.rar，这里略。

有关 protected 权限的进一步讨论

下面主要从两个问题入手，来加深保护权限的理解。

（1）为何 Object 类中的 finalize()被设为 protected 权限？

首先，finalize()方法被垃圾回收器调用（垃圾回收器又被 JVM 调用），执行后对象就将消亡；其次，finalize()方法的作用是对象被销毁前的处理，如释放对象所占用的资源。若将该方法设为 public 权限，则理论上任何类都可存取。可能产生这种情形：对象尚未完成既定任务，就被其他类对象调用其 finalize()，恰好又处于垃圾回收期间，这样对象及其占用资源被释放了，将产生不可预知的结果。因此 finalize()被设为 protected 权限，即理论上，只有父类或者同包的类（即关系密切的类）才可调用 finalize()方法。

（2）Java GUI 类库中有很多 protect 方法，如 A 有保护方法 f()，有何意义？

显然，编程时自己设计的类 B 基本不会与 GUI 类库放在同一个包。这样，在 B 中，即使创建了 A 的对象，也无法使用 f()。除非 B 继承 A。而如果 B 继承了 A，则纳入了 GUI 类库体系，当然就可以使用 f()了。换言之，保护方法实际上将仅供体系内使用。

有关"包和权限能凸显封装效果"的进一步讨论

实际上，只有密切相关的类才会放在一个包中。换言之，密切相关的类被封装在包中。跨包访问条件非常苛刻：只能访问外包中 public 类中的 public 成员。对外包子类，也仅仅允许其使用自己的 protected 成员。这样，通过权限限制，类中大量的成员无法被外包中的类访问。这进一步凸显了封装的效果：大量的成员无法被外包中的类访问。

3.7.2 不可或缺的异常机制

1. 什么是异常和异常处理

编程时，程序员经常遇到语法错、逻辑错和语义错三类错误。其中语法错由编译器检测并报告；逻辑错，如将 if(x>=n)写成 if(x>n)，这类错误由人检测；语义错，是指令执行时违反了指令执行所需的前提，如执行除法时被除数为 0（即除零错）、存取数据时数组下标非法、要打开的文件不存在等，这类错误就是异常处理机制所需要关注和解决的问题。本节所指的“异常”，是指语义错。在编程时需要考虑到各种异常情况，并为之准备处理预案（就像旅行时带伞、带各种小药品一样）。当异常真正发生时，通过异常处理机制来调用相应的处理预案，这样程序就不会崩溃。

2. 为何说异常处理不可或缺

在软件开发时，异常处理不可或缺。这是因为，一方面，异常的发生难以避免；另一方面，对发生的异常必须要处理，否则程序将崩溃，没人愿意用这样的软件。具体而言：

1）异常的发生难以避免。主要涉及三点原因：

（1）目前程序设计理论不成熟，难保程序不出错。目前的主流开发技术，如 SP（结构化程序设计）、OOP 的理论很难像数学一样精确，OOP 中的精化——设计模式，更是更多地来自经验的总结。软件工程，是期望项管理工程一样的管理软件开发过程，当然也谈不上精确。理论上的不精确，导致软件设计的随意性比较强，各类软件中大小错误会不断发生。

（2）程序测试技术也不完备，很难检出所有错误。记得有个小马过河的故事，讲的是小马遇到一条河，不知深浅。老牛说河不深，可以过；松鼠说河很深，进去会被淹死。从测试角度看，对河流这条路径而言，老牛、小马这两个数据正常通过，而松鼠这个数据会被“淹死”（即引发了错误）。因此，完备的测试应该用所有的数据逐一测试所有的路径。这当然是不可能的，数据是无限的，无法一一测试；即使是路径，逐一测试也是不可能的。例如两条并列的 if 语句可产生四条路径（见图 3.18），类似地，n 条判断（包括循环判断）可产生 2^n 条路径。而函数调用时，如对 f(){ g(); }，路径总数 = f()的路径数 × g()的路径数。系统执行涉及一连串的函数调用，很容易累积几十条判断或循环，极易引发爆炸性增长，如 $2^{20}\approx 100$ 万，$2^{40}\approx 1$ 万亿。因此测试所有路径是不可能的。换言之，通过测试发现所有的错误是不可能的。因此，Dijkstra 曾说：Program testing can be used to show the presence of bugs, but never to show their absence（程序测试只能表明错误的存在，而不能表明错误不存在）！

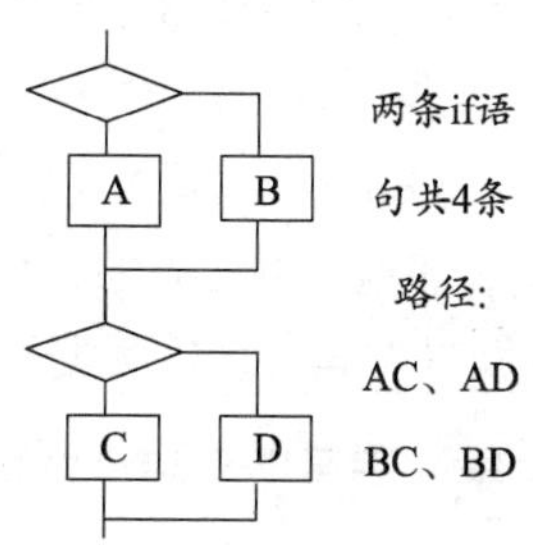

图 3.18　两条 if 语句产生的路径

（3）用户和运行环境也会影响程序的运行。例如，用户输入非法数据（如需要 int 但输入"abc"）、下载时突然断网、要打开的文件不存在、内存出错、CPU 出错……

2）当异常发生时，必须要处理

当异常发生时，如果不处理，运行的控制权将由程序转交给虚拟机（或操作系统），即程序崩溃了。1998 年微软 Windows 98 产品发布会上，Windows 98 出现蓝屏事件，比尔·盖茨非常尴尬。再比如，下载某软件时，断网则程序崩溃，必须重新加载；浏览网页时出错，则所有网页就要关闭；编辑文档时出错，文档不被保存……这样的软件，你会愿意用吗？因此，异常发生时，必须要对其进行处理，即异常处理。

3. Java 异常的分类

对异常系统性的分类，是系统性组织处理异常对象的基础。与异常相关的类库见图 3.19。其中 Throwable 是所有异常的始祖类。Java 以 Throwable 类为基础，建立了统一的异常处理框架，可方便插装各种异常子类对象，并易于拓展新的异常子类型。设立始祖类是很多统一处理框架的常用策略。

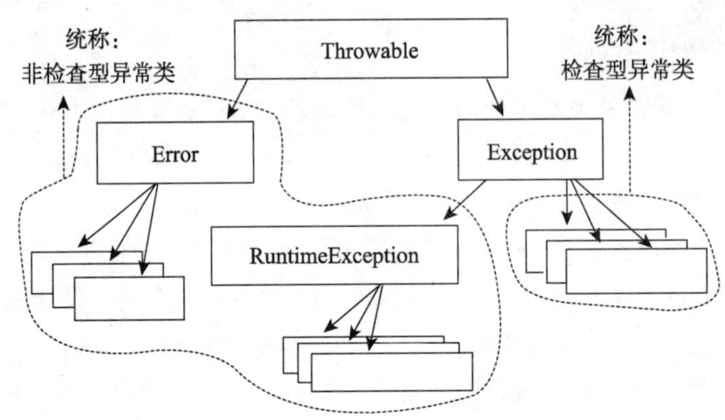

图 3.19　Java 异常处理类库

Throwable 包括两个子类，Error 类是指较为严重的灾难性错误，如虚拟机错、内存错、CPU 错、IO 错等，按 Java 白皮书（*The Java Specification*）的说法：Error 是不指望能被恢复的；Exception 类则泛指可能被恢复的异常，应捕获和处理。RuntimeException 是 Exception 的直接子类，代表着一类错误严重但可能被恢复的异常，如数组下标越界、除零错、非法输入数据(如对接收 int 型数据的变量赋予"abc"或 999999999 等超限数据)等。RuntimeException 及其子类统称运行时异常类（run-time exception classes）。

另外，Error 及其子类、RuntimeException 及其子类统称非检查型异常（unchecked exception classes），非检查型之外的其他异常类（包括 Throwable 的其他子类、Exception 的其他子类）则统称检查型异常。这两类异常将结合异常处理框架进行介绍。

4. Java 异常的处理—传播框架

Java 的异常处理策略是：当异常发生时，虚拟机会产生一个异常对象，里面包含异常发生的位置（即语句）、函数调用路径、错误产生原因等信息，并提供 try-catch-finally、throws 两个语法框架，前者用于监控、捕获和处理异常，后者则用于异常的传播。

1）异常的监控、捕获和处理

【例 3.20】 给定数组 int x[]={1,2}，输入 int 型数据 y，令运算 x[y]/y 产生数组下标越界、除零错、非法 int（含数据越界）等异常，展示 try-catch-finally 的作用。

目的： 理解 try-catch-finally 子句的功能和使用，以及异常处理对程序运行的影响。

```
import java.util.Scanner;
import java.util.InputMismatchException;
class TryApp{
    public static void main(String[] args) {
```

```
    int []x={1,2};   int y,z;
    while(true)//try-catch-finally是完整结构，可当成一条语句
        try{   System.out.print("请输入一个整数,9 表示结束。: ");
               Scanner s=new Scanner(System.in);
                    //此处创建 Scanner 对象可避免死循环
               y=s.nextInt();
               if (y==9) break;
               z=x[y]/y;
        }catch(ArrayIndexOutOfBoundsException e){
             System.out.println("捕获数组下标越界异常!");   }
        catch(ArithmeticException e){//即除零错
             System.out.println("捕获算术异常!");}
        catch(InputMismatchException e){
             System.out.println("捕获“输入数据非法”异常! ");   }
        catch(Exception e){
             System.out.println("捕获"+e.getMessage()+"异常!");   }
        finally{System.out.println("finally子句被执行");}
    }
}
```

【输出结果】

```
请输入一个整数,9 表示结束。: 0
捕获算术异常!
finally 子句被执行
请输入一个整数,9 表示结束。: 1
finally 子句被执行
请输入一个整数,9 表示结束。: 2
捕获数组下标越界异常!
finally 子句被执行
请输入一个整数,9 表示结束。: 99999999999
捕获“输入数据非法”异常!
finally 子句被执行
请输入一个整数,9 表示结束。: 9
finally 子句被执行
```

【示例剖析】

（1）用 catch 捕获异常后，使得原本应该崩溃的程序依旧在正常运行，这就是异常处理的最直接作用。异常捕获后，由于无法“自动更正”，因此通常输出准确的错误信息，如错误类型、位置等，提醒用户注意。如提醒用户应提供正确的输入、文件不存在等。

（2）try-catch-finally 语句可以对异常的产生进行监控、捕获和处理，具体而言：

① try 子句标识出可能发生运行时错误的代码段。

② catch(E_type e)子句对产生的异常对象实施捕获和处理，e 是异常对象的引用，方法体则是对 e 的具体处理方式。若有多个 catch 子句，匹配顺序与排列顺序相同，且至多有一

条 catch 子句被匹配。值得注意的是：当存多个 catch 捕获的异常存在继承关系时，必须是子类在前，超类在后，否则将产生编译错。例如，本例中的 Exception 是其他异常类的超类，因此必须排在最后。这实际上很容易理解，按照类的赋值兼容规则，若超类排在前面，子类将不会被捕获到，而捕获子类代表着更专业（而非大众化）的处理。

③ finally 子句实现异常处理后的终结处理，如资源的关闭、释放等。无论异常是否发生、是否被捕获，该子句都将被执行。

④ try、catch、finally 各子句后的花括号不可省略，即使只有一条语句。

（3）使用 Scanner 对象实际上要十分小心，如 nextInt()可能遇到输入数据非法、非法状态、输入耗尽等三种异常（详见 api 说明）。异常产生后，该 Scanner 对象将不可用。故：若将 new Scanner(…)操作放在循环外，可能导致死循环（请读者验证）。

（4）数组下标越界、算术异常、Exception 等位于 java.lang 包，不需要导入。

2）异常的传播

假设有从文件读取数据的底层函数 read(File f)，若文件 f 不存在时，会产生 FileNotFoundException 对象。在 read(File f)中不能对其处理：因为处理后就不再报错，read(File f)的调用者不会发现“文件找不到”异常，但却发现无法读取数据，甚至引发一连串的其他异常。这种情况需要用到异常声明机制，让将产生的异常向调用者传递。语法形式为

```
返回类型 方法名(参数列表) throws 异常类列表 { 方法体 }
```

例如：

void a() throws E1,E2 {…}　//假设 b()调用 a()，则 b()应设计成如下形式：

（1）void b() throws E1,E2 { a(); }

（2）void b(){ try{ a(); } catch(E1 e){ … }　catch(E2 e){ … }　}

说明： a()发生的异常将传给 b()，变成 b()发生的异常。此时，b()要么在声明处新增 throws E1,E2，即继续将异常向上传递；要么用 try-catch 对异常进行捕获。若传递至 main 仍未捕获，当异常发生时，程序将崩溃。

【例 3.21】 理解检查性异常、非检查型异常的传播和处理。

目的： ①理解 throws 子句、throw 子句的功能和使用；②完整理解异常的传播和处理框架；③理解检查型异常必须纳入传播—处理框架，否则无法通过编译；非检查型异常即使未纳入传播—处理框架，也可通过编译。

```
import java.io.IOException;                          //检查型异常
class ThrowsApp{
    void a()throws IOException{b();}
    void b()throws IOException{c();}
    void c()throws IOException{d(5,6);}
    void d(int x, int y)throws IOException{
        if(x>y)throw  new IOException();        //创建检查型异常对象
        else throw new ArithmeticException(); //创建非检查型异常对象
        //x=5;//编译错
```

```
    }
    public static void main(String[] args) throws IOException{
        new ThrowsApp().a();
    }
}
```

【示例剖析】

（1）异常类也是类，因此可以用 new 创建对象，如 new IOException()。但要注意，主动创建的异常，必须用 throw 语句将其抛出，方能纳入 Java 的异常传播—处理框架。另外，throw 语句有 return 的效果，故：若在 throw 之后有语句，将会产生编译错。

（2）关于非检查型异常和检查型异常。当异常发生时，可能由 JVM 创建异常对象（均属非检查型异常，故又称虚拟机异常），也可在程序中，通过 new 创建异常（均为检查型异常，故又称程序性异常）。

① 对检查型异常，当异常发生时，必须在程序中：（a）用 new 主动创建；（b）用 throw 主动抛出异常对象；（c）用 throws 主动传播或 try-catch 主动捕获。三者缺一不可，否则将无法通过编译检查。例如，d(…)中创建的 IOException 属于检查型异常。由于并未用 try-catch 捕获和处理该异常，故必须用 throws 声明，否则无法通过编译。而 c()调用 d(…)，故 d()发生的异常，可看成是 c()发生的异常。这样，c()要么用 throws 声明，要么用 try-catch 进行捕获—处理。二者均无则会产生编译错。类似地，b()、a()、main()中均需用 throws 声明，否则无法通过编译。当然，当异常发生时，由于 main 并未捕获—处理，故产生的异常对象将传给 JVM，JVM 将终止程序运行，即程序崩溃。

再比如，Scanner(File source)会产生“文件没找到异常”，分析其源码，发现：

```
public Scanner(File source)throws FileNotFoundException
        { ……new FileInputStream(source)…… }
public FileInputStream(File file) throws FileNotFoundException
  {  ……
    if (file == null) throw new NullPointerException();//非检查型异常
    if (file.isInvalid())throw new FileNotFoundException("Invalid file
        path");
   …… }
```

简言之，检查型异常必须用 new 创建，用 throw 抛出，并用 throws 声明或用 try-catch 捕获和处理，否则将会产生编译错。

② 对非检查型异常，由于 JVM 中登记了非检查型异常及异常发生的情形，故 JVM 可自动创建和传播异常对象。例如，本例中的算术异常尽管是用过 new 创建的，但并未在 d()、c()、b()、a()、main 中用 throws 声明，这是因为 JVM 能识别出算术异常，并自动传播。再比如，FileInputStream(File file)可能会产生 NullPointerException 异常，但并未用 throws 声明。Java 类库中，非检查型异常通常在 API 中指明，但并未用 throws 声明。大概是因为非检查型异常可以被 JVM 自动传播。

③ 这里做一简单类比：非检查型异常可看成是天灾人祸，难以预防，如旅游时遇到道路塌陷、桥梁垮塌、被酒驾车撞，这些情况后果严重，且很难预防和处理。换言之，对非检

查型异常，出了错要考虑修改代码来纠错，而非捕获。检查型异常类似旅游时遇到下雨、感冒、买不到食物等情况，可以提前准备处理预案。

（3）完整的异常传播处理框架为（以检查型异常为例）：异常对象必须用 new 创建，之后用 throw 抛出（有 throws 声明的方法可跳过这两步），之后要么用 throws 声明，要么用 try-catch 捕获和处理，否则将无法通过编译。一旦异常被捕获，后续的调用方法就不需要声明或捕获—处理了。

5. 自定义异常类

Java 提供的异常类型，数量有限，可能难以满足用户需求，这就需要自己定义异常类。自定义异常类，与普通类的定义类似。但要注意以下几点：

（1）自定义异常类必须是 Throwable 类的子类，一般以 Exception 作为超类。

（2）定义时要考虑在异常对象中要记录哪些信息，以方便后续行为的实施。如在网络连接时，若连接失败，则可以重复多少次，或是将连接的地址、端口等信息显示给用户。

（3）自定义异常对象创建条件由程序员设定，一般需要手工创建和外抛异常对象。

读者可尝试编写一个“表达式求值”程序，如计算：3+2×5。其中，应考虑表达式各种错误输入，如括号不匹配、含有非法运算符、连续多个运算符等。

3.7.3 比构造函数更早执行的初始化块

初始化块就是在类中独立于成员方法之外的代码段，它没有名字，不带参数，无返回值。被 static 修饰就是静态初始化块，否则就是实例初始化块。初始化块的执行遵循以下规则：

（1）初始块的执行顺序遵循其出现的次序；

（2）实例初始化块先于构造函数；

（3）静态初始化块在类的初次加载时执行，仅执行一次，且先于实例初始化块。

【例 3.22】 代码中包含构造函数、多个静态或实例初始化块，并按排列顺序依次输出“1==”“2==”等位置信息。通过运行结果展现各自的调用次数和执行顺序。

目的：理解初始化块的作用，以及静态块、实例块何时执行、执行几次。

```
class TestBlock {
   TestBlock(int x){System.out.print("1== ");}  //构造函数 1
   TestBlock(){System.out.print("2== ");}        //构造函数 2
   static {System.out.print("Static 3 == ");}    //静态块 3
   {System.out.print("4== ");}                   //实例块 4
   {System.out.print("5== ");}                   //实例块 5
   static {System.out.print("Static 6== ");}     //静态块 6
}
public class Ch_3_22{
   public static void main(String[] args) {
       System.out.print("ppppp== ");
       new TestBlock();     new TestBlock(99);
   }
}
```

【输出结果】

```
ppppp== Static 3 == Static 6== 4== 5== 2== 4== 5== 1==
```

【案例分析】

（1）类中可以存在多个初始化块，如本例中包含 2 个静态初始化块，2 个实例初始化块。

（2）静态初始化块在类加载时执行，且只执行一次。

（3）每次构造对象，都会执行实例块，且先于构造函数执行。因此从功能上看，实例初始化块可看成是所有构造函数的公共部分，在构造函数前执行。

3.7.4　再谈内部类

内部类就是在定义在另一个类（常称作囿类、包围类）内部的类。例如：

```
class A{                          //A 是囿类
   class B{ int x;   }            //内部类
   interface C{ int y=0; }  //内部接口
}
```

编译后将产生三个文件：A.class、A$B.class、A$C.class。

内部类涉及语法较多，详情参见 Java 白皮书（*The Java Language Specification*，*8th*）。这里仅简单介绍，重点放在为何要引入内部类，以及内部类的特殊用途。

内部类的语法大体可从如下三个方面来理解：

（1）内部类是类型。因此应当先造对象再使用（除非是静态内部类）。

（2）内部类是类。因此可以继承其他类，可以实施重载、重写，可以实现接口。简言之，类能够拥有的机制或功能，内部类也拥有。

（3）内部类是类中的成员。当不希望内部类被外界知晓或存取时，可将整个内部类设为 private。当然，也可根据需要将内部类设为 protected 权限。当囿类中的静态方法需要用内部类定义变量时，根据 static 修饰规则：静态方法只能存取静态成员，这样，内部类就必须用 static 修饰。这些普通类或囿类无法使用。

关于内部类和囿类之间的相互访问，主要有以下两点：

（1）内部类是囿类的成员，因此在内部类中，可直接存取囿类的所有成员（含私有成员）。这点类似在成员函数中可以直接存取其他所有成员。

（2）作为囿类中的封装体，囿类不能直接存取内部类成员（就好像囿类不能直接存取在方法中定义的局部变量）。必须先造内部类对象，然后借助对象存取其成员（静态内部类除外）。

内部类的常作为内部类型来使用。例如，在 2.2.1 节的二叉树中，定义了内部类 Stack，专供非递归遍历使用。这种内部类型，拥有自己的属性（如数组 a、top 指针）、操作（如 push()、pop()）。若没有内部类，即将内部类成员与囿类成员混在一起，会导致囿类更复杂，更难以维护。就像计算机主板上可以插装各种板卡，这些板卡都是集成电路芯片。试想，在设计主板时，若将这些电路芯片直接画在主板的设计图纸上，效果会怎样呢？因此，内部类实际上是一个封装体。有了这种封装体，可以简化囿类的设计。

内部类应用灵活，还有一种应用方式，就是“多实现”。假设前面的游戏示例中引入一种海陆空三栖变形运输车（类 X）。同时拥有船（类 A）、汽车（类 B）、飞机（类 C）的一些属性和行为。由于变形运输车的船、汽车、飞机等行为与普通船、汽车、飞机可能不同，有自己的特色，故不能内置 A、B、C 型的变量来解决。这种情况下，可以让 X 中设置三个内部类 A1、B1、C1，分别继承 A、B、C。当 X 需要变形为船时，就调用 A1 对象相关行为，变形为汽车、飞机时做类似处理。这种内部类应用方式，在有关图形用户界面（GUI）的类库中被大量使用。有兴趣的读者可参阅 JDK 中提供的类库源码 src.zip。

上述做法，有些资料称为“多继承”，实际上并不准确。因为这种继承不具备 is-A 关系，即：虽然 X 中有 A1 继承了 A，但 X x=new A()是错误的。而这种基于 is-A 关系的赋值，正式框架程序设计的基础：子类对象插装到超类引用中。

值得指出的是，内部类涉及的语法约束相当多（详见 *The Java Language Specification, 8th*），建议读者在需要时进行针对性探索和学习。

练习 3.5

Test.P1 包中有 public 类 A 和默认权限类 B，Test.P2 包中有 public 类 C 和默认权限类 D，其中 D 是 A 的子类。编写程序回答并验证如下问题：

（1）C 的私有成员能访问 A 的哪些权限的成员，能当问 B 的哪些权限的成员？

（2）D 的私有方法能直接访问 A 中的哪些权限的成员？A 的私有方法能直接访问 D 的哪些权限的成员？在 D 的私有方法中，若先构造 A 的对象，能访问 A 中的哪些成员？

（3）若将 D 设为 public 类，假定 A 中有 protected 方法 fA();在 D 中新增了 protected 方法 fD()。C 和 A 中能直接访问 fA()、fD()吗？若先构造 D 的对象，借助此对象能访问 D 中的哪些成员？

（4）若 A、B、C、D 四个类均是 public 类，D 重写了超类 A 的 protected 权限方法 fProt()。在类 C 的方法 fC()中，借助 D 型对象 d，能否执行 d. fProt()？

本章小结

本章主要解决两个大问题：①为何需要 OOP；②如何实施 OOP。主要包括以下内容：

（1）为何需要 OOP。先从流行较早的结构化程序设计（SP）谈起，简单概述其思想、设计策略和优缺点。继而引入一些难以实施 SP（但很适合 OOP）的应用场景，在此基础上引入 OOP 的核心思想：用对象间的交互来模拟系统的运行，并通过“图书借阅系统”的设计，展示其实现方式。注意，此时并未介绍诸如封装、多态、继承等机制，读者只需仔细体会：在系统设计时，需要哪些对象，这些对象间有何关系，如何组织，对象间如何交互，又如何通过一组对象间的交互来实现系统功能。因前期已经对类、对象、对象间的组织和交互有了一定基础，理解上述内容是可行的。

（2）OOP 思想及支撑机制。机制包括：static 修饰及实现机理，final 修饰，继承及实现机理，super 或 this 引用，子类对象的结构及创建时产生的构造函数调用链，多态（重载、重写）及其实现机理，框架程序的含义及其作用，抽象方法基础上的抽象类和接口，包和权限修饰等。其中应用的核心是基于重写机制设计的框架程序。抽象类和接口的引入，让框架程序有了契约限制，可以设计得更规范。注意，结构化程序设计有明确的策略：自顶向下逐步求精。而对 OOP，坦白说，没有明确的策略，只有对经典 OOP 设计的模仿和借鉴，即设计模式。经历大量案例应用后，在 3.6 节对 OOP 的视角，以及封装、继承、多态、抽象等核心特色进行了思想性的讨论和总结。

（3）其他，包括异常处理、初始化块、内部类。其中异常处理应关注异常何时产生，如何传播，何时应声明，何时应处理。另外，检查型异常和非检查型异常有何区别。

思考与练习

1. 结构化程序设计如何看待需求、处理问题的策略是什么，为何称作“结构化”，有何优势，存在哪些问题？列举几个结构化程序设计做不好但特别适合 OOP 的应用场景，并指出为何这些场景难以适用结构化程序设计，OOP 为何又能做好？

2. OOP 如何看待需求、处理问题的策略是什么？结合类、对象、消息传递的含义，谈谈如何“面向对象”？这种思维方式有何优点，存在哪些问题？

3. 结合 3.2 节示例，说明“图书借阅系统”从需求分析到类的设计的整个思考过程。

4. 在类的设计中，若有可供外部存取的成员变量 x，则通常将 x 设置为 private 属性，并设置两个 public 方法：setX()和 getX()，用来对 x 进行存取。这样做有何好处？

5. static 修饰有何作用？哪些场合需要用到 static 成员？类似地，回答 final、abstract。类 A 的静态方法和实例方法被 A 的所有对象共享，静态方法和实例方法差异何在？

6. 解释：类、对象、对象的引用、对象的状态这四个概念的基本含义？成员变量、类变量、实例变量、局部变量这四种变量有何区别？

7. 结合包、权限，谈谈 OOP 为何需要封装，能带来哪些好处，如何封装？包有何作用，类的权限、类中成员的权限又都有什么作用，适合什么样的场合？

8. 简述 Java 单继承机制的优缺点。子类对象中为何能引用超类的成员？子类的对象构造时会调用超类的构造函数，这种要求产生何种影响？is-A 和 has-A 分别用于描述何种关系，何时使用？对象中默认有 this、super 引用，二者有何作用，有哪些“不得不用”的场合？

9. 接口为何采用多继承方式，多继承在使用时有哪些需要注意的？接口及其实现类之间有何关系？试举出一些接口、抽象类的适用场景。什么是菱形继承，为何说 Java 中接口使用不当会产生菱形继承，而类不会？菱形继承有何危害？

10. 抽象类和接口中都有抽象方法。为何将抽象方法称作“契约”？从应用层面看，抽象类和接口有何区别？

11. Java 引用型有类、接口、数组，这三种类型各自有何特点？

12. 多态表现为重载、重写。二者的语法特征是什么，重载和重写分别适合什么样的应用场景？重写的应用框架是怎样的？为何说重载与编译相关，重写与运行相关？为何构造函数常需要重载，但不能被重写？

13. 什么样的程序是框架程序，有何特点，实现要点有哪些？框架程序有何优点？

14. 简单谈谈对设计模式的理解。

15. 为何说应用开发时异常处理不可或缺？简单谈谈 Java 的异常处理框架？检查型异常非检查型异常有何区别？

16. 什么是初始化块，有何作用？

17. 内部类有何特色，何时需要使用内部类？

18. 模拟某高校教室申请审批流程处理过程：某教师填写教室申请单（教室门牌号、时间段、课程名，并自动补充教师的姓名、ID、单位）；教务处教师发现后，若拒绝，给出理由，并返回给该教师；若同意，就发三条消息：①向申请教师发送同意；②向物管部门发送教室使用申请表，用于教室开锁；③向多媒体监控部门发送教室使用申请表，用于远程开启设备。

19. 某游戏有航母、坦克、士兵等兵种，分别占用 8、4、1 个兵力单位；有房屋对象，每间房子可容纳 8 兵力单位。只有当房屋对象能容纳所需的兵力数量时，才允许构造兵种对象。例如，若当前只有 1 座房子，且没有任何兵种对象，此时至多可以造 1 艘航母，或是 2 辆坦克，或是 8 个士兵，或是 1 辆坦克加 4 个士兵。若需要造更多的兵种，必须先建造更多的房屋。另外，无论房屋多少，现存总兵力单位不得超过 200。初始时有一座房子，无任何兵种。请实现上述约束。（提示：可设一个约束对象，让兵种关联到该约束对象。各兵种对象在创建前检测约束对象，以决定是否能够创建，若能创建，还需要维护该对象。）

20. 假设某电商平台推出消费宝，可关联多张银行卡，默认时从第一张银行卡扣款，若第一张不足以消费，则扣完第一张卡后，自动从第二张卡扣款，如此继续，若所有银行卡的余额总数不足以满足消费，则不能支付。支付后给出消费信息：如向商家 X 支付 Y 元，支付情况如下：工商银行卡支付 a 元，余额 m 元；建设银行卡支付 b 元，余额 n 元……

注意：鉴于各银行卡的验证手段不同，如关联某银行卡 X 时，先输入 X 的账号信息和密码，通过后可关联；即使是多卡消费，也只需输入一次消费宝的密码即可。银联账户（子类：各银行存取信息不同）账户类：ID、姓名、密码、余额、存/取、验证。

21. 一个开宝箱游戏的基本描述为：游戏中有多种类型的人物（Role），如战士（Solider）、魔法师（Mage）等，主角的类型只能选择其中一种，且游戏中不再更改。游戏中还有各种宝箱（Box），如装有不同数目金钱的宝箱、装有毒物的宝箱等。当任一种类型的主角打开装有金钱的宝箱时，宝箱中的金钱会增加给主角，同时宝箱的金钱数目变成 0；当战士打开装有毒物的宝箱时，战士的生命值（HP）会减少 10%，但金钱（Money）增加 20%；当魔法师打开装有毒物的宝箱时，魔法师的生命值（HP）会减少 30%，但金钱（Money）增加 40% 。请根据上述描述，给出相应类的设计并完整实现，要求你的设计应具有良好的扩展性，如增加新角色类型及箱子种类时，不需要修改已有的设计。

第 3 部分

实用技术和框架

第 4 章

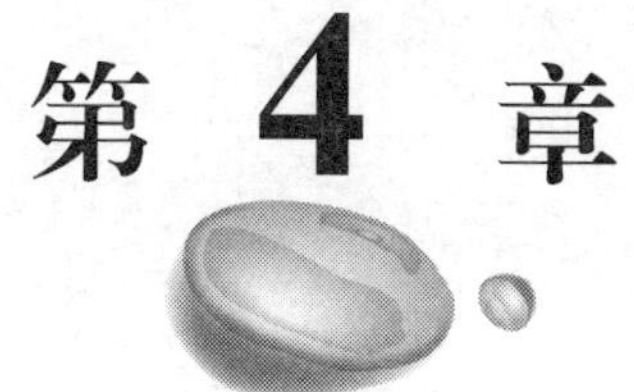

图形用户界面编程

4.0 本章方法学导引

【设置目的】

图形用户接口（Graphical User Interface，GUI）是以图形界面方式实现人机信息交互，使用起来简单直观，易于被用户接受。GUI 编程也是商业软件开发的常用技术之一。

3.1.2 节曾提及，GUI 组件（如按钮、菜单等）设计是能体现 OOP 优势的应用场景之一。不仅如此，GUI 应用编程也体现了 OOP 的基本思维：选对象、用对象。具体而言，GUI 编程涵盖如下内容：①选用合适的 GUI 对象（如按钮、菜单等）组装图形界面；②让 GUI 元素摆放得更美观（即界面布局）；③为 GUI 界面配备响应机制（如单击按钮后执行既定处理动作）。其中①和②就像基于食材做一桌菜，体现了选用、组装对象，以满足直观的界面需求；界面响应机制则是 OOP 的高级应用：基于“委托事件处理模型”实现事件的响应和处理。

通过本章的学习，掌握 GUI 编程技术，更为直观地感受面向对象的思维方式：选择和构造合适的类，为完成需求而“组织”对象（如界面构造、对象关联等），继而“使用”对象（即让对象发挥其既定的职能）。

【内容组织的逻辑主线】

本章先介绍 GUI 编程的相关基本概念、步骤和界面构造，继而结合示例展示委托事件处理模型内涵和应用，并通过一组实例逐步深入，最后对事件和事件处理做进一步讨论。

【内容的重点和难点】

（1）重点：掌握 GUI 编程基本要素和大致步骤；掌握委托事件处理模型，并能灵活运用。

（2）难点：掌握委托事件处理模型，并能灵活运用；掌握键盘事件处理、下拉框的基本应用；设计能设定全局字体的工具类；掌握绘图机制和应用。

4.1 GUI 编程概述

4.1.1 字符用户界面和图形用户界面

用户计算机界面，也称人机交互接口，旨在帮助用户操控系统、输入数据和读取系统反馈信息。界面是否易于理解、方便操控，即是否友好，已成为评判软件质量好坏的一个重要指标。用户界面大体分为字符用户界面和图形用户界面。字符界面将整个屏幕看成是 m 行 n 列（通常是 25 行 80 列）的区域，共可摆放 m×n 个字符。如用 Javac 或 Java 编译运行 Java 程序的界面就属于字符界面，见图 4.1。这种界面最大的优势是界面简单，占用内存小，但很难精细化控制位置（只能在[0][0]~[m][n]范围内找位置，m、n 的值很小）。

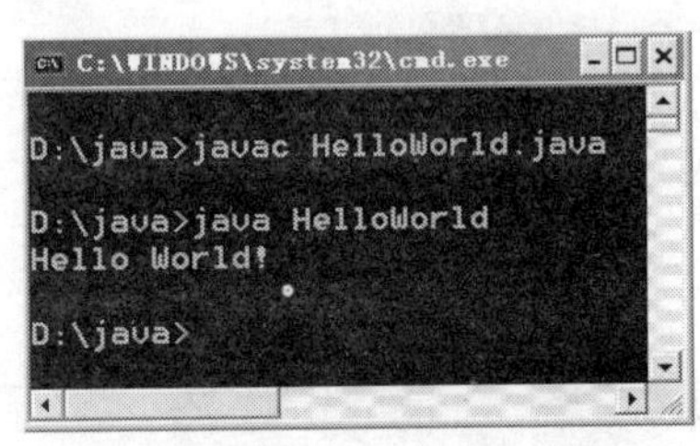

图 4.1 Java 编译运行的字符界面

图形用户界面将屏幕看成是 m×n 的点阵（注：m、n 非常大），每个位置放置一个像素，因此对界面的控制更加精细。支持 GUI 编程的语言常提供丰富的 GUI 元素，如窗体、按钮、菜单、鼠标等。这些元素含义简单、功能强大、操作方便，易于被用户理解和接受。例如，Windows 系统就是一个基于 GUI 界面的软件系统，用户很容易理解和操作。

4.1.2 认识 GUI 的组件

与构造 GUI 界面相关的元素常被称作组件。组件涉及面很广，难于按特定标准实施分类。下面仅根据其功能特征进行简单介绍。图 4.2 是各组件样式的简单示例。

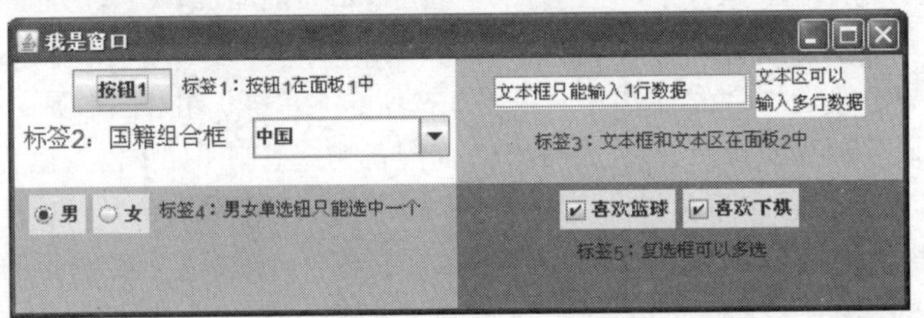

图 4.2 常用组件示例

（1）容器组件，即可以放置其他组件的组件，如窗体、面板。

① 窗体：有标题栏但不能嵌入其他容器，包括框架和对话框。其中框架是普通窗体，对话框则是能进行输入的窗体，如打开和保存文件时显示的窗体就是对话框。

② 面板：无标题栏，不能独立出现，必须嵌入窗体中。

（2）可视的非容器组件，这些组件只能被嵌入容器组件中使用，常见的有以下几项。

① 按钮。可用鼠标等单击，如“确定”“取消”等按钮。

② 标签。用于简单的信息标记/标识，一般只能显示一行数据。

③ 单选钮。常将多个单选钮组成一组，一组中最多只能选中一个，如“男”“女”。

④ 复选框。往往将多个复选框组成一组，一组中可以选中多个，如兴趣选择。

⑤ 组合框。可编辑，又可选择的一种组件，如国籍选择。

⑥ 文本框。用于简单的输入，只能输入一行数据，如输入用户名等。

⑦ 文本区。可输入较多数据，可以有多行，如记事本的文本编辑区。

（3）非可视组件，涉及面较广，如颜色、字体等用于对可视组件进行修饰，布局管理用于确定组件的摆放方式。还有一些刻画各类组件共性的超类，如 Component、Container 等。

4.1.3　界面的布局

在 PPT、VB 等环境中，可通过鼠标直观地改变组件的大小和位置。Java 暂不支持这种方式，而是通过设定容器的“布局”策略，用特定布局算法来决定各组件的大小和位置。例如流式布局 FlowLayout 让组件逐行摆放（支持左对齐、右对齐、居中对齐等）；网格布局 GridLayout 布局将容器分割成若干个同等大小的网格，每个网格只能存放一个组件；边界布局 BorderLayout 将容器分成东南西北中五块区域，一个组件只能存放在一个区域上。组件放在容器中后，会自动根据容器的大小、容器中组件的数量，通过特定布局管理算法，自动计算组件的大小和摆放位置（一般由组件加入容器的次序来定）。为了让组件的摆放更加灵活，可以综合使用多种布局方式，如图 4.2 中，窗口布局采用的是 2×2 网格布局，每个网格内置一面板，用于存放其他更多组件，每一面板又采用 FlowLayout 布局。图 4.2 中标签 2 的字体被重新定义成“宋体，Font.PLAIN,16”，其他组件上的字体则是采用 Java 默认的方式。

下面通过示例展示布局管理的具体使用方法和效果。

4.1.4　示例：构造用户登录界面

GUI 编程总体上包括两大步骤：①构造界面；②为界面加入事件响应处理，如单击按钮执行某项处理。本节先讨论如何构造界面。

构造界面很简单：将组件对象加入容器对象。（注意：应设定对容器对象的布局策略。）下面以简单的用户登录界面为例，介绍如何构造界面，以及 FlowLayout 布局。

【例 4.1】 设计图 4.3 的简单登录界面。

目的：掌握构造的基本步骤，认识涉及的相关类，了解 FlowLayout 布局的基本特点。

图 4.3　第一个简单界面

设计：使用了 5 个可视化组件类，即窗体类 JFrame、标签类 JLabel、文本框类 JTextField、密码框类 JPasswordField、按钮类 JButton，均位于 javax.swing 包；以及 2 个非可视化组件类，即流式布局类 FlowLayout、颜色类 Color，均位于 java.awt 包。界面构造步骤是先构造窗体对象，设定布局，继而构造各组件对象并加入窗体。

> **注意：**为简单起见，本程序未加入事件处理，因此程序运行后将无法结束。单击窗体的 X 按钮（窗体的标配按钮）仅仅将窗体隐藏，程序并未结束。若使用 JCreator，可通过执行 Run 菜单中的 Stop Tool 命令结束运行；若使用 Eclipse，可使用控制台 Console 右上方的 terminate 按钮结束运行，或通过任务管理器结束对应的 Java 进程也可达到同样效果。

```
import javax.swing.JFrame;          import javax.swing.JLabel;
import javax.swing.JTextField;      import javax.swing.JPasswordField;
import javax.swing.JButton;         import java.awt.FlowLayout;
import java.awt.Color;
public class Ch_4_1 extends JFrame {
    public Ch_4_1() {
        super("第一个简单界面");                      //设定窗体的标题
        setSize(400,100);                            //设置框架宽度和高度
        setBackground(Color.lightGray);              //设置框架的背景色
        setLocation(300,240);
                              //指定框架左上角的显示位置，(0,0)代表屏幕的左上角
        setLayout(new FlowLayout());                 //指定框架的默认布局方式
         /*注：若未指定布局，组件将自动占满整个容器，后面加入的组件将会遮盖住前面的组件*/
        add(new JLabel("用户名："));                  //创建并加入新标签
        add(new JTextField(5));                      //创建并加入长度为 5 列的文本框
        add(new JLabel("密  码："));
        add(new JPasswordField(5));                  //创建并加入长度为 5 列的密码框
        add(new JButton("确定"));                     //创建并加入标签为“确定”的按钮
        add(new JButton("退出"));
        setVisible(true);  //设置窗体为可见。注：若无此句，窗体将不会被显示出来
    }
    public static void main(String[] args) {new Ch_4_1();}
}
```

【示例剖析】

（1）对包的简单介绍。java.awt（abstract window toolkit）组件不美观，且不同操作系统上组件外观和风格可能会不同。swing 是 awt 的改良版，与 awt 组件相比，样式美观，且不同平台有统一的风格。因此 swing 已成为 Java 界面设计最常用的类库。但要注意，awt 包中有很多基础类，如 Color、各种布局类以及后面将使用到的事件处理类等。

（2）容器及其布局。容器组件大小可以直接设定，但容器内各组件，如文本框、按钮的尺寸由布局算法决定。本例用 setLayout(new FlowLayout())将布局策略设定为 FlowLayout，该布局策略是逐行排列各组件，当某组件无法在一行完全显示时，就自动放在下一行。对流式布局，文本框、标签、按钮等初始填写的字符数会影响组件大小。另外，用 new FlowLayout(LEFT)可将流式布局设为左对齐，还有 RIGHT、CENTER 等对齐方式，默认是 CENTER。可通过用鼠标缩放界面大小，直观查看该布局的效果。一个容器最终只能由一个布局类对象控制。若希望包含不同布局，必须加入新的容器组件。这部分内容将在后续示例中展示。setLayout()在容器的超类 Container 中定义。

（3）界面构造。基本步骤为：①造窗体并设定布局；②造组件对象，并将其加入窗体，即容器对象.add(组件对象)。组件摆放的顺序就是组件添加次序。另外，构造界面代码既可以写在构造函数中，也可写在普通方法中。

（4）本例未对各组件实施操控，故未对各组件进行命名。“确定”“退出”等不是按钮的名字（name），而是组件的属性，可用 getText()/setText()实施存取获取。

4.2　事件处理

4.2.1　委托事件处理模型简介

当用户与 GUI 交互时，如移动鼠标、按下键盘各按键、单击鼠标按钮、在文本框输入文本、从下拉框中选择一项等，GUI 会产生不同类型的事件。事件的产生地被称作事件源，如鼠标单击按钮，按钮就是事件源。每一种事件都有对应的监听器接口，接口中声明了事件处理方法。如 ActionEvent 事件对应接口 ActionListener。实现特定类型监听器的类常被称作监听器，具备处理特定事件的能力。事件源不处理事件，而是通过与监听器对象建立关联，将事件传给（或者说委托给）监听器对象进行处理，故这种方式又称委托代理模式，见图 4.4。

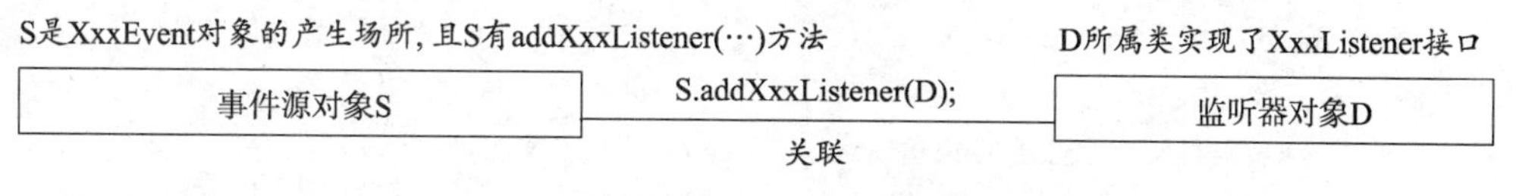

图 4.4　委托事件处理模型

java.awt.Component 是按钮、标签、文本框、容器、选择框、列表框等的超类，其中定义了一组关联方法，如 addActionListener(ActionListener x)、addKeyListener(KeyListener x)等。因此，各可视化组件能方便地与监听器建立关联。

4.2.2　登录界面 1.0：单击按钮事件

【例 4.2】 为例 4.1 加入事件处理：当用户名为“abc”，密码为“1234”时，显示“欢迎您，abc!”；否则，提示“用户名或密码错!”。单击“退出”按钮，则程序结束，程序运行效果见图 4.5。

目的：理解和掌握委托事件处理模型的内涵及其应用方式，掌握如何获取文本框、密码框中的字符串，如何设定标签文本，掌握识别事件源的两种方式。

设计：添加事件响应。①首先要确定事件和事件源，其中事件决定需要什么样的监听器，而事件源需要与监听器对象进行关联，单击按钮能产生 ActionEvent 事件，事件源是按钮，按钮配有 addActionListener(ActionListener x)方法；②要有实现 ActionListener 接口的类，并实现接口中的方法，如本例 Ch_4_2 实现该接口，因此 Ch_4_2 类的对象就是 ActionEvent 事件的处理者；③建立事件源与处理者之间的关联。由于单击两个按钮均有对应动作，故两个按钮都要与处理者建立关联。

图 4.5　运行效果图

另外还要注意：ActionListener 中只有一个方法 actionPerformed(…)，需要在该方法中区分究竟单击了哪个按钮（即区分事件源），继而实施不同的处理动作。为拓展知识，本例采用了两种方式区分（详见代码）。

在 actionPerformed(…)方法中进行事件处理，其逻辑流程是：①若单击“退出”按钮，则结束程序执行；②若单击“确定”按钮，则获取用户名、密码，并与既定字符串匹配，若匹配或不匹配，则更改临时标签的字符串。注意：临时标签 t_la 初始字符串由空格组成，故不显示内容。

```
/* 界面构造类与例 4.1 相同，这里略 */
import java.awt.event.ActionEvent;  //单击按钮产生的事件
import java.awt.event.ActionListener;
                                    //处理 ActionEvent 事件必须要实现的接口
public class Ch_4_2 extends JFrame implements ActionListener{
   private JButton b_ok,b_exit;      //“确定”和“退出”按钮
   private JLabel t_la;              //用于显示信息的标签
   private JTextField userName;      //用户名文本框
   private JPasswordField password; //密码框
   public Ch_4_2() {                 //以下为 GUI 界面设计部分
     super("第一个简单界面");
     setSize(500,100);               setBackground(Color.lightGray);
     setLocation(300,240);           setLayout(new FlowLayout());
     userName=new JTextField(5);     password=new JPasswordField(5);
     add(new JLabel("用户名："));     add(userName);
     add(new JLabel("密  码："));     add(password);
     b_ok = new JButton("确定");      add(b_ok);
     b_exit = new JButton("退出");    add(b_exit);
     t_la=new JLabel(" ");           add(t_la);
                                     //加入一个临时标签，用来显示信息
     setVisible(true);
       //以下建立事件源与处理者之间的关联：两个按钮使用同一个处理者对象
      b_exit.addActionListener(this);//建立关联，this 即 Ch_4_2 窗体对象
      b_ok.addActionListener(this);
   }
   public void actionPerformed(ActionEvent e){     //处理者的事件处理程序
      if(e.getSource()==b_exit) System.exit(0);
                                     //用 getSource()方法识别事件源
      if(e.getActionCommand().equals("确定")) {
                                     //用另一种方法识别事件源
          String keyText=String.valueOf(password.getPassword());
                                     //获取密码框文本
          if(userName.getText().equals("abc") && keyText.equals("1234"))
              t_la.setText("欢迎您，abc!");
          else  t_la.setText("用户名或密码错！");
          setVisible(true);          //请读者自行测试此句之作用
```

```
        }
    }
    public static void main(String[] args) { new Ch_4_2(); }
}
```

【示例剖析】

（1）界面设计时，由于要获取文本框、密码框的信息，区分单击哪个按钮，在标签上显示“欢迎……”或“用户名……”等信息，故这些组件都需要指定变量名。

（2）事件处理编程的主要步骤：①确定事件和事件源；②实现处理者；③建立二者间的关联，即事件源产生 XxxEvent 事件→处理者必须实现 XxxListener 接口（接口中的方法即事件处理方法）→用事件源提供的 addXxxListener()方法关联事件源和处理者。如单击按钮产生 ActionEvent 事件，对应接口 ActionListener，两个按钮是事件源，类 Ch_4_2 实现了 ActionListener 接口，故该类对象是处理者，通过 b_ok.addActionListener(this);建立事件源与处理者之间的关联。

（3）actionPerformed(ActionEvent e)方法是 ActionListener 接口中唯一的方法，用于对事件 e 进行处理。因有两个事件源，因此处理前必须要区分事件是由哪个事件源产生的。本例用了两种方式：①public Object getSource()由所有事件状态类的根类 EventObject 提供，用于返回事件源；②public String getActionCommand()由 ActionEvent 提供，返回产生事件源关联的文字，如对按钮而言，返回的就是按钮的标签。

【测试】 Jbutton 使用 getText()/setText()获得按钮上的文本信息。假设窗体中只有一个按钮“单击”，当单击 1 次后，先用 getActionCommand()获取文本信息，之后将按钮上的文字更改为“单击 1 次”。重复此过程，理解 getActionCommand()的效果。

（4）文本框可通过 getText()/setText()存取框内的字符串，密码框虽然也有 getText()，但由于安全原因已被废弃，并用 char[] getPassWord()取代。为获得 String 型数据，可用 String.valueOf(char[] data)将字符数组转换成字符串。

（5）System.exit(0)可终止当前 Java 虚拟机，其中 0 表示正常状态，非零表示异常状态。注意：如果单击窗口右上角的×按钮，窗口实际上是隐藏起来了，程序并未结束。若期望单击×退出程序，需要对 WindowEvent 事件进行处理，这部分内容在下个示例介绍。

4.2.3　登录界面 2.0：加入键盘、窗体事件

【例 4.3】 为例 4.2 加入两种事件：①键盘事件处理，当按 Enter 键时，若焦点处在“用户名”文本框，则转入“密码”框；若焦点处在“密码”框，则转入“确定”按钮；若焦点处在“确定”按钮，则执行单击“确定”按钮操作。②窗体事件，单击窗口的×按钮，可以关闭窗口。

目的：理解和掌握键盘事件和窗体事件的处理。

设计：界面在任一时刻，只有一个焦点。若某按钮是焦点，则该按钮上有个黑色的方框；若某文本框是焦点，则输入字符时可在该框中显示输入的内容。“焦点转移”，实际上是“焦点申请”，即若希望将焦点转移至组件（必须是可视组件）x，执行 x. requestFocusInWindow()即可。键盘事件 KeyEvent 对应的处理接口是 KeyListener，该接口中有三个方法，本例使用 keyPressed(…)。值得指出的是，在任何时候都可能按下按钮，按键时只有当前焦点才能成为

事件源（这样才能确保 getSource()结果的唯一性）。另外，希望文本框、密码框、确定按钮能对回车做出响应，这些组件必须要关联键盘事件的处理者。窗体事件 WindowEvent 对应的处理接口是 WindowListener，该接口中有 7 个方法，本例使用 windowClosing(···)，其余方法也要补充方法体（即空实现，请思考原因）。

```
/* 界面构造相关类与例 4.1 相同，这里略 */
import java.awt.event.KeyEvent;   import java.awt.event.KeyListener;
                              //键盘事件和监听接口
import java.awt.event.WindowEvent;  import java.awt.event.WindowListener;
                              //窗体事件和监听接口
public class Ch_4_3 extends JFrame
    implements ActionListener,KeyListener,WindowListener{//实现三个接口
     /* 界面组件定义与 Ch_4_2 相同，这里略 */
     public Ch_4_3() {        //以下为 GUI 界面设计部分
        /* 界面设计部分与 Ch_4_2 相同，这里略 */
                              //以下代码建立事件源与处理者之间的关联
        b_exit.addActionListener(this);  b_ok.addActionListener(this);
        b_ok.addKeyListener(this);      //使得焦点在按钮上时，能响应回车
        userName.addKeyListener(this);   password.addKeyListener(this);
        this.addWindowListener(this);
                              //由于单击的是 Ch_4_3 对象上的 X，即事件源是 this
    }
    private void click_btOk(){//为避免重复书写，把单击"确定"按钮执行的动作独立出来
        String keyText=String.valueOf(password.getPassword());
        if(userName.getText().equals("abc") && keyText.equals("1234"))
            t_la.setText("欢迎您，abc!");
        else
            t_la.setText("用户名或密码错！");
        setVisible(true);
    }
    public void actionPerformed(ActionEvent e){  //单击按钮的处理
        if(e.getSource()==b_exit) System.exit(0);
        if(e.getActionCommand().equals("确定")) click_btOk();
    }
    //下面 3 个方法由 KeyListener 接口提供
    public void keyTyped(KeyEvent e){                //产生 Unicode 字符时触发
    if(e.getKeyChar()=='\n')
        if(e.getSource()==userName) password.requestFocusInWindow();
                                                     //将焦点转移至密码框
        else if(e.getSource()==password) b_ok.requestFocusInWindow();
            else if(e.getSource()==b_ok)click_btOk();
    }
    public void keyPressed(KeyEvent e){;}            //按下按钮时触发
    public void keyReleased(KeyEvent e){;}           //释放按钮时触发

    //下面 7 个方法由 WindowListener 接口提供
```

```
    public void windowClosing(WindowEvent e){System.exit(0);}
    public void windowOpened(WindowEvent e)        { ; }
    public void windowActivated(WindowEvent e)      { ; }
    public void windowDeactivated(WindowEvent e)    { ; }
    public void windowClosed(WindowEvent e)        { ; }
    public void windowIconified(WindowEvent e)      { ; }
    public void windowDeiconified(WindowEvent e)    { ; }
    public static void main(String[] args) { new Ch_4_3(); }
}
```

【示例剖析】

（1）本例新增键盘事件 KeyEvent、窗体事件 WindowEvent，分别对应接口 KeyListener、WindowListener，使用的关联方法为 addKeyListener()、addWindowListener()。

（2）前文曾提及的 java.awt.Component 中定义了各种 addXxxListener()关联方法，因此其子类，如按钮、标签、文本框、容器、选择框、列表框等，可以方便地作为各类事件的事件源，并与相关处理者建立关联。b_ok 按钮既需要响应鼠标单击，又需要响应键盘回车，故 b_ok 要用两种不同的关联方法关联事件源。读者可尝试在本例中加入新处理：当焦点在退出按钮时，按下空格键或 o 键，就执行退出操作。另外，设定焦点方法 requestFocusInWindow()也在 Component 中定义。

（3）KeyListener 中定义有三个方法，其中 keyPressed(…)、keyReleased(…)分别对应按钮的按下、释放，keyTyped(…)对应 Unicode 字符的输入。例如，按组合按键 Shift+'A'，将产生 2 次 keyPressed(…)事件，产生 1 次 keyTyped(…)事件，释放按键时产生 2 次 keyReleased(…)事件。（注意：keyPressed(…)事件的产生先于 keyTyped(…)事件。）

示例：组合键的捕捉，如捕捉 Ctrl+A+B，Ctrl+A+B 实际上触发 3 次 keyPressed()事件，松开后，触发 3 次 keyReleased()事件。因此，需要设置两个布尔变量记忆按下的按键，并基于按键为变量赋值。具体代码如下：

```
boolean  aIsPress, bIsPress;
public void keyPressed(KeyEvent e){                //按下按键时触发
    if( e.getKeyCode()==KeyEvent.VK_A && aIsPress==false ) aIsPress=true;
    if(e.getKeyCode()==KeyEvent.VK_B && bIsPress==false) bIsPress=true;
    if(e.isControlDown()  && aIsPress && bIsPress)
        System.out.print("\n Ctrl+A+B is pressed!");
}
public void keyReleased(KeyEvent e){               //释放按键时触发
    if(e.getKeyCode()==KeyEvent.VK_A  && aIsPress==true)aIsPress=false;
    if(e.getKeyCode()==KeyEvent.VK_B  && bIsPress==true)bIsPress=false;
}
```

（4）窗体事件当然只有窗体才能产生，因此事件源是 Ch_4_3 对象本身。Ch_4_3 又实现了窗体事件处理接口，因此也是处理者。故有：this.addWindowListener(this);。该事件对应的处理者接口中定义有 7 个方法，其中单击窗口右上角的×会触发 WindowClosing，其他方法的含义请参见 JDK 说明文档。

【学习建议】本例涉及很多系统预定义的类、方法。对初学者而言，会感到十分困扰：需要记忆那么多东西！实际上，随着学习的深入，接触到的类库会越来越多。准确记忆这些内容是极为困难且意义不大的。学习的关键首先在于掌握模型，其次知晓有什么，继而能够通过类库的说明文档进行查阅。例如，对窗体事件接口的 7 个方法，我们只需要知晓有窗体事件即可。当有需求时，根据窗体事件，可查阅对应的监听器接口说明文档。简言之，学习方式就是：模型为基，按需索学。这里的“索”，是指需要时主动求索、索取。

4.2.4 登录界面 3.0：更简洁的实现

例 4.3 中，对 WindowListener 接口定义的方法，即使不用，也必须给出空实现，否则无法创建对象。为简化上述过程，Java 定义了适配器类。所谓适配器类（Adapter），就是为一个或一组监听器接口提供“空实现”的类，如 KeyAdapter（实现 KeyListener 接口）、MouseAdapter（实现鼠标的按键、手势、滚轮等三个事件接口）、WindowAdapter（实现窗体接口、窗体状态、窗体焦点等三个接口）。使用适配器类的好处是：用内部类继承相应适配器类，重写自己期望的方法即可成为处理者。换言之，不需要为其他方法提供空实现。

【例 4.4】 基于内部类、适配器类重新实现例 4.3。

目的：理解和掌握借助“内部类+适配器类”实现处理者，掌握用默认窗口关闭方式。

设计：本例用内部类 Controler 继承 KeyAdapter，并实现 ActionListener 接口，用 JFrame 提供的 setDefaultCloseOperation(JFrame.EXIT_ON_CLOSE);实现单击窗口中的×结束程序。

```
/* 界面构造类与例 4.1 相同，这里略 */
import java.awt.event.KeyEvent; import java.awt.event.KeyAdapter;
public class Ch_4_4 extends JFrame{           //注：这里为实现任何监听器接口
    /* 界面组件与 Ch_4_3 相同，这里略 */
    class Controler extends KeyAdapter implements ActionListener{
                                                  //内部类：控制者
        private void click_btOk()  { /* 与 Ch_4_3 相同，这里略 */ }
        public void actionPerformed(ActionEvent e) { /* 与 Ch_4_3 相同，这里略 */ }
        public void keyPressed(KeyEvent e)  { /* 与 Ch_4_3 相同，这里略 */ }
    }
    public Ch_4_4() {
        /* 界面设计部分与 Ch_4_3 相同，这里略 */
        Controler ctrl=new Controler();           //创建控制者（即处理者）对象
        b_exit.addActionListener(ctrl);  b_ok.addActionListener(ctrl);
        b_ok. addKeyListener(ctrl);
        userName.addKeyListener(ctrl);   password.addKeyListener(ctrl);
        setDefaultCloseOperation(JFrame.EXIT_ON_CLOSE);
                                                  //设置单击"×"按钮：退出程序
    }
    public static void main(String[] args) { new Ch_4_4(); }
}
```

【示例剖析】

（1）本例用内部类 Controler 来处理鼠标单击和键盘事件，其中，处理键盘事件用的是适配器类。用“内部类继承适配器+重写需要的方法”是一种简洁、常用的处理模式。这样内部类对象就是处理者，在界面的构造函数中创建该处理者对象，让其与相关事件源建立关联。另外，创建处理者对象和建立关联，也可在运行期间根据需要动态实施。

（2）JFrame 类的方法 setDefaultCloseOperation (JFrame.EXIT_ON_CLOSE); 可实现“单击窗体×按钮退出程序”，EXIT_ON_CLOSE 是接口 javax.swing. WindowConstants 中定义的静态常量（JFrame 实现了该接口），效果相当于执行 System.exit(0)。注意，若程序结束时需要做一些复杂的操作，如关闭相关文件或其他资源等，就不能使用这种方式了。

4.2.5　综合示例：文本框式计算器 1.0

下面示例将使用到网格布局 GridLayout。该布局把容器分成 m 行 n 列的网格，每个格子只能放置一个组件，组件将自动占满格子（注意：无法将组件放到指定位置上）。默认情况下，各组件将依照从左至右，自上而下次序填充各个网格。图 4.6 展示了 3 行 2 列的网格，放置 5 个按钮。另外，当放置的组件数目超过 m×n 时，将自动增列；反之，若组件太少，则自动减少列数，而行数保持不变。若希望在一个网格中放多个组件，则应先在网格上放置一面板（Panel），面板可以重新设定布局方式。GridLayout 也有三个构造函数，分别为

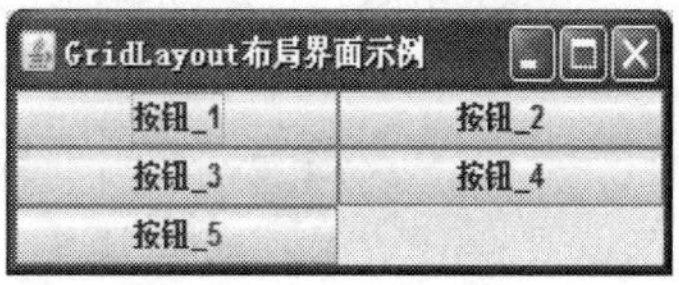

GridLayout布局界面示例	
按钮_1	按钮_2
按钮_3	按钮_4
按钮_5	

图 4.6　GridLayout 布局界面示例

`GridLayout(int r, int c, int hgap, int vgap)`：r 行 c 列，以及纵横间隙

`GridLayout(int r, int c)`：相当于调用 `GridLayout(r, c, 0, 0)`

`GridLayout()`：相当于调用 `GridLayout(1, 1, 0, 0)`

【例 4.5】 设计文本计算器，见图 4.7。为确保文本框的运算信息与结果的一致性，在单击“=”后，需要将操作数或操作符文本框禁止输入，并将按钮改成“clear”，单击“clear”后还原成初始状态。另外，还需要加入如下异常处理：①当操作数文本框或运算符文本框中

(a) 初始

(b) 出错–1

(c) 出错–2

图 4.7　简单计算器运行效果

的字符串在剔除首尾空格后，若字符串长度为 0，则抛出自定义异常 NoneException，提示“第1/2 操作数为空”或“运算符为空”；②当运算符框中的字符串剔除首尾空格后，若包含多个字符，或只包含一个字符，但该字符不是 +、-、*、/等字符时，抛出自定义异常 OpCharException，提示“运算符过多”或“无法识别的运算符”；③Double.parseDouble(s)可将 s 转换成 double 值，但若无法正确转换时，如 s 是“1.2.3”“a.b”“a3b”，或是转换后的数值越界时，将抛出非检查型异常 NumberFormatException，提示“数据格式有错”。类似地，Integer.parseInt(s)，若无法将 s 转换成 int，也将抛出“数据格式错误!”。产生除零错时将抛出非检查型异常 ArithmeticException，提示“除零错”。

目的：①理解和掌握网格布局 GridLayout；②结合实例，掌握和应用异常处理机制；③进一步熟悉委托事件处理模型。

设计：在界面布局方面，本例使用了 2×1 的网格布局，其中在第一个网格放置一个面板，容纳操作数、操作符、按钮、小数位等组件，采用流式布局；第二个网格中直接放置一标签，用于显示错误信息。基于网格布局的特点，该标签会自动填满所处网格。

总体设计策略是：设计 getDouble(…)、getInt(…)、getChar(…)可从文本框提取 double、int、char 型数据（若不能正确提取则抛出相关异常对象）。设计 compute(…)实现计算并返回 String 型计算结果。另外，设计 clickEq()封装单击“=”按钮时的处理，包括提取数据、实施计算、结果反馈等，若出现异常，则将异常显示在错误信息标签。

本例定义了三个异常类，当操作数或符文本框为空时抛出 NoneException 异常，当运算符多余一个字符或是不包含 +、-、*、/时抛出 OpCharException 异常，在小数位整数超出[0～4]时抛出 DotNumberException 异常。将文本框中的字符串转换成 double 或 int 时可能发生数据格式异常 NumberFormatException，在捕获后重新创建（以便填入中文信息）并抛出，类似处理的还有 ArithmeticException（除零异常）。上述异常的创建和外抛放置在 getDouble(…)、getInt(…)、getChar(…)、compute(…)等方法中。

另外，为简化字体控制，本例使用了类 SetDefaultFont，其设计详见 4.3.1 节。

```
/* 类的导入，略 */
class NoneException extends Exception{//当操作数或运算符文本框为空时抛出此异常
    public NoneException(String msg){ super(msg); }
}
class OpCharException extends Exception{
                                //运算符过多、运算符不是+、-、*、/时抛出此异常
    public OpCharException(String msg){ super(msg); }
}
class DotNumberException extends Exception{//小数位超出范围[0~4]时抛出此异常
    public DotNumberException(String msg){ super(msg); }
}
class Ch_4_5 extends JFrame implements ActionListener{
    private JButton bt_ok;         //在 = 和 clear 之间切换
    private JTextField num1,num2,result,opChar,dotNum;
                                //两个操作数、运算结果、运算符、小数位数
    private JLabel errorMsg;     //用于显示错误信息的标签
```

```
public Ch_4_5() {              //以下为 GUI 界面设计部分
    super("简单文本计算器"); setSize(1000,150);   setLocation(300,240);
    this.setLayout(new GridLayout(2,1));   //将窗体设为两行一列的网格
    JPanel p1=new JPanel(); p1.setLayout(new FlowLayout(FlowLayout.LEFT));
    num1=new JTextField(10); num2=new JTextField(10);
    opChar=new JTextField(2);
    result=new JTextField(20); result.setEditable(false);
    bt_ok = new JButton("  =  ");
    dotNum=new JTextField(3); dotNum.setText("2"); //小数位数默认为 2
                              //先将各组件加入 p1，之后将 p1 加入窗体
    p1.add(num1); p1.add(opChar); p1.add(num2);
    p1.add(bt_ok); p1.add(result);
    p1.add(new JLabel("保留:")); p1.add(dotNum); p1.add(new JLabel("位小数"));
    this.add(p1);                        //p1 加入窗体
    errorMsg=new JLabel("  ");
    this.add(errorMsg);                  //将显示错误信息的标签加入第二个网格
    setVisible(true);
    setDefaultCloseOperation(JFrame.EXIT_ON_CLOSE);
                                         //设置单击"×"按钮：退出程序
    bt_ok.addActionListener(this);
}
private double getDouble(JTextField jf,int num)throws NoneException{
                                         //从 jf 获取操作数
    double val;  String s=jf.getText().trim(); //先剔除文本框的首尾空格
    if(s.length()==0)throw new NoneException("错误：第"+num+"个操作数
       为空！");
    try {  val=Double.parseDouble(s);  }
    catch(NumberFormatException e)  //写入错误信息后重新抛出
      { throw new NumberFormatException("错误：第"+num+"个操作数数据格式
        错误！"); }
    return val;
}
private int getInt(JTextField jf)throws DotNumberException{
                                         //从 jf 获取小数位
  int val;  String s=jf.getText().trim();       //先剔除文本框的首尾空格
  if(s.length()==0) return 0;         //即小数位为 0
  try {val=Integer.parseInt(s);}
  catch(NumberFormatException e)     //写入错误信息后重新抛出
    { throw new NumberFormatException("错误：小数位格式错误！"); }
  if(val<0||val>4)throw new DotNumberException("错误：小数位取值范围是：
    0~4 !");
     return val;
}
private char getOpChar(JTextField jf)throws NoneException,OpCharException{
                                         //从 jf 获取操作符
    String s=jf.getText().trim();
    if(s.length()==0)throw new NoneException("错误：运算符框为空！");
```

```
        if(s.length()>1) throw new OpCharException("错误：运算符过多！");
        if("+-*/".indexOf(s)<0)throw new OpCharException("错误：无法识别
          的运算符！");
        return s.charAt(0);
    }
    private String compute(double x, double y,char op,int dotN){
        double r=0;
        if(y==0&&op=='/')  throw new ArithmeticException("错误：除零错！");
        //注：为了显示中文信息，在捕获除零异常后，基于中文信息重新创建除零异常并抛出
        switch (op){
              case '+': r=x+y; break;
              case '-': r=x-y; break;
              case '*': r=x*y; break;
              case '/': r=x/y; break;
        }
        return String.format("%15."+dotN+"f",r);
                                                //总宽度 15，dotN 为小数位，右对齐
    }
    private void clickEq(){                     //单击=
        double a,b; char c;  int dotN;   String r;
        try{ a=getDouble(num1,1);    b=getDouble(num2,2);
             c=getOpChar(opChar);    dotN=getInt(dotNum);
             r=compute(a,b,c,dotN);  result.setText(r);
             errorMsg.setText(" ");         //清空错误信息
        }catch(Exception x){result.setText("");
        errorMsg.setText(x.getMessage()); }
        bt_ok.setText("Clear");
        num1.setEditable(false);num2.setEditable(false);
        opChar.setEditable(false);dotNum.setEditable(false);
    }
    public void actionPerformed(ActionEvent e){          //单击按钮的处理
        if(e.getSource()==bt_ok)
        if( e.getActionCommand().equals("  =  "))clickEq();
        else{                                            //单击 clear 按钮
           num1.setText("");    num2.setText("");  result.setText("");
           opChar.setText("");     dotNum.setText("2");//默认保留两位小数
           errorMsg.setText(" ");    bt_ok.setText("  =  ");
           num1.setEditable(true);    num2.setEditable(true);
           opChar.setEditable(true);  dotNum.setEditable(true);
           num1.requestFocusInWindow();  //将焦点定位在第一个操作数
        }
    }
    public static void main(String[] args) {
       SetDefaultFont.setAll(new Font("宋体",Font.BOLD,26)); new Ch_4_5();
    }
}
```

【示例剖析】

（1）本例目的之一是融入异常处理。总体策略为：在异常对象构造时传入期望输出的信

息，在捕获后通过 getMessage()获取该信息，继而将其标签的文本内容进行显示。其中，各文本框提取数据时可能产生自定义异常对象，通过 throws 声明；也可能产生的非检查型异常对象，通过捕获后新建（这样才能输入期望的信息）并重新抛出。鉴于非检查型异常可自动传播，故未用 throws 声明。

（2）保留小数位数通过 String.format(…)来实现，如 String.format("%6.2f",12.345);表示总宽度（含小数点为 6 位小数和小数位为 2 位小数），保留小数时会四舍五入，默认右对齐，结果为“#12.35”（其中#表示空格）。

练习 4

1. Jbutton 使用 getText()和 setText()获得按钮上的文本信息。假设窗体中只有一个按钮“单击”，当单击 1 次后，先用 getActionCommand()获取文本信息，之后将按钮上的文字更改为“单击 1 次”。重复此过程，理解 getActionCommand()的效果。

2. GUI 编程会涉及前景色、背景色、按钮屏蔽等术语，如用粉笔在黑板上写字，粉笔色是前景色，黑板色是背景色。如果前景色和背景色相同，字就隐藏（或者说擦除）了。图 4.8 模拟开关灯效果。其中初始界面中的“关灯”按钮处在屏蔽状态，用鼠标单击无响应。图中黑色或红色的方块是设置了背景色的用空格填充的标签。注意：若标签 L 使用 JLabel，必须要 L.setOpaque(true)，这样 L. setBackground (Color.red)之类的操作才会有效果。请编写完成图 4.8 的界面及运行效果。

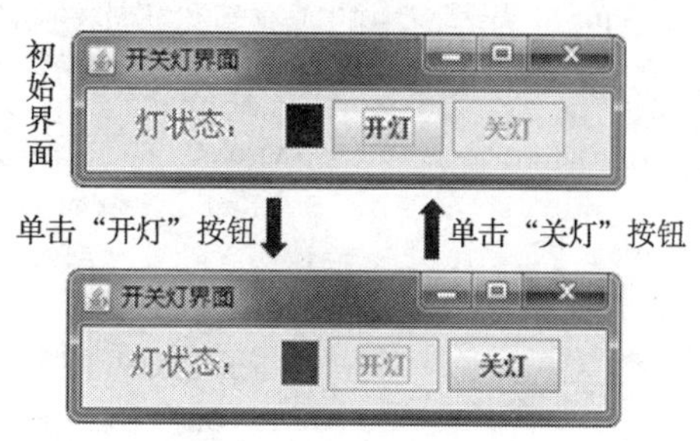

图 4.8　开关灯效果

3. 给例 4.5 加入键盘事件，按 Enter 键后，可实现操作数 1、运算符、操作数 2、“=”按钮之间的转移。若焦点在 = 按钮上，按 Enter 键相当于鼠标单击。

4. 给登录界面加入次数限制，如用户名或密码输错三次，则屏蔽输入框。

4.3　拓展实践

有关 GUI 编程的类库十分庞大，内容很多、很杂，全面细致地了解是不现实的。本节将通过若干示例来展示一些常用组件的使用方式，借此熟悉 GUI 编程的方式和特色。至于其他组件的使用，建议在有具体需求时，借助相关 api 文档和网络资源，自行深化和拓展。

4.3.1　设计能设定全局字体的工具类

对单个组件，使用 java.awt.Font 设定字体很方便。例如对标签设定字体：

```
Font font=new Font("楷体",Font.BOLD,30);  //楷体、加粗、尺寸为 30
JLabel j=new Label("标签");  j.setFont(font);
```

当界面中需要设定字体的组件很多时，逐一设定就比较麻烦。实际上，各种可视化的界面组件都有默认的显示样式，如对文本框而言，涉及前景色、背景色，字体的类型、大小、风格（普通、加粗、斜体等）。为方便管理和维护，所有默认样式均以表 4.1 的形式记录在一个 UIDefaults 型对象中。在 UI 界面显示之前，更改此对象中相关组件的默认值，就能收到期望的效果。若不关心具体实现方式，也可直接使用本节提供的工具类 SetDefaultFont。

表 4.1　UIDefaults 型对象中存储各种默认值的哈希表示意图

key	value
TextField.font	FontUIResource[family=Dialog,name=Dialog,style=plain,size=12]
TextField.background	ColorUIResource[r=255,g=255,b=255]
Button.font	FontUIResource[family=Dialog,name=Dialog,style=bold,size=12]
……	……

注意：UIDefaults 继承了 HashTable 类，而 HashTable 类的 keys()可以返回 Enumeration<K>型的数据。Enumeration<K>是一种泛型接口，声明了两个方法：hasMoreElements()（是否有下一个）和 nextElement()（返回下一个）。这样该接口型的数据就是一种可遍历的数据结构，其中 K 是结构中元素的实际类型。

下面设计一种可以实施全局字体的类 SetDefaultFont，该方法中有两个静态方法，其中 setAll()可为界面中的所有组件设定统一字体，setPart()则可以设定特定类型组件的字体。

```
import java.awt.Font;          import java.util.Enumeration;
import javax.swing.UIManager;   import javax.swing.plaf.FontUIResource;
public class SetDefaultFont{              //用于设置全局字体的类
    public static void setAll(Font newFont) {
                                          //用于设置全局字体：全覆盖式设定字体
        FontUIResource fr = new FontUIResource(newFont);  //设定全局字体
        Enumeration<Object> keys=UIManager.getDefaults().keys();
                                          //获得所有组件
        Object key,value;
        while(keys.hasMoreElements()) {
            key = keys.nextElement();  //先从哈希表中获得 key
            value = UIManager.get(key);
                                    //再用 UIManager 获得该 key 对应的值 value
            if(value instanceof FontUIResource) //如果 value 隶属于字体
            UIManager.put(key, fr);}    //就用 fr 替换对 key 对应的 value
    }
    public static void setPart(String[] comNames, Font defaultFont){
      //第二种设定全局字体的方式：自行指定若干特定类型组件的默认字体
      //comNames 存储要设定字体的类名，如 Button 等。注意，不能是 swing 包中的类名，
      //只能是 awt 中的组件名。由于继承关系，会自动影响 swing 组件的字体
      for(String item : comNames)  UIManager.put(item+ ".font",defaultFont);
    }
}
```

应用示例 1：将 Ch_4_4 界面的所有字体设为：宋体、加粗、20。

```
public static void main(String[] args) {
   SetDefaultFont.setAll(new Font("宋体", Font.BOLD,20));
   new Ch_4_4();
}
```

应用示例 2：将 Ch_4_4 界面的按钮和文本框设为：宋体、加粗、20。

```
public static void main(String[] args) {
    String[] s={"Button","TextField"};
    SetDefaultFont.setPart(s, new Font("宋体", Font.BOLD,20));
    new Ch_4_4();
}
```

【说明】

（1）建议界面的组件用 swing 组件，这样能够获得较为完美的支持。用 awt 常规组件，使用“应用示例 2”的方法，有时（特别是组件涉及汉字时）可能无法产生预期效果，如对 Label 的设定。

（2）使用 setPart()中指定的类名，必须是 awt 型的组件名称，如 Button，而不能用 JButton。

（3）若不关心具体实现方式，也可直接使用工具类 SetDefaultFont，或使用 UiManager.put (类名.font, 字体)的方式单个指定字体。

（4）若希望知晓 UIDefault 中的更多默认信息，可以在 setAll()的 while 循环中设置一条输出语句，输出 key 和 value 的相关信息。

4.3.2　按钮式计算器

本节示例将使用到边界布局 BorderLayout。该布局把容器分成东、南、西、北、中五个区域，分别对应五个 String 型静态变量：EAST、SOUTH、WEST、NORTH、CENTER，每个区域只能放置一个组件，并自动填满，见图 4.9 (a)。

(a) 占用全部区域

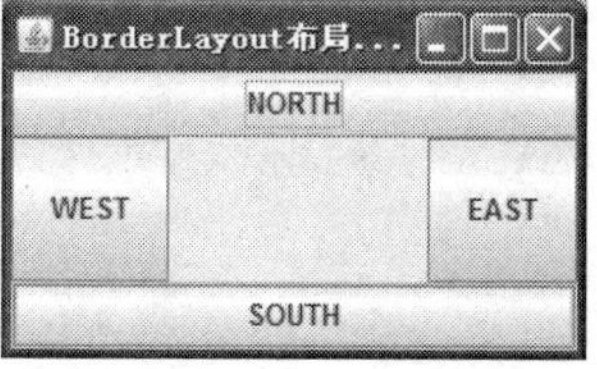

(b) CENTER 区域未放置组件

(c) EAST 区域未放置组件

图 4.9　BorderLayout 布局示例

放置组件时，可以指定要放置的区域。若未指定某个区域，则该区域隐藏，见图 4.9 (b) 和图 4.9(c)。若未指定任何区域，则默认区域为“中”。例如：

```
add(new JButton("OK"), BorderLayout.North)//将按钮放在北部
```

BorderLayout 布局的构造函数有两个：①BorderLayout(int hgap, int vgap)用于指定容器中各区域间的纵横间隙；②BorderLayout()相当于调用 BorderLayout(0, 0)。

注意：Window、Frame、Dialog 等容器的默认布局是 BorderLayout。若未指定组件存放位置，默认放置在 CENTER。若有多个，则会重叠，即新加入组件会完全遮盖以往组件。Panel 的布局默认是 FlowLayout。

【例 4.6】 设计如图 4.10 所示的计算器，该计算器有如下功能：①单击按钮“C”初始化，即清空所有数据。②单击数字，依次填入第一个文本框；单击运算符后，先改变运算符标签，之后输入的数据则依次填入第二个文本框。另外，为确保运算结果不越界，第一和第二个文本框至多输入 5 个数字。③单击“=”按钮，如果操作数均有数据，运算符不是“？”，且实施除法时第二个文本框不为 0，则将结果填入结果文本框；否则，在结果文本框中显示“不能计算”或“除零错”。

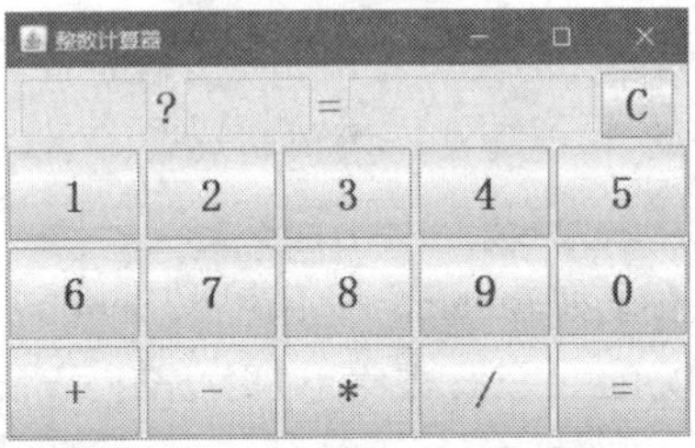

图 4.10 按钮式整数计算器

目的：①理解和掌握组合界面的设计；②进一步掌握 GUI 编程特色和要领。

设计：

（1）界面设计。界面整体用边界布局，其中在北部和中部分别放置面板 p1、p2。p1 采用流式布局，p2 采用 3 行 5 列的网格布局。

（2）事件处理。总体上，可将按钮分成 C、=、数字、运算符等 4 类。单击“C”按钮和“=”按钮的处理比较简单，这里略。根据需求②，设置一个逻辑标记 isOp1，初始时为真，表示应将输入的数据填入第一个文本框；当单击运算符后，isOp1 值为假，表示输入的数据应放入第二个文本框。另外，由于按钮比较多，应根据按钮上的文本信息来识别事件源。

```
/* 类的导入，略 */
class ButtonComputer extends JFrame implements ActionListener{
    private JTextField op1,op2,result;                    //操作数和结果
    private JLabel opChar;                                //操作符按钮
    private JButton bt_c;                                 //清除按钮
    private String[] bt_Label={"1","2","3","4","5","6","7","8","9","0",
      "+","-","*","/","="};
    private JButton[] bt= new JButton[bt_Label.length];
    private boolean isOp1=true;
    //为 true，表示按钮数字应追加到 op1 中，否则追加到 op2 中。
    //当单击+、-、*、/按钮时，isOp1 置为 false，单击=按钮时，置为 true，其他按钮无影响
    public ButtonComputer(){
    super("整数计算器");  setSize(500,300);
    setDefaultCloseOperation(JFrame.EXIT_ON_CLOSE); //设置单击关闭按钮
    JPanel p1=new JPanel();
    op1=new JTextField("",5);  opChar=new JLabel("?");op2=new
       JTextField("",5);
    bt_c=new JButton("C");     result=new JTextField("",10);
    p1.add(op1);   p1.add(opChar);   p1.add(op2);
    p1.add(new JLabel("=")); p1.add(result);  p1.add(bt_c);
```

```
    op1.setEditable(false); op2.setEditable(false); result.setEditable(false);
    bt_c.addActionListener(this);add(p1,BorderLayout.NORTH);
    JPanel p2=new JPanel();p2.setLayout(new GridLayout(3,5,5,5));
    for(int i=0; i<bt.length; i++){                          //增加各种按钮
        bt[i]=new JButton(bt_Label[i]);
        bt[i].addActionListener(this);     p2.add(bt[i]);
    }
    add(p2,BorderLayout.CENTER);        setVisible(true);
}
    public void actionPerformed(ActionEvent e){
    if(e.getActionCommand().equals("C")){              //单击“C”按钮
       op1.setText(""); op2.setText("");opChar.setText("?");
       result.setText(""); isOp1=true;
       return; //用 return 减少 if 嵌套层次，增强可读性
       }
       //判断单击的按钮是否是数字，s1.indexOf(s2)，判断字符串 s2 是否是 s1 的子串
       if("0123456789".indexOf(e.getActionCommand())>=0) {
          if(isOp1 && op1.getText().length()<5)  //最多只能输入 5 个数字
              op1.setText(op1.getText()+e.getActionCommand());
       else if(!isOp1 && op2.getText().length()<5)
              op2.setText(op2.getText()+e.getActionCommand());
       return;
    }
    if("+-*/".indexOf(e.getActionCommand())>=0){  //单击+、-、*、/按钮
       opChar.setText(e.getActionCommand()); isOp1=false;
       return;
    }
    if(e.getActionCommand().equals("=")){           //单击“=”按钮
       isOp1=true;
       if(op1.getText().equals("") || op2.getText().equals("")){
            result.setText("不能计算！"); return;
       }
       int x,y;
       char op=opChar.getText().charAt(0);
       x=Integer.parseInt(op1.getText());          //将文本框数字变成整数
       y=Integer.parseInt(op2.getText());
       result.setText(compute(x,y,op));
    }
}
private String compute(int x, int y,char op){
    if(op=='/' && y==0) return "除零错！";
    long r=0;
    switch(op){
        case '+': r=x+y; break;
        case '-': r=x-y; break;
        case '*': r=x*y; break;
        case '/': r=x/y; break;
    }
    return String.valueOf(r);
}
```

```
    }
    public class Ch_4_6{
        public static void main(String[] args) {
            SetDefaultFont.setAll(new Font("宋体",Font.BOLD,30));
            new ButtonComputer();
        }
    }
```

【示例剖析】

软件运行期间，用户的输入是不可控的。为确保软件正确运行，通常需要对用户的输入进行限制，如本例中文本框被设为不可编辑，且最多输入 5 位数，旨在避免用户的非法输入，以及运算结果越界。另外，将组件设为 enable/disable，也是常用手段。

4.3.3 文本框式计算器 2.0

【例 4.7】 设计实现如图 4.11 所示的计算器。其中第一、三个文本框用于输入实数，第二个用于输入运算符，另有设定小数位的文本框并有如下要求：①实数文本框只能输入“.”和数字，且至多只能有输入一个小数点；②运算符只能输入“+”“-”“*”“/”，且只能保留一个运算符；③小数位设定范围为 0~9；④违反①~③项规定，就无法输入，并用蜂鸣器响声警告；⑤按 Enter 键，焦点依次从操作数 1、操作符、操作数 2、“=”按钮之间转移。单击“=”按钮和 Clear 按钮，界面效果见图 4.11。

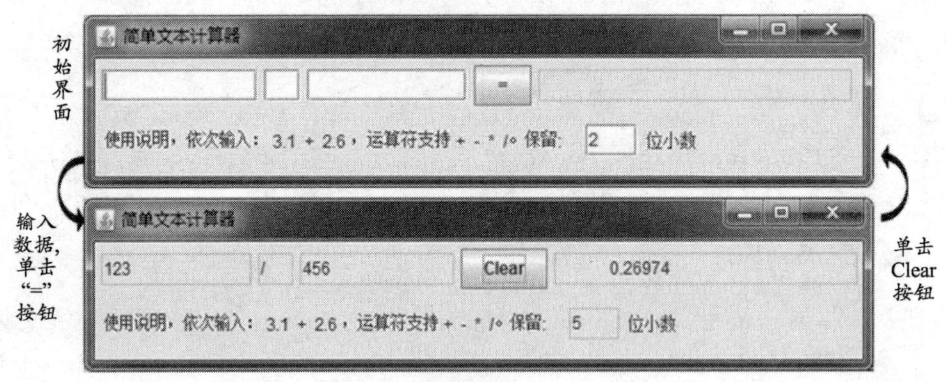

图 4.11　简单计算器运行效果

目的： 理解和掌握组合界面的设计，掌握通过键盘事件处理来控制文本框的输入。

设计： 本例的设计难点在于要求①、②的实现。解决策略为：①先用变量 c 保存输入的字符。②用 e.consume()取消默认的文本框键盘事件行为（即在文本框中显示输入的字符），其中 e 是 KeyEvent 对象。③若 c 是合法字符，则通过文本框的 setText()手动显示 c；否则，执行 Toolkit.getDefaultToolkit().beep()，让蜂鸣器发出警告音。

```
/* 类的导入，略 */
class TextComputer extends JFrame{
    private JButton bt_ok;        //在=和 Clear 之间切换
```

```
private JTextField num1,num2,result,opChar,dotNum;
                                    //操作数、运算结果、运算符、小数位数
public TextComputer() {
   /* GUI 界面设计部分，略 */
   setDefaultCloseOperation(JFrame.EXIT_ON_CLOSE);
   Controler ctrl=new Controler(); //创建控制者（即处理者）对象
   bt_ok.addActionListener(ctrl); bt_ok.addKeyListener(ctrl);
   num1.addKeyListener(ctrl);  num2.addKeyListener(ctrl);
   opChar.addKeyListener(ctrl); dotNum.addKeyListener(ctrl);
}
class Controler extends KeyAdapter implements ActionListener{
                                    //内部类：控制者
   private void clickEq(){          //单击"="按钮
      if(num1.getText().equals("")||num2.getText().equals("")||
        opChar.getText().equals("")){
           result.setText("不能计算！"); return;
      }
      double x,y;int dotN;          //小数位数
      char op=opChar.getText().charAt(0);
      x=Double.parseDouble(num1.getText());
                                    //将文本框数字变成 double 数
      y=Double.parseDouble(num2.getText());
      dotN=Integer.parseInt(dotNum.getText());
      result.setText(compute(x,y,op,dotN));
      bt_ok.setText("Clear");
      num1.setEditable(false);num2.setEditable(false);
      opChar.setEditable(false);dotNum.setEditable(false);
}
private void clear(){               //单击 Clear 按钮
   num1.setText(""); num2.setText(""); result.setText("");
   opChar.setText("");dotNum.setText("2");
   bt_ok.setText(" = ");
   num1.setEditable(true);num2.setEditable(true);
   opChar.setEditable(true);dotNum.setEditable(true);
   num1.requestFocusInWindow();
}
private String compute(double x, double y,char op, int dotN){
   if(op=='/' && y==0) return "除零错！";
   double r=0;
   if(op=='+')r=x+y;
   else if(op=='-')r=x-y;
   else if(op=='*')r=x*y;
   else if(op=='/')r=x/y;
   return String.format("%20."+dotN+"f",r);
                                    //总宽度 20，dotN 为小数位，右对齐
}
public void actionPerformed(ActionEvent e){ //单击按钮的处理
   if(e.getSource()==bt_ok)
   if(e.getActionCommand().equals(" = "))clickEq();
```

```
            else clear();
        }
        public void keyTyped(KeyEvent e){
            char c=e.getKeyChar();
            if(c=='\n'){                              //移动焦点
                if(e.getSource()==num1) opChar.requestFocusInWindow();
                else if(e.getSource()==opChar)num2.requestFocusInWindow();
                else if(e.getSource()==num2) { clickEq();bt_ok.
                    requestFocusInWindow();}
                else if( e.getSource()==bt_ok && bt_ok.getText().equals("Clear"))
                    clear();
                return;
            }
            if(e.getSource()==opChar){              //让操作符框只能输入一个运算符
                e.consume();                          //取消文本框默认的键盘事件
                if(c=='+'||c=='-'||c=='*'||c=='/')
                                                      //然后如果是运算符，就直接对文本框赋值
                { opChar.setText(""+c); return; }
                                                      //注：设置后，还有文本框默认的键盘事件
                Toolkit.getDefaultToolkit().beep(); //蜂鸣器声响
                return;
            }
            if(e.getSource()==dotNum){              //让小数位文本框只能输入一个数字
                e.consume();
                if(c>='0'&&c<='9'){ dotNum.setText(""+c); return; }
                Toolkit.getDefaultToolkit().beep();
                return;
            }
            if(e.getSource()==num1||e.getSource()==num2){//让 num1、num2 只能输入
                                                                //数字和"."
                //若当前输入的是"."且输入框是 num1/num2、框中无"."则直接返回（即允许输入）
                if(c=='.'&&e.getSource()==num1&&num1.getText().indexOf(".")<0)
                    return;
                if(c=='.'&&e.getSource()==num2&&num2.getText().indexOf(".")<0)
                    return;
                if(c>='0'&&c<='9') return;  //如果是数字，就正常输入
                //其他情况，则取消输入
                e.consume();
                Toolkit.getDefaultToolkit().beep();
                return;
            }
        }
    }
    public static void main(String[] args) {
        SetDefaultFont.setAll(new Font("宋体",Font.BOLD,20));
        new TextComputer();
    }
}
```

【示例剖析】

（1）敲击键盘会有 keyPressed()、keyTyped()、keyReleased()等方法。其中，keyTyped()面向输入行为，用 getKeyChar()获得输入的 Unicode 字符或 CHAR_UNDEFINED。keyPressed()、keyReleased()主要面向功能键或组合键，通过 getKeyCode()或 getExtendedKeyCode()（主要面向互联网键盘布局，如媒体播放、发邮件等）获得虚拟的键码值（即 VK_xxx）。有关三个方法的具体区别，详见 API 中 KeyEvent 类的说明。

（2）文本框及文本区、密码框等组件均有默认的键盘事件行为：输入的字符会在框中即时显示。为实现在实数框中不能输入数字和“·”之外的字符，本例的做法是：先用变量 c 保存输入的字符，继而用 e.consume()取消该键盘事件（这样是否显示该字符就由程序员决定），最后判断 c 是否是允许输入的字符，若是，则通过文本框的 setText()手动显示该字符；否则直接发出警报音。其中 consume()在 KeyEvent 的父类 InputEvent 中定义。注意：上述行为必须定义在 keyTyped()方法中，放在 keyPressed()或是 keyRelease()中无效。

（3）Toolkit 位于 java.awt 包。注意，当 Windows 系统的声音设置为“无声”时（注意不是喇叭静音），Toolkit.getDefaultToolkit().beep()不会产生响声。

（4）实际上，本例仍存在设计缺陷：当文本框中的操作数或运算结果转换后超过 double 取值范围时，结果必然有问题。相关解决策略很多，请读者尝试给出解决方案。

*4.3.4　生成配货地址

项（Item）是构造菜单（JMenu）、下拉框（JComboBox）、列表框（JList）的重要元素，见图 4.12。Java 为项的处理定制了专门的事件类 ItemEvent 和对应的接口 ItemListener。本节将以 JComboBox 为例介绍 item，JList 用法与之类似。

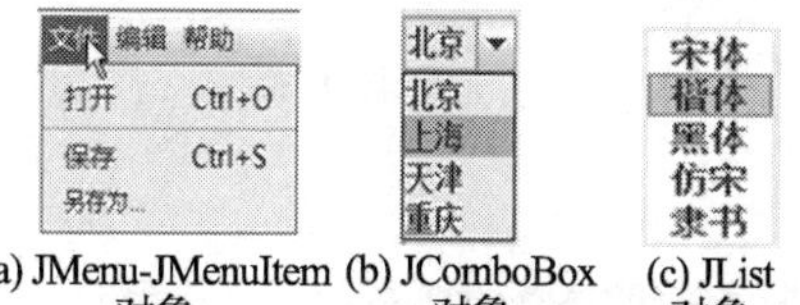

(a) JMenu-JMenuItem 对象　(b) JComboBox 对象　(c) JList 对象

图 4.12　菜单、下拉框、列表框示例

javax.swing.JComboBox 可借助数组、矢量（Vector）或是模型来构造，例如：

```
String[] s1={"北京","上海","天津","重庆"};
JComboBox  jcb=new JComboBox(s1); //可构造出图 4.12(b)的对象
```

当需要动态调整 jcb 的内容时，则需要通过 addItem()或 removeItem()来增删项。矢量方式与数组类似。本小节将介绍基于模型（model）的方式。swing 类库中表格组件 JTable、树组件 JTree、下拉框 JComboBox、列表框 JList 等都可包含一组数据，采用了相似的处理方式：将数据集抽象成一个模型（model），模型与特定接口对应。这样，实现特定接口，就能将灵活地定制组件项内容。例如：JComboBox 实现接口 ComboBoxModel（该接口又继承了 ListModel 接口），总计需要实现 6 个方法。下面的 MyComboBoxMode 继承抽象类 AbstractListModel 并实现 ComboBoxModel，由于抽象类 AbstractListModel 实现了 ListModel 中的两个方法，见图 4.13，故只需要实现如下剩余 4 个方法即可。

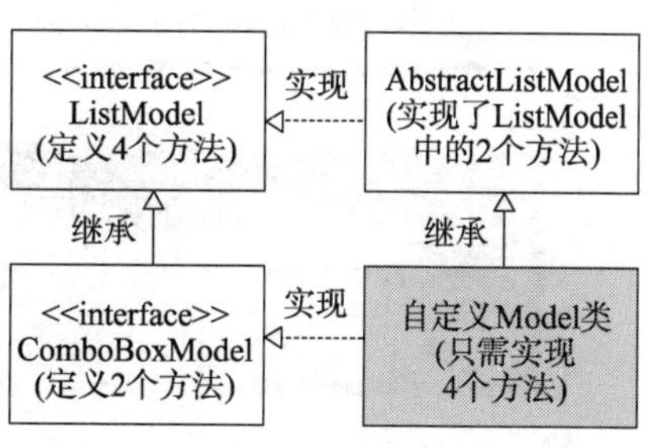

图 4.13　设计自定义 Model 类的策略

```
class MyComboBoxMode extends AbstractListModel implements ComboBoxModel{
    String[] data;              //数据集：可根据需要替换成自己的数据集类型
    String selectedItem;        //选中的条目：可根据需要替换成自己的数据集类型
    public MyComboBoxMode(String[] d){data=d;}
    public void setSelectedItem(Object item){ selectedItem=(String)item; };
    public Object getSelectedItem(){ return selectedItem };
    public int getSize(){ return data.length; };
    public Object getElementAt(int index){return data[index];}
}
```

内部机制：当程序显示 JComboBox 对象时，系统会首先调用 getSize()方法，计算 JComboBox 长度，然后持续调用 getElementAt()方法，将 index 位置处的条目添加到 JComboBox 中。选择条目时，系统会调用 getSelectedItem(),通过调用 setSelectedItem()方法将选择的项目显示到最前端。

下面通过具体示例展示应用步骤和细节。

【例 4.8】 编写程序，完成图 4.14 的生成配货地址的功能。要求如下：

（1）地址信息以括号表达式写在文本文件 diZhi.txt 中。格式示例如下：

（北京市（朝阳区（管庄）），江西省（南昌市（西湖区（城区，桃花镇，朝阳农场））））

注意： 文件中的括号()、逗号是分隔符，只能用英文字符。另外，地区一般有三级，如北京—朝阳区—管庄，至多支持四级，如江西省—南昌市—西湖区—桃花镇。

（2）当所选择区域包含第四级地址时，自动出现第四级的选择框。

（3）当鼠标单击文本框时，自动清空文本框中的相关信息，以方便用户输入。

（4）单击“生成地址”按钮，则生成相关地址。

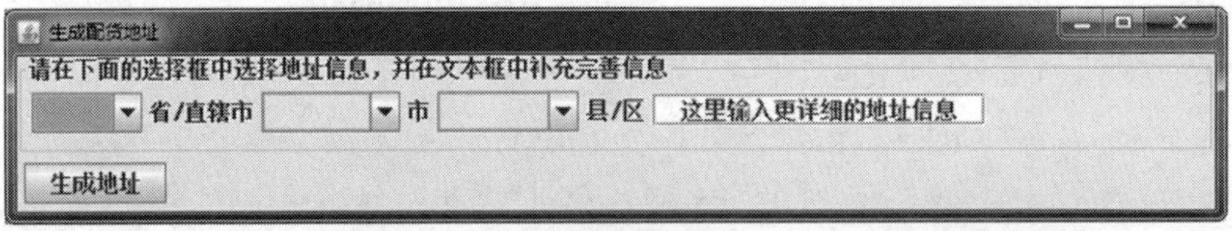

(a) 初始界面

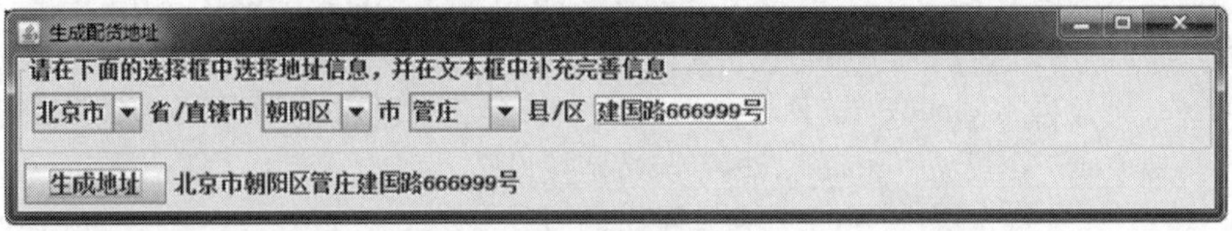

(b) 有三级地址

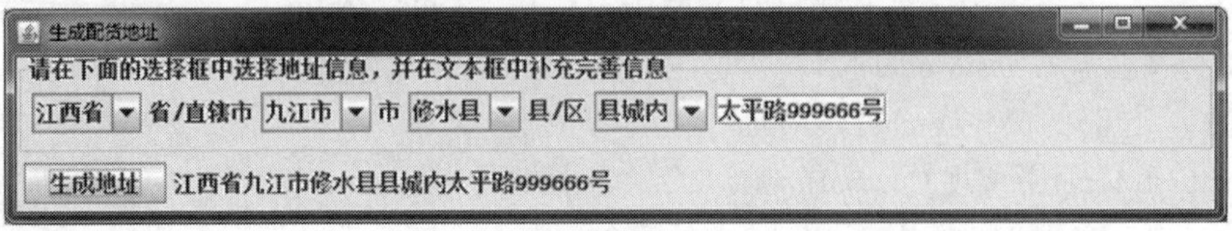

(c) 有四级地址

图 4.14 生成配货地址实验的运行效果

目的：理解和掌握下拉框（JComboBox）的使用，掌握选择事件处理和焦点事件处理。

设计：首先读取文件 area.txt，根据内容创建一棵基于孩子兄弟表示法设计的二叉树（即 DiZhiNode 类）；然后基于这棵树动态提取相应内容，并显示在下拉框中。

其中二叉树有三个域，areaName 存储区域名称，child 域、brother 域分别指向左右子树，如对结点 a 而言，a 的 child 域指向 A 的第一个子区域，从该子区域开始，沿着其右子树（brother 域）走至尾，则是 a 的所有子区域。创建二叉树的算法如下：

（1）预处理。通过 GenAreaTree 的构造函数，从文件中读取字符串 s，用 s.split()分离出所有 area（String[]型），并将 s 转换成名为 str（char[]型）。

（2）建树（详见 GenAreaTree 类中的 AreaBinTree genTree()（））。造根节点 root，并将 root 压入栈。

```
i=0, t=root;
while(i<str.length){
    if((str[i]=='(')){ push("(");读数据造结点 q; push(q); t.child=q; t=q;
                      continue; }
    if(str[i]==',') { i++; 读数据造结点 q;   push(q); t.brother=q;  t=q;
                      continue;}
    if(str[i]==')') { 持续 pop()直至弹出一个"(", t=栈顶元素; i++; }
}
return root;
```

对地址下拉框的选择事件制定如下规则（这里约定地址定会有三级，地址可能有四级）：

```
if( 事件源==一级下拉框 )              // （如选中江西省）
   { 根据选中项填写二级下拉框，清空三级下拉框，
    如果四级下拉框出现在界面中，则将其移除; return; }
if( 事件源==二级下拉框 )              // （如选中江西省·九江市）
   { 根据选中项填写三级下拉框，如果四级下拉框出现在界面中，则将其移除; return; }
if( 事件源==三级下拉框 )              // （如选中江西省·九江市·庐山市）
   {  根据选中项获取四级下拉框内容 s;
     if(四级下拉框未出现在界面中){
        if(s 无内容) return;
        填写四级下拉框，将四级下拉框加入界面, return;
   }
   if(四级下拉框已出现在界面中){
      if(s 无内容) { 移除四级下拉框, return;}
      填写四级下拉框, return;
   }
}
```

另外，为实现要求（3），需要实现焦点事件 FocusListener，该接口有 focusGained()、focusLost()两个方法，分别在焦点获取、焦点丢失时执行。

```
//类的导入，略
class AreaBinTree{//地区结点：child 指针指向孩子,brother 指向兄弟
```

```
    private String areaName;
    private AreaBinTree child,brother;
    public AreaBinTree(String aName){ areaName=aName; }
    public void setBrother(AreaBinTree x){brother=x;}
    public void setChild(AreaBinTree x){child=x;}
    public String getAreaName(){return areaName;}
    public String[] getAllSubArea(){                    //获得 this 的所有子区域
        if(this.child==null)return null;                //无子区域
        String[] s=new String[50];//全国的省、自治区、直辖市、港澳台累计不超过 50
        AreaBinTree p=this.child;  int n=0;
        while(p!=null){s[n]=p.areaName; p=p.brother; n++;}
          //扫描所有直接子区域
        String[] subArea=new String[n];
        System.arraycopy(s,0,subArea,0,n);
          //将 s[0..n-1]复制到 subArea[0..n-1]
        return subArea;
    }
    public AreaBinTree locateSubAreaByName(String name){
    //根据名称定位子区域的结点
    //注：如当前结点为北京，在北京的子区域中定位“海淀区”节点
        AreaBinTree p=this.child;
        while(p!=null){
           if(name.equals(p.areaName))return p;
           p=p.brother;
        }
        return null;
    }
}
class GenAreaTree{                            //生成地区树（孩子兄弟表示法）
    char[] str;                               //对应原始字符串的字符数组
    String[] area;                            //各地区名称
    int areaPos,strPos;                       //两个数组的当前下标位置
    public GenAreaTree(String fileName){
        //从地址文件中读取信息，处理后生成 area 和 str
        Scanner sc=null;
        try{sc=new Scanner(new File(fileName));}
        catch(FileNotFoundException e){
            System.out.print("地址文件未找到！"); System.exit(0); }
        String s=""; sc.nextLine(); //先空读一行（第一行是文件中的说明）
        while(sc.hasNextLine())s=s+sc.nextLine();
        str=s.toCharArray();
        area=s.split("[(),]+");       //以左右括号和逗号为分隔符，提取地区名称
        areaPos=0; strPos=0;
        //注：用 split()分离时，area[0]可能为""
        if(area[0].length()==0)areaPos=1;
    }
    private String getArea(){areaPos++;return area[areaPos-1];}
    private void skipWord(){          //跨过单词
```

```
        int i=strPos;
        while(i<str.length&&str[i]!='('&&str[i]!=')'&&str[i]!=',')i++;
        strPos=i;
    }
    public AreaBinTree genTree(){
        //从文件中读取地址结点，创建孩子兄弟法表示的二叉树
        int i,k;  AreaBinTree root,t,q;
        Stack<AreaBinTree> st=new Stack<AreaBinTree>();
        root=new AreaBinTree("中国"); t=root; i=0;st.push(t);
        while(strPos<str.length){
            if(str[strPos]=='('){
                st.push(new AreaBinTree("("));  strPos++;
                //左括号之后是数据，是t的第一个孩子，应作为栈顶的"孩子"
                q=new AreaBinTree(getArea());
                t.setChild(q); t=q;st.push(q);
                skipWord(); continue;
            }
            if(str[strPos]==','){
                strPos++;//跳过,逗号后面是数据，将其作为栈顶的右孩子（即兄弟）
                q=new AreaBinTree(getArea());
                t.setBrother(q);t=q;st.push(q);
                skipWord();  continue;
            }
            if(str[strPos]==')'){                       //弹出数据，直至'('
                while((st.peek().getAreaName()).equals("(")==
                  false) st.pop();
                //继续弹出"("，之后t是栈顶元素
                st.pop(); t=st.peek();strPos++;     //strPos++用于跳过')'
            }
        }   return root;
    }
}
class AreaComboBoxModel extends AbstractListModel implements ComboBoxModel{
      String[] data;String item=null;
      AreaComboBoxModel(String[] d){data=d;}
      public Object getElementAt(int index){
           if(index<0||index>=data.length)return null;
           return data[index];
      }
      public int getSize(){ return data.length; }
      public void setSelectedItem(Object anItem){item=(String)anItem;}
      public Object getSelectedItem(){return item;}
}
@SuppressWarnings("unchecked")
   //加在类前，用于消除利用构造 JComboBox 时的警告信息
class AddressGUI extends JFrame implements ItemListener,ActionListener,
   FocusListener{
      private JButton bt_ok=new JButton("生成地址"); //"生成地址"按钮
      private String hintText="  这里输入更详细的地址信息  ";
      private JTextField streetJTF=new JTextField(hintText);
```

```
private JLabel address=new JLabel("  ");        //记录生成后的地址信息
private JComboBox area1,area2,area3,area4;    //省、市、县、乡
private ComboBoxModel emptyModel,provinceModel;//空集 model、省会 model
private AreaBinTree root1,root2,root3,root4;  //分别记录四级地址的根
JPanel p1;//由于若存在第四级地址，需要动态调整 p1 中的成员。因此需要将 p1 全局化
public AddressGUI(String areaFileName){
    super("生成配货地址");setSize(900,200);
    setDefaultCloseOperation(JFrame.EXIT_ON_CLOSE);
    GenAreaTree gen=new GenAreaTree(areaFileName);
    root1=gen.genTree();
    String[] temp={"     "};//用作 JComboBox 的占位符，以免选择框缩在一起
    emptyModel=new AreaComboBoxModel(temp);   //空数据集
    provinceModel=new AreaComboBoxModel(root1.getAllSubArea());
      //第一级地址固定
    String title="请在下面的选择框中选择地址信息，并在文本框中补充完善信息";
    p1=new JPanel(); p1.setLayout(new FlowLayout(FlowLayout.LEFT));
    p1.setBorder(BorderFactory.createTitledBorder(title));
      //注意：设置带有标题的边界
    area1=new JComboBox(provinceModel);p1.add(area1);p1.add(new
      JLabel("省/直辖市"));
    area2=new JComboBox(emptyModel);p1.add(area2);p1.add(new Jlabel
      ("市"));
    area3=new JComboBox(emptyModel);p1.add(area3);p1.add(new Jlabel
      ("县/区"));
    area4=new JComboBox(emptyModel);
    p1.add(streetJTF);
    add(p1,BorderLayout.CENTER);
    JPanel p2=new JPanel(); p2.setLayout(new FlowLayout
      (FlowLayout.LEFT));
    p2.add(bt_ok);  p2.add(address);
    add(p2,BorderLayout.SOUTH);
    area1.addItemListener(this);area2.addItemListener(this);
    area3.addItemListener(this);area4.addItemListener(this);
    bt_ok.addActionListener(this);
    streetJTF.addFocusListener(this);
    setVisible(true);
}
public void itemStateChanged(ItemEvent e){String s;
    if(e.getSource()==area1){                      //选择一级地址，如江西省
    //动作：取得二级地址列表，并清空三级、四级（如果有）列表
        s=(String)area1.getSelectedItem();      //获取下拉框选择项信息
        root2=root1.locateSubAreaByName(s);     //获取 s 在树中对应的节点
        area2.setModel(new AreaComboBoxModel(root2.getAllSubArea()));
                                                //设定二级地址
        area3.setModel(emptyModel);             //清空三级地址
        if(p1.getComponentCount()==8)//即当前界面上存在第四级地址
            {area4.setModel(emptyModel); p1.remove(area4);}
```

```
            setVisible(true);   return;
        }
        if(e.getSource()==area2){           //选择二级地址，如江西省·九江市
        //动作：取得三级地址列表，并清空四级（如果有）列表
            if(area2.getModel()==emptyModel)return;
            s=(String)area2.getSelectedItem();
            root3=root2.locateSubAreaByName(s);
              //在区域树中获取所选区域的结点
            area3.setModel(new AreaComboBoxModel(root3.getAllSubArea()));
            if(p1.getComponentCount()==8)  //即当前界面上存在第四级地址
                {area4.setModel(emptyModel); p1.remove(area4);}
            setVisible(true);   return;
        }
        if(e.getSource()==area3){//选择三级地址，如江西省·九江市·庐山市
        //动作：取得四级地址列表，如果有则显示
            if(area3.getModel()==emptyModel)return;
            s=(String)area3.getSelectedItem();
            root4=root3.locateSubAreaByName(s);
            //在区域树中获取所选区域的结点
            String[] subArea=root4.getAllSubArea();
            if(p1.getComponentCount()==7){//若当前未显示第四级地址
                if(subArea==null) return;
                area4.setModel(new AreaComboBoxModel(subArea));
                p1.remove(streetJTF);
                p1.add(area4);p1.add(streetJTF);
                setVisible(true);   return;
             }
            if(p1.getComponentCount()==8){
                if(subArea==null) { p1.remove(area4); setVisible(true);
                  return; }
                area4.setModel(new AreaComboBoxModel(subArea));
                return;
            }
        }
    }
    public void actionPerformed(ActionEvent e) { String s="";
        if(e.getSource()==bt_ok){
          if(area1.getSelectedItem()!=null)s=s+(String)area1.
            getSelectedItem();
          if(area2.getSelectedItem()!=null)s=s+(String)area2.
            getSelectedItem();
          if(area3.getSelectedItem()!=null)s=s+(String)area3.
            getSelectedItem();
          if(area4.getSelectedItem()!=null)s=s+(String)area4.
            getSelectedItem();
          if(streetJTF.getText().equals(" 这里输入更详细的地址信息 ")==
            false)
              s=s+streetJTF.getText();
          address.setText(s);  setVisible(true);
        }
```

```
        }
        public void focusGained(FocusEvent e){
            if(e.getSource()==streetJTF){
              if(streetJTF.getText().equals(hintText))streetJTF.setText("");
                //setVisible(true);//使用将会让文本框缩小成一条竖线
            }
        }
        public void focusLost(FocusEvent e){
            if(e.getSource()==streetJTF)
               if(streetJTF.getText().equals(""))streetJTF.setText(hintText);
        }
    }
    class Ch_4_8{
        public static void main(String[] args){
            SetDefaultFont.setAll(new Font("宋体",Font.BOLD,18));
            new AddressGUI("area.txt");
        }
    }
```

【示例剖析】

（1）创建 JComboBox 对象（见 JComboBox 对应的 API 构造函数说明），常见方式有：

① JComboBox(E[ ] items)，其中 E 可以替换成任何对象类型，如

String[] area={"北京","上海","江西"}; JComboBox jbc=new JComboBox(area);

② 基于模型构造，如

provinceModel=new AreaComboBoxModel(root1.getAllSubArea());

JComboBox area1=new JComboBox(provinceModel);

第①种创建简单，但在更改选择项条目时比较麻烦（也可说比较灵活），必须先逐一（或全部）移除条目，再逐一添加所需条目；第②种需单独创建模型类，但在构造 JComboBox 对象时则比较简单，并可通过重设模型对象整体替换 JComboBox 对象的各“项”，而这恰好是本例的常用操作，如选择“省”后，“地区”就需要全部替换。

（2）选择 JComboBox 对象的某一项时，将产生 ItemEvent 事件，对应 ItemListener 接口，接口中只有方法 itemStateChanged()。该方法设计有两点考虑：①更改地区时（如将上海改为江西），该地区的所有子集（包括二级框、三级框、四级框等）均需要立即更新；②四级选择框可能有，也可能没有，即当三级地区有子集时，需要向界面中增加四级框组件；任选一或二级地区或三级地区无地区子集时，需要从界面移除四级框。

（3）文本框有提示信息“这里……”。当光标进入该文本框时，提示“自动清除”，离开时若未向该文本框填入数据，则恢复提示信息。这一需求需要用到焦点事件 FocusEvent，对应 FocusListener 接口，该接口中有 focusGained()、focusLost()两个方法，分别在焦点获取、焦点丢失时执行。

（4）getComponentCount()是 Container 类中的方法，可统计容器中的组件数量。存放选择框的 JPanel 对象，当有四级地址时，标签、选择框、文本框的总量为 8。

（5）setVisible(true)可以刷新界面。文本框中若无内容，刷新后将成为一条竖线，即组件大小会在界面刷新时根据布局策略自动计算。如果自己希望指定大小，则需要将布局策略

设定为 null，即 setLayout(null)，然后用 setBounds(x,y,width,hight)来指定组件左上角的位置<x,y>和组件大小。

4.3.5　模拟浦丰投针试验

浦丰投针实验由法国数学家浦丰于 1777 年设计，用于计算圆周率。具体为：在纸上画一组平行线，平行线间距为 2d，将一组长度为 d 的针随机投向平行线。假设试验次数（即投针次数）为 m，针与直线相交的数量是 n，则圆周率 $\pi = m \div n$，效果见图 4.15。当时实验共投针 2212 次，与直线相交的有 704 次。$\pi = 2212 \div 704 \approx 3.142$。之后，很多数学家又重复了此实验（见表 4.2），大致结果均在 3.14 左右。

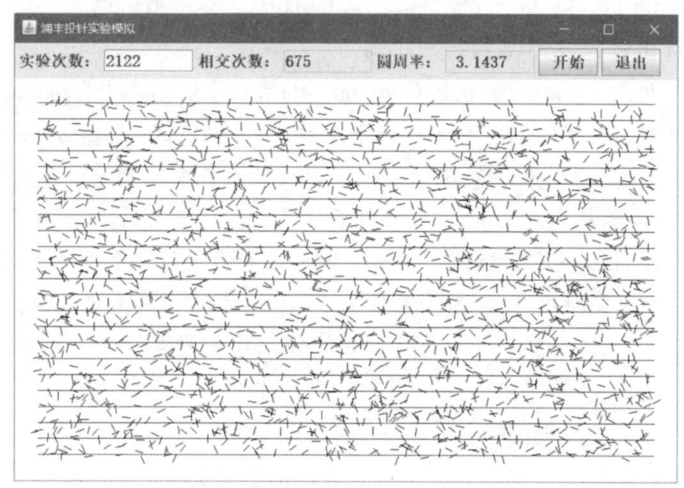

图 4.15　浦丰投针实验运行效果

表 4.2　历史上的浦丰投针试验

试　验　者	时间/年	投 掷 次 数	相 交 次 数	π 近 似 值
Wolf	1850	5000	2532	3.1596
Smith	1855	3204	1218	3.1554
De Morgan	1860	600	382	3.137
Fox	1884	1030	489	3.1595
Lazzerini	1901	3408	1808	3.1416
Reina	1925	2520	859	3.1795

实现图 4.15 的浦丰投针实验计算机模拟，涉及 GUI 编程中的绘图机制。绘图机制将窗体、面板、画布（canvas）等看成是一个由 m×n 点阵组成的绘图区域。在此区域上，可以根据坐标（左上角坐标为<0,0>）精确地定位，在指定位置上绘制线段、图形（如矩形、圆形等），甚至是绘制（即 draw）文字。当绘图区域发生变化时，如窗体缩放位、位置变更、被其他窗体遮盖（如在当前界面上弹出对话框）时，都会触发绘图机制（否则界面就会出现混乱）。为自动适应这些变化，绘图机制由 JVM 根据需要自动调用。另外，绘图机制的执行可能十分频繁，为提高执行效率，通常并发执行（这部分内容在线程章节介绍）。

java.awt 包中封装了很多与绘图有关的类，如 Graphics、Graphics2D、Point、Color、Line、Polygon(多边形)等。其中，Graphics 是一个综合性的绘图类、抽象类，功能涉及颜色、字体、绘制字符、几何图形（如线条、矩形、多边形、圆形、椭圆、圆弧等）。感兴趣的读者请查阅相关 API 文档说明。

在 JComponent 子类的组件中绘图，应重写 paintComponent(Graphics g)方法，在其中填写自己的绘图操作，其中对象 g 由 JVM 自动创建（详见 src.zip 中 java.swing.JComponent 中的 paintComponent(Graphics g)）。当绘图区域发生变化时，会自动调用 repaint()方法，该方法会自动产生一系列内部调用，其中就包括对 paintComponent(Graphics g)方法的调用。

【例 4.9】 模拟浦丰投针实验，效果见图 4.15。其中，单击“开始”按钮，或是在“实验次数”文本框中按 Enter 键，则实施投针模拟，单击窗口的“×”或“退出”按钮，则退出程序。

目的： 初步认识和理解 Java 的绘图机制。

设计： 本例使用了 repaint()和 paintComponent()两个方法。其中，paintComponent()方法实现具体的图形绘制，包括初始化和投针两个步骤。初始化包括设定投针面板的边据、尺寸（因为界面可能会缩放）、针长、线距等，以及在投针面板中绘制一组平行线等；投针则产生一个随机点<x,y>和随机角度 angle，然后针长计算出另一点<x1,y1>，继而用线（即针）连接着两个点，并判断针、线是否相交（即平行线的纵坐标是否位于 y、y1 之间）。注意：在产生<x,y>、angle 时，要使用 double 型随机数，否则对实验精度有很多大影响。

本例并未重写 repaint()方法，而是在按钮事件处理中对其调用，因该方法会自动调用 paintComponent()方法，从而实现需求。另外，当窗体的大小、位置发生改变时，由于会自动调用 repaint()方法，故也会自动刷新实验结果。

```
class PFTest extends JFrame implements ActionListener{
    private int testNum,crossNum; private double pi;
        //试验次数、相交次数、圆周率
    private JButton bt_begin,bt_exit;          //“开始”按钮和“退出”按钮
    private JTextField jtf_testNum,jtf_crossNum,jtf_pi;
    TouZhenPanel testPanel;                          //绘制投针实验的面板
    public PFTest(){
        //界面构造部分，略
        bt_begin.addActionListener(this);bt_exit.addActionListener(this);
        jtf_testNum.addActionListener(this);
        //在文本框中按Enter键也会触发Action事件
    }
    public void actionPerformed(ActionEvent e){
      if(e.getSource()==bt_exit) {System.exit(0);}
      if(e.getSource()==bt_begin||e.getSource()==jtf_testNum){
         try{  testNum=Integer.valueOf(jtf_testNum.getText());}
            catch(Exception ex){ jtf_testNum.setText("输入错误"); return; }
         if(testNum<=0){ jtf_crossNum.setText("0"); jtf_pi.setText("0");
           return; }
         testPanel.repaint();                        //重绘投针实验界面
      }
    }
```

```
class TouZhenPanel extends JPanel{//内部类：投针实验的显示面板
    //投针面板的上、下、左、右边距及线长 width、可画平行线的高度 high、针长、线距
    private int leftMargin,rightMargin,topMargin,bottomMargin,width,
      high,neddleSize,lineGap;
    private void init(int L, int R, int T, int B,int D){
       //设定边距、线长、线间距、针长
        leftMargin=L; rightMargin=R; topMargin=T; bottomMargin=B;
      width=getWidth()-rightMargin-leftMargin;      //绘图区域的横向长度
      high=getHeight()-topMargin-bottomMargin;      //绘图区域的纵向高度
      neddleSize=D; lineGap=2*neddleSize;
    }
    private boolean judgeXJ(double y, double y1){ //判断针、线是否相交
        if (y<y1){double t=y; y=y1; y1=t;}
        //使得 y>=y1, y,y1 是直线两端点的纵坐标,
        for(int i=topMargin; i<=high+topMargin+neddleSize;i=i+lineGap)
        //i 是平行线的纵坐标
        if(i>=y1 && i<=y) return true;      //若 i 位于 y,y1 之间，必定相交
      return false;
   }
   protected void paintComponent(Graphics g) {
      //被 repaint()自动调用：绘制投针试验效果图
      super.paintComponent(g);
     //对 UI 基础组件更新，如背景着色等，可尝试缺少此句的效果
      setBackground(Color.white);              //将面板的背景色设为白色
      init(30,30,30,30,10); //不要放在构造函数中，以便主窗体缩放时线长也相应变化
      g.setColor(Color.red);                   //将绘图线的颜色设为红色
      for(int i=topMargin; i<=high+topMargin+neddleSize;i=i+lineGap)
                                               //画一组等距离的平行线
         g.drawLine(leftMargin,i,width+leftMargin,i);
      g.setColor(Color.black);                 //将绘图线的颜色设为黑色
      Random r=new Random();   crossNum=0; //初始化相交次数
      double x,y,x1,y1,angle; //针的两端坐标<x,y>、<x1,y1>、针的角度、临时变量
      /*策略：先随机产生坐标<x,y>和角度 angle，之后从坐标沿角度长度为针长的线，
       *     根据<x,y>、angle、针长计算出另一坐标<x1,y1>
       *     若某平行线位于 y,y1 之间，则判为针与线相交
       **/
      for(int i=1; i<testNum; i++){
          //由于线左侧有左边界，故坐标不是从 0 开始
          //另外，科学实验时，尽量产生 double 型随机数，否则严重影响实验精度
          x=leftMargin+r.nextInt(width)+r.nextDouble();
          y=topMargin+r.nextInt(high)+r.nextDouble();
          angle=r.nextInt(360)+r.nextDouble();//产生角度范围
          x1=x+neddleSize*Math.cos(angle); y1=y+neddleSize*Math
             .sin(angle);
          g.drawLine((int)x,(int)y,(int)x1,(int)y1);//绘制针
          if(judgeXJ(y,y1)) crossNum++;
```

```
            }
            jtf_crossNum.setText(String.valueOf(crossNum));
            jtf_pi.setText(String.format("%7.4f",testNum*1.0/crossNum));
             // *1.0 旨在避免整除
        }
    }
}
class App{
   public static void main (String[] args) {
     SetDefaultFont.setAll(new Font("宋体",Font.BOLD,20));
     new PFTest();}
}
```

【示例剖析】

（1）注意：绘图、事件处理会以线程方式执行。换言之，若将 actionPerformed()的执行序列设置成{ 先用 repaint()绘图，提取相交次数，实施计算，填写并显示计算结果。}这种方式很可能结果不正确，因为可能 repaint()尚未执行完，actionPerformed()末尾的 pi 计算就已经开始执行了，这会导致结果错误。故必须将计算放在 repaint()中来执行，且 repaint()必须放在事件处理的尾部。有关线程并发执行的机理，详见线程章节。

（2）从运算结果看，本例实验与历史上的实验有一定的偏差，即使投针次数扩大 10 倍，依旧如此。这并非实验的问题，而是由 Random 类产生的随机数是伪随机数。大家可以做个实验：以 100 为种子，用无参的 nextInt()产生 10 个 int 型随机数，类似地，用无参的 nextDouble()产生 10 个无参的 double 型随机数。执行两轮，就会发现这两轮的结果，无论数据还是数据的次序，都是完全相同的，即产生的随机数是确定的。如何获得真随机数呢？实际上，著名科学家冯 · 诺依曼曾有论断：任何考虑用算术方法来产生随机数字的人，都是在做错事。

4.3.6 实现滚动字幕

滚动字幕在各类广告牌中十分常见，其实现与胶片式电影播放的机理类似。胶片上存放的是静态的图片，若按一定速度拉动胶片，由于视觉滞留效应，人们会感觉图像动起来了。类似地，让字符串 s 从左向右滚动的机理是：摘除 s 的首字符（相当于 s 的首字符消失在左边界），将该字符加到 s 的尾部（相当于循环滚动）。间隔特定时间重复上述动作，字幕就动起来了。其中，暂停使用 java.lang.Thread 类的静态方法 sleep(n)，该方法暂停 n 毫秒。由于该方法会抛出检查型异常，因此必须对其进行异常处理。

【例 4.10】 设计从左向右的滚动字幕，其效果见图 4.16。单击窗口的“×”按钮可退出程序。

目的： 掌握滚动字幕的设计机理。

设计： 让字幕从左向右滚动，需要提取文本框中的字符串，将其首字符移至字符末尾，并重新填写文本框。间隔一定时间填写，就会起到动画效果。这部分内容，填写在 SimpleScrollStr 的私有方法 run()中。

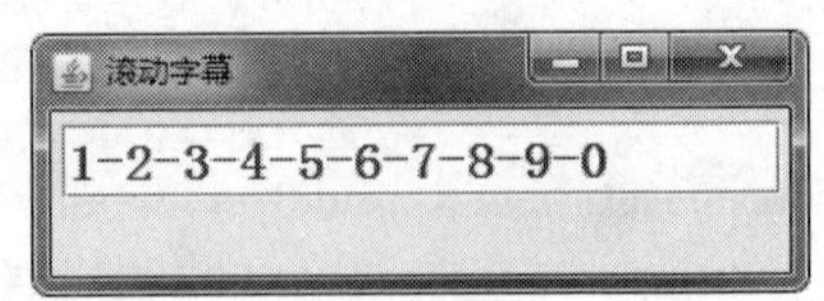

图 4.16 滚动字幕

```
//导入类，略
```

```
class SimpleScrollStr extends JFrame{
    private JTextField msg=new JTextField("1-2-3-4-5-6-7-8-9-0      ");
    //滚动字幕文本
    private final int t_sleep=250;      //间隔 250ms 滚动一次
    private void run(){
        while(true){
            try{Thread.sleep(t_sleep);}catch(InterruptedException e){;}
            //暂停
            String s=msg.getText();
            //从左向右滚动
            char ch=s.charAt(0);   s=s.substring(1,s.length())+ch;
            // char ch=s.charAt(s.length()-1); s=ch+s.substring(0,s.length()-1);
            // 从右向左滚动: msg.setText(s);
        }
    }
    public SimpleScrollStr(){
        super("滚动字幕");        setSize(500,100);
        setLayout(new FlowLayout(FlowLayout.CENTER));
        Font f1=new Font("宋体",Font.BOLD,20);
        msg.setFont(f1);       add(msg);
        setDefaultCloseOperation(EXIT_ON_CLOSE);
         //单击窗口关闭按钮时，结束程序运行
        setVisible(true);  run();
         //注意: run()定要放在 setVisible()之后，否则无显示
    }
    public static void main(String arg[]){  new SimpleScrollStr();  }
}
```

【示例剖析】

Thread 类位于 java.lang 包，不需要导入。另外，sleep()是 Thread 的静态方法，可能产生检查型异常 InterruptedException，故需要声明或捕获。本例使用了捕获处理方式。

4.4　关于事件和事件处理的讨论

经过前面的应用，相信读者已经对委托事件处理模型有了初步了解。Java 中的预定义的事件类有上百个。为方便管理，将这些事件分成两大类：低级事件和语义事件。低级事件就是由鼠标、键盘、焦点有关的事件，如 MouseEvent、KeyEvent、FocusEvent 等。低级事件的含义类似于“鼠标移动了”“焦点进入了”“某个键按下了”。显然，几乎所有组件都可能与鼠标、键盘等相关，如鼠标在某个组件上展示不同的形状、按下某个键某个组件就发生变化等。因此，几乎所有组件都支持低级事件。因此，在组件类的超类 Component 类中，设有 addMouseListener()、addKeyListener()、addFocusListener()等关联方法，用于关联相关事件源的处理者。换言之，所有组件都可作为鼠标、键盘、焦点等事件的事件源。

语义事件就是特定的 GUI 组件事件。因此语义事件不是通用的，而是与特定组件有关。如 ActionEvent 事件，表示某个“确定”动作的执行，如鼠标单击按钮、单击菜单、单击单

选钮，甚至在文本框中按 Enter 键，都会引发 ActionEvent 事件。再比如，ItemEvent 事件与项密切相关，TextEvent 与文本密切相关，AdjustEvent 与调整动作密切相关（如调整滚动条）。由于语义事件不是通用型的，因此，要确定某个组件是可产生何种语义事件，就要查类库说明。例如，对 JComboBox 组件，查阅 docs 文档说明中 JComboBox，发现有 addActionListener()、addItemListener()，这表明该组件可产生 ActionEvent 和 ItemEvent。

实际上，事件通常是连锁发生的。例如，用户单击按钮，会先产生 ChangeEvent 事件提示光标到了按钮上，接着又产生一个 ChangeEvent 事件表示按钮被按下；然后产生 ActionEvent 事件表示鼠标已松开，但光标依旧在按钮上；最后又产生 ChangeEvent 事件，表示光标已离开按钮。虽然有诸多事件，但实际上大多应用程序仅关心一两个事件，如对 ActionEvent 事件，只要处理好所关心的事件就可以了。

了解 GUI 类库结构对 GUI 编程很有益。超类代表着共性，子类可以直接使用超类提供的方法。如例 4.7 中用到的 getComponentCount()，就是 Container 类提供的操作。从超类中了解可供使用的方法，学习范围更小，但辐射面更广。图 4.17 是 awt 主要类的层次图。

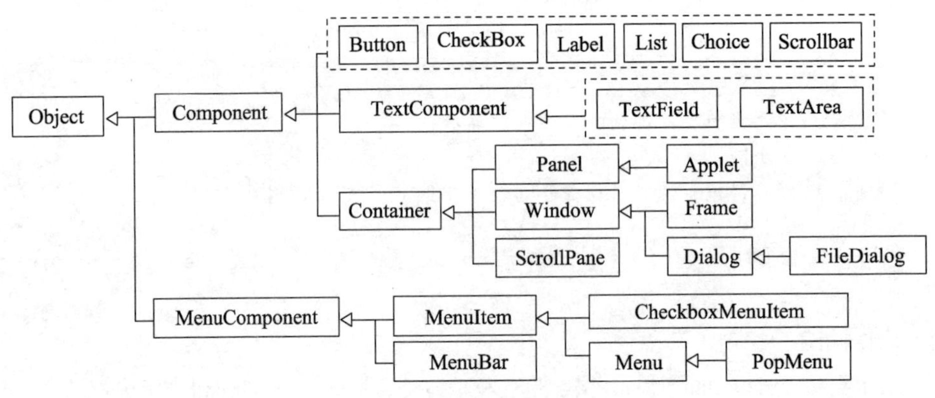

图 4.17　awt 主要类层次图

本章小结

GUI 编程是 OOP 中十分重要的内容，常用于商业软件的开发，其基本策略是：选择合适组件，基于特定布局方式构造界面，为界面加上事件处理。本章主要包括以下内容：

（1）理解 GUI 编程的基本概念和元素，包括图形界面和字符界面的特点，认识组件（含可视化组件、非可视化组件等），理解其特点，界面布局的思想和策略、构造界面的方式等。

（2）委托代理模型，包括为何称之为“委托代理”，如何确定事件源，如何选择事件监听器，如何成为事件处理者，事件处理代码写在何处等。

（3）GUI 应用强化和拓展，包括用以内部类、适配器等方式实现处理者，引入窗体事件、键盘事件、鼠标事件，引入组合框，构造字体控制类，引入平面绘图，实现滚动字幕等。另外，4.4 节对事件和事件处理做了总结性讨论。

思考与练习

1. 字符界面与图形界面各有何特点、优缺点？

2. 什么是界面布局？布局策略与容器中的组件大小、位置有何关系？有哪些常用的布局方式？各自的特点又是什么？为何复杂界面常需要综合使用多种布局方式？

3. 委托事件处理的核心是“事件源关联事件处理者”，其中事件源是什么？如何成为处理者？为何要关联事件源和处理者？如何关联？面对应用需求，如何确定事件源和设计处理者？

4. 了解组件的超类能带来哪些便利？有人说 swing 组件比 awt 组件更先进，awt 组件基本被废弃了。这种说法正确吗？为什么？容器组件中，窗体和面板有何差别？

5. 请查阅 api 文档，尝试为例 4.5 的按钮贴图，即用更美观的数字按钮，以实现商业软件的美观效果。

6. 构造一界面，上有“排序”“关闭”两个按钮；两个文本框，一个用于输入一组数据，另一文本框不可编辑，用于显示结果。运行时，先在一个文本框中输入一组数据，单击“排序”按钮后，可在不可编辑的文本框中输出排序后的结果。单击“关闭”按钮，则可结束程序。当然，单击窗口的关闭图标，也可结束程序。

7. 请对例 4.6 做如下完善：①支持负数的输入；②考虑输入、运算结果的 double 型数据的边界值等，当越界时给出适当提示。

8. 设计一款表达式计算器，如输入(1.2+3.4*5)/(–6)，单击“运算”按钮，显示运算结果。其中，用键盘事件控制用户的输入。若表达式非法，单击“运算”按钮后，在结果栏显示表达式错误信息。

9. 请编写程序，界面上有 CapsLock、NumLock、Shift、Alt、Ctrl 等标签，根据按键状态切换标签的显示信息，如“CapsLock 打开/关闭”“NumLock 打开/关闭”“Shift 按下/弹起”等。注意，可能会同时按下 Ctrl+Alt。提示：下面语句返回逻辑值，可判断 CapsLock 是否被按下：Toolkit.getDefaultToolkit().getLockingKeyState(KeyEvent.VK_CAPS_LOCK)。

10. 设计滚动字幕，其界面见图 4.18。假定字幕文本框和 sleep 文本框分别命名为 t_word 和 t_sleep。要求单击“启动”按钮后，字幕开始按照 t_sleep 规定的时间间隔滚动；单击“暂停”按钮后，滚动停止。暂停时，可以编辑字幕，也可以在 t_sleep 中输入数字。

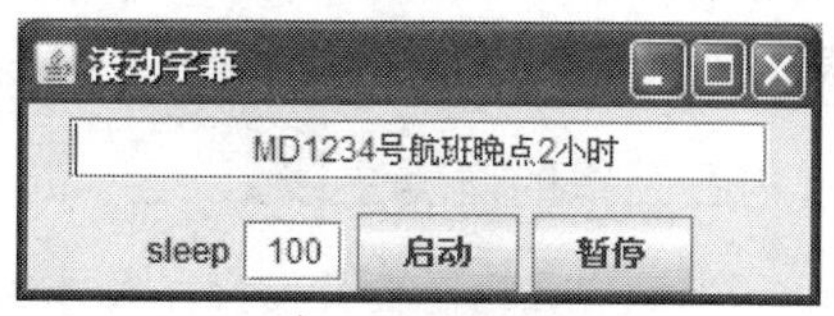

图 4.18　滚动字幕

第 5 章

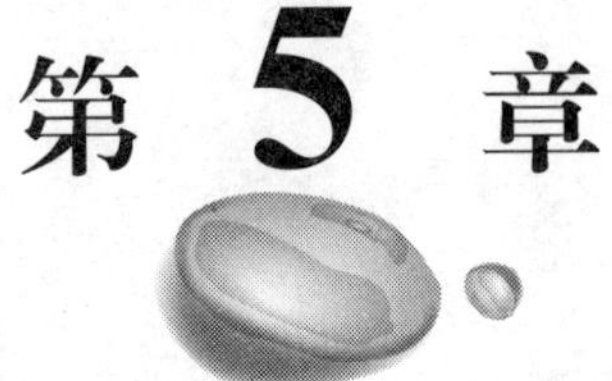

线程机制

5.0　本章方法学导引

【设置目的】

对代码段 A、B，若 A、B 只能按排列次序执行，这种执行模式被称作顺序执行；若 A、B 执行次序与排列顺序无关，且可交叉执行（即执行权在 A、B 间轮转），则这种执行模式被称为并发执行。只能顺序执行的程序被称作顺序程序，能够并发执行的程序被称作并发程序。并发程序不仅能提升各种资源的使用效率，而且能实现顺序程序无法做到的功能，如设计有背景音乐的机械时钟、模拟核爆炸等。多核时代，并发程序已成为一种常态需求。

本章通过系统性地介绍线程的概念及各种构造方式，展示同步、互斥这两种线程间交互方式的应用场景和实施框架，帮助在实践中理解并发程序的分析方法和设计策略，领会并发程序、并发程序设计的内涵。

【内容组织的逻辑主线】

本章先介绍需要并发程序设计的原因；两种不同级别的并发：进程和线程；引入线程的概念和实现三要素；继而结合示例，展示线程对象的不同构造方式，以及如何分析线程运行结果。之后结合一组应用示例，展示线程的两种不同应用方式：互斥和同步。为深入理解同步机制中线程间复杂的交互与协作，对线程运行过程做了细致分析。最后拓宽视野，引入了若干经典的并发程序设计策略（有些策略前期已有应用），简单讨论了 Java 线程的一些重要概念和机制。

【内容的重点和难点】

（1）重点：①掌握线程机制引入的背景（做顺序型程序做不到的事情，提高效率），理解进程与线程的异同；②理解和掌握 Java 线程的实现策略、线程的运行特点以及其产生原因，特别是掌握线程机制的核心三要素，以及线程的生命周期；③能够使用多种方式构造和启动线程；④掌握线程互斥和同步机制的适用场景和实施框架，并能结合实际需求灵活运用；⑤能够利用 join 方法对线程执行进行控制。

（2）难点：①理解和掌握 Java 线程的实现策略，能对线程运行结果实施合理分析；②掌握多种构造和启动线程的方式；③掌握线程互斥和同步机制的适用场景和实施框架，并能结合实际需求灵活运用；④能够利用 join 方法对线程执行进行控制。

5.1　线程机制概述

5.1.1　引入线程：实现并发程序设计

顺序型程序只能按照语句的排列次序依次执行。即使对循环结构，将其执行过程展开后也是线性的。顺序型程序的执行结果是确定的。

顺序型程序存在两大弊端，①顺序型程序会降低资源使用效率。如某程序执行输入一组数据、计算、输出结果。由于与外设相比，处理机的速度极快，即输入期间，处理机绝大部分时间空闲，利用率极低。②有些功能用顺序型程序很难实现。例如，设计一个有背景音乐并模拟指针转动的时钟，若用 A、B 两个顺序程序分别实现音乐播放和指针转动，当 A 在前 B 在后时，音乐播放，但指针停止；反之，则指针转动，但无音乐。另外，一些活动的模拟，如游戏中二人互搏、人的消化吸收过程、核爆炸模拟、物理/化学试验模拟等，这些过程中有许多要素同时起作用，顺序型程序对此也是力所不及的。

E.W.Dijkstra 于 1968 年提出了并发程序设计概念。并发程序，就是允许程序中包含多个可同时执行的程序代码段。

5.1.2　进程与线程：两种不同粒度的并发机制

操作系统用进程机制实现了不同程序的并发执行，但程序内部如何并发，这属于程序设计策略，由程序员决定。Java 用线程机制实现程序内的并发。

进程是程序的一次执行过程，或者说是执行中的程序。这样针对不同程序的运行，操作系统以进程为单位进行分配资源，以统一的策略实施管理和调度。例如，当程序载入内存时，OS 为其创建对应的进程，分配处理机、内存等资源；当执行结束后，OS 又将对应进程销毁并收回相应资源。

进程间如何并发执行呢？通常外设（如键盘、打印机等）的处理速度远低于处理机处理速度。当程序使用外设时，处理机几乎处于空闲状态。为提高处理机使用效率，操作系统常采用处理机分时机制，将处理机单位运行时间分成若干时间片（段）。处理机控制权在各进程间轮转。某进程在获得一次处理机控制权后，至多使用完分到的时间片（也可能因为休眠、请求资源等原因而提前交出处理机控制权），就得把控制权交给其他进程，自己则等待下次运行。由于时间片往往很小，用户感知不到处理机在多个进程间的切换，而是感觉到处理机在同时处理多个任务。例如，Windows 是单用户多任务的操作系统，用户在用 QQ 聊天的同时下载数据、播放歌曲，用户感觉它们在同时执行。实际上，这些进程是在以轮转方式交错执行的。

为何需要线程呢？不同进程（如迅雷、QQ 等）是独立的、不相关的，因此让不同进程并发执行是没有问题的。但程序内部如何并发，如迅雷对某一资源多路同时下载然后合并，这属于设计策略，只能由程序员确定。因此，进程机制只能实现任务间的并发，无法实现任务内的并发。任务内的并发由线程机制来实现。

对进程和线程的关系，这里作一通俗类比：假设把某储蓄所网点作为进程，储蓄所的房屋、桌椅、数据库等可被看成系统分配的资源，经理、会计、前台工作人员等则可被视为线程。即操作系统以进程为单位分配资源，进程内包含多个线程，不同线程共享进程中的资源。

5.1.3 线程概述

生活中，马路上有多辆同时行驶的汽车。上述情景中，汽车提供了行驶的基本设施，司机使得不同车辆有不同的路线、速度，道路则是这些汽车共用的资源。若将行驶中的汽车看成是一个线程对象，则汽车、司机、道路是对应线程的三要素。

（1）汽车，对应 java.lang.Thread 类，该类定义了线程对象必须具备的基本设施，如线程的状态、线程的启动方法 start()等。这些措施是线程并发运行的基础，换言之，构造线程必须要创建 Thread 类的对象。

（2）司机，对应实现了 java.lang.Runnable 接口的对象。该接口就是线程的特殊标记，也是代码并发执行的资质（类似司机的驾照）。接口中只有一个 run()方法，其方法体被称作线程体。run()及其中调用的方法，将会被并发执行。main 是普通程序执行的入口，run()是线程执行的入口。用户编写并发程序，必须要重写 Runnable 接口中的 run()方法，Thread 类就实现了该接口（空实现）。

（3）道路，对应线程间的共享资源。多个线程间的共享资源可以是共同存取的对象、硬件资源（如显示器）等。若多个线程间不涉及共有的资源，这些线程完全可以设计成不同的程序（这将大大简化设计），交由操作系统并发执行。

了解三项要素后，Java 并发程序设计的机理就变得十分简单。在线程体中编写可并发执行的代码段，利用线程的管理和调度机制，控制线程对共享资源的访问，使各线程的运行既能在一定范围内并发，又能保持特定的节奏。但实际设计绝非易事，各种问题可能会层出不穷。

线程间并发运行的实现机理见图 5.1。其中处理机时间片（或者说处理机占用权）在不同进程间轮转。Java 进程所得时间片被 JVM 再次分成若干更小的时间片，在进程内不同线程间轮转。每个线程都有自己的程序计数器（PC）和程序栈。PC+程序栈是程序顺序执行的一般模式。因此，单个线程是以顺序方式执行的。这是分析线程运行结果的基础。

【说明】 PC+程序栈是顺序执行的一般模式。可这样理解：栈中存放函数体，PC 是栈顶指针。每执行一条指令，PC 就下移一个位置（相当于从栈中弹出一条指令）。当遇到函数调用时，逻辑上相当于把被调用函数的函数体整体摞到当前栈上，并让 PC 指向新的栈顶（即被调用函数的首条代码）。这样，当被调用函数执行结束后，将 PC 指向调用点的下一条语句。

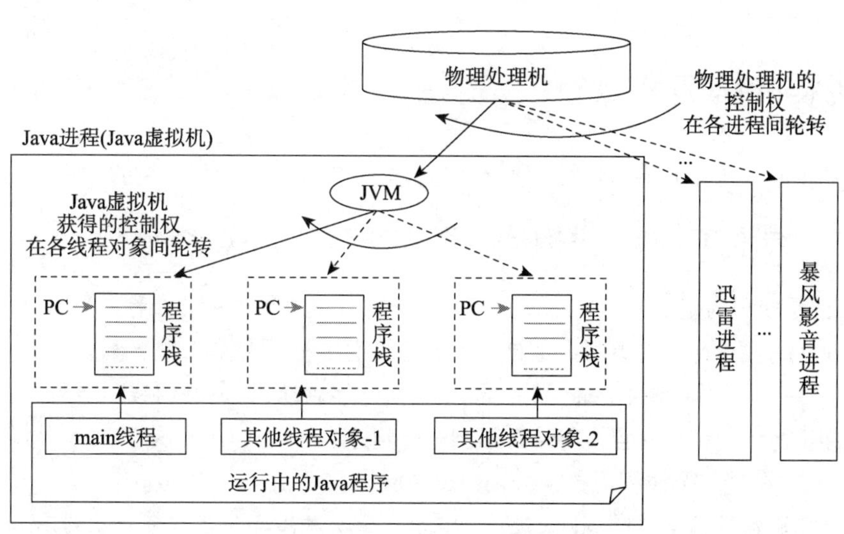

图 5.1　Java 虚拟机支持线程并发执行工作示意图

实际上，Java 从根本上就支持多线程，有两点直接表现：①Java 为 Object 对象配备了锁机制，在 Object 类中提供了使用锁机制的 wait()、notify()等线程间通信操作；②对顺序型程序，JVM 会自动产生一个与 main()方法对应的 main 线程，由虚拟机直接创建和管理。因此顺序型程序实际上是单线程程序。当有多个线程存在时，自然会产生并发执行效果。

线程间如何并发执行呢？单个线程可被看成一根由指令排列而成绳子，多个线程通过 JVM 解释后并发执行，其效果相当于将绳子切断后重新拼接成一根绳子。图 5.2 展示了两个线程可能拥有不同的执行方式（仅列出三种）。其中 a、b、c、d、1、2、3 代表不同的赋值语句，线程 1、2 的代码段分别由“abcd”“123”依次排列而成，a-1-2-b-3-c-d 等表示最终的语句执行序列。从图中发现，线程 1、2 的代码段以交错（即线程执行发生切换）的方式执行。至于在哪里交错、交错几次，都是不确定的。因此最终的语句执行序列是不确定的。但无论怎样交错，单个线程都是顺序执行的，即方式 1、2、3 中，a-b-c-d 的排列次序，与线程 1 中 a-b-c-d 的排列次序完全一致，1-2-3 的排列次序与线程 2 中 1-2-3 的排列次序完全一致。

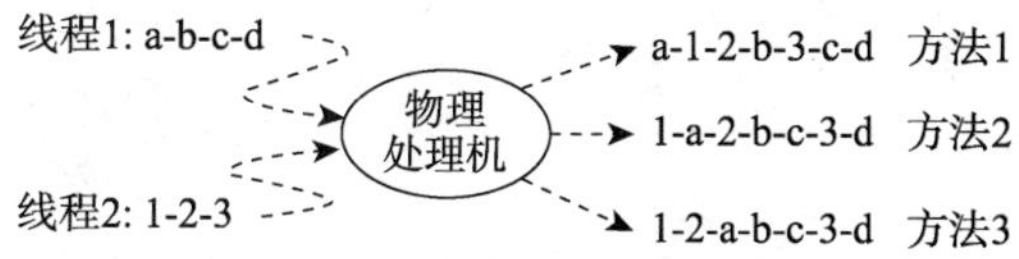

图 5.2　两线程的三种不同的执行方式分解示例

简言之，虽然单个线程的执行是顺序的，但多个线程执行时，线程间的执行次序、切换次数和切换位置是不确定的，因此最终产生的指令执行序列也是不确定的。就像如下两条语句 x=5 和 x=10，虽然每条语句的执行结果是确定的，但若无法确定其执行次序，也就无法确定最终的 x 值。

5.2 线程的构造和运行

本节将通过示例展示线程对象的不同构造方式，以及分析运行结果的方法。

5.2.1 继承 Thread 类构造线程

Thread 是线程的基础类，只有该类及其子类的对象才是真正的线程。通过继承 Thread 类，重写 run()方法（在其中填写满足自己需要的线程体），是线程实现的最简单方式。另外，线程对象创建后，必须依赖 Thread 类的 start()方法才能启动，以此开启线程对象的生命周期。线程状态和生命周期相关内容，将结合示例进行阐述。

【例 5.1】 构造三个线程对象，分别输出 70 以内 2、3、5 的倍数。

目的： 掌握通过继承 Thread 来设计线程类，掌握构造和使用线程对象的基本步骤、方法，明确线程运行涉及的三要素在其中的作用，掌握 start()、run()等方法使用时的注意事项，掌握分析多线程运行结果的一般策略，了解线程对象的状态和生命周期。

设计： 设计线程类 MyThread，其对象在构造时提供名字、基数 n（即 2、3、5）和最大值 max，在 run()中填入希望并发执行的代码（即线程体），输出 n 在 max 范围内的整数倍。

```
class MyThread extends Thread{
    private int n,max;
    public MyThread(String name, int n1, int max1){
          super(name); n=n1; max=max1;
    }
    public void run(){ int i=1;
          while(n*i<=max){ System.out.print(n*i+" "); i++; }
          System.out.print(getName()+" 结束.");
          //Thread 类的 getName()，返回线程名
    }
}
class Ch_5_1{
    public static void main(String[] args) {
         System.out.print("Main 开始");
         MyThread m1=new MyThread("A",2,70); //创建 A 线程（未启动）
         MyThread m2=new MyThread("B",3,70);
         MyThread m3=new MyThread("C",5,70);
         m1.start(); m2.start();m3.start();  //启动线程 --- 仅仅是有资格运行
         System.out.print("当前共有"+ Thread.activeCount()+"个线程");
              //activeCount()：返回当前活着的线程总数
         System.out.print("Main 结束");
    }
}
```

【输出结果】（为便于分析，下面给出了三次运行的结果）

运行结果 1：

```
Main 开始2 4 6 3 8 10 12 14 6 16 当前共有4个线程18 9 20 22 24 26 28 30 5 Main 结束10 15
20 25 30 35 40 45 50 55 60 32 34 36 38 40 42 44 46 48 50 52 54 12 56 58 60 62 64 66 68
70 65 A 结束.15 18 21 24 27 70 C 结束.30 33 36 39 42 45 48 51 54 57 60 63 66 69 B 结束.
运行结果 2:
Main 开始当前共有4个线程Main 结束5 2 10 4 6 8 10 12 15 14 3 6 16 20 18 20 9 22 25 24 26
12 28 30 30 15 32 35 40 45 34 18 21 36 38 40 42 44 46 48 50 50 55 60 52 24 27 54 65 70
56 C 结束.30 58 33 60 36 62 39 64 66 68 70 A 结束.42 45 48 51 54 57 60 63 66 69 B 结束.
运行结果 3:
Main 开始当前共有4个线程Main 结束3 6 9 12 15 18 21 24 27 30 33 36 39 42 45 48 51 54 57
60 63 66 5 10 15 20 25 30 35 2 40 45 50 55 60 65 70 C 结束.69 B 结束.4 6 8 10 12 14 16
18 20 22 24 26 28 30 32 34 36 38 40 42 44 46 48 50 52 54 56 58 60 62 64 66 68 70 A 结束.
```

【示例剖析】

（1）总体设计。MyThread 继承 Thread 类，主要做了两大扩展：①补充了 n、max 等属性和构造方法；②重写了 run()方法，即填入自己需要的线程体。main()中则创建线程对象，并启动（start()）。注意，“main 开始”“当前共有……”“main 结束”等三条输出语句隶属于 main（准确地说应该是 main 线程）。

（2）关于线程运行的三要素。MyThread 继承了 Thread 类，从而拥有了线程的基础设施（即线程对象的必备条件）。由于 Thread 类实现了 Runnable 接口，MyThread 中的 run()实际上是重写 Runnable 中的 run()。这样，MyThread 类的 run()实际上就是线程体，可以并发执行。至于 MyThread 中的 n、max 是共享资源吗？显然不是，因为这些属性隶属于线程对象自身，并未共享。共享资源是显示器 m1、m2、m3 三个线程对象在同一台显示器上输出。

（3）线程的构造和启动。main 中，new MyThread(…)仅仅是构造出线程对象，而 start()才真正开启了线程的生命周期。关于 start()方法，要注意以下几点。

①“启动”不等于“真正执行”，启动仅表明线程的生命周期从此开始，有获得处理机控制权的资格。至于何时执行（即获得处理机控制权），由 Java 虚拟机来确定。若对已经启动的线程执行 start()操作，将抛出异常。

② main 中的 start()次序，不是执行次序。例如，本例 m1、m2、m3 三个线程依次被启动，但执行时，运行结果 1 中先输出的是 2（即 m1 线程），结果 2 中先输出的是 5（即 m2 线程），运行结果 3 中先输出的是 3（即 m3 线程）。

③ 查阅 Thread 类的源码会发现，start()操作会调用一个名为 start0()的私有本地（native）方法。该方法与本地平台的非标准运行库密切相关，并会调用 run()。因此，用户不能重写 start()，否则会造成线程无法启动。

（4）关于 run()方法。重写的 run()必须与 Runnable 接口中的 run()一模一样。另外，该方法不能被直接调用（或者说，直接调用 run()不会产生并发执行效果）。run()是线程执行的入口，被 start()方法自动调用，就像应用程序启动会自动调用 main()方法一样。

（5）输出结果中的确定性：单个线程是顺序执行的。例如，忽略 m1、m2、m3 的输出结果，main 线程中的三条输出语句按顺序执行并输出。图 5.3 展示了运行结果 1 的切换，不同线程使用了不同的线型。从图 5.3 中可以发现，单个线程的执行是顺序的。

```
Main 开始2 4 6 3 8 10 12 14 6 16 当前共有4个线程18 9 20 22 24 26 28 30 5 Main 结束10 15
20 25 30 35 40 45 50 55 60 32 34 36 38 40 42 44 46 48 50 52 54 12 56 58 60 62 64 66 68
70 65 A 结束.15 18 21 24 27 70 C 结束.30 33 36 39 42 45 48 51 54 57 60 63 66 69 B 结束.
```

图 5.3　运行结果 1 对应的线程切换效果（不同线型对应不同线程对象）

【思考 1】 为何字符串"Main 开始"总是在 m1、m2、m3 的输出之前？

【思考 2】 分析运行结果 2、3 中，三个 30/60 分别是哪个线程输出的，为什么？

（6）输出结果具有不确定性。并发执行时，不同线程的执行次序、切换位置和次数都是不确定的，故最终的语句执行序列也是不确定的。由于这些线程对象向同一台显示器（即共享资源）输出，因此最终的结果是不确定的（因为指令序列是不确定的）。换言之，若不同线程对象输出到不同目的地（如文件），则结果总是相同的。

（7）main 线程具有特殊性。JVM 为每个 Java 应用程序都自动创建一个线程，称为主线程。主线程的线程体是 main()方法，负责创建其他线程。注意，与普通线程不同的是：执行完 main 的最后一条语句后，main 线程并未结束生命周期，必须等到当前其他线程都结束后，main 线程才会结束。验证方式：在 MyThread 类的最后一条输出语句改成下列语句。

```
System.out.print("当前有"+ Thread.activeCount()+"个线程，"+getName()+" 结束.");
```

从结果会发现，最后一个 MyThread 线程（可能是 A、B 或 C）结束前，共有 2 个线程存在，其中一个就是 main 线程。另外，对没有 main 方法的 Applet，主线程是指浏览器加载并执行小应用程序的那一个线程。

（8）线程对象的状态及生命周期。线程对象从创建到消亡的过程被称作线程对象的生命周期。Thread 类中以内部枚举类的方式定义了线程对象在生命周期中可能出现的 6 种状态：

```
public  class  Thread  implements  Runnable{
    public static enum State  {                    //线程对象的 6 种状态
        NEW, RUNNABLE, BLOCKED, WAITING, TIMED_WAITING, TERMINATED;
    }
    public Thread.State  getState(){ … }           //返回线程当前所处的状态
    …
}
```

各状态转换方式见图 5.4。其中，NEW 为新建态，表示线程对象已创建但尚未调用 start()方法时的状态；RUNNABLE 为就绪态，表示线程正在运行或者正在等待处理机时间片；

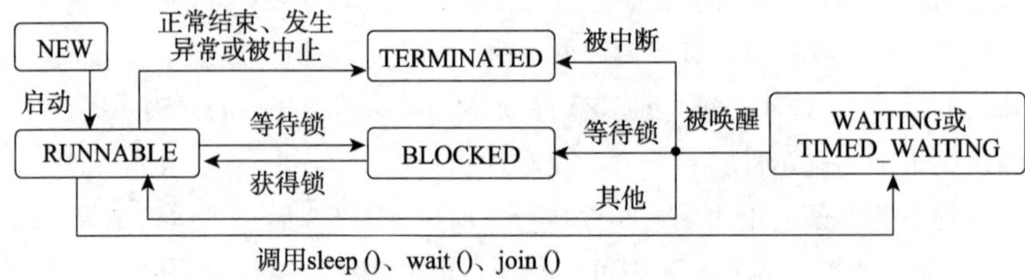

图 5.4　线程的生命周期中的状态及状态转换

BLOCKED为阻塞态，表示线程正因无法得到监控锁而阻塞（即等待进入临界资源）；WAITING、TIMED_WAITING为等待态，表示线程执行wait()操作后的状态。TIMED_WAITING有等待时间限制，执行的是wait(n)或wait(m,n)。限定时间到，即使未等到期望的操作，也将执行后续动作；TERMINATED表示线程执行已经结束，生命周期已终止。

【思考】 线程对象处在TERMINATED状态时，是否已销毁？为什么？

5.2.2 用Runnable构造线程

Java的单继承机制，使得继承Thread类丧失了继承其他类的资格，代价高。本节展示一种更灵活的线程构造方式来实现Runnable接口，用Thread(Runnable target, String name)或Thread(Runnable target)来构造线程对象，其中Runnable接口中的run()对应线程体。

【例5.2】 用Runnable方式构造线程对象，实现例5.1的全部功能。

目的： 掌握用实现Runnable接口构造线程对象的方式。

设计： MyThread实现Runnable接口，通过new Thread(Runnable r, String name)来构造线程对象。注意：由于MyThread未继承Thread，因此不能使用Thread类的方法，可以通过super(s)为线程命名，通过getName()获取线程名字。调整的方法见代码Ch_5_2.Java。

```
class MyThread implements Runnable{
   private int n,max;
   public MyThread(int n1, int max1){n=n1; max=max1;}
   public void run(){ int i=1;
        while(n*i<=max){ System.out.print(n*i+" "); i++; }
        System.out.print(Thread.currentThread().getName()+" 结束.");
   }
}
   class Ch_5_2{
        public static void main(String[] args) {
             System.out.print("Main 开始");
             MyThread m1,m2,m3;    Thread t1,t2,t3;
             m1=new MyThread(2,70);    //注：m1不是线程对象
             m2=new MyThread(3,70);    m3=new MyThread(5,70);
             t1=new Thread(m1,"A");    //t1才是线程
             t3=new Thread(m3,"C");    t2=new Thread(m2,"B");
             t1.start(); t2.start();t3.start();
             System.out.print("当前共有"+ Thread.activeCount()+"个线程");
             System.out.print("Main 结束");
        }
}
```

【示例剖析】

（1）MyThread类仅实现了Runnable接口，仅仅具备线程体，而缺少线程对象的基础设施，故不是线程。为真正构造出线程对象，需要将MyThread类的对象填入Thread对象，如t1=new Thread(m1,"A")。实际上，若把线程执行视为“行驶中的汽车”，Thread类的对象则

是“汽车”，Runnable 可被看作驾驶资格（即驾照），其中的 run()则是具体驾驶技术。

（2）由于 MyThread 类不是线程，因此无法直接使用 Thread 类的 getName()方法。为此借助 Thread.currentThread()来获取当前线程的变量名，进而获得线程名字。

（3）用 Runnable 接口构造线程很普遍，这样还具备继承其他类的资格。

5.2.3 其他构造线程的方式

前面展示了两种构造线程的基本方式。在此基础上，还有一些更为灵活的方式。

【例 5.3】 通过内嵌线程对象实现例 5.1 的全部功能。

目的： 掌握如何通过内嵌线程对象方式来构造和使用线程。

设计： 例 5.2 中的 MyThread 之所以不是线程，是因为缺少了 Thread 类的对象。为此，本例中的 MyThread 类新增 Thread 型的引用 t，在构造函数中创建 t 引用的对象，并通过 t.start()来启动线程。这样，MyThread 类虽然不是线程，但能当成线程来用。其直接表现就是本例的 main 与例 5.1 一模一样。

```
class MyThread implements Runnable{
    private int n,max; Thread t;                    //注意：属性 t 是关键所在
    public MyThread(String name, int n1, int max1){
        n=n1; max=max1;t=new Thread(this,name); //t 是真正的线程对象
        //思考：为何此处需要用 this?
    }
    public void start(){ t.start(); }//这不是对 Thread 类中 start()的重写
    public void run(){ …/*与例 5.2 完全相同*/…};
}
class Ch_5_3{
    public static void main(String[] args) {
        System.out.print("Main 开始"); MyThread m1,m2,m3;
        m1=new MyThread("A",2,70); m2=new MyThread("B",3,70);
        m3=new MyThread("C",5,70); m1.start(); m2.start(); m3.start();
        System.out.print("当前共有"+ Thread.activeCount()+"个线程");
        System.out.print("Main 结束");
    }
}
```

【例 5.4】 通过内部类方式构造线程对象，实现例 5.1 的全部功能。

目的： 掌握通过内部类方式构造和使用线程对象。

设计： 本例用类 T 将例 5.1 中的 MyThread 类包围起来，并用 T 的构造函数来创建和启动线程对象。main 与例 5.1 相似。

```
class T{
    class MyThread extends Thread{…}     //与例 5.1 定义的 MyThread 类相同
    public T(String name, int n1, int max1){ //构造和启动 MyThread 类的对象
        MyThread m=new MyThread(name,n1,max1);m.start();
    }
}
```

```
class Ch_5_4{
    public static void main(String[] args) {
        System.out.print("Main 开始");    T t1,t2,t3;
        t1=new T("A",2,70);t2=new T("B",3,70);t3=new T("C",5,70);
        System.out.print("当前共有"+ Thread.activeCount()+"个线程");
        System.out.print("Main 结束");
    }
}
```

【示例剖析】

（1）将线程 MyThread 封装成囿类 T 的内部元素，这也是一种非常灵活的使用线程方式。

（2）实际上，构造线程有很多方式，还可用匿名内部类方式实现多线程。如：

```
class A{
     public  A(){
         Runnable  r=new Runnable(){ public void run(){ … }; }
                                          //匿名内部类
         new  Thread(r).start();//构造并启动线程
     }
}
```

这种方式，常用于某些服务程序：一旦创建对象，自动启动内部的多线程服务。这样，一方面可以简化操作手续，同时还可避免用户对服务程序的滥用。

练习 5.1

1. 设计一个线程类，它能输出 100 以内的奇数或偶数。用本节介绍的四种构造线程方式，创建两个线程对象，分别输出奇数和偶数；结合 main 程序的输出，验证“单个线程是顺序执行的”这一结论。

2. 使用顺序型程序生成 10000 个随机数并计算时间，使用两个线程生成 10000 个随机数（如每个线程生成 5000 个随机数），并计算总时间。比较二者时间上的区别并分析原因。

5.3　线程的互斥机制

5.3.1　概述

图 5.5 展示了不同线程对同一数据进行存取的两种情况。对情况（a），因只存在读操作，类似多人看报，各线程获取的数据是确定的；对情况（b），因存在写操作，当线程以不同顺

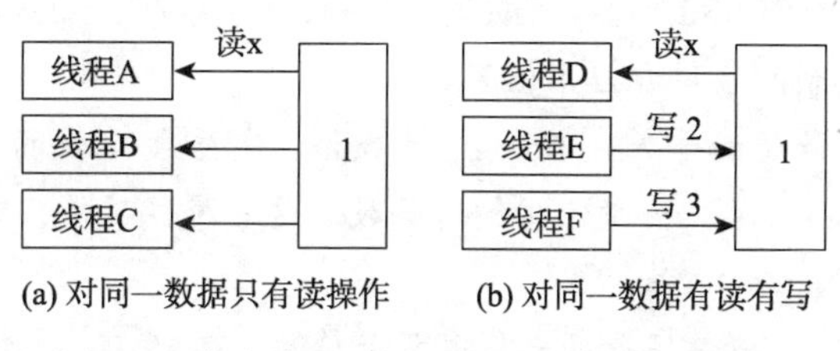

图 5.5　多个线程对同一数据读写的两种情况

序执行时，D 读取到的值、x 的最终值是不确定的。如以 D-E-F 次序执行，D 读到 1，x 值为 3；若以 F-E-D 次序执行，D 读到 2，x 值为 2。

这种多个线程对同一数据的并发读写（至少有一个线程执行写操作）被称作竞争。竞争会导致数据的不确定性。这种不确定性，可以视其为数据访问不安全。

下面以银行存取钱为例介绍上述不确定性必须要被解决的原因。假设银行有账户张三，账户余额 100 元。现张三及其儿子同时在两台存取款一体机上对该账户进行操作。张三存入 200 元，其儿子取出 300 元。假设使用存取一体机时，必须经历{查-改-查}三个步骤。在本地显示余额和修改金额，一体机上需要有这两个本地变量：余额和输入的数据，见图 5.6。为方便分析，图中对不同位置上的数据和指令做了不同标注，用 c 和 q 分别表示输入的存钱、取钱金额；cm 和 qm、m 分别表示本地缓存余额和账户余额；c1、q1 等表示不同机器上的动作。

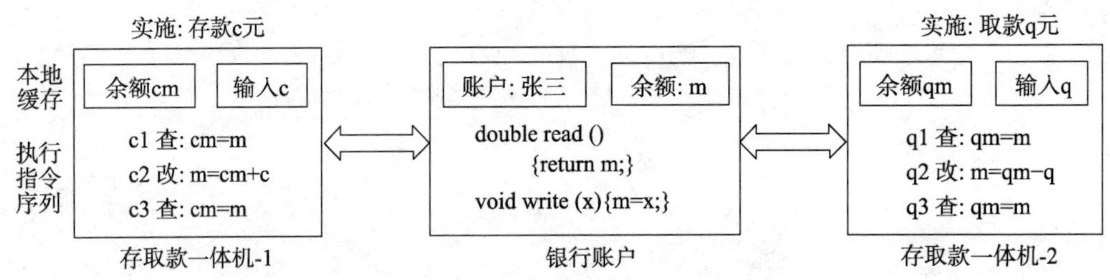

图 5.6 两个线程向同一银行账户同时存取款

根据需求，有 m=100，c=200，q=300。假设执行序列为{ q1-c1-q2-c2-q3-c3}，对应的指令序列：qm=m; cm=m; m=qm-q; m=cm+c; qm=m; cm=m; 代入数据，结果如下。

```
qm=100; cm=100; m=100-300=-200;m=100+200=300;qm=300;cm=300;
```

换言之，账户原有 100 元，存 200 元，取 300 元，执行完毕后，最终余额 300 元。银行显然不能容忍。可能的执行序列很多，这里不再赘述，请读者自行分析。

上述现象是{c1-c2-c3}和{q1-q2-q3}以交错方式对同一账户竞争存取所致。若二者以“不可分割”的方式（也称独占方式或互斥方式）执行，如先存后取，或是先取后存，则不会出现上述状况。Java 用 synchronized(D){S}框架实现互斥。其中对象 D 被称作临界资源，代码段 S 被称作临界区。该框架表示：S 只能以原子（即不可分割）方式访问 D。

5.3.2 示例：模拟银行存取款

【例 5.5】 假设账户张三有余额 100 元，对账户的存取钱过程的动作序列均为“查-改-查”。需要存入 200 元，取出 300 元。借助线程机制，模拟对张三的账户同时存钱或取钱。

目的： 掌握互斥机制的实现和应用框架。

设计： 本例主要设计了两个类：账户类 Account、实施存/取钱的 ATM 类。

Account 类有属性：姓名、金额，用构造函数对这些属性赋值，对金额的 read 或 write 方法、获取姓名的 getName()方法。

ATM 类涉及对账户存/取特定金额，故有两个属性：账户 a、存/取金额 atmVal（正数表示存钱、负数表示取钱)。为模拟同时执行，ATM 类必须是线程类，在 run()实施存钱或取钱，基本流程为“查-改-查”。

注意：由于指令执行速度非常快，即使未用互斥框架，线程体运行也可能一次运行完毕（即存钱过程和取钱过程未发生指令交错）。这样难以发现设计问题。故线程体中加入了一些 sleep()动作。sleep()执行时，当前线程必须放弃处理机控制权而转入休眠，线程切换自然就发生了。因此加入 sleep()可模拟线程频繁切换情形（最坏情形）。这是调试线程的常用策略。另外，sleep()所属线程会放弃 CPU，但不会放弃对资源的占用（即不会打开锁）。

```
class Account{
    private String name;      private int value;              //账户余额
    public Account(String s, int d){name = s; value=d;}
    public String getName(){ return name; }
    public int read(){ return value; }                         //查余额
    public void write(int x){ value=x; }                       //改余额
}
class ATM extends Thread{
    private Account a;
    private int atmVal;                        //存/取金额，正数/负数表示存入/取出
    public ATM(Account a1,int v){a=a1;  atmVal=v;}
    public void run(){                         //查-改-查
        //synchronized(a){                     //临界区：以原子方式访问临界资源 a
            String opStr=(atmVal>0)? "存入"+atmVal+"元" : "取出"+
                        (-1*atmVal)+"元";
            System.out.print("\n"+a.getName()+": 现有 "+a.read()+" 元,
              "+opStr);                        //查
                try{sleep(1);} catch(InterruptedException e){;}
            a.write(a.read()+atmVal);   //改
                try{sleep(1);} catch(InterruptedException e)  {;}
            System.out.print(", 现有余额 "+a.read()+" 元。"); //查
        //} //end  synchronized
    }
}
class Ch_5_5{
    public static void main(String args[]){
        Account a = new Account("张三",100);
        ATM atm1=new ATM(a,-300);       //取钱为负数
        ATM atm2=new ATM(a,200);        //存钱为正数
        atm1.start(); atm2.start();
    }
}
```

【输出结果】

未使用互斥框架的运行结果

张三：现有 100 元，取出 300 元。

张三：现有 100 元，存入 200 元，现有余额 300 元。现有余额 300 元。

使用互斥框架的运行结果

张三：现有 100 元，取出 300 元，现有余额 -200 元。
张三：现有 -200 元，存入 200 元，现有余额 0 元。

【示例剖析】

（1）从结果看，未使用互斥框架的输出信息杂乱，且余额不对。使用互斥框架后输出信息完整，结果正确的。注意：sleep(1)表示休眠 1 ms。执行时，线程定会放弃处理机，故能增加线程间的切换次数。本例 run()中的 sleep(1)，旨在模拟出线程执行的最坏情形：线程间频繁交错，这有利于线程的调试。由于该方法会产生检查型异常，故需要对其进行处理。另外，Thread 类还有一个静态方法 yield()，又称让步方法，能够让线程主动放弃 CPU，将 CPU 控制权交给相同或更高优先级的线程。5.3.4 节将介绍，由于线程的调度策略，线程的优先级效果似乎不明显，即 yield()的效果也不如 sleep()明显。

（2）互斥实现机理。所有对象上都有一个自动锁，初始为开启状态（unlock），一旦有线程的临界区访问该对象（即临界资源对象），则锁自动关闭（lock），即此线程“持有”锁；当临界区执行完毕后，则锁自动开启，即此线程“释放锁”。临界资源锁闭期间，任何其他线程无法再访问该临界资源，从而可确保线程间以排他方式执行。对本例而言，首先，atm1、atm2 拥有同一临界资源 a（见 main 方法），这是互斥的基础。若它们分别关联不同的临界资源对象，就不会产生竞争。请读者验证。之后，若 atm1 首先占有 a，则 atm2 必须等待，直至 atm1 的临界区执行完毕，atm2 才可能获得 a 的对象锁，继而执行。若 atm2 先执行，情况类似。注意，只有对象才有“对象锁”，换言之，基本型没有对象锁，不能作为临界资源。另外，只有临界区执行前才会检查锁的状态，sleep()执行时不会释放锁。

（3）本例设计的关键点有二：①在 ATM 类的 run 中用 synchronized(a){s}框起，确保代码段 s 以原子方式执行；②main 中 atm1、atm2 关联同一个账户 a（即使用同一变量 a），即确保线程 atm1、atm2 访问的临界资源是相同的，这样二者才能以互斥方式执行。

5.3.3　示例：模拟共享打印管理

有时互斥的线程不需要对共享资源进行有意义的访问，即共享资源仅作为一种标记，用于区分线程是否占用了资源，以决定能否执行。例如，四个人发言，要求发言不得被打断，并约定“拿着标记物的可以发言”。其中标记物可以是话筒、木棒或其他对象（不能是基本类型数据）。下面示例将用 String 对象作为线程间的共享资源。

【例 5.6】 假设有甲、乙、丙、丁四个打印线程，分别输出若干条语句（存于 String 数组）。模拟四个线程的共享打印，要求甲、乙、丙、丁的输出次序可以任意，但输出内容不得交叉。另外，在所有输出线程结束后，输出“所有打印作业结束”。

目的：进一步熟悉线程互斥的应用场景和设计框架；掌握 join()方法的应用场景和应用效果。

设计：线程类 Printer 通过构造函数传入临界资源 flag（String 型对象）和打印的内容 content（String[]型对象）。线程体框架为 synchronized(flag){逐一输出 content 的内容}。另外，用 p1.join(); p2.join(); p3.join();System.out.print("作业结束");等语句，可实现线程 p1、p2、p3 均结束后，才能输出“作业结束”。

join()是线程间的协作方法。若在 a 线程中使用 b.join()，只有当 b 线程执行完毕，a 线程的后续代码才能执行，效果见图 5.7。当然，执行到 b.join()时，若 b 线程已经执行完毕，这样，b.join()就没有作用了。注意：join()可能会抛出程序性异常 InterruptedException。

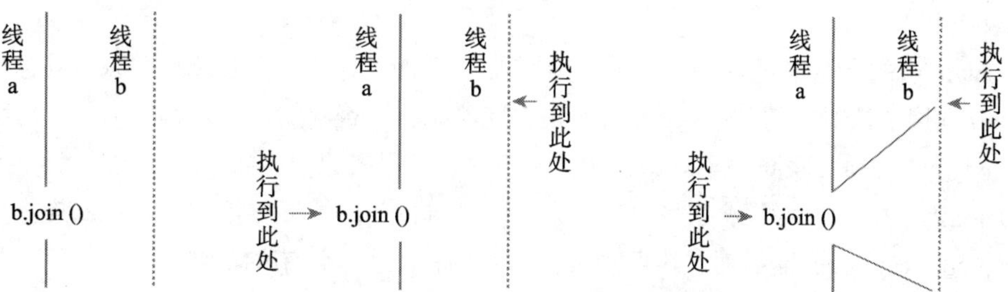

图 5.7　join()的效果图示

```
class Printer extends Thread{
    private String flag;              //线程间的共享资源，也是一种标志
    private String name;              //打印线程的名字
    private String[] content;         //打印的内容
    public Printer(String f,String n, String []s){ flag=f; name=n;
      content=s; }
    public void run(){
        synchronized(flag){
            System.out.print(name+" : ");
            for(String x: content) System.out.print(" "+x);
            System.out.println();
        }
    }
}
class Ch_5_6{
    public static void main(String[] args){
        String shareFlag="abc";       //线程间的共享资源
        String[] s1={"1","2","3"};
        String[] s2={"A","B","C","D","E"};
        String[] s3={"你好，","我好，","大家都好！"};
        Printer p1=new Printer(shareFlag,"张三",s1);
        Printer p2=new Printer(shareFlag,"李四",s2);
        Printer p3=new Printer(shareFlag,"王五",s3);
        p1.start();  p2.start();   p3.start();
        try{p1.join(); p2.join();p3.join();}
                                     //p1、p2、p3 执行完，才可执行下句输出
            catch(InterruptedException e){;}
        System.out.print("所有打印作业结束。");}
}
```

【输出结果】

```
张三 :    1   2   3
王五 :    你好，我好，大家都好!
李四 :    A   B   C   D   E
所有打印作业结束。
```

【示例剖析】

（1）main 中的字符串对象 shareFlag 起到了临界资源的作用，但各线程并未对其进行实质操作，仅利用了该对象的“锁”，即占用锁，就能执行；否则就不能执行。另外，再次强调：p1、p2、p3 必须关联同一个对象，锁才有意义，请思考原因。

（2）join()常用于“某个或某些线程结束，才可执行”的情形。该方法会抛出检查型异常 InterruptedException，需要对其声明或捕获，否则将产生编译错的问题。

5.3.4 示例：模拟网上抢票

【例 5.7】 用 int[]型数组模拟票源，用 int 型数据模拟车票，现用 10 个线程作为窗口，从该票源取车票（即出售）。要求：①不同窗口不能输出同一数据值（即一票多卖），车票售完则结束；②每个窗口售出的票数是不确定的；③在票售完后，输出各窗口的售票总量和车票数据；④不同线程采用不同的优先级。

目的： 掌握 synchronized 方法和 synchronized 语句块之间的区别；掌握对辅助对象（而非对票源对象）加锁的策略；了解线程优先级的作用和效果，并进一步熟悉 join()方法的用途。

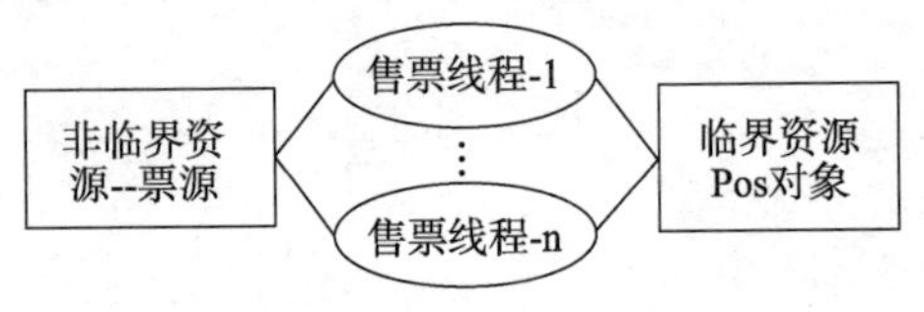

图 5.8 售票线程、票源、Pos 对象间的关系

设计： 售票线程从同一票源读取数据，若将票源作为临界资源，将严重影响售票效率。试想：网站售票时，在任一时刻只能有一个用户访问数据库。为提高售票效率，设计类 Pos，存储票源的当前位置下标。各售票线程只需要以 Pos 对象为临界资源，通过该对象获取当前售票位置，见图 5.8。由于不同线程互斥访问 Pos 对象，故定会得到不同的下标，从而避免“一票多售”。

售票线程 Seller 设计关联有 Pos 对象和票源，并内置一个数组，用于记录售出的车票。为便于理解 synchronized 方法和 synchronized 块之间的区别，代码采用了两种策略。如下：

策略 1：Seller 的 run()中采用 synchronized 块方式，即

synchronized(pos){…x=pos.getPos();…}，其中 getPos()是 Pos 的普通方法

策略 2：Seller 的 run()中直接使用 synchronized 方法，即

{…x=pos.getPos();…}，其中 getPos()是 Pos 类的 synchronized 方法

注意对比两种方式下的运行结果，并思考原因。

```
class Pos{                                  //Pos 对象用于控制数组 data 的位置
    private int max,pos;                    //max 是票源数组的长度，pos 是当前位置
    public Pos(int m){max=m; pos=0;}
    public int getPos(){                    //策略 1：临界资源在售票线程中设置
```

```
    //public synchronized int getPos(){//策略 2：实际对 this 对象加锁
        if(pos==max)return -1;
        int x=pos; pos++; return x;
    }
}
class Seller extends Thread{                    //售票线程
    private int ticketSource[];                 //票源
    private Pos pos;                            //将用作临界资源
    private String name;
    private int[]mySelled;                      //出票记录，大小与票源相同
    private int len=0;                          //mySelled 的表长
    Seller(Pos p,String s,int[] ts, int pr){//pr 是线程优先级
        pos=p;  name=s; ticketSource=ts; setPriority(pr);
        mySelled=new int[ticketSource.length];
    }
    public void run(){                          //将从票源取出的票售出
        while(true){
            //try{sleep(1);}catch(InterruptedException e){;}
            //对策略 1 影响明显，为什么
            synchronized(pos){          //策略 1。注：使用策略 2 时需注释此句
                int x=pos.getPos();
                if(x==-1)return;        //结束
                int ticket=ticketSource[x];  //获取一张车票
                    //try{sleep(1);}catch(InterruptedException e){;}
                                                //增加切换次数
                mySelled[len]=ticket; len++;
                    //try{sleep(1);}catch(InterruptedException e){;}
                                                //增加切换次数
            }//注：使用策略 2 时需注释此句
        }
    }
    public void showResult(){
        System.out.print("\n"+name+"共计售票【"+len+"】张，依次为："");
        for(int i=0; i<len; i++)System.out.print(mySelled[i]+" ");
    }
}
class Ch_5_7{
    public static void main(String[] args) {
        int[] ticketSource=new int[100];            //票源
        for(int i=0; i<ticketSource.length; i++) ticketSource[i]=i;
                                                    //生成车票
        Pos pos=new Pos(ticketSource.length);       //将用作线程的临界资源
        Seller[] s=new Seller[10];
        for(int i=0;i<s.length;i++)//构造一组不同优先级（i+1）的线程
           s[i]=new Seller(pos,"窗口-"+i,ticketSource,i+1);
        for(int i=0;i<s.length;i++)s[i].start();  //启动线程
        for(int i=0;i<s.length;i++)
```

```
            try {s[i].join();}catch(InterruptedException e){;}
        for(int i=0;i<s.length;i++)s[i].showResult();
    }
}
```

【输出结果】（为便于对比，下面列出了两种策略的运行结果。）

按策略 1 方式的运行结果：数据较多时以省略号……代替

```
窗口-0 共计售票【8】张，依次为：0 1 2 3 4 5 6 7
窗口-1 共计售票【0】张，依次为：
……略……
窗口-8 共计售票【0】张，依次为：
窗口-9 共计售票【92】张，依次为：8 9 10 11 12 13 …… 98 99
```

按策略 2 方式的运行结果：

```
窗口-0 共计售票【10】张，依次为：0 13 25 36 46 58 63 71 83 91
窗口-1 共计售票【10】张，依次为：3 14 23 37 43 51 60 70 87 92
窗口-2 共计售票【10】张，依次为：2 18 21 38 47 54 68 72 86 94
窗口-3 共计售票【10】张，依次为：1 12 26 30 49 56 67 74 84 98
窗口-4 共计售票【10】张，依次为：4 15 28 34 41 55 65 76 85 99
窗口-5 共计售票【10】张，依次为：8 10 29 35 40 57 66 77 89 95
窗口-6 共计售票【10】张，依次为：6 19 20 32 45 52 69 78 88 90
窗口-7 共计售票【10】张，依次为：7 17 27 33 42 50 61 73 80 96
窗口-8 共计售票【10】张，依次为：5 16 24 39 44 53 62 79 81 97
窗口-9 共计售票【10】张，依次为：9 11 22 31 48 59 64 75 82 93
```

【示例剖析】

（1）synchronized 还有一种声明方式为 synchronized 方法声明。如：synchronized void f(){…}等同于 void f(){ synchronized (this){…} }。

（2）从执行结果看，实现了既定目标。但两种策略的结果差别较大。这主要原因如下。

① 策略 1：必须执行完一次循环体后，才会释放资源。只有在循环体一次执行完毕后，当前线程才会释放 Pos 对象锁。但若当前线程的时间片尚未使用完，其他线程并未获得执行，也就无法去抢夺对象锁。因此，策略 1 的结果表现出某个窗口售票极多，其余窗口售票极少。注意：若将 sleep()写成如下形式

```
while(true){sleep(1);  synchronized(pos){…}}
```

则效果十分明显。这是因为当前线程释放锁后，就立即休眠（注：此时休眠的线程对象已经释放了 Pos 的对象锁），这样，其他线程将立即得到抢夺对象锁的机会。

② 策略 2：在执行 getPos()后即释放对象锁。此时，若有 sleep(1)语句，其他线程将立即得到抢夺对象锁的机会。换言之，sleep(1)后必定切换了线程。因此从结果上看，各线程售票数量相差不大。当然，若去掉 while 循环中的 sleep(1)，结果会大不一样。请读者验证，并分析原因。

显然，策略 2 线程对象持有 Pos 对象锁的时间更短，其他线程获得执行的概率更高。

（3）Java 线程具有优先级（取值范围为 1~10），默认值是 5，数值越大，优先级越高。线程调度采用“抢占式”策略，即在线程切换时，若有多个线程等待运行时，优先选择高优先级线程；若优先级相同，则由 JVM 决定哪个线程执行。本例在线程启动前，10 个线程分别被赋予不同的优先级。从结果上看，优先级的效果似乎并不明显。这是因为，抢占，并非意味着高优先级线程能够“剥夺”正在运行的低优先级线程的运行权。换言之，低优先级线程占用处理机后，除非时间片用完或主动放弃占用处理机，其他线程无法剥夺其占用的处理机。JVM 对线程的调度策略实际上很复杂，如要考虑避免低优先级线程总得不到执行（即“饿死”）。因此 Java 还规定，线程一段时间内定要释放一次控制权，以确保其他线程不能“饿死”。因此不可能发生“高优先级线程执行完，才执行低优先级线程”。

【思考】 对例 5.5，若将 Account 中的 read()、write()改成 synchronized 方法，并去除 ATM 类 run()中的 synchronized，是否可行呢？不可行。因为这种方式只能确保查（即 read()）、改（即 write()）作为一个整体来执行，无法保证“查-改-查”作为一个整体来执行。

练习 5.2

1. 利用定义 synchronized 方法的方式，实现例 5.5。

2. 对例 5.7，新增需求：每次售票可以是 1~5 张，其余要求不变，请完成设计。（提示：将 getPos()改成 getPos(n)，其中 n 是本次售票的张数。）

3. 患者到医院看病时，按挂号次序依次就诊。假设医院开启 4 处挂号窗口。有 100 人同时挂号。要求不得出现多人同号现象。请用线程模拟患者挂号。

4. 模拟实现 3 个发布者（FaBuZhe）对象向公告区 GGQ 发布消息。假设消息存储在 String[]型的数组 data 中，data 可以在 main 中创建。要求：

（1）发布者陆续发布自己的消息，每条消息占用一个 data[i]；

（2）各发布者可能同时发布消息，但不得冲突（即各发布者不得抢占同一个 data[i]）；

（3）为确保效率，不得对 data 数组进行加锁；

（4）公告区有显示所有消息的方法 showInfo()。

5. 购物车设计：假设存在某商品有 3 件，5 个人将其放入购物车，模拟 5 人同时秒杀此商品。注：只有一个卖家账户，只有 3 个人可以付款成功。

5.4　线程的同步机制

5.4.1　同步的含义和实现框架

“同步”实际上是相对于“异步”而言的。异步是指多个线程的运行相互独立，彼此间无依赖性。例如，在输出 2 的倍数时，不会影响 3 的倍数的输出。从某种意义上说，并发设计就是从顺序程序中分离出可异步执行的代码段，让其并发执行，以提高整体的执行效率。

同步则是指线程间执行需要遵循某种约定。例如组团外出旅游，约定：各人先自由赶赴某地集合，然后集体观光。这样，团友之间的行动实际上是相关的。

Java 实现同步的策略是：互斥+通信。互斥，需要线程间有临界资源，由该资源的状态决定线程是否能执行。当然，各线程要以互斥方式更改资源的状态。例如，集合地就是团友间的临界资源，团友到达集合地后，集合地的状态发生改变（即人数增加）。通信，实际上就是对临界资源的 wait()、notify()及 notifyAll()的调用。如张三到达集合地后，若人尚未来齐，则执行集合地的 wait()方法，让张三等待；若来齐，则执行集合地的 notifyAll()，以唤醒所有处在等待状态的人（notify()只能唤醒一个线程），开始执行下一步动作。

> **注意**：wait()、notify()、notifyAll()均为 Object 类的 final 方法。这些方法必须直接或间接地用于临界区中，否则将会产生非法监控锁状态异常（IllegalMonitorStateException）的现象。另外，执行 wait()方法的线程会释放锁（这点与 sleep()不同）。

5.4.2 示例：模拟生产者—消费者问题

【例 5.8】 有一生产者 P、消费者 C 和缓冲区 D，D 中只能存放一个产品（int 型数据），P、C 每次只能生产/消费一个产品，见图 5.9。利用线程同步机制，模拟实现多轮生产及消费。

图 5.9 生产者-消费者问题

目的：掌握同步机制的实现框架，掌握对线程同步执行过程的分析方法。

设计：本例主要设计了三个类：缓冲区、生产者、消费者

BufferArea：包含属性 d 和状态标记 isEmpty，以及放/取产品的方法 put(i)/get()方法。这两个方法是本例的设计重点，设计相似，要考虑三项重要操作何时执行：wait()、notify()、修改缓冲区状态（即 isEmpty 的值）。另外就是放/取（即返回）数据。

put(i)：若缓冲区不空则 wait()，否则执行{ d=i;　isEmpty=false;　notify(); }。

get()：若缓冲区空则 wait()，否则执行{ x=d; isEmpty=true;　notify(); return x; }。

Producer：生产者类，线程体 run()会依次产生数据 1~6，执行 put(i)--输出 I。

Consumer：消费者类，线程体 run()会执行 6 次：输出 get()信息。

本例展示了两种互斥实现策略，策略 1：put/get 为 synchronized 方法，生产者/消费者直接调用 put/get，未达到预期效果；策略 2：put/get 为普通方法，生产者/消费者采用 synchronized 块方式，此策略完美实现生产-消费同步。注意对两种策略的执行分析。

```
class BufferArea{ private int d;        //用于存放产品
   private boolean isEmpty=true;
    //缓冲区状态。注：此处定要有初值 true，请思考原因
   public synchronized void put(int i){
                                        //策略 1：将 put 方法体设为原子操作序列
   //public void put(int i){            //策略 2：在 run 中设置原子操作序列
   //注：因线程可能会伪唤醒（即自动醒来、小概率事件），故用循环
   while(!isEmpty)try{ wait();}catch(InterruptedException e){;}
   d=i;    isEmpty=false;    notify();//注意要修改状态标记，并发通知
   }
```

```
    public synchronized int get(){     //策略 1：将 get 方法体设为原子操作序列
    //public int get(){                //策略 2：在 run 中设置原子操作序列
        while(isEmpty)try{ wait(); }catch(InterruptedException e){;}
        isEmpty=true;   notify();   return d; //注意要修改状态标记，并发通知
    }
}
class Producer extends Thread{  private BufferArea ba;
    public Producer(BufferArea b){ ba=b; }
    public void run(){                                //生产过程
        for(int i = 1; i<6; i++){
            //synchronized(ba){                       //使用策略 1 时需要注释此句
                ba.put(i);  System.out.print("Producer put: "+i);
                try{sleep(1);}catch(InterruptedException e){;}
            //} //end synchronized：使用策略 1 时需要注释此句
        }   //end for
    }
}
class Consumer extends Thread{  private BufferArea ba;
    public Consumer(BufferArea b){ ba=b; }
    public void run(){                                //消费过程
        for(int i = 1; i<6; i++){
            //synchronized(ba){                       //使用策略 1 时需要注释此句
                System.out.print("\t Consumer get: "+ba.get()+"\n");
                try{sleep(1);}catch(InterruptedException e){;}
            //}//end synchronized：使用策略 1 时需要注释此句
        }
    }
}
public class Ch_5_8{
    public static void main(String[] args) {
        BufferArea b=new BufferArea();
        (new Consumer(b)).start(); (new Producer(b)).start();
    }
}
```

【输出结果】（为便于对比，下面列出了两种策略的运行结果。）

按策略 1 方式的运行结果：

```
         Consumer get: 1
Producer put: 1Producer put: 2   Consumer get: 2
Producer put: 3  Consumer get: 3
         Consumer get: 4
Producer put: 4  Consumer get: 5
Producer put: 5
```

按策略 2 方式的运行结果：

```
Producer put: 1  Consumer get: 1
Producer put: 2  Consumer get: 2
Producer put: 3  Consumer get: 3
Producer put: 4  Consumer get: 4
Producer put: 5  Consumer get: 5
```

【示例剖析】

（1）实现框架：互斥+通信。互斥，是指生产者、消费者线程要有缓冲区作为临界资源，作用为：①传递产品数据；②借助缓冲区状态决定生产者和消费者能否执行。通信，是指互斥操作中调用 wait()或是 notify()，从而避免发生“死等”。

（2）JDK 说明文档中提醒，线程有时会被“伪唤醒”，即线程未用 notify()或 notifyAll()也会苏醒（小概率事件）。因此为安全起见，put 和 get 中用 while 对 isEmpty 实施检测，这样即使伪唤醒，也会被 wait 语句再次阻塞。

（3）注意，“等待”的识别和执行必须要放在最前面。下面是两种 put(i)操作设计框架：

① void put(int i){ while(…){ …wait()…}{S} }，代码段 S 定会被执行；

② void put(i){ if(…){S} else while(…){ …wait()…} }，代码段 S 可能不会被执行。

实际上，6 轮生产，对应 6 次 put(i)，每次都必须要执行一次“生产”操作 S。若某次未执行 S，就会造成结果的错乱。故是否执行 wait()操作的判断，总是作为同步方法的第一个判断。

（4）对两种策略执行过程的分析。其中生产者线程执行 6 次“put(i)--打印”，消费者线程执行 6 次“打印 get()的数据”。注意，因缓冲区初始为空，决定生产者定会先执行（若消费者先执行会因缓冲区状态而 wait）。

策略 1 执行结果分析：put(i)和 get()方法体（粗线框定部分）以原子方式执行，见图 5.10。生产者 put(1)执行①后更改了缓冲区状态，继而执行②，消费者线程被唤醒，put(1)执行结束，生产者释放资源。若此时生产者线程的时间片恰好用完，get()操作将执行（注：此时生产信息尚未输出）。get()执行到③，更改缓冲区状态。get()操作结束，释放资源。若此时消费者时间片尚未用完，则执行④，输出。消费线程继续执行下一轮 get()。执行到⑤，因缓冲区状态不符而 wait()，切换到生产者线程，执行第一轮的输出，即⑥。之后开始消费者的第二轮生产（注：此时消费者已执行 wait()），执行 put(2)，至⑦，改缓冲区状态，并唤醒消费者，由于时间片未用完，继续执行⑧。之后若开启第三轮生产，执行 put(3)，会因状态不符而 wait()。故此后必定会转至消费者线程，接续⑤之后的操作，执行⑨，改状态并唤醒生产者，此后因时间片尚未用完，执行⑩。持续上述过程，直至结束。当然，策略 1 的执行结果是不唯一的。如生产者执行⑧之前，若时间片用完，会切换到消费者线程，输出“get 2”，之后才会输出“put 2”。

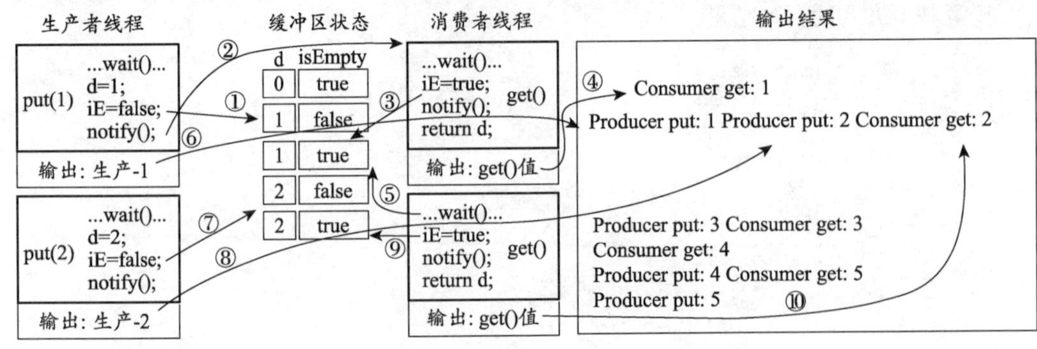

图 5.10　对策略 1 的执行分析

策略 2 执行结果分析：见图 5.11，临界区是 run 中的方法体（粗线框定部分），生产者

put(1)执行①后更改了缓冲区状态，继而唤醒消费者线程（注：此时尚未出临界区），并执行②，输出“put-1”。之后有两种可能。

（1）生产者时间片用完，消费者执行，即 get 执行到③，继而执行④，输出“get-1”；

（2）生产者时间片未用完，继续执行（3-a），会因状态不符而 wait()；之后消费者依次执行③、④，输出“get-1”。

显然，无论哪种情形，都是先输出“put-1”，再输出“get-1”。之后的分析类似，这里略。

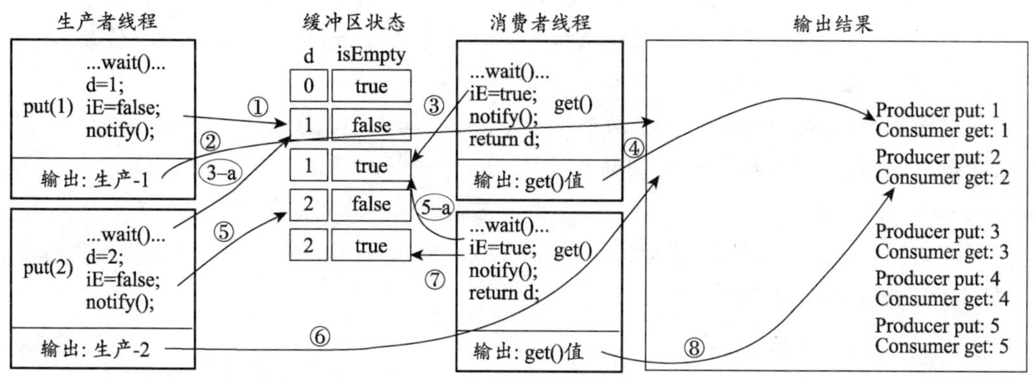

图 5.11　对策略 2 的执行分析

【思考】 若将 run()写成：run(){ synchronized(ba){ for(···){···} } }，输出结果会怎样？

小结：同步框架=互斥+通信。要点有三：①临界资源的状态决定线程执行的总体次序；②线程通过对临界资源的互斥存取，更改临界资源的状态；③通过临界资源的发出 wait()和 notify()等消息，阻塞或唤醒线程，即确保不该执行时不执行（即 wait()），该执行时不会死等（即被 notify()唤醒）。注意，wait()消息由临界资源 X 发出，相应地，被阻塞的线程会加到 X 的等待队列中；类似地，X 发出的 notify()或 notifyAll()消息，仅会唤醒自己的等待队列中的线程。

【思考】 若缓冲区中用容量为 n 的数组存储数据，生产者每次生产 x 个产品（x<n），若当前缓冲区空余不足 x 个则停止生产；消费者每次消费至多为 y 个，若产品数为 0 则停止消费，若产品数大于等于 y，则消费 y 个，否则将消费所有剩余产品。如何模拟上述生产—消费过程？如果存在多个生产者、多个消费者呢？

5.4.3　示例：模拟生产线

生产者—消费者问题模拟的是两个线程同步，本节模拟的生产线，涉及多线程间的同步。

【例 5.9】 用线程模拟生产线加工材料生成产品。具体而言：字符串 str 代表原料，初值为“笔记本:”，线程甲、乙、丙、丁依次对 str 进行加工，分别填入笔记本的外壳颜色、CPU、显卡、内存。外壳颜色可选黑色、银色、蓝色、红色，CPU 可选 i3、i5 或 i7，显卡可选核显或独显，内存可选 4GB、8GB、16GB。生产完成后要输出生产批次，如，输出：“笔记本：

黑色 i3 独显 4GB 产品 1 完成”或“笔记本：红色 i7 核显 16GB 产品 3 完成”。要求：只有当一台笔记本生产完成后，才能开启下一次的生产。请模拟实现 5 次生产过程。

目的：掌握多个线程同步的基本策略。

设计：由于布尔值只有 2 个，只能区分两个线程对临界资源的存取次序。为实现多个线程同步，设计 ProductLine 类，以 int 型变量为状态，以及存取状态方法 getSet(x,y)，若当前状态值不为 x，则等待；否则，将状态值改为 y。以 ProductLine 对象为临界资源，相关线程类 ProcessNode 类中有两个属性 myState 和 nextState，这样就可决定线程执行的次序了。如让甲、乙、丙、丁、end 等 5 个线程依次执行，它们对应的<myState, nextState>值分别设为<0,1>、<1,2>、<2,3>、<3,4>、<4,0>即可。

线程类 ProcessNode 的属性除了两个状态外，还包括临界资源 p（ProductLine 型）、材料数组 data（String[]型），每次执行时，用随机数从 data 中选择一项纳入产品中。线程类 EndNode 与 ProcessNode 类似，run()略有不同，用于生产完成后输出批次信息（而非加工）。

简言之，主要设计三个类：ProductLine、ProcessNode 和 EndNode。后面两个是线程类，以 ProductLine 型对象为临界资源进行同步操作。

```
import java.util.Random;
class ProductLine{
    private String str,initStr; //str 代表加工中的产品,initStr 是初始原料
    private int state=0;          //状态，用于区分哪个线程可执行
    public ProductLine(String s){str=s; initStr=s;}
    public void init(){str=initStr;}
    public void readWrite(int myState, int nextState, String s){
        //若当前为状态 myState，则将其改为 nextState,s 为加工的数据
        while(state!=myState)try{wait();}catch(InterruptedException e){;}
        str=str+" "+s;           //对产品加工
        state=nextState;    notifyAll();      //改状态、发通知
    }
    public String getData(){return str;}
}
class ProcessNode extends Thread{                 //生产线的生产结点
    private ProductLine p;                        //将作为临界资源
    private String[] data;                        //data 是本节点的加工材料
    private final int turn;                       //生产几轮
    private int myState, nextState;
     //若 p 的状态为 myState 可执行，执行后将其改为 nextState
    public ProcessNode(ProductLine b, String[] d, int my, int next, int t){
          p=b; data=d; myState=my; nextState=next; turn=t;
    }
    public void run(){                            //生产过程
        int i,j,len=data.length;  Random r=new Random();
        for(i = 1; i<=turn; i++){j=r.nextInt(len);
            synchronized(p){p.readWrite(myState,nextState,data[j]);}
             //执行时会加工 p 中的数据
             //try{sleep(1);}catch(InterruptedException e){;}
```

```
        }
    }
}
class EndNode extends Thread{                          //结束结点：实施产品完成后的操作
    private ProductLine p;
    private int myState, nextState;
    private final int turn;
    public EndNode(ProductLine b,int my, int next, int t){
        p=b; myState=my; nextState=next; turn=t;}
    public void run(){
        for(int i = 1; i<=turn; i++){
            synchronized(p){       //完成字符串的最终装配、输出、初始化
                p.readWrite(myState,nextState," 第 "+i+" 批完成\n");
                System.out.print(p.getData());//输出最终的字符串
                p.init();          //产品线初始化
            }
            //try{sleep(1);}catch(InterruptedException e){;}
        }
    }
}
public class Ch_5_9{
    public static void main(String[] args){
        String str="笔记本：";
        String[] s1={"黑色","银色","蓝色","红色"};
        String[] s2={"i3","i5","i7"};
        String[] s3={"核显","独显"};
        String[] s4={"4GB","8GB","16GB"};
        ProductLine p=new ProductLine(str);
        ProcessNode j,y,b,d;       //代表甲、乙、丙、丁四个线程
        j=new ProcessNode(p,s1,0,1,5);y=new ProcessNode(p,s2,1,2,5);
        b=new ProcessNode(p,s3,2,3,5);d=new ProcessNode(p,s4,3,4,5);
        EndNode end=new EndNode(p,4,0,5);
        System.out.print("开始生产：\n");
        j.start();y.start();b.start();d.start();end.start();
        try{j.join();y.join();b.join();d.join();end.join();}
            catch(InterruptedException e){;}
        System.out.print("生产结束。\n");
    }
}
```

【输出结果】

```
开始生产：
笔记本： 银色 i3 独显  8GB  第 1 批完成
笔记本： 银色 i7 核显  4GB  第 2 批完成
笔记本： 蓝色 i3 独显 16GB  第 3 批完成
笔记本： 银色 i7 独显 16GB  第 4 批完成
笔记本： 黑色 i5 独显 16GB  第 5 批完成
生产结束。
```

【示例剖析】

（1）与生产者消费者示例相比，本例用 int 型变量取代 boolean 型变量，以区分多个线程的执行次序，并用 readWrite(x,y)方法取代 put()和 get()，来实现多个线程间的通信。这是多线程同步的基础。由于涉及多个线程，因此唤醒方法就只能用 notifyAll()。

（2）EndNode 与 ProcessNode 结构相似，若前者继承后者，则 ProcessNode 需要提供一组获取生产线、状态等的 get 操作，比较烦琐。故这里并未采用继承方式，处理更方便。

*5.4.4 示例：并发的归并排序

归并排序非常适合用多线程模拟。如用 3 个线程对容量为 1 亿的数组实施归并排序。每个线程负责一次归并，完成后再申请新的归并段。当本趟所有线程完成归并后，才能开启下一趟归并，直至将数组合并成一个有序段。期间归并线程不能锁定数组，否则并发就没有意义。另外，默认初始有序段长度为 1（即单个元素），效率很低，故先用如冒泡排序将指定步长的数据段排成有序。下面例 5.10 将模拟这一过程。

【例 5.10】 利用线程机制，模拟实现对 n 个元素的归并排序。要求：

（1）设计冒泡排序线程，将指定步长的数据段排成有序，为后续归并排序奠定基础；

（2）对排序结果的有序性实施验证；

（3）计算出排序（含冒泡和归并排序）的总时间（毫秒级）。

目的： 使用线程技术解决实际问题，并体验并发程序设计中可能面临的各种问题。

设计： 总体策略为冒泡线程先对待排序数组初始化，产生特定步长的有序段；之后归并线程实施排序。主要设计了 Data、MyData、BubbleThread、MergeThread 等四个类，见图 5.12。

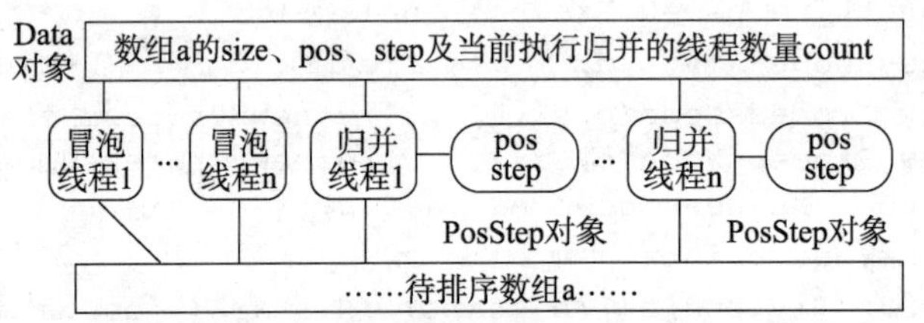

图 5.12 归并排序各对象之间的关系

Data 类： 并发设计重点，其对象用作冒泡、归并线程间的临界资源。类中有 int 型成员 size、pos、step、count，分别记录待排序数组的长度、起始位置、有序段长度、当前执行归并线程的数量；有三个 synchronized 方法：getPos()、sortOver()、setPosStep(PosStep d)。

```
synchronized int getPos(){ int x=pos;  pos=pos+step;  return x; }
                                                            //仅供冒泡排序
synchronized void sortOver(){  count--;  notifyAll(); }    //一次归并后执行
synchronized void setPosStep(PosStep d){                    //分成四种情况
    while(pos 越界&&当前尚有归并未结束) wait();            //即不能开启下一趟
    if(pos 未越界)→{                                       //即开启新归并
        d.pos=pos; d.step=step;  pos=pos+step*2;  count++; return;  }
    if(pos 越界 && 当前所有归并均结束 &&  新 step<size){  //即开启新趟
```

```
        step=step*2;  ps.pos=0; ps.step=step; pos=0+step*2;
        count++;   notifyAll(); return; }
          //获取 pos，必然会进行归并，故 count++
    if(pos 越界 && 当前所有归并均结束 &&  新 step>=size){ //归并结束
        ps.pos=0; ps.step=2*step; return;  }
}
```

对属性 count，当归并线程开启归并，会调用 setPosStep()，执行 count++；当结束归并，会调用 sortOver()，执行 count--。

PosStep 类：类中只有成员 pos、step，无成员方法。

各排序线程共享 Data 型对象，各归并线程拥有自己的 PosStep 对象。

冒泡线程：线程构造时获得待排序数组和步长，每次排序前，调用 Data 的 synchronized 方法 getPos()获得 pos。在一趟结束后，调用 Data 的普通方法 init()将 pos 归 0。

归并线程：线程有自己的 PosStep 对象 ps 以及 Data 型临界资源 data。线程体为：先执行 data.setPosStep(ps)，向 ps 填写申请到的 pos、step（若成功获取则 count++），之后执行循环 while(md.step<size)。①实施一次归并；②归并后执行 data.setOver()；③再执行 data.setPosStep(ps)。代码详见 Ch_5_10.Java。

```
import java.io.File;   import java.io.FileWriter;
class Data{
    private final int size;   //数组的最大容量
    private int pos,step,count;//数组的起始位置、有序步长、当前未完成归并的线程数
    public Data(int arraySize, int firstStep){size=arraySize;
      step=firstStep;}
    public synchronized int getPos(){ //专供冒泡排序用，用于获得一个 step 段
        int x=pos;pos=pos+step;return x;
    }
    public void init(){ pos=0;}        //冒泡线程序一趟结束后执行
    public synchronized void sortOver(){ count--; notifyAll(); }
                                       //必须要唤醒其他线程，否则会死锁
    public synchronized void setPosStep(PosStep ps){
        while(pos>=size && count!=0)  //wait()相关判断要最先执行
            try{ wait();}catch(InterruptedException e){;}
        if(pos<size){                  //本趟归并未完成，【开启本趟新归并】
            //尚有待分配数据段（注：此句不能放在 while 之前，why?）
            ps.pos=pos; ps.step=step;pos=pos+step*2;  count++; return; }
        if(pos>=size && count==0 && 2*step<size){//【开启新趟】
            step=step*2;  ps.pos=0; ps.step=step; pos=0+step*2;
            count++; notifyAll(); return; }
          //成功分配后，必然会进行排序，故 count++
        if(pos>=size && count==0 && 2*step>=size){//【归并结束】
            ps.pos=0; ps.step=2*step; return; }
    }
}
class BubbleThread extends Thread{                    //冒泡线程类
    private int [] a;                                 //a 存放待排序数据
```

```
    private Data data;        //排序线程需要从 data 中获取排序段的起始点下标
    private int size, pos, step;
                              //分别为待排序数组的长度、起始位置、冒泡排序段长度
    public BubbleThread(Data d, int[]a1, int step1){
         data=d; a=a1;  step=step1;  size=a.length;
    }
    private void bubbleSort(){//对起点为 pos，长度为 step 的数据段实施冒泡排序
        int i,j,t,flag,endPos;
        endPos=pos+step-1;if(endPos>=size) endPos=size-1;
        for(i=endPos; i>pos; i--){flag=0;
            for(j=pos; j<i; j++)
                if (a[j]>a[j+1]){ flag=1;t=a[j]; a[j]=a[j+1]; a[j+1]=t; }
            if(flag==0) break;
        }
    }
    public void run(){pos=data.getPos();
        while( pos<size ){   //排完一次/段 -- 再取下一个 pos
            bubbleSort();pos=data.getPos();
        }
    }
    public static void sort(Data data,int []a1, int step1, int threadNum) {
        if(threadNum<=0)return;
        BubbleThread[] bt=new BubbleThread[threadNum];
        for(int i=0; i<threadNum; i++){bt[i]=new BubbleThread(data,a1,step1);
          bt[i].start();}
        for(int i=0; i<threadNum; i++) try{ bt[i].join(); } catch(Exception e){;}
        System.out.print("\n 冒泡排序线程结束。");
    }
}
class PosStep{int step,pos;}              //每个归并线程都有自己的 PosStep 对象
class MeregeThread extends Thread{        //归并线程类
    private int [] a,b;                   //a 存放待排序数据，b 是辅助数组
    private Data data;private final int size;
    private PosStepps=new PosStep();//存储线程待排序段起始点、步长
    public MeregeThread(Data d,int[]a1, int[] b1){a=a1; b=b1; size=
      a.length; data=d;}
    private void meregeOne(){        //实施一次归并，并将结果回写到 a
        int i,j,k,endi, endj;        //首先计算两个归并段的起始/末尾下标
        i=ps.pos; j=i+ps.step;       //i、j 分别是两个归并段的起始下标
        if(j>=size) return;          //只有一个归并段：不归并、不回写，直接返回
        k=i;                         //下面定有两个归并段，设置 endi、endj 的值
        endi=j-1; endj=j+ps.step-1; if(endj>=size) endj=size-1;
        while(i<=endi && j<=endj)
            if(a[i]<=a[j]){b[k]=a[i]; k++; i++; }
            else {b[k]=a[j]; k++; j++; }
        while(i<=endi){b[k]=a[i]; k++; i++; }
        while(j<=endj){b[k]=a[j]; k++; j++; }
        for(i=ps.pos; i<=endj; i++)a[i]=b[i]; //将结果回写到 a
    }
```

```
    public void run(){
        data.setPosStep(ps);//获取归并的起始点和步长
        while(ps.step<size){// 实施归并 -- 告知归并结束 -- 再次获取数据
            meregeOne();data.sortOver();  data.setPosStep(ps);
        }
    }
    public static void sort(Data data,int []a1, int[]b1,int threadNum) {
        if(threadNum<=0)return;
        MeregeThread[] mt=new MeregeThread[threadNum];
        for(int i=0; i<threadNum; i++){mt[i]=new MeregeThread(data,a1,
          b1); mt[i].start();}
        for(int i=0; i<threadNum; i++) try{mt[i].join();}catch(Exception e){;}
        System.out.print("\n 归并排序结束。");
    }
}
class Ch_5_10{
    public static void main (String[] args) {
        final int max=100000000;                          //1 亿数据
        int []a=new int [max]; int[]b=new int[max];
        //a 存储待排序元素，b 是辅助空间
        for(int i=0; i<a.length; i++)a[i]=max-i;      //产生测试数据
        int mergeThreadNum=3, bubbleThreadNum=3, firstStep=50;
        //归并/冒泡线程数量、初始步长
        Data data=new Data(a.length,firstStep);
        long startTime= System.currentTimeMillis(); //计时
        BubbleThread.sort(data, a, firstStep,  bubbleThreadNum);
        //用冒泡排序初始化有序段
        data.init();
        //将 data 中的起始点重置为 0。至于步长，在创建 data 时已设为 firstStep
        MeregeThread.sort(data,a, b, mergeThreadNum);
        long endTime = System.currentTimeMillis();
        long time=endTime-startTime;
        System.out.println("\n 排序花费时间为: "+time+"毫秒");
        for(int i=1; i<a.length; i++) //对结果的有序性实施验证
          if(a[i-1]>a[i]){ System.out.printf("\n 失败: a[%d]=%d,
            a[%d]=%d",i-1,a[i-1],i,a[i]); return;}
        System.out.printf("\n 成功通过验证。");
    }
}
```

【输出结果】

冒泡排序线程结束。
归并排序结束。
排序花费时间为：3335 毫秒
成功通过验证。

【示例剖析】

（1）总体分作两部分：冒泡线程初始化、归并排序。冒泡线程初始化较简单，各冒泡线程互斥 data，以便不同冒泡线程对不交错的数据段并发排序。归并则较为复杂，需要考虑setPosStep()中列举的四种情况：等待、开启新归并、开启新趟、归并结束。

（2）为何在 Data 中设置 count 属性？若某线程从 Data 对象获知 pos 已越界，即本趟已无可分的数据段。此时可能有线程正实施归并。若立即开启下一趟的分配（即 pos=0,step=step*2），会造成“有序段可能并未有序”。故在 Data 中引入 count，每次归并前，互斥地执行 count++，归并完成后，互斥地执行 count--。当然，也有其他设计策略，如在 Data 中设置一个数组 tag，各归并线程将自己对应的 tag[i]置为 1 或 0，开启新趟前扫描整个 tag，看看所有元素是否均为 0。

（3）归并线程需要读/写（如开启新趟时）Data 中的 pos、step，必须确保这两个变量被归并线程“一次性”读/写（如本例 Data 中的同步方法 setPosStep(x)），即当 A 线程在对这两个变量读/写完成之前，B 线程无法存取这两个变量。否则，可能产生一些异常情形，如pos、step 不匹配。另外，由于 setPosStep(x)需要“一次性地”将 pos、step 交给归并线程，故将这两个数据打包成一个对象，即设计了 PosStep 类。

（4）从由于数据量极大，即使算法存在问题，肉眼观察也可能认为是有序的。对结果的有序性实施验证，就成为必备的手段。不同数据规模、不同排序条件的时常比较结果见表 5.1。从结果看，归并排序的时间复杂度为 O(nlogn)，冒泡为 $O(n^2)$，故百万数据量时，归并明显好于冒泡。用冒泡初始化、并采用多线程归并，其结果明显好于单线程归并。另外，归并线程也并非越多越好。注意，实际测试时，执行时间还与软硬件环境密切相关。

表 5.1　Eclipse 平台下不同数据规模、不同排序条件的时常（毫秒）比较

实施排序的线程	数据量（个）	初始步长（个）	耗时（毫秒）
冒泡单线程	10 万	10 万	2888
	100 万	100 万	301727
归并单线程	10 万	1	15
	100 万	1	109
	1000 万	1	734
	1 亿	1	7730
冒泡 3 线程、归并 1 线程	1 亿	1000	12406
冒泡 3 线程、归并 3 线程	1 亿	1000	12564
冒泡 3 线程、归并 10 线程	1 亿	1000	12079
冒泡 3 线程、归并 3 线程	1 亿	100	3618
冒泡 3 线程、归并 3 线程	1 亿	50	3590
运行环境：Core i7-9850H　2.60GHz 6 核、16GB　win10 64 位、关闭其他应用			

练习 5.3

1. 甲乙丙线程分别输出等量的字符，如甲线程输出：1、3、5、7、9；乙线程输出：2、4、6、8、0；丙线程数出：a、b、c、d、e。main 线程输出：线程开始、线程结束。借助同步机制、sleep()方法、join()方法，实现每隔一秒输出一个字符。且最终结果为

线程开始：1 a 2 3 b 4 5 c 6 7 d 8 9 e 0 线程结束

注：此结果为唯一输出结果。

2. 模拟阅卷：假设某试卷上有 5 道题，每题的分值为 30、10、10、30、20，用线程模拟阅卷，每个线程审阅一道题（用随机数给分），最后计算出卷面分。可假设有 10 份试卷。

3. 给定容量 10000 的 int 型数组，依次存储数据 0~9999。采用多线程技术计算其累加和。

*5.5　关于并发设计、应用的进一步讨论

5.5.1　并发设计策略

由于单个线程是顺序执行的，因此单线程设计策略可参考借鉴顺序型设计策略，如动态规划、贪心等。考虑到并发执行的多个线程间可能存在各种关系和数据交互，并发程序框架设计有自己常用策略。（注：这里用“框架”，旨在凸显“设计时首要考虑各线程间的关系和数据交互”，而非线程内部如何设计）。常见有分治法、流水线、消息传递等。

1. 分治法

分治，即分而治之。就是把规模较大的问题分成一组规模较小的问题。这样，各小问题可分别交给不同线程完成。例如，对长度 1 亿的数组进行求和、查找等，可把数组切成若干段，每段由一个线程负责实施，最后汇总结果。前面的归并排序设计也属于分治法。

分治法的设计要点在于“分”“合”。分，就是分解时，各子问题对应的数据段不能有交错，且所有子数据段的合并，必须恰好是整个数据段。这是各线程独自处理的前提。合，就是要考虑各子问题处理结果的存放。例如，对长度 1 亿的数组求和，若考虑将数组分成 10 段，可增设一个长度为 10 的结果数组，将各段的求和结果存入这个结果数组，待所有线程完成求和后，对结果数组进行扫描、统计。

2. 流水线

这种设计策略模仿工业流水线，即任务被分成若干子任务，子任务间有严格的执行次序，即：对任一子任务，只有其所有前驱子任务均完成，才能开启执行。5.4.2 节的生产者—消费者问题、5.4.3 节的模拟生产线，应用的都是这种策略。

流水线法的设计基础是必须要有一个控制各任务结点进度的机制，如用一个状态标记来决定某任务何时需要等待，何时能够执行，执行后的下一环节是什么，等等。

3. 消息传递

在并发执行的线程间，通过“消息”对象的传递来进行通信，进而决定线程是否执行及如何执行。其中，消息发送前要基于特定格式书写（或包装），收到消息后，要基于特定算法解包。例如，QQ、微信等聊天工具中，每个客户端至少有两个线程，分别负责发送、接收消息。当某用户发送“@张三 …”或“@All”时，各用户接收消息线程收到后，要么无反应，要么发出提示“有人提到了你”。

消息传递接口（Message Passing Interface, MPI）定义了消息传递的编程规范，针对不同编程语言，已经开发出不同的消息传递库，如 MPJ（面向 Java 语言）、MPICH（面向 C 语言）。值得注意的是，MPI 是一种被广为接受的并行程序设计标准，由专门的组织进行维护，各并

行机硬件制造商都提供对 MPI 的支持（即提供适用本机的、面向不同语言的 MPI 库）。

5.5.2 主线程、子线程、守护线程

主线程是指 main 线程，其他线程均称作子线程。对任一子线程，可通过 Thread 类中提供的 setDaemon(true)，将其设为守护线程（daemon thread）。

守护线程也称作后台线程，通常为其他线程提供后台服务，如垃圾回收、日志记录等。其特点是：只有当所有非守护线程（子线程）均结束时，JVM 才会结束守护线程的执行。注意：为持续提供服务或监控，守护线程通常设置为死循环（如 while(true){…}），即使这样，当所有非守护线程结束时，JVM 也将结束守护线程的执行，见如下示例。

```
class DaemnThread extends Thread{
      public DaemonThread(){  setDaemon(true);  }//将线程设为守护线程
      public void run(){  int i=0;
            while(i<100){
               System.out.print("DT:当前有"+ Thread.activeCount()+"个线程");
               try{sleep(1);}catch(Exception e){;}
               i++;
            } System.out.print("守护线程结束.");
      }
}
```

将 Daemon 加入例 5.1 中并启动，会发现“守护线程结束”未得到输出。这是因为守护线程至少要得到 100 次机会才能执行该输出。在此之前，例 5.1 的 A、B、C 线程均已执行完毕。此时守护线程无论是否结束，都会被 JVM 终止执行。

另外，main 线程不是守护线程，测试方式见如下示例。

```
public static void main(String[] args) throws InterruptedException {
    Thread t = Thread.currentThread(); //获取当前线程
       //因只有一个线程，故 t 必定是 main 线程
    System.out.print("Thread name:"+t.getName());
    System.out.print("\tThread.isDaemon="+t.isDaemon());;
}
```

输出结果为

```
Thread name:main Thread.isDaemon=false
```

5.5.3 定时器

java.util.Timer 是定时器类，该类对象可启动某个或某些任务定时执行，或以特定频率执行（即每间隔一段时间就执行一次）。java.util.TimerTask 是定时器任务类，该实现 Runnable 接口，但并未重写 run()方法，故是抽象类。定时器的使用框架如下。

```
class MyTask extends TimerTask{ public vid run(){…业务逻辑…}  }
    //书写业务逻辑
```

```
Timer t=new Timer(); t.schedule(new MyTask(), …);    //定时执行业务逻辑
```

如：t. schedule(task1,0,1000); t. schedule(task2,0,500);。

其中 0 表示延迟 0 毫秒执行，1000、500 表示每隔 1000、500 毫秒执行一次。

定时器任务拥有线程体，通过定时器对象的 schedule()方法可启动定时器任务线程执行。（即不需要 new Thread()、start()之类的操作）。另外，在构造定时器对象时，可设置定时器对象是否为守护线程，如 Timer t=new Timer(true)，表示 t 是守护线程。

5.5.4　线程组与线程池

线程组是一种管理机制，借助 ThreadGroup 类来实现。主要用于对一组线程集中管理，如通过线程组对象，让该组中的所有线程中断（interrupt()）、销毁（destroy()）等。但该类相关方法被发现是多线程不安全的（即多线程状态下可能存在问题），目前已不推荐使用。

线程池也是一种旨在重用线程，减少创建销毁线程的开销的机制。线程池应用场景为 Web 服务器、数据库服务器、邮件服务器，通常处理海量的小任务，即单个任务处理的时间很短，但请求处理的任务数量却是巨大的。若每到达一个请求，就为该请求创建一个线程 X，之后 X 实施处理服务，服务结束后将 X 销毁。那么，面对海量的处理需求，创建、销毁线程的时间可能远高于服务时间。另外，若同时存在的线程过多，线程间的切换也会十分频繁，这同样会影响处理机性能的发挥。线程池机制就是为解决上述需求而产生。

线程池机制主要涉及 java.util.concurrent 中的接口 Executor 及其子接口 ExecutorService，以及工厂类 Executors。策略为：通过 Executors 的静态方法创建线程池 x，之后通过 x.execute(task)或 x.submit(task)，将任务 task 分配给线程池中的某个线程去执行。线程池中的线程数量是有限的，且执行完成后并不销毁，而是出于空闲，这样就能持续不断地接受任务。详细使用细节可参见 JDK API 中 ExecutorService 的说明。

本章小结

引入线程机制旨在实现并发程序，以便提高资源使用效率，实现顺序型程序无法完成的功能。本章主要包括如下内容。

（1）线程的概念、构造和运行，主要包括线程并发程序的特点，进程和线程的区别与联系，线程并发执行机理，线程运行特点，线程运行涉及的三要素，线程的生命周期，线程优先级，构造线程对象的不同方式等。

（2）控制线程行为，主要包括互斥机制和同步机制。具体而言，什么样的应用需求需要使用互斥或同步的支持，互斥和同步的实现框架和注意事项，join()的作用，并涉及临界资源、临界区、对象锁机制等重要概念。其中，若能对多个线程间互斥和同步的运行过程实施精准分析，则会理解的更为透彻。

（3）拓展性讨论。简单介绍了并发设计策略，以及主线程、子线程、守护线程、定时器、线程组、线程池等概念，以方便读者进行深入拓展。

思考与练习

1. 什么样的程序是并发程序？为何要引入并发程序？

2. 区分概念：程序、进程、线程。

3. 进程和线程各自适合什么样的并发应用？有何区别？有何联系？

4. 简述 Java 虚拟机如何支持线程，使得其可以模拟出处理机分时的效果。

5. 为何说单个线程的执行是顺序的，而多个线程的执行结果可能是不确定的？以奇数、偶数输出为例，简述线程机制造成输出结果不确定的原因。在不确定的结果中，哪些又是确定的，为什么？

6. 简述线程运行涉及的三要素，以及各要素的作用。

7. 简述线程构造的若干不同方式。

8. 简述线程的生命周期。有哪些可能出现的状态？各状态表示何种含义？

9. 何谓线程互斥，引入互斥机制旨在解决何种问题？如何解决？

10. 何谓同步，引入同步机制主要用于解决何种问题？为何说：Java 的同步机制=存取共享资源的互斥机制+线程间的通信机制？

11. 何谓临界资源？何谓临界区？各自有何作用？

12. 何谓线程调度？为何需要线程调度？Java 的线程调度策略是什么？

13. 并发程序设计有哪些策略？

14. 给定存储 100 个数据的数组作为缓冲区，有 m 个生产者和 m 个消费者（每人每次只能生产或消费 1 件产品）。请用同步机制模拟上述生产—消费过程。

15. 给定存储 20 个数据的数组作为缓冲区，生产者每次生产 8 个产品，若当前缓冲区空余不足 8 个则停止生产；消费者每次可消费 6 个产品，若当前不足 6 个则消费完所有剩余产品。请用同步机制模拟上述生产—消费过程。要求：请尽可能地高效（如在操作缓冲区不重叠区域的情况下生产的同时可以消费）。

16. 游戏中，多人相遇处理起来比较困难。假设有一座桥可供 3 人并排行走，有三人从东向西，三人从西向东随意行走，模拟上述行为，要防止无法通过的情况发生。假设桥可以用 3×10 的数组，甲、乙、丙三人的初始位置分别为(0,0)、(1,0)、(2,0)，A、B、C 三人的初始位置分别为(0,9)、(1,9)、(2,9)。甲、乙、丙向前走就是列值逐步增加，A、B、C 向前走则是列值逐步减少。当某人向前走之前，必须要确保其落脚位置不能有人，否则需要转道。同样地，转道的位置也不能有人，否则不能转道。当甲、乙、丙或 A、B、C 的列值为 9 或 0 时，表示成功。

第 6 章

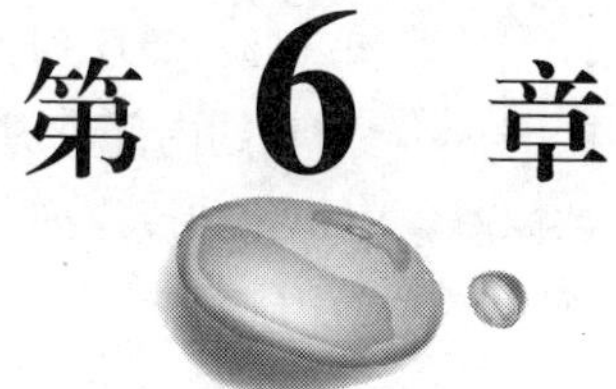

IO 流

6.0 本章方法学导引

【设置目的】

Java 的 IO 泛指复杂环境下对象间的数据交互。可能有读者认为：对象间数据的交互，使用对象自带的 getXxxx()和 setXxx()方法不行吗？实际上，这两种方法仅仅单纯地存取数据，其他因素考虑较少，很多情况下难以适用。例如网络下载、保存游戏（即保存游戏中当前所有对象及其当前状态）、视频在线播放（类似生产者—消费者问题）等。这些情况下，对象间传输的数据量可能很大，传输时无法一次性地存取所有数据，而且涉及网络传输、硬件（如文件读写）、线程安全（如使用同步机制时是否安全）等因素。使用对象间的 getXxxx()和 setXxx()方法难以满足需求。Java 用流作为复杂环境下对象间交互的媒介，并基于流预定义了庞大的类库，如 java.io、java.nio（即 new io），旨在方便规范地解决复杂环境下对象间的数据交互。

本章通过系统性地展示流的含义、特点，以及各种应用场景和应用框架，掌握文件读写、序列化和反序列化机制，为后续的网络编程奠定基础。

【内容组织的逻辑主线】

先介绍流是什么，为何需要流；继而通过文本文件复制示例，感受流的含义及其应用框架；之后简单讨论 IO 流的基本分类。在此基础上，结合文件复制、目录复制、文件合并、数据流读写文件、文本编码转换、序列化和反序列化、多线程复制大型文件等应用示例，深入展示 IO 流的适用场景和应用框架。

【内容的重点和难点】

（1）重点：①理解流的引入背景，流的含义和特点，以及蕴含的思想；②掌握流的基本应用框架，并能灵活运用；③掌握以不同方式实现对文件的存取；④理解和掌握对象序列化和反序列化机制的引入背景、基本思想和实现步骤，了解基于对象图来序列化对象的内部机理。

（2）难点：①掌握以不同方式实现对文件的存取；②理解和掌握对象序列化和反序列化机制的引入背景、基本思想和实现步骤，特别是基于对象图来序列化对象的内部机理。

6.1 IO 流概述

6.1.1 IO 流的引入

假设要通过网络传输数据 1、2.0、'a'。由于网络中只能传输二进制，传输前需要将这组数据依次转换（即写入）成一段二进制，见图 6.1。接收时，必须按与写入相同的次序进行读取和转换。若次序不对，读取的数据就不正确。对象间可能以任意次序传输各种数据，程序员需要为每种交互编写次序一致的读、写操作，编程任务繁重。另外，为提高效率，网络数据传输常借助缓冲区，需要编写支持缓冲区的相关操作。有时数据比较大（如音视频等），希望按照指定大小连续读取数据，这也需要编程实现。诸如此类的要求，加重了程序员的编程负担。

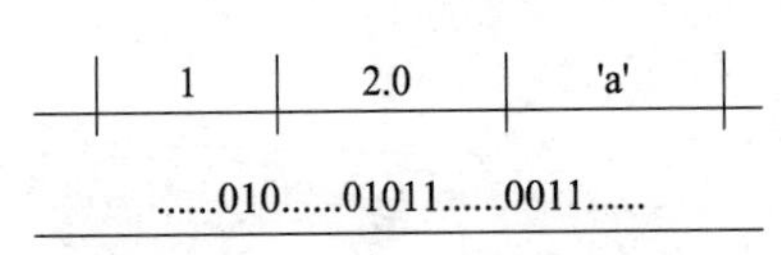

图 6.1　用二进制表达的数据

Java 采用流机制来解决复杂环境下对象间的数据交互，见图 6.2。对象 A、B 通过流读、写数据。流是对象与数据源、目标之间的数据传输通道。Java 中的流是单向的，专供操控端读取、写入数据的称作输入流、输出流。生活中也有类似情形。家里的水龙头、排污口就是操控端对象，自来水厂、污水处理厂是数据源、目标。输入流就是水龙头到自来水厂的取水通道，输出流是排污口到污水处理厂之间的排水通道。根据需要，流通道往往由多个对象组成。

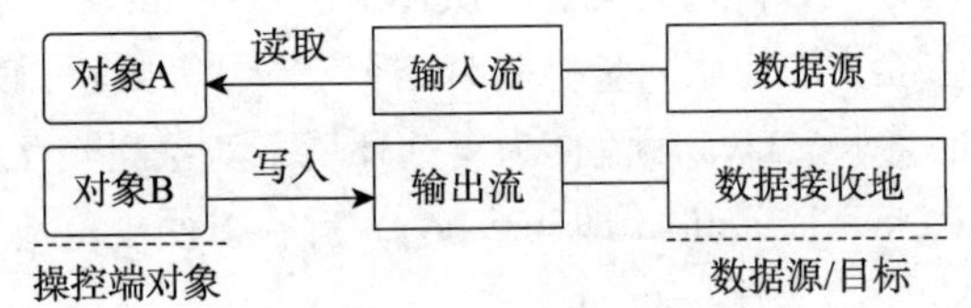

图 6.2　流是操控端与数据源、目标之间的数据传输通道

6.1.2 IO 流的基本应用框架

流必须先装配、再使用，其中装配是关键。装配策略：①确定两端，即确定操控端和数据源、接收地；②关联两端，即基于“按需组合”原则，用一组对象连接操控端和数据源、接收地，就像取水通道就是关联水龙头和自来水厂（数据源）之间的一组阀门、管道等对象。装配完成后，只需要使用操控端提供的特定操作完成需求即可。

例如，假设有需求“从文本文件 a.txt 逐行读取数据……”，易知文件是数据源。为实现“逐行读取文本数据”，操控端可以是 BufferedReader 对象，因为该对象提供的 readLine() 操作，可读取一行字符串。借助对象连接两端时，主要考虑构造函数。分析 BufferedReader 的构造函数，需要一个 Reader 对象；文本文件作为数据源，可以使用 File 或 FileReader 与文本文件关联。鉴于 FileReader 是 Reader 的子类，由此可确定流的完整装配方式，即

```
BufferedReader  br=new BufferedReader(new FileReader("a.txt"));
```

或者

```
BufferedReader br=new BufferedReader( new FileReader( new File("a.txt") ) );
```

上述装配，看上去像是 BufferedReader 对象包裹着 FileReader 对象，后者又包裹着 File 对象，故这种组合方式也称作包装。流的装配完成后，只需通过操控端 br.readLine()，即可从 a.txt 中读取一行数据。

【例 6.1】 给定文本文件 a.txt，以逐行读、写方式将其复制成文本文件 b.txt。

目的：①掌握流的基本使用框架：如何确定“两端”，如何基于“按需组合”原则实现两端之间的连接，以及连接后如何使用；②掌握文件读写涉及的 File、FileReader、FileWriter、BufferedReader、BufferedWriter 等类的组合方式和常用方法；③掌握如何基于相对路径、绝对路径描述文件。

设计：根据需求要使用两个流：借助输入流从 a.txt 中读，借助输出流向 b.txt 中写。这两个文件是数据源和目标。鉴于指令操作通常针对“内存中”的变量，故读、写“外存中”的文件时，一般先用 File 型内存变量与外存文件建立关联，此变量就是外存文件的替代物，操控此变量会传递到对应的外存文件。BufferedReader/BufferedWriter 对象可作为操控端，配备的 readLine()、write()可实现逐行读、写。BufferedWriter 的包装方式与 BufferedReader 类似，建立关联的方式如下，文件复制相关流配置的整体结构见图 6.3，代码详见 Ch_6_1.Java。

```
BufferedReader br=new BufferedReader( new FileReader(new File("a.txt")));
BufferedWriter bw=new BufferedWriter(new FileWriter(new File("b.txt")));
```

图 6.3 文件复制中流的关联

```
import java.io.File; import java.io.FileReader;  import java.io.FileWriter;
import java.io.BufferedReader;            import java.io.BufferedWriter;
import java.io.FileNotFoundException;     import java.io.IOException;
class Ch_6_1 {
   public static void copyByBuffer(String source,String target){
      try{  String s;
         BufferedReader br=new BufferedReader(new FileReader(source));
         BufferedWriter bw=new BufferedWriter(new FileWriter(target));
         System.out.print("复制策略：基于缓冲区逐行读取，逐行写入。");
         while((s=br.readLine())!=null){  //读取一行，并赋值给字符串 s
         bw.write(s,0,s.length());
                                    //将 s 中从 0 至 s.length()的所有字符写入 bw
```

```
                bw.newLine();           //直接向输出流写入“行分隔符”
            }//注意：使用bw.write(s+"\n",0,s.length());方式将会产生大量垃圾内存，
             //请思考原因
             br.close();  bw.close();
            System.out.print("-->复制结束！\n");
        }
        catch(FileNotFoundException e){ System.out.println("文件没找到！
          \n"+e); }
        catch(IOException e){ System.out.println("File read error! \n"+e); }
    }
    public static void main(String args[]){
        String source,target;
        source="a.txt";   //相对路径，当前文件夹下的源文件文件 a.txt（必须存在）
        target="bb/b.txt"; //相对路径
            //target="d:\\t\\c.txt";//绝对路径。注：目录 d:\t 必须存在，否则无法创
                                              //建文件
            //target="d:/t/d.txt";//注意对比两种斜杠方式的不同，反斜杠是转义符，正斜
                                           //杠不是
        copyByBuffer(source,target);
    }
}
```

【示例剖析】

（1）流要先配置，后使用。配置，即先根据需求确定操控端、数据源和目标，继而分析操控端类的构造函数，寻找与两端相关的类构造中间对象来连接两端。由于流是单向的，只能从输入流读，向输出流写。故本例文件复制需要两个流，操控端分别是 br、bw。配置完成后，只需要使用操控端即可，如 br.readLine()，读取的数据定来自与 br 关联的另一端 a.txt，写入数据也是如此。

（2）若使用 bw.write(s+"\n",0,s.length());写文件，每次执行都将创建两个对象：s 和 s+"\n"，多了近一倍的对象空间。bw.newLine()直接向输出流写入行分隔符，不需要对象 s+"\n"，更省空间。若将 s 的类型设为 StringBuilder，s 的对象空间能重复使用，会更省空间。另外，行分隔符俗称换行符，与操作系统密切相关，如 Windows 的换行符是两个字符“\r\n”，Linux 的换行符是一个字符“\n”。本例目标文件末尾比源文件末尾多一个行分隔符，请思考原因。

（3）FileReader 的构造函数可能抛出 FileNotFoundException 异常，FileWriter 的构造函数、br/bw 的 readLine()、write()、close()等均可能抛出 IOException 异常，它们均属检查型异常，必须要用 try-catch 处理，或是用 throws 声明，否则将无法通过编译。

（4）流用后要关闭（close()）以释放流占用的资源，如文件、缓冲区、网络连接等。注意：close()操作会执行刷新（flush）操作，可确保流中的数据被完整读、写。如前面归并排序示例中，写入完成后，若未使用 close()操作，可能有少量数据未写入文件。注意：本例的 close()位置存在缺陷。当 readLine()或 write()操作发生 IOException 异常时，将立即转入 catch 语句进行处理，这样 close()语句将得不到执行。因此，close 操作常放在 finally 子句中，因为无论是否发生异常，finally 子句都将会被执行。具体形式为

```
…… finally{if(br!=null) br.close();  if(bw!=null) bw.close();}
```

在后续例子中，将引入自动释放资源的方式，这是从 JDK7 开始有的特色。

（5）本例使用了绝对路径、相对路径等不同表达方式，还用了两种文件路径的分隔符，“\”和“/”，注意前者是转义符，分隔时要用双斜杠，如“d:\\t\\c.txt”。另外，读者在测试时，若使用自己提供文本文件，复制后的文件可能存在乱码。如复制本书附带文件“UTF-8 有签名.txt”，结果就会出现乱码。相关原因，将在 6.3.2 节介绍。实际上，对文本文件复制，避免乱码的最佳方式是使用字节流复制，详见 6.2.1 节。

6.1.3 IO 流类库简介

了解 IO 流中有哪些类，以及各类的构造函数，是使用流的前提和基础。但 IO 流类库庞大，初学者常感觉一盘散沙、无从下手。这里尝试对 java.io 包中的类做简单梳理，见图 6.4，为后续内容的理解奠定基础。

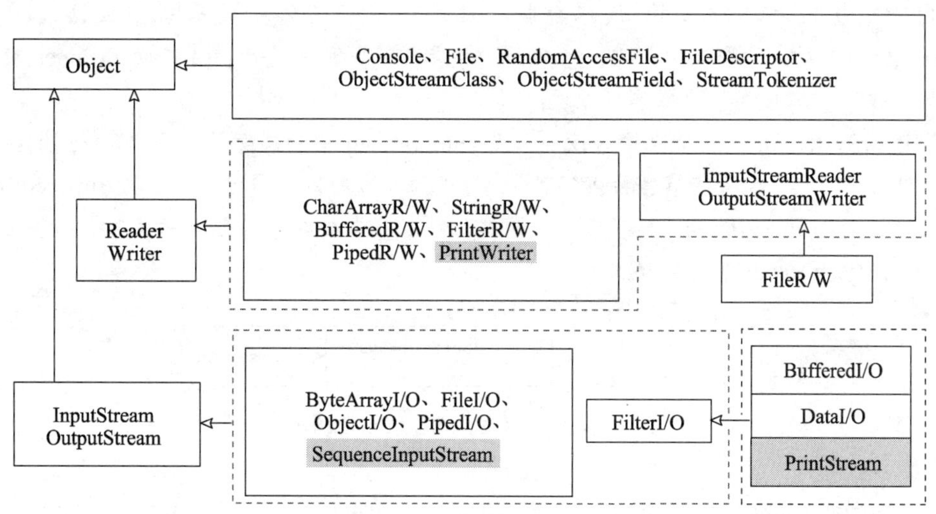

图 6.4 java.io 包的类库结构（部分）

注：图中 R/W 代表 Reader/Writer，I/O 代表 InputStream/OutputStream

流大体分为字节流和字符流。因流是单向传输的，常“成对”出现。字节流以抽象类 InputStream、OutputStream 为根类，提供基于字节的读、写数据的操作；字符流以抽象类 Reader、Writer 为根类，提供基于字符的读、写操作。在此基础上，结合应用需求和结合数据源、目标的特色，派生出各式各样的子类，以提高效率、方便操控。如数据流（DataXxx）可直接读、写基本类型数据，缓冲区流（BufferedXxx）为读写增设缓冲区，对象流（ObjectXxx）则用于直接读、写对象等。至于 Xxx 的具体内容，则可合理猜测，如数据流不只面向字符，故对应字节流，即 DataInputStream、DataOutputStream 不是字符，类似地，对象流也是如此。缓冲区流即可面向字节，又可面向字符，故对应 4 个流，见图 6.4。

另外，流的应用常涉及文件、控制台（如键盘、显示器等基于字符处理的设备），又定义了如 File、Console 等类，这些类直接继承 Object 类。

图 6.4 字节流和字符流中有三个类未成对出现，其中 SequenceInputStream 主要用于文件的合并。PrintStream 功能强大，System.out 就是 PrintStream 类型。PrintWriter 具备 PrintStream 的所有功能。在输出字符时，二者均需将字符转换成字节，再输出。但 PrintStream 按系统默认的编码格式转换。这样，当跨平台传输数据，且通信双方编码方式不同时，解码就会出现问题。PrintWriter 可按指定编码格式转换，兼容性和可控性更好。另外，PrintStream 在遇到换行符的时候会自动刷新，PrintWriter 则不会，需要在构造方法中设置，或是手动刷新。注：刷新在传输时很重要。如写文件时，可能尽管实施了写操作，但可能部分数据依旧在流中，未完全写入文件，直至刷新或流关闭时才会写入。PrintStream 和 PrintWriter 还有一个重要特色：不会抛出异常。这是其他流操作所不具备的。

java.io 包，除了类，还定义了一些接口、异常。另外，java.nio（即 new io）及其子包，对流的线程操作、字符集、文件等方面的操作做了完善或改进。

【例 6.2】 基于 System.in、BufferedReader、Scanner 等三种方式，从控制台读取 int、double、boolean 数据。

目的： ①借助 System.in 读取数据，理解字节如何转变成基本型数据；②借助 BufferedReader 对象读取数据，进一步理解"按需组装"形式灵活；③借助 Scanner 对象读取数据，体会"工具类"让操作更方便。

设计： System.in 代表标准输入设备，是 InputStream 型静态变量，提供的 read()操作只能按字节读取数据，故将字节转换成字符串，继而转换成特定基本型。操控端 BufferedReader 属字符流，数据源 System.in 属字节流。为建立关联，需要在二者之间插装字节向字符的转换流 InputStreamReader，见图 6.5。

图 6.5 从键盘逐行读取的组合图示

```
BufferedReader br=new BufferedReader(new  InputStreamReader(System.in));
```

注意： System.in 的 read(…)和 BufferedReader 的 readLine()，均可能抛出 IOException 异常。为简化代码，本例仅对其进行声明。

```
import java.io.BufferedReader;  import java.io.InputStreamReader;
import java.util.Scanner;        import java.io.IOException;
class Ch_6_2{
    static String f1()throws IOException{//方法 1：用 System.in 直接读字
                                          //节数据
        byte[] b=new byte[100];       //存储读入数据的字节数组
        int len=System.in.read(b);  //读取数据放入字节数组，返回读取的字节数
        return new String(b,0,len); //为提取读取的信息，需要将字节转换成字
                                    //符串
    }
    static String f2()throws IOException{//方法 2：逐行读取字符串
```

```
    BufferedReader br=new BufferedReader(new InputStreamReader
       (System.in));
    return br.readLine();
  }
  static void f3(){//方法 3：直接读取基本型数据（不需要先获得字符串，继而转换成基
                   //本型）
    Scanner sc=new Scanner(System.in);
    int i=sc.nextInt();double d=sc.nextDouble();
    boolean b=sc.nextBoolean();
    System.out.println("int 型："+i+"，double 型："+d+"，boolean 型："+b);
  }
  static void showData(String data){       //从字符串提取数据并打印
     String[] dataStr=data.split("[ ,]+");//用“空格”“、”“,”作为分隔符
     int i=Integer.parseInt(dataStr[0]);   //展示用不同方式获取 int、double
                                           //数据
     double d=Double.valueOf(dataStr[1]);
     boolean b=Boolean.valueOf(dataStr[2]);
     System.out.println("int 型："+i+"，double 型："+d+"，boolean 型："+b);
  }
  public static void main(String[] args)throws Exception {
     System.out.print("请依次输入 int、double、boolean 数据：\n");
     String s1=f1(); showData(s1);         //方式 1
     //String s2=f2(); showData(s2);       //方式 2
     //f3();                               //方式 3
  }
}
```

【输出结果】

```
请依次输入 int、double、boolean 数据：
1  2.0  true
int 型：1，double 型：2.0，boolean 型：true
```

【示例剖析】

（1）本例展示三种从键盘获取基本型数据的方式：

① System.in 方式：字节数据→字符串→基本型数据。

② BufferedReader 方式：字符串→基本型数据。

③ Scanner 方式：直接读取基本型。

注意：三种方式均基于 int、double、boolean 次序解读，故输入数据必须与此对应，且数据格式要正确，否则在数据转换时将产生异常。另外，输入数据时，各数据间有间隔符。字节数据难以区分哪些是数据，哪些是间隔符。字符串就比较容易区分。因此，字节数据→字符串→基本型数据，是一种常用策略。另外，应用方式上，Scanner 类更为简单直接，不需要数据转换。实际上，还有一些类与流密切相关，但并未放入 java.io 或 java.nio 包，如作为字符串缓冲区的 StringBuffer、StringBuilder 等。

（2）System.in.read(b)从流中逐字节读取数据，依次放入 b[0]、b[1]……读取的字节数不超过 b.length。若流中无数据，则返回–1。

（3）Sysetm 类中有三个 public 静态常量 in、out 和 err，其中 in 是 InputStream 型，out 和 err 是 PrintStream 型。分别代表标准输出、标准输入和标准错误，均由 JVM 自动创建，可直接使用，如 System.out.print(···)。但要注意，不要关闭，否则将影响输入、输出。

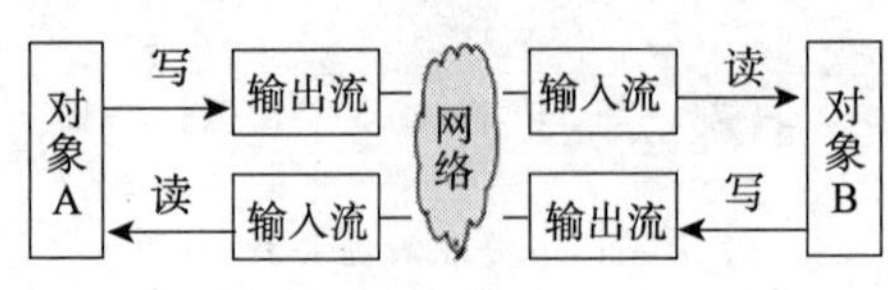

图 6.6　网络两端用户聊天使用的流

（4）流是单向的，输入流只能读，输出流只能写。网络聊天程序两端都要读写，就需要四个流，见图 6.6。对图中对象 A、B，输入源、目标均为网络。Java 支持很多网络协议，即由 Java 的底层类库实现 A 的输出、输入流与 B 的输入、输出流对接。

6.2　目录文件操作

6.2.1　普通文件复制

【例 6.3】 将源文件（见图片、音视频、Word 文档等任意类型文件）复制到指定位置上。

目的： 掌握基于字节流读写文件的基本方法，以及 File 类的相关用途，如区分文件、目录，判断文件、目录是否存在，创建目录等；掌握 try(资源定义)这种自动释放资源方式。

设计： 普通文件只能按照字节方式读、写，操控端既可使用字节缓冲流 BufferedXxx，组合策略与例 6.1 类似；也可以直接使用字节文件流 FileXxx，每次读、写特定数量的字节，直至结束。本例采用后者，请读者实现第一种方式。另外，本例新增加了一些增加程序健壮性的举措，如判别源文件是否存在、是否是文件、目标文件夹是否存在等。

```
import java.io.File;                import java.io.IOException;
import java.io.FileInputStream;     import java.io.FileOutputStream;
public class Ch_6_3 {
   public static void copyFile(String source,String target){//复制普通
                                                              //文件
   File src = new File(source);   File tar = new File(target);
   if(src.exists()==false) {System.out.println("源文件不存在！");return;}
   if(src.isFile()==false) {System.out.println("源文件不是文件！"); return;}
   if(tar.getParentFile().exists()==false) //目标目录不存在
       tar.getParentFile().mkdirs();          //创建目录
   try(  FileInputStream in = new FileInputStream(src);
         FileOutputStream out = new FileOutputStream(tar);
      ){//开始复制操作
      byte[] buffer = new byte[1024];   int num = 0; //读取文件的字节数
      while((num = in.read(buffer)) != -1)//当 num 为-1 时表示文件已经读完
         out.write(buffer, 0, num);        //将读取的字节写入输出流
      System.out.println("复制成功！");
   }catch(IOException e){ System.out.println("File read error! \n"+e);}
```

```
  }
  public static void main(String args[] ){  int ch;
    String source="D:/Java/tt/ht/a.jpg";  //请指定一个存在的源文件
    String target1="D:/00/3/1080p/1/2/3/4/b.jpg"; //目标文件
    copyFile(source,target1);
  }
}
```

【示例剖析】

（1）借助字节文件流可读、写普通文件，关联方式为 new FileInputStream(new File("a.txt"))，输出流与此类似。之后，用 in.read(buffer)读取数据，该方法返回读取的字节的长度，当返回–1 时表示读到末尾。写文件用 write(b, start, len)，将 byte[]型 b 数组中从 start 下标开始，长度为 len 的数据写入流。FileOutputStream 还提供了方法 void write(byte[] b)，即写入整个数组。注意：最后一次读的数据时，常常无法把 b 数组填满。若按 b 的长度写入，会多一些空白字符，即文件被损坏了。

（2）getParentFile(tar)返回 tar 所处的 File 型路径名，getAbsolutePath()返回 String 型路径名。mkdirs()创建目录要注意目录名必须合法，该操作可直接创建多级目录，如本例 tar 对应文件：D:/00/3/1080p/1/2/3/4/b.jpg，但目录 D:/00/3/1080p/1/2/3/4 并不存在，语句 tar.getParentFile().mkdirs()可直接创建该目录。注意，创建可能失败，如目标区域无写入权限，可根据该方法返回的逻辑值判断创建是否成功。File 类定义了文件的很多常用操作。

（3）JDK1.7 新增语句 try(资源定义语句) {…}catch-finally，其中资源就是需要执行 close()操作的流，可涉及多个流。其优点是可以自动关闭资源。但有两个限制：①资源变量必须在圆括号中定义（这点类似 for-each 语句中的变量），否则无法通过编译；②资源流必须实现了 java.io.Closeable 接口（JDK1.5）或是 java.lang.AutoCloseable 接口（JDK1.7），目前大部分流都实现了这两个接口。

（4）为避免文本文件复制时出现乱码，建议采用字节方式（即按普通文件方式）复制。

练习 6.1

1. 请基于字节缓冲流 BuferedXxx 实现例 6.3 的功能。

2. 假定有一个压缩包 data.rar（100MB 以上），请基于①基于文件流复制文件，②基于缓冲字节流复制文件，缓冲区大小为 4KB，并列出各自所用时间（毫秒级）。

3. 给定一个包含有路径信息的文本型源文件 src，将其复制到指定位置 tar 处。要求：当检测到 tar 指定的文件存在时，给出提示，输入“Y”或“y”则覆盖同名文件，输入其他字符则不覆盖，直接返回。要求：①以逐行、按字节读取两种方式读写文件；②假设 tar 仅仅是路径，不包含文件名。文件复制时需要从 src 中获取文件名信息，并追加到 tar 中。请查阅 File 类的相关操作，完成文件的复制。

6.2.2　目录复制

【例 6.4】 将目录 src 中的所有文件（含子文件夹）全部复制到目录 tar 中。若 tar 存在，则不复制，直接返回。

目的：进一步熟悉 File 类中与目录相关的方法。

设计：目录复制的策略为先创建目标目录 tar，将源目录 src 中的所有 File 型引用放入 File[]型数组 listFiles。扫描 listFiles，若 listFiles[i] 是文件，则复制文件；否则，按目录复制（即递归调用）。注意：子目录名也是文件。

```
import java.io.File;                    import java.io.IOException;
import java.io.FileInputStream;         import java.io.FileOutputStream;
public class Ch_6_4 {
    public static void copyFile(String source,String target){…}
      //与 Ch_6_3 相同
    public static void copyDir(String source,String target) {//复制目录
        File src = new File(source);
        if(src.exists()==false) {System.out.println("源目录不存在！");
          return; }
        if(src.isDirectory()==false){System.out.println("源目录不是
          目录！"); return; }
        if(target.endsWith(File.separator)==false) {//注：在目录尾部追加分
                                                        //隔符/
            target = target + File.separator;
        }//注意：若未追加分隔符，后续在创建文件时，会将文件名和路径名合成一个长文件名
        //  即：将导致文件并未创建在合适的文件夹内
        File tar = new File(target);
        if(tar.exists()==true) {
            System.out.println("目标目录已存在！");return;}
        if(tar.mkdirs()==false) {//创建成功则返回 true
                System.out.println("创建目录失败！");return;}
        File[] listFiles = src.listFiles();//获取 src 下所有文件
        for(int i = 0; i < listFiles.length; i++){
            if(listFiles[i].isFile())//如果是文件，就复制文件
                copyFile(listFiles[i].getAbsolutePath(),  target+
                   listFiles[i].getName());
            else //否则，则属于目录
                copDir(listFiles[i].getAbsolutePath(),
                   target+listFiles[i].getName());
        }
    }
    public static void main(String args[]){
        String sourceDir = "D:/temp";   String targetDir = "E:/temp";
        copyDir(sourceDir, targetDir); //复制文件夹
    }
}
```

【示例剖析】

（1）File 类的 getAbsolutePath()，返回 String 型绝对路径文件名，如 d:/Java/a.jpg，而 getName()只返回文件名，不含路径，如 a.jpg。另外，用 System.getProperty("user.dir")，也可获得用户的当前工作路径，请读者自行尝试。

（2）复制目录时，在目标目录尾部追加目录分隔符很重要，否则可能造成目录名与文件名无法区分。如目录名为 D:/temp，文件名为 a.jpg，直接组合结果为 D:/tempa.jpg，这显然与期望结果 D:/temp/a.jpg 不符。静态常量 File.separator 用于描述路径间的分隔符。s.endsWith(x)用于检测字符串 s 是否以字符串 x 为结尾。

6.2.3　打印目录树

【例 6.5】 给定目录 src，以树状结构打印出其中所有内容（含子目录及其中的文件）。

目的：进一步熟悉 File 类的实用方法。

设计：用树的前序遍历方式扫描目录树，用树的高度决定前导空格数量，即进入子目录，前导空格数量加 1。

```
import java.io.File;
public class Ch_6_5 {
    public static void preOrder(File f, int h) {//h 为层数，即结点高度
        File[] child = f.listFiles();              //目录树的子节点集合
        for (int i = 0; i < child.length; i++) {
            //对第 h 层，需要先打印 h 个" ┃"
             for(int j = 0; j < h; j++)  System.out.print(" ┃");
             if(i == child.length - 1)  //若结点时当前文件夹的最后文件
                System.out.println(" ┗" + child[i].getName());
             else  System.out.println(" ┣" + child[i].getName());
             if(child[i].isDirectory()) //对子树的递归调用
                preOrder(child[i], h + 1);
         }
    }
    public static void main(String[] args) {
        File f = new File("D:/Temp");
        System.out.println(f.getName());
        preOrder(f, 0);
    }
}
```

【输出结果】

```
Temp
 ┗示例
 ┃ ┗源码
 ┃ ┃ ┣temp
 ┃ ┃ ┃ ┗图片
 ┃ ┃ ┃ ┃ ┣a.jpg
 ┃ ┃ ┃ ┃ ┣b.jpg
 ┃ ┃ ┃ ┃ ┗c.jpg
 ┃ ┃ ┣Ch_1_1.Java
 ┃ ┃ ┣Ch_1_2.Java
 ┃ ┃ ┗Ch_1_3.Java
```

【示例剖析】

基本策略是树的前序遍历：先打印每一行信息，之后遍历各结点。若结点是目录，则递归调用。其中应注意以下几点：

（1）由于不知道子树结点的数量，因此每次执行前将所有子结点存入 child 数组。

（2）打印结点实际上就是打印信息行，即前导信息+文件名。为美观，这里区分了“最后一个文件（用└标识）”和“其他文件”（用├标识）。

6.2.4 合并文件

【例 6.6】 序列输入流 SequenceInputStream 可以将多个 InputStream 流合并成一个流。借助该流将文本文件 ha.txt、hb.txt、hc.txt 依次合并。

目的： 熟悉序列输入流的两种方式，双流合并、多流合并；熟悉字节缓冲流读写文件；多流合并涉及泛型接口 Enumeration，初步认识泛型描述和应用。

设计： 序列输入流作用单一，将多个输入流合并成一个输入流。从合并后的流依次读取数据写入新文件，即合并文件。为提高读、写效率，本例使用了字节缓冲流。序列输入流提供了如下两个构造函数，对别对应双流合并和多流合并：

（1）SequenceInputStream(InputStream s1, InputStream s2) 实现双流合并，例如：

```
new SequenceInputStream(new FileInputStream("a.txt"), new
    FileInputStream("b.txt"));
```

（2）SequenceInputStream(Enumeration<? extends InputStream> e) 实现多流合并，其中 e 是由所有 InputStream 子类对象组成的、实现 Enumeration 接口的集合。泛型类 Vector<E>可以提供这种集合。关于泛型的更多细节，将在第 8 章介绍。这里只需要理清如下逻辑：①多流归并需要实现 Enumeration 接口的集合；②向量 Vector 类的方法 elements()可以提供这种集合；③故需要定义一个 Vector 型对象 v，将各个文件流依次加入向量 v。

序列输入流创建后完成后，就不再区分是双流还是多流了。本例用 write(…)实现从序列输入流读取数据，写入目标文件。为高效读写，使用了字节缓冲流。

```
import java.io.FileInputStream;      import java.io.FileOutputStream;
import java.io.BufferedInputStream;  import java.io.BufferedOutputStream;
import java.util.Vector;             import java.util.Enumeration;
import java.io.SequenceInputStream;
import java.io.IOException;           import java.io.FileNotFoundException;
class Ch_6_6{
    //模式 1：用两个文件流合并成一个序列字节流
    static SequenceInputStream mode1(String f1,String f2){//将文件 f1、f2
                                                          //顺次合并
        SequenceInputStream sis=null;
        try { sis=new SequenceInputStream(
                new FileInputStream(f1), new FileInputStream(f2)); }
        catch(FileNotFoundException e) { e.printStackTrace(); }
        return sis; //注：因为需要返回 sis，故不能作为资源流定义在 try 中
```

```
    }
    //模式 2：用多个文件流合并成一个序列字节流
    static SequenceInputStream mode2(String[] files){//将 files 存放的所有
                                                     //文件合并
        Vector<FileInputStream> v = new Vector<FileInputStream>();
            //创建向量容器
        try{ for(int i=0; i<files.length; i++)  //向容器中添加文件输入流
            v.add(new FileInputStream(files[i]));  }
        catch(FileNotFoundException e) { e.printStackTrace(); }
      Enumeration<FileInputStream> en = v.elements();//返回向量中的所有元素
            //序列输入流只能接收 Enumeration 型对象，v.elements()返回
            //Enumeration 型引用
        return new SequenceInputStream(en);
    }
    static void write(SequenceInputStream sis,String targetName){
            //将 sis 写入文件
        try(BufferedInputStream in=new BufferedInputStream(sis);
                        BufferedOutputStream out=new BufferedOutputStream
                            (new FileOutputStream(targetName));
        ){   byte[] buff=new byte[1024]; int len;
            while((len=in.read(buff))!=-1) out.write(buff, 0, len);
        }catch(FileNotFoundException e) {e.printStackTrace();}
         catch(IOException e) {e.printStackTrace();}
    }
    public static void main(String[] args) {
        SequenceInputStream sis1=mode1("ha.txt","hb.txt");
        String[] f={"ha.txt","hb.txt","hc.txt"};
            SequenceInputStream sis2=mode2(f);
        write(sis1,"hab.txt");  write(sis2,"habc.txt");
    }
}
```

【示例剖析】

（1）序列输入流可将多个流顺次连接成一个流。之后，就像一般的字节流那样顺次读取即可。

（2）有读者可能注意到，例 6.3 读写文件使用的是字节文件流，本例使用的是字节缓冲流，但 read、write 使用方式一模一样。如何体现字节缓冲流的高效呢？实际上，字节缓冲流中的“缓冲”，并非程序中定义的 buff，而是指该类对象有一个“内部缓冲区”，并基于内部缓冲区读、写数据。读、写数据时，实际上是对该内部缓冲区的读、写，从而减少对硬件的存取次数。如对缓冲输入流，当读取数据或偏移（skip）后，会自动对内部缓冲区重填数据。对缓冲输出流，可将内部缓冲区数据直接写入，避免在字节写入前由操作系统产生一次调用（without necessarily causing a call to the underlying system for each byte written），从而让写入操作更高效。

练习 6.2

1. 模拟 Windows 系统的目录复制：若文件已存在，则给出提示“是否覆盖？输入字符

'y'：覆盖；输入其他字符：跳过”。继而继续提问“以后是否按相同方式处理：y（相同方式），其他字符（否）”。

2. 基于打印目录树的策略，设计目录搜索器：search(srcDir, nameStr)，即在 srcDir 目录及其子目录中，搜索形如 nameStr 的文件是否存在。要求：nameStr 可以支持 Windows 的正则符号，如*.jpg 表示所有后缀名为 jpg 的文件，其中*表示任意个字符；ch?1??.Java，其中?表示任一个字符。

3. 移动文件，一种策略是现将目录复制到指定位置，然后删除源目录；另一种策略是先创建目标目录，然后通过 File 类的 rename()操作将文件改名至指定目录。例如：若希望将文件 d:/temp/tt/a.jpg 移至 e:/test/mydoc/b.jpg，可通过如下方式：

```
File s=new File("d:/temp/tt/a.jpg");   File d=new
   File("e:/test/mydoc/b.jpg ");
s.renameTo(d);
```

请分别实现上述两种策略下目录的移动。注意，要考虑源文件及文件夹不存在、目标文件夹不存在、目标文件夹中已存在同名文件等情况。

6.3 其他操作

6.3.1 用数据流读、写文件

【例 6.7】 借助数据流（DataInputStream、DataOutputStream），读写基本型数据：先将若干基本型数据写入文件，继而从文件中读取数据。为确保读取正确，注意写入数据和读取数据的顺序必须保持一致。

目的： 了解数据字节流的基本用法，并在使用字节流时仔细体会流中数据的存储机理以及读取数据的策略。请注意读、写数据的次序要完全相同。

设计： 缓冲字节流、数据字节流均属于过滤流，前者提高读、写效率；后者实现格式转换，将字节格式转换为相关基本型数据。本例的设计思想很简单，先定义 i、d、c3 个变量，分属 int、double、char 型，之后借助数据输出流以 int-double-char 顺序写入文件 a.dat，之后借助数据输入流以同样次序从 a.dat 中读取数据，并打印输出。注意事项在示例剖析中讨论。

```
import java.io.DataInputStream;   import java.io.DataOutputStream;
import java.io.FileInputStream;   import java.io.FileOutputStream;
import java.io.IOException;
public class Ch_6_9{
   public static void main(String[] args){
      int i=5; double d=7.6; char c='x';
      try(DataOutputStream  out=new  DataOutputStream(new
         FileOutputStream("a.dat"));
           DataInputStream in=new DataInputStream(new
             FileInputStream("a.dat"));  )
      {   out.writeInt(i); out.writeDouble(d); out.writeChar(c);
             //注意写入次序
          //d=in.readDouble();  i=in.readInt();  c=in.readChar();
```

```
            //错误读取次序
            i=in.readInt();d=in.readDouble();c=in.readChar();
               //正确读取次序
        } //注意：读取数据的顺序要与写入数据顺序相同，不同则数据错误
        catch(IOException e){ e.printStackTrace(); }
        System.out.print(" i="+i+" d="+d+" c="+c);
    }
}
```

【输出结果】

```
运行结果 1（使用错误的次序）：
i=1717986918 d=1.11414622266E-313 c=x
运行结果 2（使用正确的次序）：
i=5 d=7.6 c=x
```

【示例剖析】

（1）数据不仅仅是字符，故数据流不是字符流，而是字节流。相应地，a.dat 不是文本文件，需要用字节文件流（FileInputStream、FileOutputStream）包装。

（2）本例写入顺序为 int-double-char。若按 double-int-char 次序读取，读到的 int、double 数据均不正确，而 char 是正确的。这是因为无论是 int-double 还是 double-int 占用的宽度是相同的。简言之，数据流中数据的排列方式严格按类型宽度来读、取字节和转换，数据流写入和读取的次序必须要完全相同。

（3）有读者可能注意到，数据输入流的构造函数为：DataInputStream(InputStream in)，而 System.in 恰好是 InputStream 类型，能否用 new DataInputStream(System.in)构造输入流，继而借助 DataInputStream 的 readInt()等来读取数据呢？不行。读者可尝试。因为在输入数据时，哪怕只输入一个数，也需要间隔符（如 Enter、空格等，否则如何知晓一个数据输入结束呢）。即：流中除了数据，还包含间隔符。readInt()实际按类型所占字节数依次读取数据并转换。这样，间隔符也被当成数据转换了。故数据流的使用实际上限制较大，一般成对读、写，次序一致。

6.3.2 本文编码转换

文本文件也是以字节方式存储在外存中。用 FileReader 包装文本文件，实际上隐藏着“字节向字符转换”这一行为，转换又涉及 FileReader 采用何种编码方式。若编码方式不匹配，则读取的数据可能出现乱码（注：纯英文不会出现乱码）。FileReader 的编码方式由 IDE 环境决定，例如，给定 UTF-8 编码有汉字的文本文件 a.txt，若用 FileReader 读取数据出现乱码，可以尝试将环境的编码更改为 UTF-8，再试试。Eclipse 更改编码的方式有二：

① 在 Package Explorer 中右击特定文件，选择“Properties”，在弹出的界面中更改编码。这种方式仅适用单个文件；

② 系统菜单→Window→Preference→General→Workspace，在对应界面中更改编码。这种方式适用于所有文件。

程序编译后，上述方式就不适用了。下面介绍一种更为灵活的方式：按指定编码格式读、写文本文件。

【例 6.8】 给定 UTF-8 编码格式的文件 UTF-8.txt，请将其复制成 GBK 编码格式的文件 UTF_8toGBK.txt（注：在 Emeditor 的“另存为”界面可显示当前文件的编码格式）。

目的： 掌握如何按指定编码格式读、写字符流，理解文件乱码的产生原因。

设计： 用转换流 InputStreamReader、OutputStreamWriter 可指定编码格式，如：

```
public InputStreamReader(InputStream in, String charsetName)
public OutputStreamWriter(OutputStream out, String charsetName)
```

上述两函数均声明了 UnsupportedEncodingException 异常（IOException 异常的子类）。这样，实现编码格式的转换，只需重新构造缓冲字符流对象即可，构造方式如下：

```
br=new BufferedReader(new InputStreamReader(
                        new FileInputStream(src), charsetName));
bw=new BufferedWriter(new OutputStreamWriter(
                        new FileOutputStream(tar), charsetName));
```

其中 src 和 tar 分别是源文件和目标文件名，charsetName 是指定编码格式名称。

```
import java.io.BufferedReader;      import java.io.BufferedWriter;
import java.io.InputStreamReader;   import java.io.OutputStreamWriter;
import java.io.FileInputStream;     import java.io.FileOutputStream;
import java.io.File;       import java.io.UnsupportedEncodingException;
import java.io.IOException;      import java.io.FileNotFoundException;
class Ch_6_8{
   public static void copyByBuffer(String src,String tar){
      BufferedReader br=null; BufferedWriter bw=null; String s;
      try{  //按 UTF-8 格式读，按 GBK 格式写
       br=new BufferedReader(new InputStreamReader(new
          FileInputStream(src), "UTF-8"));
       bw=new BufferedWriter(new OutputStreamWriter(new
          FileOutputStream(tar), "GBK"));
          while((s=br.readLine())!=null){
             bw.write(s,0,s.length()); bw.newLine(); }
             br.close();  bw.close();
   }
      catch(UnsupportedEncodingException e){ System.out.println("不支
        持的编码格式! \n"+e); }
      catch(FileNotFoundException e){ System.out.println("文件没找到!
        \n"+e); }
      catch(IOException e){ System.out.println("File read error!
        \n"+e); }
   }
   public static void main(String args[]){
      String source="UTF-8.txt";
      String target="bb/UTF_8toGBK.txt";
      copyByBuffer(source,target);
   }
}
```

【示例剖析】

（1）本例使用了字符字节转换流，其中 InputStreamReader 实现字节流→字符流，OutputStreamWriter 则实现字符流→字节流。在转换期间，可以指定转换的编码格式。

（2）可能有读者疑问：不知晓字符集的精确名称，如何使用？借助 java.nio.charset.Charset 类中的 availableCharsets()方法，可列出当前系统支持的字符集名称。参考代码如下。

```
import java.nio.charset.Charset;
import java.util.Iterator;  import java.util.Set;
class GetCharsetNames{
    public static void main(String[] args) {
        Set names=Charset.availableCharsets().keySet();
        Iterator it = names.iterator();
        while(it.hasNext()){
            String charsetName = (String)it.next();
            if(Charset.isSupported(charsetName))
                System.out.println(charsetName);
        }
    }
}
```

（3）对文本文件复制，为避免乱码，本书建议按普通文件方式复制。

6.3.3　序列化和反序列化

序列化，也称串行化，是把对象写入对象输出流（ObjectOutputStream）；反序列化则是从对象输入流（ObjectInputStream）中还原出对象。该机制常用于对象的转储（如游戏的保存及恢复、用数据库保存对象）和网络传输，以及远程方法调用。读者可能会产生疑问：字节流可传输任何数据，当然也能传输对象，为何还要额外的序列化机制呢？主要是对象的读、写更为复杂。例如，期望在文件中保存一棵树，若只保存树根对象，忽略了树中的其他结点，这种保存意义不大。序列化机制通过对象图机制，可以让用户只需要读、写根结点，就能恢复、保存整棵树。对象图可看成对象间的关联图：从需要序列化的对象出发（作为根），把与此结点直接或间接相关联的结点均纳入对象图。实际上，在 3.2 节的简单图书借阅系统的设计就是用到了序列化机制：只需要保存、恢复 BookMisApp 对象，就可保存、恢复系统中的所有数据。

序列化机制的应用步骤很简单：由于 Object 是所有类的超类，因此对象输入、输出流可承载任何对象，序列化实际上就是向对象输出流写，反序列化则是从对象输入流中读。借助对象流的 readObject()、writeObject(…)方法，就可实现读、写对象。

1. 自动序列化

【例 6.9】 给定如下定义的类 A、B、C、D，借助序列化机制，实现①将 A 型对象写入文件 data.dat，继而从文件中恢复 A 型对象；②若不想对 A 中成员 c 实施序列化的处理办法。

```
class A{  private B b;  private C c;  } class B{  private D d;  }
class C{  private int c; }                 class D extends C {  private int d; }
```

目的：①理解 Serializable 接口、transient 关键字在序列化机制中的作用；②掌握借助序列化机制基于文件读、写对象。

设计：首先，A~C 都必须实现 Serializable 接口。该接口是空接口，用以标记相关对象是“可序列化的”。换言之，只有被标记的类的对象，才会被纳入对象图。另外，E 是 F 的子类，即 E 型对象的构造与 F 密切相关，因此 F 也必须实现该接口。其次，为读写文件，需要借助文件的输入输出流。由于需要读、写对象，因此对象流是操控端，文件流是数据源、目标，包装方式为

```
out=new ObjectOutputStream(new FileOutputStream("data.dat"));
in=new ObjectInputStream(new FileInputStream("data.dat"));
```

综上所述，本例的设计就比较简单：A~F 实现 Serializable 接口，将流包装后实施读、写即可。另外，为验证序列化的效果，相关对象的成员涉及各种权限，涵盖基本型和引用型；为方便验证，需要输出对象在序列化前、后的信息，因此在源码中对 A~F 补充了构造函数和 toString()方法。序列化和反序列化的操作直接在 main 中实现。

```
import java.io.Serializable;
import java.io.ObjectInputStream;   import java.io.ObjectOutputStream;
import java.io.FileInputStream;     import java.io.FileOutputStream;
class A implements Serializable{ private B b;
    private C c; //实现需求 2 时注释此句
    //private transient C c;  //避免将 c 序列化。实现需求 2 时解开此句注释
    public A(B bb, C cc){b=bb; c=cc;}
    public String toString(){ return "A{b="+b+" c="+c+"}"; }
}
class B implements Serializable{ private D d;
    public B(D dd){d=dd;}
    public String toString(){return "B{d="+d+"}";}
}
class C implements Serializable{ private int x;
    public C(int xx){x=xx;}
    public String toString(){return "C{x="+x+"}";}
}
class D  extends C{private int y;
    public D(int x, int yy){ super(x); y=yy; }
    public String toString(){return "D{y="+y+"}";}
}
class App{
    public static void main(String[] args) {
        D d=new D(1,2);C c=new C(3);
        B b=new B(d);A a=new A(b,c);
        System.out.print("写入文件前: "+a);
        try( //out、in 是用于序列化和反序列化的对象流
            ObjectOutputStream out=new ObjectOutputStream(new
              FileOutputStream("data.dat"));
            ObjectInputStream in=new ObjectInputStream(new
              FileInputStream("data.dat"));
              ){out.writeObject(a);//执行序列化: 将对象“融入”对象流
```

```
            a=(A)in.readObject();//执行反序列化。思考:为何需要强制类型转换?
        }catch(Exception ee){ ee.printStackTrace(); }
        System.out.print("\n 从文件恢复: "+a);
    }
}
```

【输出结果】

```
写入文件前: A{b=B{d=D{y=2}} c=C{x=3}}
从文件恢复: A{b=B{d=D{y=2}} c=C{x=3}}
```

【示例剖析】

（1）实施序列化和反序列化时，只需要将对象流作为操纵端，与合适的数据源、目标进行连接即可。从结果看，A 写入前和恢复后信息一模一样，表明对象被完整读、写，对象中的权限修饰不产生影响。由于只需要读、写一个对象（如 A），与之直接或间接相关的所有成员、对象均会被自动读、写，因此序列化机制可极大简化对象数据的传输。

（2）A~C 必须要实现 Serializable 接口，否则运行时将会产生 NotSerializableException 异常。D 是 C 的子类，故 D 也实现了 Serializable 接口。

（3）反序列化时，in.readObject()只能返回 Object 型对象，故需要强制类型转换后才能赋予 A。另外，反序列化得到的对象，与 new 创建的对象不同，后者是“新对象”，即用构造函数赋值或默认值；前者是“旧对象”，各成员值可能发生了变化。例如，保存游戏时，保存前是破烂坦克，恢复后自然不能是崭新的坦克。另外，反序列化时，可能创建的不止一个对象，如若反序列化创建的是树根 t，则 t 的所有子孙均会被自动创建。

（4）若不希望某个属性被序列化（即写入对象流），则需将其用 transient 关键字修饰。例如，修饰 A 中的 C 后，序列化时，C 将用默认值填充。换言之，若 C 是引用型，默认值为 null，将不再从 C 拓展对象图。

（5）3.2 节图书借阅系统设计中，将 BookMisApp 对象写入文件，与之相关的图书库信息、读者库信息、借阅信息等均被自动写入，恢复也是如此。注意：假设已将对象序列化保存到文件 a.dat 中，若此后源码（即实现 Serializable 接口的类）做了改动，之后从 a.dat 恢复对象时，将产生 InvalidClassException 异常。class 文件中实际上有个“签名信息”。只要类的源码被改动（或者说重新编译），则签名信息就会被改动。序列化时，签名信息被写入文件。还原对象时，若类的签名信息与文件中记录的签名信息不一致，就会产生 InvalidClassException 异常。

2. 手动序列化

Serializable 接口用于实现自动序列化：对象中的属性搜索以及对象图创建之类的工作由 JVM 自动完成，用户只需读、写带序列化的对象即可。当然，期望排除的成员，也可用 transient 修饰。但下面的情形，自动序列化机制就难以满足需求了。

情形 1：期望对序列化的数据实施个性化处理，如将账户的用户名、密码信息在序列化传输时进行加密处理，在反序列化时进行解密处理。

情形 2：假设类 A 存在某个成员（如 Thread t）无法被序列化（Thread 类未实现

Serializable 接口），A 如何实现序列化？

java.io.Externalizable 用于实现手工序列化，它是 Serializable 的子接口，内有两个方法：

void writeExternal(ObjectOutput out)：通过 out 将待序列化的属性逐个写入对象流。

void readExternal(ObjectInput in)：通过 in 从对象流读取数据填充成员变量。

在序列化和反序列化时，这两个方法会被对象流的 writeObject()/readObject()方法自动调用。因此，读者只需关心如何使用 in/out 即可（不需要关心如何获取 in/out 对象）。注意：这两个方法读/写属性的次序必须要保持一致。

in/out 使用很简单：读、写 int 型可以使用 readInt()/writeInt(int)，其他基本型类似；读写对象型可使用 readObject()/void writeObject(Object obj)。实际上，in/out 可使用接口 ObjectInput/ObjectOutput 及其父接口 DataInput/DataOutput 声明的所有方法。读者可查阅 JDK 的帮助文档，以了解详情。

【例 6.10】 给定如下类 User、A、B，请用尽可能简单的方式将 User 对象写入文件 data2.dat，继而从文件中恢复该 User 型对象。要求：密码信息在序列化传输时进行加密处理，在反序列化时进行解密处理。注意：Thread 是系统类，且未实现 Serializable 接口。

```
class User { Thread t=new Thread(); String name, password; int age; boolean
   vip;  A a; }
class A { String s;  B b; }    class B { int  x; }
```

目的：掌握用 Externalizable 接口实现自定义序列化/反序列化的框架。

设计：User 类实现 Externalizable 接口，以及接口中定义的 write/readExternal(…)，并在这两个方法中读、写各属性。注意：对 User 中的成员 a，可以让 A、B 实现 Serializable 接口，这样在读、写 a 时，就能使用自动机制简化读、写。为实现加密、解密，设计了一个单独的加密解密类，加密、解密算法用的是简单的字符偏移。

```
import java.io.ObjectInputStream;    import java.io.ObjectOutputStream;
import java.io.FileInputStream;      import java.io.FileOutputStream;
import java.io.Serializable;         import java.io.Externalizable;
import java.io.ObjectInput;          import java.io.ObjectOutput;
import java.io.IOException;
class User implements Externalizable{
   Thread t=new Thread();    //Thread 是未实现 Serializable 接口的系统类
   private String name, password;  int age;   boolean vip; private A a;
   public User(){;} //用 Externalizable 反序列化会自动调用 public、无参的构造
                  //函数
   public User(String n, String p, int ag, boolean vp, A aa){
      name=n; password=p; age=ag; vip=vp; a=aa;
   }
   public String toString(){
      return "name=\""+name+"\" password=\""+ password+"\" age="+age+"
     vip="+vip+" a="+a;
   }
   public void writeExternal(ObjectOutput out) throws IOException {
      //out.writeObject(t);//注：此句将产生 java.io.NotSerializableException
      //将期望序列化的属性，用 out 逐个写入；t 无法序列化，就不写入
```

```
        out.writeInt(age);  out.writeBoolean(vip);
        out.writeObject(JiaMiJieMi.jiaMi(password)); //加密密码
        out.writeObject(name);out.writeObject(a);
    }
    public void readExternal(ObjectInput in)throws IOException,
       ClassNotFoundException{
        //读取反序列化的属性，注意，必须与 writeExternal(…)的次序相同
        age=in.readInt(); vip=in.readBoolean();
        String p=(String)in.readObject();
           password=JiaMiJieMi.jieMi(p);  //解密密码
        name=(String)in.readObject();  a=(A)in.readObject();
        t=new Thread(); //反序列化时，为避免空指针引用，这里重新创建线程对象
    }
}
class A implements Serializable{ //用于测试在手动序列化中能否包含自动的部分
    String s;private B b;
    public A(String x, B y){s=x; b=y;}
    public String toString(){return "A{s=\""+s+"\", b="+b+"}";}
}
class B implements Serializable{private int x;
    public B(int v){x=v;}
    public String toString(){return "B{x="+x+"}";}
}
class JiaMiJieMi{ //加密、解密类
    public static String jiaMi(String s){//加密算法：返回加密后的字符串
        if (s==null)return null;
        char[] c=s.toCharArray();
        for(int i=0; i<c.length; i++)c[i]=(char)(c[i]*10+5); //实施字符偏移
        String news=String.valueOf(c);
        System.out.print("\n加密前的字符串为："+s);
        System.out.print("\n加密后的字符串为："+news);
        return news;
    }
    public static String jieMi(String s){//解密算法：返回解密后的字符串
        if (s==null)return null;
        char[] c=s.toCharArray();
        for(int i=0; i<c.length; i++)c[i]=(char)((c[i]-5)/10);
        return String.valueOf(c);
    }
}
public class Ch_6_10{
    public static void main(String[] args) {
        B b=new B(5);
        A a=new A("aaa",b);
        User u=new User("张三","abcde",18,true,a);
        System.out.print("写入文件前："+u);
        try( //out、in是用于序列化和反序列化的对象流
           ObjectOutputStream out=new ObjectOutputStream
              (new FileOutputStream("data2.dat"));
```

```
            ObjectInputStream in=new ObjectInputStream
               (new FileInputStream("data2.dat"));
            ){out.writeObject(u);   u=(User)in.readObject();
             u.t.start();//验证反序列化对象中线程对象的存在——不产生空指针引用即可
        }catch(Exception ee){ ee.printStackTrace(); }
        System.out.print("\n从文件恢复："+u);
    }
}
```

【输出结果】

```
写入文件前：name="张三" password="abcde" age=18 vip=true a=A{s="aaa",
   b=B{x=5}}
加密前的字符串为：abcde
加密后的字符串为：?????
从文件恢复：name="张三" password="abcde" age=18 vip=true a=A{s="aaa",
    b=B{x=5}}
```

【示例剖析】

（1）实现自定义序列化关键有两步：①实现 Externalizable 接口；②在 writeExternal(⋯)/readExternal(⋯)中，对期望纳入序列化的属性逐个写、读。这两个方法在序列化和反序列化时这两个方法会被对象流的 writeObject(⋯)/readObject()方法自动调用。因此，读者只需要关心如何使用 in/out 即可（不需要关心如何获取 in/out 对象，以及在何处调用）。至于其他环节，如借助对象流读、写文件，这些操作无变化。

（2）若 A 实现的是 Externalizable 接口，就比较麻烦了，需要像 User 那样实现 writeExternal(⋯) / readExternal(⋯)方法。而本例让 A 实现 Serializable 接口，可自动完成属性的读、写。由此看出两种接口的区别：实现 Serializable 接口，不需要也无法考虑单个成员的读写；实现 Externalizable 接口，必须手动填写成员的读、写。另外，手动实现序列化时，不建议使用 transient 修饰：序列化哪些成员要在方法中指定，transient 修饰实际上没有作用。

（3）注意：在反序列化时，会自动调用 User 类（即实现 Externalizable 接口的类）的无参构造方法，且该方法还必须是 public。若无此构造方法，则会产生 InvalidClassException 异常，提示：no valid constructor。

【思考】 给定类 class T{ private int x; public T (int v){ x=v;} }，若将 T 作为 User 的超类，且要求不得对 T 进行修改，应如何处理?

答：提供的无参构造函数可以是 public User(){ super(0); }

（4）在手动反序列化时，要注意相关成员的取值，如引用型成员是否引用了对象，否则极易造成空指针引用错误。

（5）有些系统类不能序列化，如 writeObject(t)运行时将产生 java.io.NotSerializableException 异常。故在 writeExternal(⋯)中，对 t 未作处理。若希望在反序列化后使用该线程对象，则必须在 readExternal(⋯)中重新创建该对象，以避免空指针引用。简而言之，在序列化时，对不能被序列化的成员，要么用 transient 修饰，要么在手工序列化时单独处理，并注意避免空指针引用。

还有另外一种半自动的自定义序列化方式：Serializable+transient+两个特殊方法。ObjectInputStream 类的 JDK API 说明中提及，实现 Serializable 接口的类可实现如下两个方法，在其中加入序列化的特殊处理：

① private void readObject(ObjectInputStream in) throws IOException, ClassNotFoundException

② private void writeObject(ObjectOutputStream out) throws IOException

策略是：①用 transient 修饰不需要序列化或需要特殊处理的成员，②在两个特殊方法中调用序列化和反序列化的默认机制，自动完成除 transient 成员之外的所有成员，继而添加特殊处理。下面的例子将对 User 对象实施序列化，这两个方法要写在 User 类中。之所以"特殊"，是因为对象流的读和写对象方法会自动调用这两个私有方法。鉴于内部机理较为复杂，并涉及反射机制，请有兴趣的读者自行搜索相关资料。

【例 6.11】 对例 6.10 重新完成对 User 对象序列化。

目的： 理解借助 Serializable+transient+两个特殊方法实现半自动序列化的应用框架。

设计： ①User 类实现 Serializable 接口，并用 transient 修饰 password；②在 User 类中添加两个私有方法（readObject(…)和 writeObject(…)），在其中调用自动的序列化和反序列化机制，并补充对密码的特殊处理方法。下面代码中仅列出与 Ch_6_10 不同的部分。

```
import java.io.ObjectInputStream;   import java.io.ObjectOutputStream;
import java.io.FileInputStream;     import java.io.FileOutputStream;
import java.io.Serializable;        import java.io.IOException;
class User extends Thread implements Serializable{  //半自动序列化
    private String name;
    private transient String password; //期望特殊处理的成员要用 transient 屏蔽
    …
    private void writeObject(ObjectOutputStream out) throws IOException{
                                               //特殊方法 1
        out.defaultWriteObject();       //调用默认的序列化机制
        out.writeObject(JiaMiJieMi.jiaMi(password)); //实施特殊处理
    }
    private void readObject(ObjectInputStream in)
            throws IOException,ClassNotFoundException { //特殊方法 2
        in.defaultReadObject();  //调用默认的反序列化机制
        String p=(String)in.readObject(); //先提取密码数据
        password=JiaMiJieMi.jieMi(p);      //再实施特殊处理
    }
    …
}
    /* 代码的其他部分与例 6.10 的对应部分相同，这里略 */
```

【示例剖析】

与实现 Externalizable 接口相比，本例只需要关注需要特殊处理的部分（如密码），其余部分的处理，使用调用对象流提供的方法即可，更为简单。但也要注意：两个方法读、写数据的次序要一致。

*6.3.4 多线程复制大型文件

前面已经介绍了文本文件和普通文件的复制。实际上，java.nio.channels.FileChannel 提供了更快的文件复制方式。与 java.io.RandomAccessFile 相配合，可实现基于线程读写文件。

【例 6.12】 给定一个 2GB 规模的视频文件 F:/tt/0.mkv，借助类 FileChannel，分别实现普通复制和多线程复制（复制后的文件为：F:/tt/2.mkv 和 3.mkv）并分别计算所耗时间。

目的：理解 FileChannel 类的使用框架，以及多线程读写文件的实现策略。

设计：FileChannel 是抽象类，用于描述能读、写、映射（mapping）、操纵文件的管道（channel）。借助文件字节流的 getChannel()，获取 FileChannel 型的 in 和 out，之后将 in 中指定位置、长度的数据写入 out，即可实现文件的复制，见图 6.7。

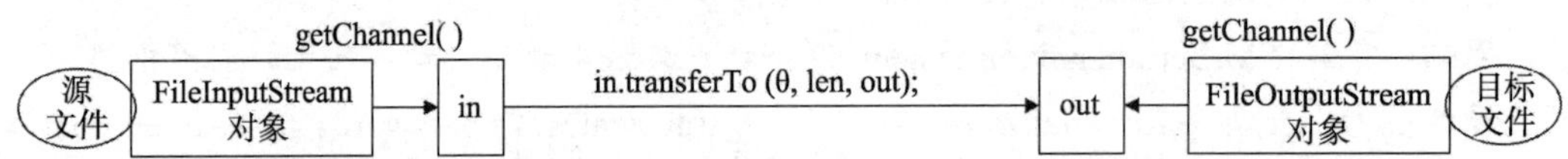

图 6.7 使用 FileChannel 建立流并复制文件示意图

多线程读写文件时，可将文件视为一个“数组”。这样，用线程从源文件数组的指定位置 pos 处读取长度 len 的数据，写入目标文件数组的对应位置即可。其中 RandomAccessFile 用于随机存取文件，即先通过 seek(pos)将源文件及目标文件的读/写指针移动到 pos 处，然后读/写若干字节的数据。为方便对比，本例给出了三种文件复制方式。

```
import java.io.File;                    import java.io.RandomAccessFile;
import java.io.FileInputStream;         import java.io.FileOutputStream;
import java.io.FileNotFoundException;import java.io.IOException;
import java.nio.channels.FileChannel;import java.nio.channels.FileLock;
class CopyFile{//三种不同方式复制单个文件
    public static void cpByStream (String source,String target){
        try(FileInputStream in = new FileInputStream(source);
            FileOutputStream out = new FileOutputStream(target);
            ){  byte[] buffer = new byte[10240];  int num = 0;
                //读取文件的字节数
            while ((num = in.read(buffer)) != -1)
                out.write(buffer, 0, num); // 将读取的字节写入输出流
        }catch(IOException e){ System.out.println
           ("File read error! \n"+e);}
    }
    public static void cpByChannel(String source,String target){
        try(FileChannel in=(new FileInputStream(source)).getChannel();
            FileChannel out=(new FileOutputStream
                (target)).getChannel();){
            long fLen=in.size();  in.transferTo(0,fLen,out);//实施文件传输
        }catch(FileNotFoundException e){ e.printStackTrace(); }
```

```
        catch(IOException e){ e.printStackTrace(); }
    }
    public static void cpByThread(String source,Stringtarget,int num){
        //num是线程数量，文件将被分成num块
        CopyFileThread[] cpt=new CopyFileThread[num];
        long fLen=new File(source).length(); //文件总长度
        long bLen=fLen/num;  //每块的大小，注：最后一块要小些
        long pos=0;
        for(int i=0; i<num-1; i++,pos=pos+bLen)
            cpt[i]=new CopyFileThread(source,target,pos,pos+bLen);
        cpt[num-1]=new CopyFileThread(source,target,pos,fLen);
        for(int i=0; i<num; i++) cpt[i].start();
        try{ for(int i=0; i<num; i++) cpt[i].join();}
            catch(InterruptedException e){e.printStackTrace();}
    }
}
class CopyFileThread extends Thread{//以多线程方式复制单个文件
    private String source,target; //源文件和目标文件名称（可以带路径）
    private long startPos,endPos; //线程读取数据在文件中的位置
    public CopyFileThread(String src,Stringtar,long start, long end){
        source=src; target=tar; startPos=start; endPos=end;
    }
    public void run(){
        try( RandomAccessFile in=new RandomAccessFile(source,"r");
             RandomAccessFile out=new RandomAccessFile(target,"rw");
             FileChannelinChannel=in.getChannel();
             FileChanneloutChannel=out.getChannel();
             ){  in.seek(startPos);  out.seek(startPos);
                //将源文件、目标文件的读写位置移到起始点
            //在数据传输前，需要对写数据的区域加锁，false表示加锁
            FileLock lock=outChannel.lock(startPos,endPos-startPos,false);
            inChannel.transferTo(startPos,endPos-startPos,outChannel);
                //数据传输
            lock.release();//释放锁
        }catch(Exception e){ e.printStackTrace(); }
    }
}
class App{
    public static void main(String[] args) {
        String src="f:/tt/0.mkv";   String tar1="f:/tt/1.mkv";
        String tar2="f:/tt/2.mkv";String tar3="f:/tt/3.mkv";
        long bTime=System.currentTimeMillis();
        //CopyFile.cpByStream(src,tar1);
        //CopyFile.cpByChannel(src,tar2);
        CopyFile.cpByThread(src,tar3,4);//分成4块，每块用一个线程完成复制
        long eTime=System.currentTimeMillis();
        System.out.println("耗时："+(eTime-bTime)+"ms");
    }
```

```
}
```

【示例剖析】

（1）在 Win10、固态硬盘环境下执行本例，复制 1.92GB 的电影文件。用文件流复制耗时约 2300ms，用文件管道流复制耗时约 1200ms，用 4 线程复制耗时约 1000ms。说明 nio 包的文件管道流效率提升明显，几乎可以和多线程复制相媲美。值得指出的是，在 cpByThread() 末尾处，必须要有 try{ for(int i=0; i<num; i++) cpt[i].join();}catch(…){…}；否则计时将不准确，原因为：执行完线程的 start()就停止计时了，而此时，文件复制线程的 run()可能并未结束。

（2）RandomAccessFile 可实现将文件分块读写，在创建对象时需要指定文件的操作模式，“r”表示只读，“rw”表示可读可写。由于读写前，需要通过 seek(pos)方法将读写指针移动到 pos 处，故作为输出的文件，也要能读。

（3）多线程读写的基本策略是：用 RandomAccessFile 对象包装数据源和目标，以便分块读写，并配置好从数据源到目标的通道。在线程中设定读写的起始点和长度，借助 src.transferTo(pos,len,tar)，将数据源中从 pos 开始长度为 len 的数据写入 tar。注意，在执行此操作前，必须用 seek(pos)操作，将数据源 src、目标 tar 的读写位置均移动到 pos 处。另外，写入时，需要对写入区域进行加锁，格式为 tar.lock(pos,len,false);。

（4）多线程读写的应用场景很多，如网络带宽较高时，通常采用多线程方式上传或下载。另外，WPS 在打开较大的 pdf、docx、ppt 等文档时，普遍比 Acrobat、Word、PowerPoint 等软件快，相信多线程文件读写在其中发挥了重要作用。

本章小结

流不像异常处理、GUI 事件处理那样有统一的模型，也不像线程机制那样，掌握少数核心类即可。流的类库十分庞大，掌握不好就会感觉一盘散沙，无从下手。要掌握 IO 流机制，理解流的设计思想极为重要。在设计思想上，流与文件十分类似。操作系统将各类硬件均视为文件：输入设备、输出设备、输入输出设备分别对应只读文件、只写文件、可读可写文件。这样，操作系统与硬件的交互，就转变成操作系统对文件的读写。类似地，将数据操控端与数据源和目的地之间的连接视为流，输出就是向输出流写入数据，输入就是从输入流读取数据。因此，流必须先配置再使用，配置策略是：先确定流的两端（操控端、数据源及目标），继而将不同流对象按需组合。例如，将对象写入文件，操控端是对象流（当然是字节流），即 ObjectXxxStream，数据目的地是文件，需要用文件流（即 FileXxxStream）包装文件，然后检查对象流是否能包装文件流（即对象流构造函数的参数是否能接收文件流对象），若能，即用对象流包装文件流；若不能，则需要在二者间插入一个或一组对象，完成转接。

理解流的设计思想和应用框架后，其他内容则是具体应用和拓展，主要包括目录和文件的操作、数据流的使用、文本编码的转换、序列化和反序列化、多线程读写等。对这些内容，要注意其核心类和使用框架，如对目录和文件操作，要注意文件流、缓冲流，以及这些流的使用。再比如，对序列化和反序列化，要注意其引入目的，依旧对象流、序列化接口等。

流的类名很长，但总体上分成字节流、字符流、输入流、输出流，建议读者学习时，只需要关心“文件流”“缓冲流”之类的前缀名，后续名字是可以推导。例如，读写文本文件的“缓冲流”，由于是“文本”，故只能是 Reader/Writer，即 BufferedReader/BufferedWriter；如果是普通文件，则只能是 BufferedInputStream/BufferedOutputStream。

思考与练习

1. 对象间的数据交互，什么情况下适合 IO 流？为何不能用对象自带的 get/set 方法？

2. 流是什么，有何特色，这种机制用于对象间的交互，有何优点？

3. 流必须先配置再使用，应如何选取中间对象？又如何配置？为何说这种配置的核心策略是“按需组装”？试举例说明。

4. “流就是源对象和目标对象中间流动的数据”这种观点是否正确，为什么？

5. 理论上，字节流可传输任何数据。Java 为何还要提供字符流、数据流等不同类型的流？

6. Java 与定义了哪几个标准流？与普通的流相比，标准流有何特点？

7. 什么是对象序列化？这一机制有何用途？简述序列化和反序列化的基本步骤。

8. 什么是对象图？为何在序列化时要考虑对象图？

9. 设计带头结点的单链表 ha，先将其输出。继而借助序列化机制，将该链表保存至文件 data.dat，然后从文件恢复该链表，表头名为 hb，并输出链表 hb 中的所有元素。

10. 假定有如下类 class A{int x; B b;}　class B{String s; C c;}　class C{int x;}。创建类 A、B、C 的不同对象，其中引用值要给出引用对象。将创建的对象存储在文件 a.dat 中。之后，从 a.dat 中取出对象，并验证取出对象的状态是否与存储时相同。

11. 查阅资料，让不同编码格式的文本文件均能正常打开和保存。

12. 将例 6.12 中的 cpByChannel()改成线程方式，每个线程负责一个文件的复制。采用多线程方式完成目录的复制。

13. 设计一个简单的文本文件编辑器，使其能够打开、保存文本文件。

第 7 章

网络通信

7.0 本章方法学导引

【设置目的】

网络通信编程是开发网络应用程序的基础环节之一，用于建立本机与远程主机之间数据交互的流通道，之后的数据交互，则是基于流的操控端对数据进行存取。诸如聊天、上传和下载、网络媒体播放、网络游戏等网络应用程序。主要包括两部分内容：①借助网络通信编程技术建立起满足需求的数据交互渠道；②对数据管理和处理。后者基本属于本地行为，可按非网络程序来开发。

本章将展示不同协议层级、不同连接方式的网络通信方案的设计，为网络实用软件的开发奠定基础。例如，通过基于网址的编程，展示网络应用层的编程策略；通过基于 Socket 的点对点通信设计，展示通信双方间存在稳定的连接的通信设计方案；通过基于数据报的点对点通信设计，展示通信双方间无固定连接的通信设计方案。

【内容组织的逻辑主线】

网络通信编程关键要处理好三个问题：①标识对方；②找到对方并建立连接；③通信双方的数据交互。Java 提供了 Socket（即 IP 地址+通信端口）、URL 可轻松标识对方，即解决问题①。在底层类库支持下能方便实现基于网址、Socket 的连接，即解决问题②。连接分“有连接”和“无连接”两种模式。前者在通信双方的 Socket 之间基于流建立连接，发送是向输出流写入数据，接收是从输入流读取数据；后者类似生活中的电报通信。通信双方均先创建两个对象：数据报和发报机，前者包含对方 Socket 信息和字节数组（用于存储待发送/待接收的数据），后者有发送/接收方法。通信就是用发报机对象发送/接收数据报。这样，就解决了问题③。

本章在 7.1 节介绍网络相关基本概念和基础知识，7.2 节介绍基于网址的网络编程，7.3 节介绍基于 Socket 的有连接通信，7.4 节介绍基于数据报的无连接通信。

【内容的重点和难点】

（1）重点：①掌握网络通信为何需要分层，端口、IP、socket 的含义及相关关系，以及 URL 的书写格式等；②理解为何说“与其他语言相比，Java 为何特别适合网络编程”；③掌握以 URL 方式实施网络通信的主要支撑类及实现步骤；④掌握基于流的端对端通讯方式的实施步骤和注意事项，并能进行一定深度的应用；⑤掌握基于数据报的端对端通讯方式实现步骤，并能简单应用。

（2）难点：①掌握基于流的端对端通信方式的实施步骤和注意事项，并能进行一定深度的应用；②掌握基于数据报的端对端通信方式实现步骤，并能简单应用。

7.1　网络编程基础

7.1.1　计算机网络与 Java 语言

1. 计算机网络

计算机网络是计算机技术和通信技术相结合的产物，20 世纪 50 年代表现为主机—终端连接模式；1960 年代形成以分组交换技术为特征的计算机网络；20 世纪 70 年代开始网络间互联：以美国 ARPAnet 为根，西方各国的大学、科研和军事机构的网络就近连接，主要用于军事科研。1991 年，主干网交由私人公司经营，民用商业网络接入，进入国际网络互联阶段。

计算机网络功能主要表现为信息互通、资源共享。如硬件资源共享：共享打印机、远程计算服务、云存储等，软件资源共享：火车售票系统、银行服务系统等，信息交互：如聊天、收、发电子邮件等。实现这些共享的前提和基础就是不同主机间的数据交换。

2. 网络通信是网络应用程序的基础

主机之间的数据交换，实际发生在主机上运行的不同网络应用程序之间。网络通信编程就是要实现两台或多台计算机建立通信渠道，以便在需要的时候能够进行数据交互。诸如聊天、下载、网络游戏等应用程序，建立起满足需求的信息交互渠道后，剩余的工作就是对这些数据的维护和处理，完全属于本地行为，可按照非网络程序来开发。因此网络通信设计是网络应用程序开发过程中的基础环节之一。

3. Java 在开发网络应用开发方面有先天优势

网络中不同主机的硬件、操作系统可能有较大差别，编程语言的编译环境与平台直接相关，因此编译产生的二进制代码不能跨平台运行。这极大限制了网络程序的应用范围。Java 的跨平台特性使其在网络应用开发方面具有先天优势。

Java 跨平台特性最初目的是让 Java 程序兼容不同嵌入式硬件设备，后来发现 Java 的跨平台策略，理论上也能适用于包含各种软硬件平台的网络环境，即：Java 程序不需要更改代码，可直接运行于不同软硬件平台。与不具备跨平台特性的语言如 C++相比，这种特性使 Java 在网络编程方面有先天优势。为充分发挥这一优势，Java 定制了许多与网络应用有关的机制（如序列化、流等）、类库等，成功地将 Java 打造成优秀的网络编程语言。

7.1.2 网络通信概述

1. 网络分层模型和网络协议

为便于理解“协议”“分层”两个术语的内涵，下面先结合生活实例解释。快递是生活中的常见的小件货物运输方式。图 7.1 展示了某快递的物流模型。

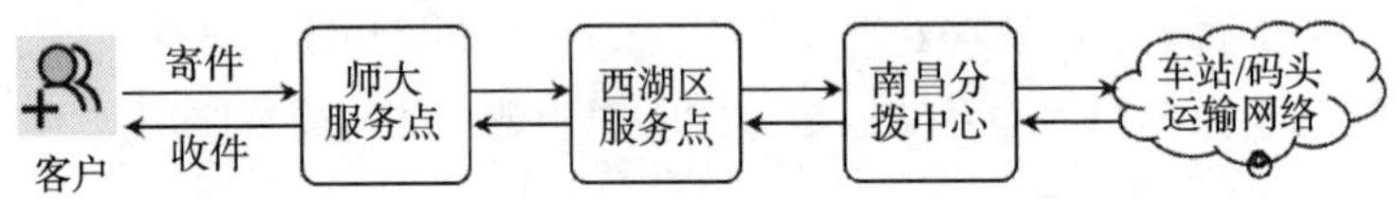

图 7.1 某快递物流示意图

图 7.1 是一种分层结构，其中师大服务点、南昌分拨中心可视为最高层、最底层，每一层只需考虑向它的上一层提供服务。例如，师大服务点只需考虑向客户提供收、发服务，西湖区服务点只需要考虑向师大服务点提供收、发服务。服务内容需要规范化，如要求客户填写的寄件信息、收件需要履行的手续等，都是事先定制好的。这种相关方共同遵守的约定就是协议。分层模型把复杂的网络数据传输分成若干环节，协议规定了各环节数据的转换和收、发规则。这样，每层只需要关心自己涉及的内容（即收、发对象），因此设计起来简便易行。

互联网数据传输主要采用 TCP/IP 分层模型，见图 7.2。该模型分为四层，从低到高依次为：网络接口层、网络互连层、传输层、应用层。这四个层次代表了传输时数据的转化和处理过程。其中网络接口层与硬件密切有关。网络协议（network protocol）定义了信息交换的格式以及收、发信息的规则。当主机发送数据时，要对原始数据进行一些处理，如报文分组、加入目标地址等，最终将其变成 bit 流，通过网络进行传输；当主机接收数据时，则是上述过程的逆过程。考虑到数据传输内容和特点，各层常配备多种传输协议，如应用层的网页数据传输使用 HTTP 协议，文件数据传输常用 FTP 协议。

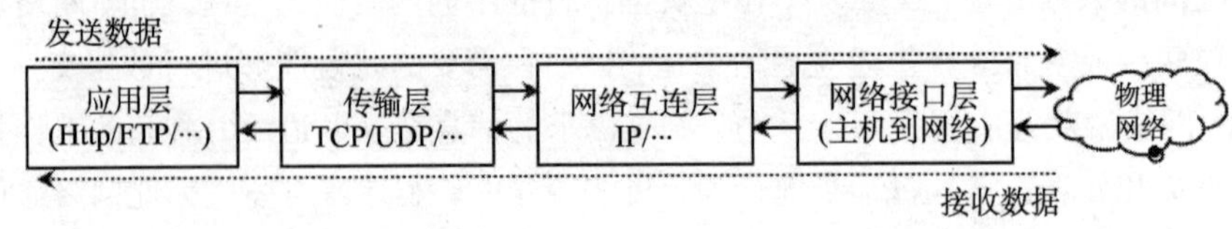

图 7.2 TCP/IP 分层模型

TCP/IP 是 Internet 网际互联的基础性协议族，包括上百种功能各异的协议，如 HTTP、FTP 等。Java 预定义一组类、接口，对模型中除网络接口层外的其余三层提供支持，以方便程序员在不同层次上利用相关协议，快速搭建通信连接并实施数据交互。

2. IP 地址和 URL

IP 地址是 IP 协议提供的网络中主机位置描述方式。目前多采用 IPv4 格式，刻画形式为

d.d.d.d，d 取值范围是 0～255。就像身份证号包含地区信息和个人信息，IP 地址包含网络 ID 和主机 ID，前者描述 Internet 中主机所在的网络，后者描述该网络中的主机。由于 IPv4 表达的地址几乎被占满，后来又开发出占用 16 字节的 IPv6 格式。目前是两种地址格式混用阶段。注意：127.0.0.1 是一个特殊的 IP，代表本机，后面示例中将会用到。

IP 地址不便记忆，域名是用字符串描述的网络主机标识。如 www.sina.com.cn 代表新浪网。主机域名需要借助域名系统（Domain Name System，DNS），以实现向 IP 地址的转换。URL（Uniform Resource Locator），是对 Internet 资源的统一定位方式，描述方式为

protocol :// hostname[:port]/path / [;parameters][?query]#fragment

其中，protocol 是访问该资源采用的传输协议名称，如 Http、thunder、ed2k、magnet 等；hostname 是资源所在的计算机名，可以是 IP 地址或主机域名；端口号 port 是操作系统用来区分不同服务的数字。例如，主机中同时运行迅雷、QQ、浏览器，系统收到从网络传入的数据，给谁呢？由数据中包含的端口号确定。端口号可看作操作系统给通信进程取的名字，如 http 占用 80 端口，若收到的数据标记为 80 端口，则应交给浏览器。端口号占用 2 字节，取值范围是 0~65535，其中 0~1023 端口为系统保留，分配给通用的服务（如 http、FTP 等）。注意：URL 中常省略端口号，由浏览器按默认端口号补齐。例如：

```
http://www.sun.com   //（等同于 http://www.sun.com:80/index.html）
http://baike.baidu.com/view/1075.htm#2  （其中#2 是 1075.htm 中特定位置标识）
file:///C:/Java/jdk1.6.0_14/docs/index.html
```

注意：file:后面必须接 3 条斜线，其中前两条是协议的分隔符，即 file://类似于 http://，第三条代表当前主机的根（不是磁盘根目录）。或者，使用一条也行，如 file:/C:/Java/jdk1.8.0_181/docs/api/Java/net/URL.html#URL-java.lang.String-，但使用两条斜线将会报错：找不到该位置，具体详见例 7.1。

另外，浏览器基本都配备了自动补齐功能。如在地址栏输入：sina 或是 www.sina.com，对应的网址实际是 http://www.sun.com:80/index.html。

7.2 基于网址的网络编程

7.2.1 概述

通过 URL 网址存取网络资源是较为常见的一种网络通信形式。如若 URL 对应网页，则用户单击后，由浏览器解析 URL，将相关文件下载到缓冲区并打开网页。对非网页文件，则调用相关专用工具打开。见图 7.3，单击资源链接后，傲游浏览器调用自家的文件下载器。其他诸如迅雷下载、媒体播放等，机理与此类似，均需解析网址信息，继而调用特定程序下载和播放特定文件。注意：诸如用户提交订单、远程更新网站数据等行为，涉及对远程服务器写入数据。对 URL 资源无论是读取还是写入，都需要得到授权（由网站后台配置权限），否则设计可能存在安全隐患。

uTorrent 3.5.4.44520 正式版

高速下载器地址：

电信高速下载　联通高速下载

电信高速下载　联通高速下载

普通下载地址：

九江电信下载　四川电信下载

郑州联通下载　上海联通下载

(a) 某网站提供的资源链接

(b) 单击“九江电信下载”后弹出的下载界面

图 7.3　傲游浏览器的文件下载器

java.net 包中 URL 用于描述网络中的资源，URLConnection 是抽象类，泛指应用程序与 URL 之间的各类网络连接，该类的实例可实现对 URL 资源的读、写。基于 URL 的网络应用程序常涉及两方面内容：①解析 URL 地址，如获取端口号、主机标识、文件名等。URL 类、URLConnection 类从不同层面提供了解析 URL 内容的方法；②实施数据通信，这需要建立应用程序与 URL 资源对象之间的输入、输出流。下面通过示例介绍这两个类的使用。

7.2.2　提取网址和远程对象信息

【例 7.1】 给定一组网址，利用 URL 和 URLConnection 提取相关信息。

目的： 理解 URL 的内涵和使用，掌握获得和使用 URLConnection 对象的方法。

设计： 基于网址创建 URL 型对象 u，继而用 u.openConnection()获取 URLConnection 对象。

```
import java.net.URL;                          import java.net.URLConnection;
import java.text.SimpleDateFormat;            import java.util.Date;
class Ch_7_1{
   public static void showInfo(String s) throws Exception{//获取远程对象
                                                           //信息
      System.out.print("\n【网址】"+s);  URL u=new URL(s);
      System.out.print("\nURL 信息=");
      System.out.print("协议:"+u.getProtocol()+",端口号:"+u.getPort());
      System.out.print(",主机名:"+u.getHost()+",文件名:"+u.getFile());
      System.out.print(",路径:"+u.getPath());
      System.out.print("\nURLConnectio 信息=");
      URLConnection conn = u.openConnection();
      System.out.print("内容类型:"+conn.getContentType());
      System.out.print(",内容长度:"+conn.getContentLength()+"B");
        //若文件超过 4G，测量长度可用 getContentLengthLong()
      SimpleDateFormat sdf=new SimpleDateFormat("yyyy-MM-dd  hh:mm");
```

```
            //定义日期格式
        System.out.print(",最后修改时间:"+sdf.format(new
            Date(conn.getLastModified())));
        //getLastModified()返回 long 型数据，需要经过转换方能显示为日期格式
    }
    public static void main(String[] args) throws Exception{
        String[] s=new String[5];
        s[0]="file:///"+System.getProperty("user.dir")+"/test.jpg";
        //注：System.getProperty("user.dir")：获取当前目录；
        //user.dir 是 System 类中预定义的与环境相关的属性
        //s[0]="file:/D:/KT/test.jpg"; //注：file 后面可以是 1 条或 3 条斜杆，
                                          //不能是 2 条
        s[1]="http://www.sina.com.cn";
        s[2]="http://www.sina.com.cn:80/index.html";
        s[3]="http://9.gddx.crsky.com/201808/zidanduanxin-v0.8.2.zip";
        s[4]="https://www.baidu.com/baidu?word=Java&ie=utf-8&tn=
            myie2dg&ch=6";
            //通过百度搜索"Java"产生的链接
        for(String x:s)showInfo(x);
    }
}
```

【输出结果】

```
【网址】file:///E:\KT\Ch_7/test.jpg
URL 信息=协议:file,端口号:-1,主机名:,文件名:/E:/KT/Ch_7/test.jpg,路
径:/E:/KT/Ch_7/test.jpg
URLConnection 信息=内容类型:image/jpeg,内容长度:0B,最后修改时间:1970-01-01
08:00
……其余信息略
```

【示例剖析】

（1）通过 URL 对象可获取协议、端口号等信息。但从结果看，很多信息无法获得，如端口号为–1，表示未设置端口号；s[0]的主机名则为""（而非 null）。s[1]和 s[2]解析效果不同，但通过浏览器的“自动补齐”功能，二者在浏览器中的显示效果相同。

（2）file 协议常用于描述本机资源，格式为 file:///或 file:/，不能使用 file://。因为根据 URL 描述约定：protocol :// hostname[:port]/path⋯，protocol :后面的//用于分隔主机名。file:///表示直接省略主机名；file:/甚至连主机名前的//也省略了。若写成：file://d:/kt/test.jpg，则会认为主机名为 d，显然无法找到，运行时将产生“java.net.UnknownHostException: d”。另外，描述本机地址时，s[0]和注释分别使用了本机当前目录和绝对路径两种方式。

（3）基于网址创建 URL 连接时，内部涉及如下几个步骤：①调用 URL 对象的 openConnection()方法创建连接对象；②设置连接的参数和请求的属性；③用连接对象的 connect()方法与远程对象实施连接；④远程对象变得可用，继而存取相关内容。若网址不可连接，将会出现连接超时异常。（对第②步的说明：URLConnection 对象可用于输入、输出，

并可对连接进行一些设置，如 doOutput 标志为 true 表示程序要将数据写入 URL 连接；doInput 标志为 true 表示程序要从 URL 连接读取数据。这部分内容涉及 URL 的复杂描述，且无论实施读或写，均需网站后台权限支持，这里略。）

（4）获取远程对象的长度时，用 getContentLength()返回 int 型数据，最大值为 $2^{31}-1$，1GB=2^{30}B。若超过 2GB 的对象，应使用 getContentLengthLong()。

（5）System.getProperty("user.dir")用于获取当前目录，其中"user.dir"是一种系统属性。若希望了解更多系统属性，请查阅 JDK API 文档中 System 类的 getProperties()方法的介绍。

7.2.3 示例：设计简单的文件下载器

【例 7.2】 给定下载资源的 URL 地址和目标存放目录，实现图 7.3 的文件下载器的下载功能。注：为凸显核心代码，这里不涉及可视化界面。

目的： 掌握通过 URL、URLConnection 两种方式获取资源文件的输入流，进一步熟悉 FileOutputStream 和 File 类的使用。

设计： 策略为，先通过 URL 或 URLConnection 获取资源的字节输入流，与本地文件输出流对接，之后借助缓冲区，从输入流读取数据写入输出流。获取 URL 资源的输入流常见方式：①通过 URL 对象的 opStream()方法可获得 InputStream 型对象；②用 URLConnection 对象的 getInputStream()/getOutputStream()可获得输入、输出流。本例主要设计两个方法：

getFileName(String url)旨在从 url 中提取文件名。注意：给定的 URL 可能不包含具体资源名称，文件名中也可能包含 Windows 系统不认可的字符，此时文件名为 null。

download(String url, String target)，借助输入流读取资源文件，并将其保存在 target。若用户给定的保存地址为空，则保存在当前目录下。源码详见 Ch_7_2.Java。

```
import java.io.File;import java.net.URL;import java.net.URLConnection;
import java.io.FileOutputStream; import java.io.InputStream;
class Ch_7_2{
    private static String getFileName(String sourceURL){
        //从 sourceURL 中提取文件名，若无文件名则返回 null
        File f=new File(sourceURL);String fileName=f.getName();
        char[] a=fileName.toCharArray();
        for(char c: a)//若文件名中包含 Windows 文件名禁用的字符
            if(c=='\\'||c=='/'||c=='|'||c=='*'||c=='?'||c==':'||
               c=='"'||c=='<'||c=='>') return null;
        return fileName;
    }
    public static void download(String sourceURL, String targetDirName){
        //注意：targetDirName 是目标地址的目录名（null 则表示存在当前目录下），文
        //件名使用原来的
        String fileName=getFileName(sourceURL);
        if(fileName==null){
            System.out.println("网址不包含文件名，无法下载！");return;}
        String targetFileName=null;
        if(targetDirName!=null){ //确保：文件名=目录名\文件名，且若目录不存在
                                  //就创建目录
```

```
            char c=targetDirName.charAt(targetDirName.length()-1);
            if(c!='\\'&&c!='/')//注：在目录尾部追加分隔符/
               targetFileName=targetDirName + '/'+fileName;
            else targetFileName=targetDirName + fileName;
            File tf=new File(targetDirName);
            if(tf.exists()==false) tf.mkdirs(); } //目标目录不存在则创建
        else targetFileName=fileName; //保存在当前目录（与 class 同一个目录）
        try{                              //开始下载文件
            URL u=new URL(sourceURL);
            InputStream in=u.openStream();                    //方式一
            //URLConnection conn = u.openConnection();    //方式二
            //InputStream in = conn.getInputStream();     //方式二
            FileOutputStream fo=new FileOutputStream(targetFileName);
            byte[] buffer = new byte[4028];int len=0;
            while ((len=in.read(buffer))!=-1) fo.write(buffer, 0, len);
              //读 len 字节，就写 len 字节，len 不会超过 buffer.length
            in.close(); fo.close();
            System.out.println("文件下载成功：保存到 "+targetFileName);
        }catch(Exception e){e.printStackTrace();}
    }
    public static void main(String[] args) {
            String s1="file:/D:/KT/test.jpg";
            String s2="http://9.gddx.crsky.com/201808/
               zidanduanxin-v0.8.2.zip";
            String s3="https://www.baidu.com/baidu?word=Java&ie=utf-8&tn=
               myie2dg&ch=6";
            download(s1,null);
            download(s2,"d:/Java/1/2/3/4");
            download(s3,"d:/Java/1");
    }
}
```

【输出结果】

```
文件下载成功：保存到 test.jpg
文件下载成功：保存到 d:/Java/1/2/3/4/zidanduanxin-v0.8.2.zip
网址不包含文件名，无法下载，程序结束。
```

【示例剖析】

（1）下载文件，关键是获得资源的输入流，之后就和文件复制相同，从输入流读取数据写入本地文件。本例展示了用 URL、URLConnection 对象两种方式获取输入流，其中 URL 方式只能获得输入流，URLConnection 即可获得输入流，也可获得输出流。URLConnection 是抽象类，通过 URL 对象的 openConnection()方法才能获取 URLConnection 对象。

（2）注意：写文件只能使用字节流，且要考虑到最后一次读取的字节数和缓冲区大小可能不一致，故应按指定字节数写入，如 fo.write(buffer, 0, len)，即读多少就写多少。

（3）网址中可能未包含资源名称，如 s3 是用百度搜索“Java”时产生的链接地址。下载器可能面临的问题有很多，如网址（即数据源）找不到、目标地址（如盘符）不存在、磁盘剩余空间不够、文件写入错误等。这些问题不考虑，会导致程序崩溃，影响用户体验。

（4）迅雷、磁力等工具本质上均属于基于网址的下载，这些工具能从特定类型网址中提取所需资源信息。注意，当下载较大文件时，多线程、断点续传是常见策略。其中断点续传，可考虑按某种策略（如固定分成 100 块，或是每块长度不超过 4KB，将文件分成若干块）将源文件分成若干块，在目标处建立同样大小的空白文件，以及一个文件分块状态表。各块初始状态为 0，某块成功下载后则对应的状态置为 1。断点续传，实际上是基于该文件分块状态表，直接下载状态为 0 的文件块。

练习 7.1

模拟实现傲游、搜狗等浏览器的下载器。其中网址通过输入框输入。

提高：①在浏览器界面加入进度条，实时显示下载进度；②采用多线程方式下载，其中线程数量由用户指定，并显示最终的下载耗时。

7.3 基于 Socket 的点对点通信方式

7.3.1 概述

诸如 QQ、微信等聊天软件，通信时不需要输入对方地址。就像打电话时，不需要知晓对方的位置。这种点对点的通信，可通过 Socket 建立数据传输链路。Socket 常译作套接字，可视为 Socket=IP+port，其中 IP 能精确定位网络中的主机，port 可精确定位主机内的通信进程。故 Socket 能精确标识通信端点（endpoint）。java.net 包中有一组基于 Socket 的类，本节将使用 Socket、ServerSorcket 类实现通信设计。

7.3.2 点对点通信模型

基于 Socket 的点对点通信与生活中两部手机通信连接过程（见图 7.4）相似。手机开机后，自动向通信服务器注册手机位置（即基站位置编号），并置本机在线标记。拨号时，先向服务器查询对方号码的位置信息，若找到且对方在线，则通过服务器向该号码发送连接请求；接通后，两部手机间建立完整的通信链路。

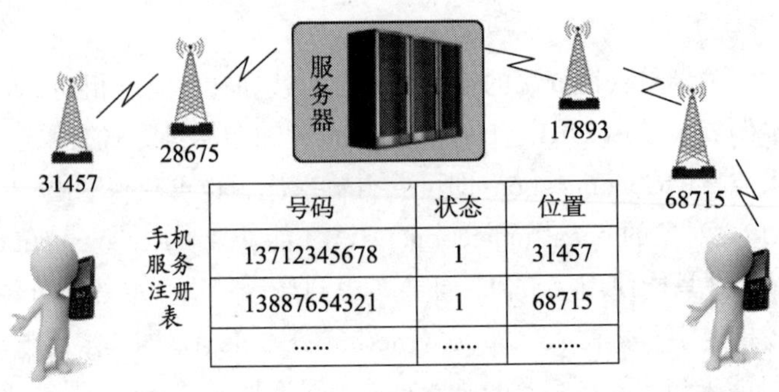

号码	状态	位置
13712345678	1	31457
13887654321	1	68715
......	......	......

图 7.4　两部手机的通信连接

图 7.5 是手机通信模型与基于 Socket 的点对点通信模型的比较。对比发现，二者极为相似。ServerSocket 对象类似手机通信中的服务器，Socket 类似手机，基于 Socket 对象创建的输入流、输出流对象，对应手机中的听筒、扬声器。通信端点是 Socket 对象，代表对方，即从输入流（即手机中的听筒）读取的数据是由对方发送，向输出流写入数据必会传给对方。

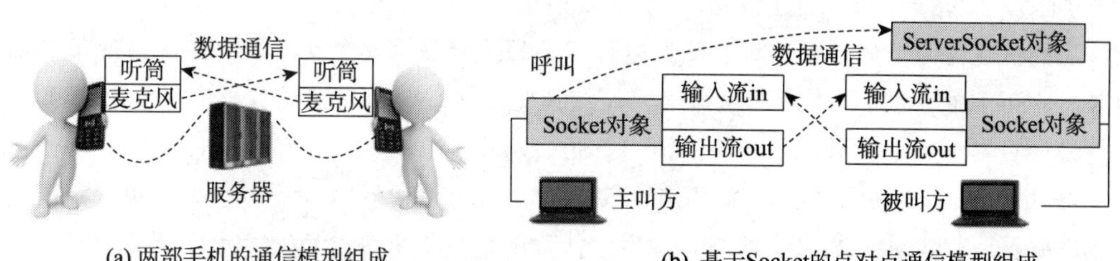

图 7.5　手机通信模型与基于 Socket 的点对点通信模型的比较

假设 A 向 B 发消息，B 进行反馈。A 是通信的发起方，常称作主叫；B 等待对方连接（类似待机），常称作被叫。通信模型执行的具体步骤见图 7.6。

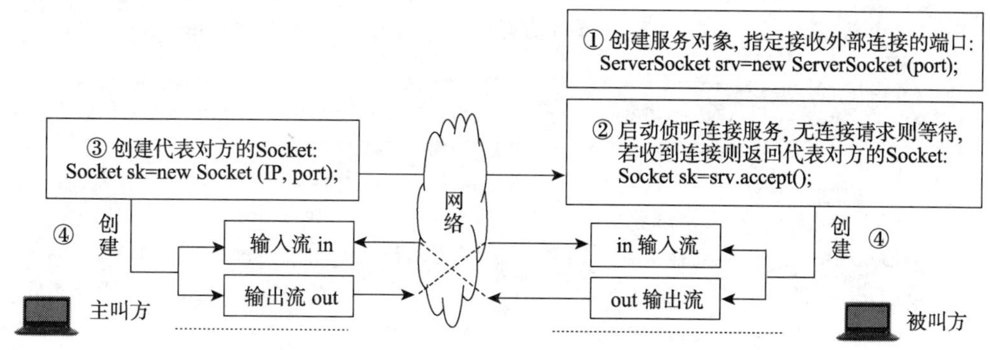

图 7.6　基于 Socket 的点对点通信实施步骤

（1）被叫方开启待机状态。即执行图中的①②。被叫方创建 ServerSocket 对象，启动侦听服务 accept()。若无连接请求则处于等待状态；若连接请求到达，则结束等待，并根据连接者自身携带的信息创建一个代表对方（即主叫方）的 Socket 对象（即图中的 sk）。

（2）主叫方发起呼叫，即执行模型第③步。主叫根据被叫方的 socket 信息（ip+port）创建 Socket 对象，并自动向该 Socket 发出连接请求。若被叫方已经启动 accept()方法，则连接成功。至此，主叫、被叫均拥有了代表对方的 Socket 对象，奠定了通信的基础。

（3）双方基于 Socket 对象获取输入、输出流，即执行模型第④步。通过 Socket 对象的 getXxxStream()可获得输入、输出流。注意，借助底层类库支持，获得的流对象实际上已经完成了流的配置（即 A 的输入、输出流与 B 的输出、输入流完成了对接）。

（4）实施数据传输，即发送信息是向输出流写入数据，接收消息是从输入流读取数据，若对方并未发送数据，则读取动作将执行等待，直至对方写入数据。鉴于通信双方基于 Socket 建立了持续可靠字节流通道，故这种传输方式属于有连接的流通信方式。

（5）通信结束，通信完成后，关闭己方的流和 Socket 对象。

下面 7.3.3 节通过示例具体阐述通信程序的设计。

7.3.3 示例：二人间的一句话通信

【例 7.3】 使用基于 Socket 的点对点通信方式，实现如下通信内容：张三说："李四，你吃了吗？"，李四回答："还没呢。"上述两条信息在两台主机上均完整显示。

目的： 通过简单的通信内容，凸显通信程序的设计框架和实施步骤，即如何使用 Socket 和 ServerSocket，如何创建输入输出流、如何收发消息，以及实施过程中有何注意事项。

设计： 本例主要设计了 3 个类：SocketStr、Caller（主叫方）、Callee（被叫方）。

类 SocketStr 描述用于收、发 String 数据的 Socket，有属性 Socket、in、out，对应通信端点、输入、输出流。主叫方的 SocketStr 对应构造函数 SocketStr(ip,port)，基于 ip+port 创建 Socket 引用的对象，继而基于 Socket 获取 in、out；被叫方的 SocketStr 对应构造函数 SocketStr(socket)，即基于 accept()返回的 Socket 对象为 Socket 赋值，并获取 in、out。SocketStr 类主要提供发送、接收、关闭三个方法。

Callee 面向被叫，main 中描述了启动待机、发送、接收数据、关闭通信的执行过程；

Caller 面向主叫，main 中描述了主叫发起呼叫、发送、接收数据、关闭通信的执行过程。

注意：为凸显注意事项，这里给出的是有问题的设计：输出结果存在问题。

```
import java.net.Socket;                  import java.net.ServerSocket;
import java.io.BufferedReader;           import java.io.PrintWriter;
import java.io.InputStreamReader;        import java.io.IOException;
class SocketStr{//用于传输 String 的 Socket，既可用于主叫，也可用于被叫
   private Socket socket;           //相当于手机，代表对方
   private BufferedReader in;       //基于 socket 产生的输入流，相当于听筒
   private PrintWriter out;         //基于 socket 产生的输出流，相当于麦克风
   public SocketStr(Socket sk){ //由被叫方使用，其中 sk 是 accept()的返回值
      socket=sk;  creatInOut();
   }
   public SocketStr(String ip, int port){//由主叫方使用
      try{socket=new Socket(ip,port);  creatInOut();}
      catch(ConnectException ee){
         System.out.println("被叫的 accept 服务未启动，不接受呼叫！");
         System.exit(0);}
      catch(Exception e){System.out.println("有异常：");
        e.printStackTrace();}
   }
   private void creatInOut(){//构造输入流和输出流
      try{ in = new BufferedReader(new InputStreamReader
        (socket.getInputStream()));
           out = new PrintWriter(socket.getOutputStream(), true);
       //true 表示自动刷新
      } catch(IOException e){System.out.println("有异常：");
        e.printStackTrace();}
   }
```

```
    public void send(String info){ out.println(info); } //发送消息 info
    public String receive(){String s=null;
        try{ s=in.readLine(); }
            catch(IOException e){System.out.println("有异常: ");
               e.printStackTrace();}
        return s;
    }
    public void close(){
        try{ in.close(); out.close(); socket.close(); }
            catch(IOException e){ System.out.println("有异常: ");
               e.printStackTrace(); }
    }
}
class Callee{//被叫方,注:被叫需要先待机(对应待机端口号),以便接收呼叫
    public static void main(String[] args){
        String name="李四";  ServerSocket srv=null;  Socket skt=null;
        try{ srv= new ServerSocket(6666);//本机使用 6666 端口提供通信服务
            System.out.println( "服务端启动,等待连接……");
            skt=srv.accept();  //无连接时等待,连接成功后返回 Socket 对象,代表
                                //主叫方
            System.out.println("连接成功! 开始通话……");
        } catch(IOException e){ System.out.println("有异常: ");
           e.printStackTrace(); }
        SocketStr sk=new SocketStr(skt); //必须使用 ServerSocket 返回的 Socket
        String msg="还没呢!";                    //自己要说的话
        System.out.println(name+": "+msg);      //在本地端显示发送的内容
        sk.send(name+": "+msg);                 //发送消息
        msg=sk.receive();                       //接收消息
        System.out.println(msg);                //在本地端显示收到的信息
        sk.close();                             //关闭 Socket 和输入流、输出流
    }
}
class Caller{//主叫方
    public static void main(String[] args){
        String name="张三";    String msg="李四,你吃了吗?"; //待发送内容
        SocketStr sk=new SocketStr("127.0.0.1", 6666); //127.0.0.1 代表本机
        System.out.println(name+": "+ msg);//在本地端显示发送的消息
        sk.send(name+": "+msg);                //发送消息
        msg=sk.receive();                      //接收消息
        System.out.println(msg);               //在本地端显示收到的信息
        sk.close();                            //关闭 Socket 和输入流、输出流
    }
}
```

【输出结果】

输出结果如图 7.7 所示。

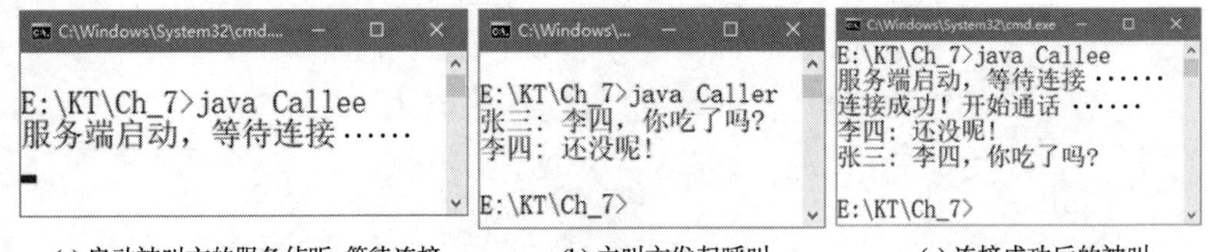

(a) 启动被叫方的服务侦听，等待连接　　(b) 主叫方发起呼叫　　(c) 连接成功后的被叫

图 7.7　一句话通信过程展示

【示例剖析】

（1）程序在单击时的执行方式。单击运行本程序需要开启两个 JVM（或者说两个控制台）。先执行 Callee，启动被叫的 accept()服务，等待接受连接。若此时无连接，则等待，见图 7.7(a)；之后，再开启一个控制台，执行 Caller，见图 7.7.(b)，执行后 Callee 收到了呼叫，解除等待状态，见图 7.7(c)，两个窗口继续执行直至结束。

（2）通信的基础是两端的 Socket 对象。ServerSocket 对象旨在让被叫处于监听服务（即执行 accept()）状态。主叫方的 Socket 对象是主动创建，被叫方的 Socket 对象则由 accept()方法返回。输入、输出流从 Socket 对象获得。Socket 对象代表对方，即向输出流中写入数据，定会发送给对方；从输入流获取的信息，定由对方传来。

（3）Callee 的执行结果存在问题：问话与回答的次序颠倒了。这是因为 Callee 是被叫，应先接收消息（即对方问题）再回答。而 main 中先输出“自己的回答”并发送，继而接收“对方的问题”并输出，次序颠倒了。理论上，二人通信时，收发次序有四种可能：

① 主叫（发-收）+ 被叫（发-收）；

② 主叫（发-收）+ 被叫（收-发）；

③ 主叫（收-发）+ 被叫（发-收）；

④ 主叫（收-发）+ 被叫（收-发）。

实际上，只有第②种才能产生合法的结果，第①、③种产生错误的输出结果，第④种将产生死锁。因为通过输入流接收消息时，若对方未发送任何消息，则接收消息的方法将处于等待状态。这样，第④种方式主叫、被叫均将进入等待状态。

（4）若主叫、被叫采用正确的发送和接收消息次序，能否放入循环，持续进行二人通话呢？可以，但存在缺陷：只能严格遵循一人一句的次序。如某人未说，则另一人会陷入等待。请读者自行尝试上述四种通信顺序，以及持续通信，进行验证。

（5）在 Callee 中，必须以 ServerSocket 返回的 Socket 对象为基础构造输入输出流，不能另行创建 Socket 对象继而构造输入输出流。因为 accept()方法返回的 Socket 对象中携带了对方（即 Caller）的 Socket 信息（IP 和 port）。

（6）127.0.0.1 是特殊的 IP 地址，也称回绕地址，指本机，一般用来测试。例如：ping 127.0.0.1 来测试本机 TCP/IP 是否正常。读者也可通过 ipconfig 指令先获得被叫的 IP 地址，继而将 Callee 中 127.0.0.1 替换为被叫的 IP 地址，在两台主机上进行通信实验。

7.3.4　示例：二人间随意聊天

【例 7.4】 先启动被叫，界面见图 7.8 (a)，之后启动主叫。双方可随时输入消息，并发送给对方，并能实时收到对方发来的消息。单击任意一方窗口的“×”按钮可结束程序。

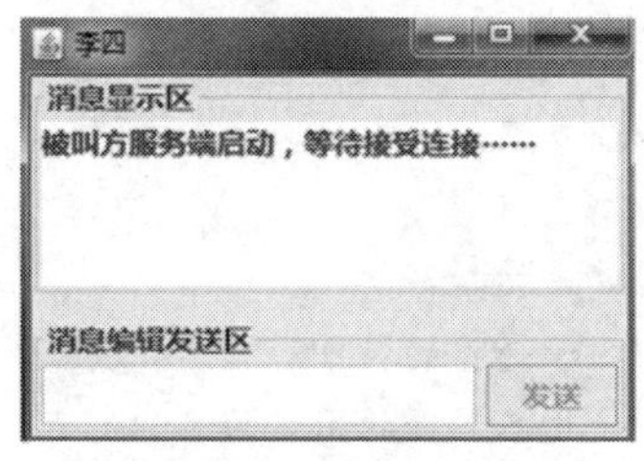

(a) Caller启动后, Callee启动前

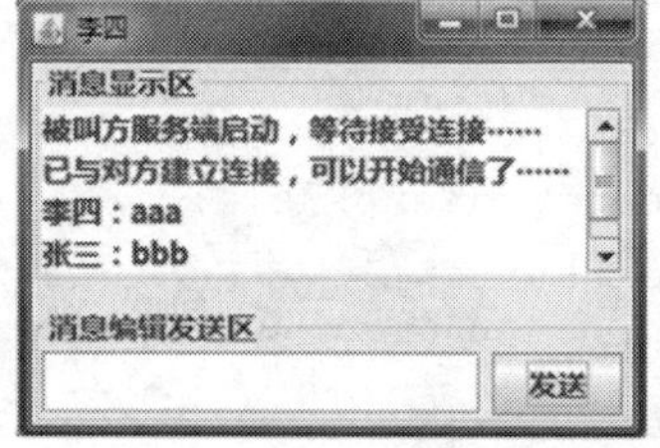

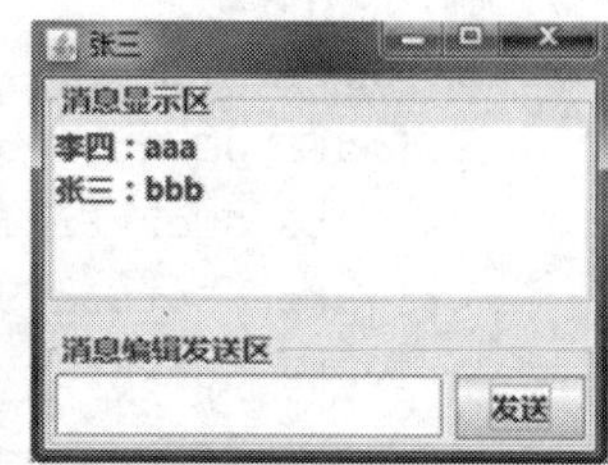

(b) Caller启动后, 两个控制台可实施持续聊天

图 7.8　二人间的持续通话

目的：①掌握二人间持续通话的基本原理，②掌握相互关联的两程序如何同时结束。

设计：本例主要有两个设计关键点：

（1）随时收、发消息。发消息是主动的，通过单击按钮或在消息框按 Enter 键来发送消息；收消息是被动的，故需要使用一个线程循环监控，有消息则立即接收并显示。

（2）单击 × 结束程序。由于双方的接收消息线程均处于等待状态（因为收到消息并处理后，会立即转入等待下一条消息），故必须通过向对方发送消息，以解除等待状态，之后才能退出接收消息的循环。即双方都必须在收到特定消息后才能退出循环。具体策略：单击×后向对方自动发消息"BYE-1"，对方收到消息后发送消息"BYE-2"。消息线程收到"BYE-1"或"BYE-2"均退出循环，详见内部类 ReceiveMsgThread。

本例主要设计了类 ChatFrame，类中主要包括如下内容：

① 属性集：界面元素以及通信对象 sk（SocketStr 型）、本机用户名；

② 内部类 A：实现单击窗口 × 的处理：仅执行 sk.send("BYE-1");

内部类 ReceiveMsgThread：用于接收消息的线程类，只有一个 run 方法，方法体为：

```
while(true){ msg=sk.receive();    if ( msg  是"BYE-1"或"BYE-2") break;
             向界面的消息框追加消息;  }
if(msg 是"BYE-1") sk.send("BYE-2");
 sk.close();   System.exit(0);
```

（3）方法集：共计 5 个方法。

构造函数：构造界面、关联事件处理，若作为被叫，禁用一些界面元素；若作为主叫，创建并启动消息接收线程；

setSocketStr(SocketStr s)：用于被叫连接成功后，在界面对象中设置用于通信的 SocketStr 对象，解禁界面元素，创建并启动消息接收线程；

sendMsg()：先将消息框内容（即消息）追加到本地聊天区域，再发送；

actionPerformed()：单击发送按钮或在消息框输入 Enter，调用发送消息方法；

append(String msg)：将消息 msg 追加到聊天区。

被叫类 Callee 和主叫类 Caller 的执行方式为：

【执行步骤】 先编译，并打开两个控制台窗口

```
    1. 在窗口 1 执行：Java Callee  李四  6666
    2. 在窗口 2 执行：Java Caller 张三  127.0.0.1   6666
//类的导入：略
class ChatFrame extends JFrame implements ActionListener{//聊天界面
   private JTextArea infoArea;              //消息显示区
   private JTextField sendJTextField;       //消息框
   private JButton sendButton;              //发送按钮
   private SocketStr sk;                    //用于通信的对象
   private String name;                     //使用本界面的用户的名称
   private class A extends WindowAdapter{  //内部类，用于处理单击窗口的 ×
      public void windowClosing(WindowEvent e){sk.send("BYE-1");}
   }
   private class ReceiveMsgThread extends Thread{//接收消息线程
      public void run(){String msg=null;
         while(true){  msg=sk.receive();
            if(msg.equals("BYE-1")||msg.equals("BYE-2")) break;
            infoArea.append(msg+"\n");  }
         if(msg.equals("BYE-1"))sk.send("BYE-2");
         sk.close();  System.exit(0);        //关闭流、退出程序
      }
   }
   public void setSocketStr(SocketStr s){ //被叫方收到 SocketStr 对象，可
                                          //以通信了
      sk=s;
      sendJTextField.setEnabled(true);sendButton.setEnabled(true);
      new ReceiveMsgThread().start();       //创建并启动接收消息的线程
   }
   public ChatFrame(String n, SocketStr s){
      sk=s; name=n; this.setTitle(name);setSize(800, 400);
      setLayout(new BorderLayout(5,10));   //水平间距为 5，纵向间距为 10
      //----构造界面部分---begin
     infoArea=new JTextArea();infoArea.setEditable(false);
      infoArea.setForeground(Color.blue);JScrollPane p1=new JScrollPane
        (infoArea);
      p1.setBorder(new TitledBorder("消息显示区"));
        add(p1,BorderLayout.CENTER);
      JPanel p2=new JPanel(new BorderLayout(5,10));
      p2.setBorder(new TitledBorder("消息编辑发送区")); sendJTextField =
        new JTextField();
      p2.add(sendJTextField,BorderLayout.CENTER);
      sendButton=new JButton("发送");
        p2.add(sendButton,BorderLayout.EAST);
      add(p2,BorderLayout.SOUTH); setVisible(true);
```

```
        //----构造界面部分---end
        this.addWindowListener(new A());      //单击 × 即可关闭窗口
        sendButton.addActionListener(this);
        sendJTextField.addActionListener(this);
        if(sk==null){//作为被叫窗口，初始时 SocketStr 对象为空，不能启动接收消息
                      //线程
            sendJTextField.setEnabled(false);
              sendButton.setEnabled(false);
            }else new ReceiveMsgThread().start();  //创建并启动接收消息的线程
    }
    private void sendMsg(){ //发信息 + 将信息放在自己的消息区
        String msg=sendJTextField.getText().trim();
        if(msg.length()==0) return;             //无消息内容，不发送
        msg=name+": "+msg;
        infoArea.append(msg+"\n");              //将发送的消息追加到本地信息框
        sendJTextField.setText(null);           //清空消息框
        sk.send(msg);                           //实施发送
    }
    private void receiveMsg(){//收信息 + 将信息放在自己的消息区
        String msg=sk.receive();                //接收
        infoArea.append(msg+"\n");
    }
    public void append(String msg){ infoArea.append(msg+"\n"); }
    public void actionPerformed(ActionEvent e){
        if(e.getSource()==sendButton||e.getSource()==sendJTextField)
            this.sendMsg(); //用线程只能发，不能收，否则会死锁，消息内容为文本框
                           //内容
    }
}
class Callee{//被叫方，执行方式 Java Callee 李四 6666
    public static void main(String[] args)throws IOException{
        SetDefaultFont.setAll(new Font("微软雅黑", Font.BOLD,14));
        String name=args[0];int port=Integer.parseInt(args[1]);
        ChatFrame frame=new ChatFrame(name,null); //被叫方暂无 SocketStr
                                                  //对象，故为 null
        ServerSocket srv=new ServerSocket(port);
        frame.append("被叫方服务端启动，等待接受连接……");
        Socket skt = srv.accept();
        frame.append("已与对方建立连接，可以开始通信了……");
        SocketStr sks=new SocketStr(skt);//必须使用 ServerSocket 返回的
                                         //Socket
        frame.setSocketStr(sks);      //向 frame 传送发送信息的 SocketStr 对象
    }
}
class Caller{//主叫方，执行方式 Java Caller 张三 127.0.0.1 6666
    public static void main(String[] args){
        SetDefaultFont.setAll(new Font("微软雅黑", Font.BOLD,14));
```

```
        String name=args[0];String ip=args[1];
        int port=Integer.parseInt(args[2]);
        SocketStr sk=new SocketStr(ip, port);
        ChatFrame frame=new ChatFrame(name,sk);
    }
}
```

【示例剖析】

本例关键点有二：①用线程及时接收消息；②要关闭程序，必须先解除接收消息线程的等待状态（请思考原因），方法就是让其收到消息。注意：点击窗体的 X 时，为何需要发送消息？请仔细思考其原因。

*7.3.5 示例：群聊的设计

【例 7.5】 实现多用户群聊，要求：①服务器端、客户端初始界面见图 7.9 (a)。②若客户端连接服务器，连接后在服务端会显示“× ×用户上线”信息，服务端的在线用户数量会增加 1，用户名字会显示在在线用户框中。多个用户的情形类似。③若存在多个用户，任何用户均可随时发言，其发言可被其他用户即时收到。服务器也可发言，形式为“服务器公告：……”。④若某一方下线，则不会再收到任何消息，服务端的在线用户相关文本框会即时体现。⑤若服务器关闭，则强制所有用户下线。⑥单击窗口的×，结束程序。注意：为简化设计，本例假设用户输入的 IP 地址和端口号均合法。

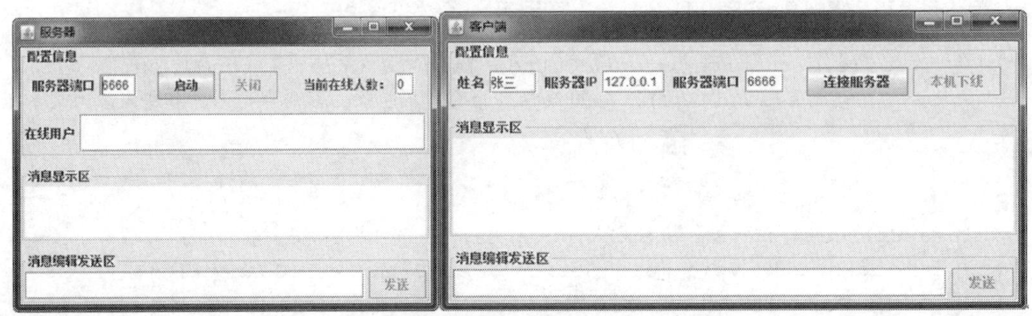

(a) 服务端和客户端启动的初始界面

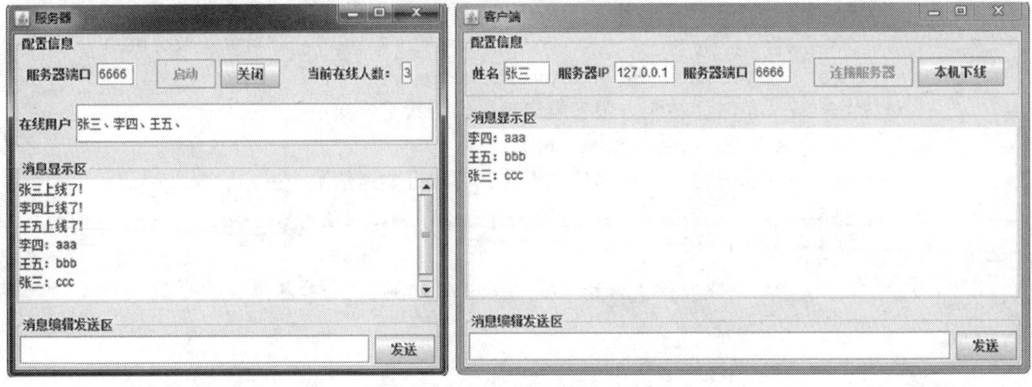

(b) 聊天界面

图 7.9　多人群聊运行界面图示

目的：掌握群聊的机理：用户向服务器发消息，服务器收到消息后向所有在线用户广播消息。进一步熟悉和掌握网络通信各环节的注意事项，如服务端、客户执行过程中的上、下线、自定义通信指令及其使用等，为日后实现更为复杂、更为实用的网络通信功能奠定基础。

设计：本例主要设计了三个类：Server、Client、User，前两个类包含界面和内部类功能模块，User 类用于描述在线用户信息，是为日后更易于扩展功能而设计。为便于理解，图 7.10 展示了运行期间的服务端和客户端中存在的线程及其对应关系。

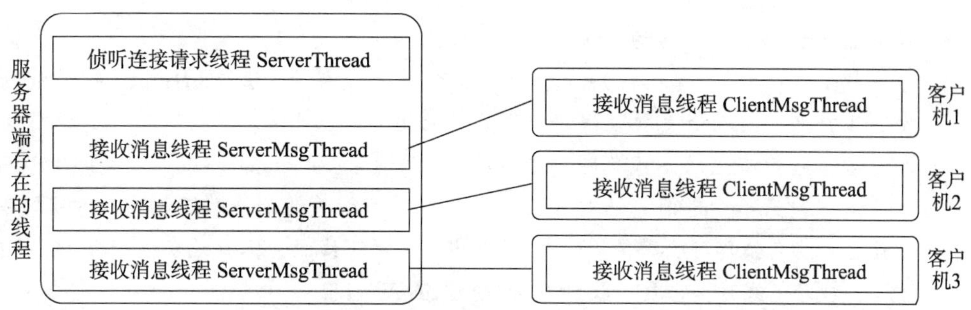

图 7.10　运行期间服务端和客户端中存在的线程及其对应关系

服务端需要一个 ServerThread 用于侦听客户的连接请求，每个客户连接成功后，服务端均会创建一个与此客户一一对应的消息线程 ServerMsgThread，随时且专门接收此用户发来的消息。功能设计主要解决如下 3 个问题：

1. 用户随时能够上线

服务端设置一个服务线程，内置循环持续接收 accept()服务请求，以便随时接受用户上线。注意：若不使用线程方式，服务端将因未收到 accept()连接请求而处于等待状态，使得其他操作（如用户书写消息、发消息等）得不到及时响应。

2. 数据通信，即消息的即时收、发

客户端、服务端均设置接收消息线程，但需要注意：

- 客户端、服务端的 Socket 对象必须要一一对应。换言之，accept()每返回一个 Socket，就必须要基于该对象创建并启动一个消息接收线程。
- 对客户端消息线程，收到消息后会自动显示在本地信息展示区；对服务端的消息接收线程，除了要在本地显示，还要将收到的消息广播给所有在线用户。因此服务端必须保存一个用户列表（存储代表用户的 Socket 对象）。广播，就是遍历该列表，并调用 Socket 发送消息的方法。注意：客户端发送时，不要在本地显示（因为服务器会把该消息再广播回来），否则会出现信息重复。
- 接收消息类型包括：用户上、下线、服务器关闭、普通消息，处理方式见后。

3. 服务端下线、客户端的上、下线

有很多问题要考虑。例如，服务端下线（即关闭服务器）时，要考虑如何关闭包含 accept()的服务线程，并强制让所有在线下线。用户上线时，服务端要获知上线用户的用户名（以便加入用户列表），什么样的信息才是用户名？用户下线，必须要先收到消息，以解除 receive()

方法的等待状态，继而才能退出。通信双方都有线程，必须都要下线。

基于上述考虑，定义 3 个通信指令：用户下线指令 COMMAND@BYE、服务器关闭指令 COMMAND@EXIT、发送用户名指令 COMMAND@NAME:xxx（xxx 是用户名）。设计通信指令的目的是区分特殊消息和普通消息。特殊消息既可以是指令，如用户下线、关闭服务器，或是本例尚未实现的：发出点对点通信请求（类似从群聊中选中用户并向其发私聊消息）、@某人等，也可以是用户向远程发送自己的信息，用户名、端口号、主机名、IP 地址等。

在此基础上，实现服务端、客户端的上下线，关键是理清几项内容和逻辑流程：

- 服务器启动：单击“启动”按钮执行，即启动服务线程。
- 客户端上线：单击“连接服务器”按钮执行，基本流程为：获取 ip+port，创建 Socket，发送用户名，启动消息接收线程，设置界面组件的状态。
- 客户端下线：有主动下线（即单击下线按钮）和被动下线（即服务器关闭）两种情况，流程均为：发送消息让对方消息线程解除等待并结束，然后收到对方反馈消息（让己方消息线程解除等待并结束）。其中，主动下线时，客户端发送 COMMAND@BYE；被动下线时，客户端收到 COMMAND@EXIT。
- 服务器关闭：需要关闭侦听连接线程和接收消息线程，并让所有用户下线。策略是：先基于本地信息创建一个 Socket 对象，以解除 accept()方法的等待状态（以便结束服务线程），之后广播“COMMAND@EXIT”消息、设置界面的离线状态。（注：客户端收 COMMAND@EXIT 后会结束自己的消息线程，并反馈一个 COMMAND@EXIT，让服务端的消息线程结束）。考虑到本地自创 Socket 对象与接收用户连接创建的对象不同（不必纳入用户列表、也不必接收或反馈用户消息），因此特意设置了一个逻辑标志：closeServerSocket，初始时或关闭服务器后为置为 false，true 时表示收到的 Socket 为自创 Socket。另外，为易于设定界面状态、识别单击窗口的×时是否为在线（在线时需要先下线再结束），因此又设置一个布尔标志 online。

注意：为凸显核心目的，降低理解难度，设计时刻意规避了各类异常的处理。建议用户在熟悉后自行添加各类异常，异常提示信息越准确越好。

```
/* ……类的导入信息，这里略…… */
class User{//主要用于可扩展性
    private String ip,name;    private int port;private SocketStr skt;
    public User(SocketStr s){ skt=s; }
    public String getName(){ return name; }
    public void setName(String n){ name=n; }
    public SocketStr getSocketStr(){ return skt; }
    public void setSocketStr(SocketStr ss){ skt=ss; }
}
class Server extends JFrame implements ActionListener{
    private boolean closeServerSocket=false; //标记创建的是用于关闭服务器的
                                             //Socket
    private boolean online=false;            //服务器在线标记
    private int port;
    private ServerSocket serverSocket;      //无论连接多少用户，只需一个
```

```
                                        //ServerSocket
private User user[]=new User[20];       //服务端的用户列表
private int len;                        //用户列表类似线性表，需要表长
private JTextArea msgArea;              //消息显示区
private JTextField msg_jtf,online_num,port_jtf,onlineUser_jtf;
                                      //消息书写框、在线人数、在线用户名
private JButton send_bt,start_bt,stop_bt;    //发送、启动、停止按钮

private class A extends WindowAdapter{//内部类，用于处理单击窗口的×
   public void windowClosing(WindowEvent e){
      if(online==true)  closeServer();
      System.exit(0);
   }
}
private class ServerThread extends Thread{//服务端监听连接请求的线程
   ServerThread(int p){port=p;}
   public void run(){
      Socket sk=null;   SocketStr sks=null;
      online=true; //online是Server的属性
      try { serverSocket = new ServerSocket(port); }
         catch(Exception e){ online=false;e.printStackTrace(); }
         finally{ if(online==false) return; }  //ServerSocket创建
                                                //失败，当然不能继续
      while(online){ //单击关闭按钮可退出此循环
         try{sk = serverSocket.accept(); sks=new SocketStr(sk);}
         catch(Exception e){System.out.println("有异常：");
           e.printStackTrace();}
         if(closeServerSocket==true) { //如果单击关闭，则复原标记后退出
            closeServerSocket=false; break; }
         addUser(sks);System.out.println("user.len="+len);
         online_num.setText(""+len);
         new ServerMsgThread(sks).start();//启动对应的消息接收线程
      }
      try{ serverSocket.close(); }
         catch(IOException e){System.out.println("有异常：");
           e.printStackTrace();}
   }
}
private class ServerMsgThread extends Thread{ //每个用户对应一个消息
                                              //线程
   SocketStr sk;                              //面向特定用户接收消息
   ServerMsgThread(SocketStr s){sk=s;}
   public void run(){ String msg=null;
      while(true){                            //需要区别四种类型的消息
         msg=sk.receive();                    //接收消息
         if(msg.equals("COMMAND@BYE")){       //用户要下线
            sk.send("COMMAND@BYE");delUser(sk);
            online_num.setText(""+len); //更新在线人数和在线用户列表
```

```
                onlineUser_jtf.setText(getOnlineUserName());
                break;
            }
            if(msg.equals("COMMAND@EXIT")){    //服务器下线
                delUser(sk); online_num.setText(""+len);
                onlineUser_jtf.setText(getOnlineUserName());
                break;
            }
            if(msg.startsWith("COMMAND@NAME:")){//用户上线后特意发来的
                                                //用户名
                String s=msg.substring(13);     //获取用户名
                User u=locateUser(sk);u.setName(s);
                onlineUser_jtf.setText(getOnlineUserName());
                append(s+"上线了！");continue;}
            else { append(msg); broadcast(msg); }//本地显示+广播
        }
    }
}
public Server(){
    /* …… 界面设计部分，这里略 …… */
    this.addWindowListener(new A());            //单击×即可关闭窗口
    send_bt.addActionListener(this);
    msg_jtf.addActionListener(this);
    start_bt.addActionListener(this);           //单击连接创建 Socket
    stop_bt.addActionListener(this);
}
private String getOnlineUserName(){ String s=""; //本方法获取所有在线
                                                 //用户姓名
    for(int i=0; i<len; i++)s=s+user[i].getName()+"、";
    return s;
}
private User locateUser(SocketStr sk){int i;   //本方法定位在线用户位置
    for(i=0; i<len && sk!=user[i].getSocketStr(); i++);
    return user[i];
}
private void addUser(SocketStr sk){user[len]=new User(sk); len++;}
private void delUser(SocketStr sk){ int i;
    for(i=0; i<len && sk!=user[i].getSocketStr(); i++);
    for(int j=i+1; j<len; j++)user[j-1]=user[j];
    len--;    sk.close();
}
private void setOnlineState(){//设置在线时各关键属性的状态
    online=true;          stop_bt.setEnabled(true);
    send_bt.setEnabled(true);start_bt.setEnabled(false);
}
private void setOfflineState(){//设置离线时各关键属性的状态
    online=false;             stop_bt.setEnabled(false);
    send_bt.setEnabled(false);start_bt.setEnabled(true);
}
```

```
    private void broadcast(String msg){           //向所有用户广播消息
        for(int i=0; i<len; i++)  user[i].getSocketStr().send(msg);
    }
    private void sendMsg(){                        //服务器发信息
        String msg=msg_jtf.getText().trim();
        if(msg.length()==0) return;                //无消息内容，不发送
        msg="服务器公告："+msg; append(msg);  //将发送的消息追加到本地信息框
        msg_jtf.setText(null);broadcast(msg);
    }
    private void startServer(int port){ new ServerThread(port).start(); }
    private void closeServer(){                    //关闭服务器
        closeServerSocket=true; online=false;
        try{ new Socket("localhost",port); }       //用于解除accept挂起状态
        catch(Exception ee){ System.out.println("自创Socket异常。"); }
        broadcast("COMMAND@EXIT");
    }
    public void actionPerformed(ActionEvent e){
        if(e.getSource()==start_bt){               //单击启动按钮
            port = Integer.parseInt(port_jtf.getText().trim());
            startServer(port); setOnlineState();  return;}
        if(e.getSource()==stop_bt){                //单击停止按钮
            closeServer();setOfflineState();return;}
        if(e.getSource()==send_bt || e.getSource()==msg_jtf && online)
           sendMsg();
    }
    public void append(String msg){ msgArea.append(msg+"\n"); }
}
class Client extends JFrame implements ActionListener{
    private boolean online=false;
    private String ip,userName;  private int port;
    private SocketStr sk;                          //用于通信的对象
    private JTextArea msgArea;                     //消息显示区
    private JTextField msg_jtf,name_jtf,ip_jtf,port_jtf; //消息框
    private JButton send_bt,start_bt,stop_bt;      //发送按钮
    private class A extends WindowAdapter{//内部类，用于处理单击窗口的×
        public void windowClosing(WindowEvent e){
            if(online==true)    sk.send("COMMAND@BYE");
            System.exit(0);
        }
    }
    private class ClientMsgThread extends Thread{//每个用户对应一个消息线程
        SocketStr sk;                              //面向特定用户接收消息
        ClientMsgThread(SocketStr s){  sk=s; }
        public void run(){
            String msg=null;
            while(true){ //只需区分3种类型的消息（不需要考虑收到用户名）
                msg=sk.receive();
                if(msg.equals("COMMAND@BYE")) break;//用户执行下线
```

```
                if(msg.equals("COMMAND@EXIT"))      //服务器下线
                    { append("服务器下线。"); sk.send("COMMAND@EXIT");
                      break; }
                else append(msg);
            }
            sk.close();setOfflineState(); //设置离线时的界面状态
        }
    }
    public Client(){
        /* …… 界面设计部分，这里略 …… */
        this.addWindowListener(new A());           //单击×即可关闭窗口
        send_bt.addActionListener(this);
        msg_jtf.addActionListener(this);
        start_bt.addActionListener(this);          //单击连接创建 Socket
        stop_bt.addActionListener(this);
    }
    private void setOnlineState(){//设置在线时各关键属性的状态
        online=true;     stop_bt.setEnabled(true);
        send_bt.setEnabled(true); start_bt.setEnabled(false);
    }
    private void setOfflineState(){//设置离线时各关键属性的状态
        online=false;       stop_bt.setEnabled(false);
        send_bt.setEnabled(false);start_bt.setEnabled(true);
    }
    private void sendMsg(){
        String msg=msg_jtf.getText().trim();
        if(msg.length()==0) return;                //无消息内容，不发送
        msg=userName+": "+msg;msg_jtf.setText(null);sk.send(msg);
    }
    public void append(String msg){ msgArea.append(msg+"\n"); }
    private void userOnline(){                     //用户上线
        port = Integer.parseInt(port_jtf.getText().trim());
        ip=ip_jtf.getText().trim();
        userName=name_jtf.getText().trim();
        sk=new SocketStr(ip, port);                //创建连接
        sk.send("COMMAND@NAME:"+userName);         //自动发送用户名
        new ClientMsgThread(sk).start();setOnlineState();
    }
    public void actionPerformed(ActionEvent e){
        if(e.getSource()==start_bt){ userOnline(); return;  }
        if(e.getSource()==stop_bt){sk.send("COMMAND@BYE"); return;}
        if(e.getSource()==send_bt||e.getSource()==msg_jtf&&online)
           sendMsg();
    }
}
class ServerApp{
    public static void main(String[] args) {new Server();}
}
class ClientApp{
```

```
    public static void main(String[] args) {new Client();}
}
```

【示例剖析】

（1）程序的执行结果见图 7.9。群聊的机理为：用户向服务器发消息，服务器将消息广播给所有在线用户。其实现要点已在前面介绍，这里不再赘述。

（2）new Socket("localhost",port)创建的是本地 Socket，其中“localhost”等同于 127.0.0.1。

（3）若用户 A、B 同时上线，服务方是否有可能将 A、B 发来的用户名弄错呢？这不可能。因为服务端和客户端的 Socket 是 1：1 的对应关系。

（4）用户发出的普通消息被服务端广播给所有用户。是否可能发生消息发送—广播—再收到—再广播的情形呢？不会，因为客户端收到的普通消息，不会再向服务器发送；而服务端虽有接收消息线程，但这些消息线程与客户端一一对应。下线时创建的服务端本地 Socket，不会创建消息接收线程。

（5）本例 User 的设计是为了可扩展性。例如，若希望在客户端显示所有用户的列表，并单击特定用户，向其发送私聊。就需要定制特殊指令，用户上线后，将其姓名、IP、端口号（注：客户端必须启动接受连接的 ServerSocket 对象的 accept()服务）发送给服务器，服务器将其广播给所有在线用户。发起私聊，实际上是根据私聊对象的 IP 和端口号创建一个面向该用户的 Socket 对象。这方面设计机理与前类似，不再赘述。

练习 7.2

结合例 7.3.5 的设计，新增@All、@张三等功能。当某人输入内容包含“@张三”时，若名为“张三”的用户在线，则在“张三”的消息框中以粗体红色显示提示信息：“有人提到了你”。

提高：查阅资料，为程序新增发送、接收文件功能。

7.4　基于数据报的端对端通信方式

7.4.1　通信模型

数据报通信方式类似发电报，见图 7.11。通信双方均有电报机、电报，其中电报机执行收、发电报行为，电报由信封和信纸两部分组成，信纸用于填写要传输的数据内容，信封则填写发件人和收件人的准确地址。发报时，通信双方不需要建立专用数据传输通路（像固定电话那样），在通信协议的指导下，通信基础设施会准确自动地将电报传给收件人。

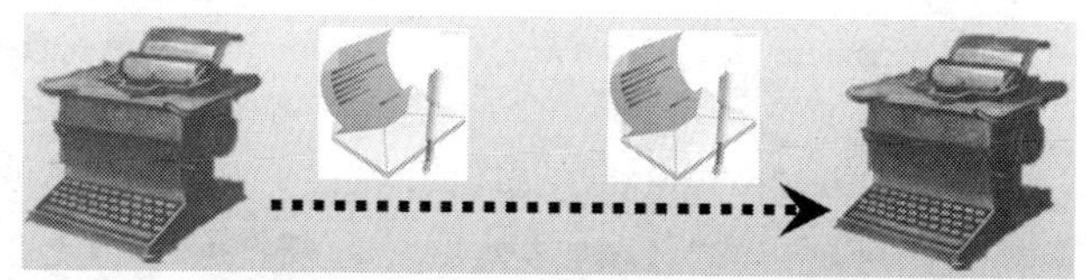

图 7.11　用电报机发、收电报示意图

Java 的数据报通信模型基于 UDP 协议来设计，java.net 包中的 DatagramSocket、

DatagramPacket 分别用于描述电报机和电报。DatagramSocket 的 send(DatagramPacket p)可将电报 p 发向 p 中指定的通信端点，receive(DatagramPacket p)可将收到的信息写入 p 中。即：电报机发送、接收的均为数据报。数据报以字节数组作为“信纸”，但要注意，用作发送的数据报和用作接收的数据报，二者构造方式不同，前者的信封、信纸均有内容，即：将发送的信息写入数据报，并指明远程的通信端点信息（地址和端口）；后者的信封信纸均无内容。但接收成功后，可从收到的数据报中解析出很多信息，如传输内容、发送方的 ip 和端口。具体通信过程与图 7.11 类似，下面通过一个简单示例展示通信的具体设计。

7.4.2 示例：二人间的一句话通信

【例 7.6】 使用基于数据报的通信方式，实现如下通信内容：张三说：“李四，你吃了吗？”，李四回答：“还没呢。”上述两条信息在两台主机上均完整显示。

目的： 掌握使用 DatagramPacket 和 DatagramSocket 实现数据报通信的基本框架。

设计： 首先区分几个概念。用作发送的数据报、用作接收的数据报。

本例主要设计了 3 个类：DatagramEndpoint、Caller、Callee。

DatagramEndpoint 用于描述能收发消息的通信端点，内有 6 个属性，socket 是端点内的发报机，sendPac/receivePac 是用作发送、接收的数据报，buffer 是接收消息专用的缓冲区，必须足够大以避免数据丢失。至于发送数据报的缓冲区由消息内容临时产生。端点需要与远程端点相连，address、port 是远程端点的地址和端口，构造函数有二：

DatagramEndpoint(int port)：面向被叫，port 是接收消息端口；

DatagramEndpoint( )：面向主叫，端口（即接收消息的端口）为本机的随机可用端口。

另外还有发送、接收、关闭方法，以及两个设置 address、port 的方法，其中：

setSocket(String ip, int port)：面向主叫，ip 和 port 是远程端点的 socket 信息。考虑到可能在不同时间向不同端点发送消息，故并未将远程 socket 信息放在构造函数中。

setSocketByDatagramPacket()：面向被叫，从收到的数据报获取地址和端口信息；

Callee 类面向被叫，先收再发；Caller 类面向主叫，先发再收。注意：收、发之前必须要配置好对方的 address 和 port。

```
import java.net.DatagramPacket;      import java.net.DatagramSocket;
import java.net.InetAddress;         import java.net.SocketException;
import java.net.UnknownHostException;import java.io.IOException;
class DatagramEndpoint{
   private DatagramPacket sendPac,receivePac; //发送数据报和接收数据报
   private DatagramSocket socket;          //用于实施发送、接收数据报的电报机
   private InetAddress address;            //通信端点要连接的远程 ip
   private int port;                       //通信端点要连接的远程 port
   private byte[] buffer=new byte[1024]; //必须提供足够大的接收消息缓冲区
   public DatagramEndpoint(int port){ //作为【被叫】时的通信端点
      try{  socket=new DatagramSocket(port);//创建接收电报的电报机
           receivePac=new DatagramPacket(buffer,buffer.length);
                                           //创建一个用于接收的数据报
```

```
    }catch(SocketException e){System.out.println("有异常: ");
      e.printStackTrace();}
  }
  public DatagramEndpoint(){           //作为【主叫】时的通信端点
    try{ socket=new DatagramSocket();//创建发送电报的电报机，端口为本机的
                                      //随机可用端口
      receivePac=new DatagramPacket(buffer,buffer.length);
                                      //创建一个用于接收的数据报
    }catch(SocketException e){System.out.println("有异常: ");
      e.printStackTrace();}
  }
  public void setSocket(String ip, int port){ //要连接远程端点的 ip 和 port
    try{   this.port=port;
      address = InetAddress.getByName(ip);//如 ip="123.4.5.6" 或是
                                          //"www.sina.com"
    }catch(UnknownHostException e){
      System.out.println("有异常: "); e.printStackTrace();}
  }
  public void setSocketByDatagramPacket(){//根据收到的数据报来获取对方 ip
                                          //和 port
    if(receivePac==null){
      System.out.println("错误: 应该先收到数据报才能调用此方法! ");
      return;
    }
    address = receivePac.getAddress();
    this.port=receivePac.getPort();
  }
  public void send(String msg){byte[] buf=msg.getBytes();
    sendPac=new DatagramPacket(buf,buf.length,address,port);
    try{ socket.send(sendPac); }
    catch(IOException e){System.out.println("有异常: ");
      e.printStackTrace();}
  }
  public String receive(){
    try{socket.receive(receivePac);}
    catch(IOException e){System.out.println("有异常: ");
      e.printStackTrace();}
    //return new String(receivePac.getData()); //不推荐: 因为获取的数据
                                               //可能不准确
    return new String(buffer,0,receivePac.getLength());
  }
  public void close(){socket.close();}
}
class Callee{//被叫，必须先启动指定端口的 DatagramSocket: 先收消息再发消息
  public static void main(String[] args){  //throws IOException{
    DatagramEndpoint endpoint=new DatagramEndpoint(6789);
    String msg=endpoint.receive();          //【接收消息】收不到消息就等待
```

```
        System.out.println(msg);                  //输出收到的内容
        endpoint.setSocketByDatagramPacket(); //获取发送方的 ip+port
        String name="李四";msg=name+": 还没呢!";
        System.out.println(msg);                   //输出发送的内容
        endpoint.send(msg);                        //【发送消息】
        endpoint.close();
    }
}
class Caller{//主叫，必须向指定 ip+port 发消息：先发消息再收消息
    public static void main(String[] args){     //throws IOException{
        DatagramEndpoint endpoint=new DatagramEndpoint();
        endpoint.setSocket("127.0.0.1", 6789); //需要告知主叫方：被叫的 ip
                                                //和 port
        String name="张三";String msg="李四，你吃了吗?";
        System.out.println(name+": "+msg);      //输出发送的内容
        endpoint.send(name+": "+msg);           //【发送消息】
        msg=endpoint.receive();                 //【接收消息】
        System.out.println(msg);                //输出接收的内容
        endpoint.close();
    }
}
```

【示例剖析】

（1）基于数据报的通信就是用电报机发送/接收电报。其中电报机是 DatagramSocket 对象，电报是 DatagramPacket 对象，电报机发送、接收的均为数据报。

（2）发送用数据报和接收用数据报构造方式不同，前者信封、信纸均有内容，即构造发送数据报对象时，需要提供远程端点的地址、端口，并将发送的消息写入数据报；后者接收前是空的数据报，即基于字节数组构造接收数据报对象，在接收完成后，可从中提取远程端点的地址、端口和消息内容。

（3）因数据报以字节数组为缓冲区，故发送消息时，须将字符串转换成字节数组；接收消息时，需将字节数组转换成 String。另外，为避免数据丢失，存放消息的缓冲区必须要足够大。注意：不推荐使用 DatagramPacket 类提供的 getData()来获取数据，该方法返回数据报中存放消息的字节数组引用，如本例接收数据报 receivePac 的字节数组使用的是 1024 字节的 buffer。显然，消息很难恰好占满整个字节数组。直接基于该数组构造的字符串就会包含乱码。receivePac.getLength()方法返回的是实际数据的长度。

（4）构造数据报时，不能直接使用字符串型 ip 地址，要先通过 InetAddress.getByName(ip)获得一个 InetAddress 对象，继而用此对象来构造数据报。其中 ip 既可以是形如“192.168.1.2”，也可以形如“www.sina.com”。

（5）接收消息时，若收不到则等待。因此，两端分别采用了“接收-发送”和“发送-接收”，否则可能产生输出结果不正确，甚至死锁。

（6）由于数据报中包含了接收端的信息，因此这种传送方式可以不建立持续的连接（即需要时发送或接收即可），灵活方便，但可靠性差。流式 Socket 通信也被视作有连接的通信方式，是因为通信双方建立起了可靠的输入流和输出流。但有连接通信方式需要持续占用网络连接资源，代价较高。

本章小结

Java 崛起自网络，对网络编程提供了强大的类库支持。网络编程关键要处理好三个问题：

（1）标识对方。若对方是资源，如文档，常见标识方式是 URL，如 http 链接、FTP 链接、迅雷链接、磁力链接等，URL 能准确描述出资源在网络中的位置。若对方是应用程序，如 QQ 等，则 Socket 来标识对方，Socket=IP+port，IP 来标识该主机的网络位置，端口号则是操作系统中通信队列的编号。

（2）建立连接。这部分需要类库的支持。如通过 URL 类的 openConnection()，可获得 URLConnection 型连接对象；再比如，只需使用 new Socket(IP,port)即可建立 Socket 连接（当然对方必须已经启动 ServerSocket 的 accept()方法）。用户不必关心建立连接的具体细节，这些均由底层类库来实现。

（3）通信双方的数据交互。建立连接。这部分内容基本属于 IO 流内容，关键是首先获取合适的流，然后读写数据。注意，当从流中读取数据时，若流中无数据，则等待。此类问题处置不好，将可能产生死锁。

基于 Socket 的通信双方建立有固定的信息交互通道，就像生活中的固话间的通信。本章还介绍了基于数据报的通信方式，它属于无连接通信，就像生活中的邮寄信件那样。建立连接后，数据交互机制基本类似。

思考与练习

1. 为何说“网络通信是网络应用程序的基础”？
2. 为何说“Java 在开发网络应用开发方面有先天优势”？
3. 什么是端口？端口在网络编程中有何作用？
4. 什么是 URL？为何在网络上常用 URL 来定位？URL 能定位哪些内容？
5. 什么是 Socket？它有何作用？
6. 在 TCP/IP 分层模型中，Java 对哪些层提供了语言支持？又是怎样支持的？（即如何利用 Java 提供的预定义类等机制，能够对那些内容实施操控。）
7. 简述用 URL 访问网络资源的基本步骤。
8. 什么是流式端对端通信，简述这种通信机制的特点，以及建立的基本步骤。
9. 在流式点对点通信方式中，服务器端需要一个 ServerSocket 对象。该对象有何作用？
10. 与基于 Socket 的通信方式相比，基于数据报的通信方式有何特点？简述建立这种通信方式的基本步骤。

11. 使用基于数据报方式，实现例 7.4，即二人间的随意聊天。

12. 设计一款下载软件，给定特定类型的链接，可实施下载。

提高：考虑断点续传和多线程下载。

13. 编写一个客户、服务器程序，客户在本地给出圆的半径，并发送给服务器，服务器返回圆面积，并在客户本地显示。

第 8 章

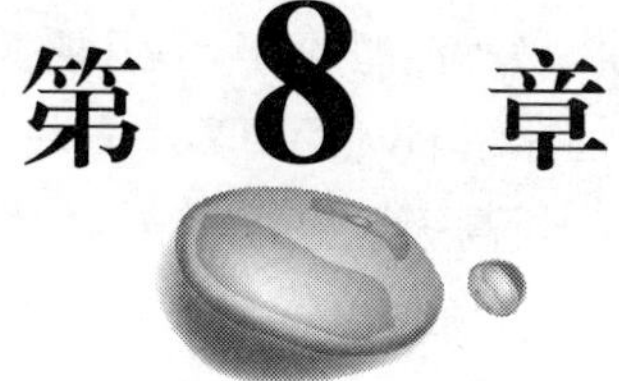

泛型与集合框架

8.0 本章方法学导引

【设置目的】

许多算法处理框架与类型无关。如 max(a,b)返回 a、b 的最大值，设计者不关心 a、b 的具体类型，只要 a、b 可比较大小即可。泛型(Generic Type)就是满足上述需求的一种机制。本质上，泛型是代码中的一种“类型占位描述”，表示“此处是模糊的/不确定的类型”；运行时，需要将其替换成“具体类型”。例如，

```
class K{
  static <T extends Comparable> T max(T a, T b)
     {return (a.compareTo(b)>=0)? a : b;}
  ... main(String[] args) {System.out.println(max("aaa","bbb")+
                           "\t"+max(123,111));}
} //运行结果为：bbb   123
```

其中，T 是泛型描述符，需要“先定义后使用”，<T extends Comparable>是 T 的定义部分，后面三个 T 则是应用部分，对应 max(…)的返回类型和参数类型。运行时，max("aaa","bbb")向 T 传入 String 型，max(123,111))向 T 传入 Integer 型。

泛型机制广泛应用于容器类库（如数据结构相关类库）、工具类的通用处理框架（如 Arrays 中的并行排序算法）。

本章将深入讨论泛型机制的引入背景、描述机制、实现机理、具体应用场景和方式，为更深入地理解和应用 Java 类库奠定基础。

【内容组织的逻辑主线】

本章先介绍泛型的引入背景，分析泛型和“用 Object 兼容对象类型”的区别，引入 Java

中泛型的语法描述和基本应用方式（8.1 节）；继而通过若干示例，展示泛型的若干应用方式（8.2 节）；在此基础上，剖析泛型的实现机理（8.3 节），并系统性介绍 java 泛型类库（集合框架）的基本应用方式（8.4 节），最后以树的泛型迭代器为例，剖析高级泛型处理结构的设计机理。

【内容的重点和难点】

（1）重点：①理解泛型的应用场合，以及泛型与用 Object 兼容对象类型的区别；②掌握为何需要对泛型加约束，如何加约束；③掌握如何基于泛型对数据“模糊”读写，即通配符的作用和使用；④掌握集合框架的应用方式和场景。

（2）难点：①泛型通配符的使用，以及对泛型容器中数据的“模糊”读写；②理解和掌握泛型实现的“擦拭”机理；③理解和掌握在自定义类中支持 for-each 语句的基本实现框架。

8.1 认识泛型

8.1.1 泛型引入背景

大多数容器、通用算法的设计，虽然与数据有关，但又不希望密切相关。例如栈，用户实际上只关心栈中元素的增删是否符合先进后出特性，不关心元素的具体类型。若设定了栈中元素的具体类型，反倒会影响栈的适用范围。如将栈中元素类型设定为图中的“结点”类型，那么栈就不能在树、链表等应用中使用。通用算法，如二分法搜索算法也是如此。用户希望只要提供满足约定的参数，如数组按升序排列、查找元素与数组中元素可比较大小，就能用该算法实施数据检索，并不关心查找元素或数组存储元素的具体类型。换言之，人们希望有一种数据类型的“模糊”表示方式，以应对上述应用场景。

Object 能兼容任何对象，能否用 Object 作为模糊描述类型呢？答：这样做不好。Object 对兼容的类型无约束，可能造成安全隐患。如用 Object[] data、Object key 分别描述二分法搜索中的数组和待查找元素，但无法体现约定“key 与 data[i]可比较大小”。若将栈中元素设计成 Object 型，原本希望栈中存放图中的“点”，却误将某条“边”放入栈。这些情形，编译合法，运行则会报错。为实现更为安全的模糊类型替换，即在编译时检查类型替换是否合法，Java 引入了泛型（Generic Type）机制。

8.1.2 泛型的定义和使用

先通过示例认识两个泛型类的定义和使用，然后在此基础上讨论泛型的含义和作用。

```
//定义泛型类：有 1 个泛型参数
class A<T>{  T x;
   A(T t){ x=T; }
   T getX(){ return x; }
}
```

```
//定义泛型类：有 2 个泛型参数
Class B<X1,X2>{ X1 a; X2 b;
  B(X1 x, X2 y){a=x; b=y;}
}
```

```
//基于泛型类定义变量和构造对象
A<String>a=new  A<String>("ab");

//JDK1.7 后，支持如下方式：
A<String> a=new A<>("ab");
或是：
A<String> a=new A("ab");
```

```
//基于泛型类定义变量和构造对象
B<Integer,Double> b=
   new B<Integer,Double>(5,1.2);
//JDK1.7 后，支持如下方式：
B<Integer,Double> b=new B<>(5,1.2);
或是：
B<Integer,Double> b=new B(5,1.2);
```

说明：

（1）泛型类 A<T>有一个泛型参数 T，泛型类 B<X1, X2>有两个泛型参数 X1 和 X2。泛型参数必须要“先声明后使用”，如<T>、<X1, X2>是泛型声明，用于定义泛型参数；T t; T getX(){…};等是将泛型参数当成类型来使用，如定义变量、作为返回类型等。注意：泛型参数命名要满足标识符命名规则。

（2）基于泛型类定义变量或构造对象时，必须用具体类型为泛型参数赋值，如，A<String>表示在运行时 T 对应的具体值为 String；B<Integer,Double>表示运行时 X1、X2 分别被替换成 Integer 和 Double。注：5，1.2 分别被自动装箱成 Integer 对象和 Double 对象。

（3）对 A<String> a=new A<String>("ab");，鉴于 a 已经指明为 A<String>型，构造对象继续加<String>显得烦琐。JDK1.7 增强了类型推断能力：编译器会根据变量声明时的泛型类型自动推断出实例化时的泛型类型。因此从 jdk1.7 开始，支持省略后面的参数，构造对象时可以使用：A<String> a=new A< >("ab");，或 A<String> a=new A ("ab");。但要注意，不带尖括号的方式，如 new A("ab");，在编译时会产生警告信息，但不影响运行。

（4）对泛型类 A<T>，应用时使用 A<String>，就是“类型参数化”的具体表现，其中泛型参数 T 是形参，具体类型 String 是实参。泛型机制最大的特征就是“类型参数化”。实参不同，基于泛型类构造出的对象也就不同。注意：编译时，必须要能够确定所有泛型参数对应的具体类型（具体原因见后），否则将产生编译错。

可能有读者疑惑：变量、参数都有类型，上述泛型类 A、B 中，泛型参数 T、X1、X2 的类型是什么？实际上，泛型参数可看成是一种“占位符”，就像图像占位符一样，仅表示“编译时要在此处填入具体类型”。换言之，泛型参数并不对应某个具体类型。

除了应用于类，泛型还可应用于定义接口，或是在普通类中定义泛型方法。例如：

```
public interface Comparable<T> {//泛型接口
   public int compareTo(T o);
}
public class Arrays {//普通类 Arrays 中，定义有泛型方法 sort(…)
   …
   public static <T> void sort(T[] a,Comparator<? super T> c){…}
}
```

由于 Arrays 类不是泛型类，未声明泛型参数，故 sort()方法使用的泛型参数必须先声明，如<T>，后使用，如 T[] a、Comparator<? super T>。Comparator<? super T>可看成是对 T 的约束，将在 8.2.3 节详细介绍。

8.2 泛型机制应用

8.2.1 设计自动扩容的泛型顺序表

【例 8.1】 设计一个自动扩容的泛型顺序表容器。在构造时指明顺序表的最小容量。当容器满时，自动扩容当前容量的 $\frac{1}{3}$。并配有操作：返回表中元素的数量、获取指定位置元素、在尾部追加元素、删除指定位置元素。用 String、Double 等对象来检测设计是否满足需求。

目的：掌握泛型类的定义和使用，理解“类型参数化”的内涵。

设计：设计泛型类 GenList<T>，将 T 替换成 X 类型，即可存储 X 型对象。注意：表中用于实现顺序存储的数组，必须用 Object[]型，具体原因见分析。

```
class GenList<T>{
    private int len; //表长
    private Object[] data; //注意：能容纳任何对象的数组，必须是 Object[]型
    public GenList(int min){ data=new Object[min]; }
           //注意：创建泛型数组，不能使用 new T[min];
    public int length(){ return len; }
    public T get(int i){ return (i>=0&&i<len)?(T)data[i]:null; }
    private void addCapacity(){//扩容操作：增加当前容量的 1/3
        Object[] temp=new Object[data.length+data.length/3];
        //将 data 中的所有数据复制到 temp 中
        System.arraycopy(data,0,temp,0,data.length);
        data=temp;
    }
    public void add(T x){
        if(len==data.length) addCapacity();//表满则扩容
        data[len]=x; len++;
    }
    public void insert(T x, int i){//在下标 i 处插入元素 x
        if(i<0||i>len)return; //非法位置，直接返回
        if(len==data.length) addCapacity();//表满则扩容
        System.arraycopy(data,i,data,i+1,len-i);
                                //将 data[i..尾]复制到 data[i+1..尾]
        data[i]=x; len++;
    }
    public void remove(int i){//删除下标 i 位置的元素
        if(i<0||i>=len)return;//非法位置，直接返回
        System.arraycopy(data,i+1,data,i,len-i-1);
                                //将 data[i+1..尾]复制到 data[i..尾]
        len--;
    }
    public void show(){
        for(int i=0; i<len; i++) System.out.print(data[i]+" ");
    }
}
```

```
class Ch_8_1{
    public static void main(String[] args) {
        GenList<String> s=new GenList<String>(100);
            //JDK1.7之后，也可省略后面的String，即可写成如下形式
            //GenList<String> s=new GenList<>(100);  或是
            //GenList<String> s=new GenList(100);
        s.add("aa");s.add("bb");s.add("cc"); s.remove(1);
        System.out.print("String表内容：");s.show();
        GenList<Double> d=new GenList(100);
        d.add(1.1);d.add(2.2);d.add(3.3);
        System.out.print("\nDouble表内容：");d.show();
        GenList<Number> n=new GenList(100);
        n.add(5);n.add(6.0f);n.add(7.1);
        System.out.print("\nNumber表内容：");n.show();
            //Number可兼容Integer、Double等数值型包装器
    }
}
```

【输出结果】

```
String表内容：aa cc
Double表内容：1.1 2.2 3.3
Number表内容：5 6.0 7.1
```

【示例剖析】

（1）定义泛型类 GenList 时，用<T>声明后，在类体中就可将 T 作为类型使用，如定义变量、作为返回类型等。但 T 不能用于构造对象，如 new T[100]; 或是 T t=new T();，均会产生编译错。因为泛型中的“泛”是指“型”，不是指“对象”。另外，也无法确知 T 对应具体类型的构造函数有几个参数。为存储各型对象，应该使用 Object[]型数组对象。当明确需要 T 类型的元素时，如 get(i)返回值，可使用强制类型转换，如(T)data[i]。

（2）应用泛型类 GenList<T>时，无论是定义变量还是构造对象，都要为 T 赋值，如定义变量 GenList<String> s，构造对象 s=new GenList<String>(100)。建议使用 JDK 8 以后的版本，可简化对象构造：GenList<String> s= new GenList (100)。

（3）GenList<String>和 GenList<Double>是完全不同的类型。前者对应的对象只能存放 String 型数据；后者对应的对象只能存放 Double 型数据。存放其他类型将产生编译错。对 GenList<Number>型变量 n，n.add(x)，其中 x 的类型是 Number，抽象类 Number 是 Double、Integer 等包装器类的超类，可以兼容 Integer、Float、Double 等类型。

（4）对于泛型接口，在实现泛型接口时需要为泛型参数赋值，例如前面使用的泛型接口：

```
public interface Comparable<T> {  public int compareTo(T o);  }
```

应用的情形是：

```
class Student implements Comparable<Student>{
   public int compareTo(Student o){ … };
}
```

（5）本质上，泛型依旧属于数据类型：可声明变量、并赋值（但不能创建泛型对象）。只不过，“值”是一种具体的数据类型而已。类型参数化，就是用不同实际类型填入泛型参数 T，从而产生不同的新类型，如 GenList<String>、GenList<Double>等。

8.2.2 对泛型顺序表加约束

泛型约束常涉及两个概念：子类型、超类型。对若 A、B 间满足 is-A 关系（如 A 是 B 的子类或子接口），或是满足 is-like-a 关系（如 A 实现了接口 B），则称 A 是 B 的子类型。相应地，称 B 是 A 的超类型。

假设对 GenList<T>添加一个方法：求表中元素的最大值。此时，表中元素就不能是任意类型了，需要满足“元素间可比较大小”。换言之，要求泛型参数 T 必须满足某种约束条件。对 T 添加约束的格式为：< T extends Base>，表示“T 必须是 Base 的子类型”。例如：

< T extends Number > ：表示 T 必须是 Number 的子类，即 T 必须是数值型。

< T extends Comparable > ：表示 T 必须实现了 Comparable 接口，即 T 是可比较的。

> **注意：** 由于 Comparable<T>是泛型接口，上述声明省略<T>，使得编译时会产生警告信息。更准确的写法是：< T extends Comparable<T> >。

【例 8.2】 给例 8.1 的泛型顺序表添加一个方法：求表中元素的最大值。

目的： 理解何为泛型约束，掌握泛型约束的定义方式和使用场合。

设计： 为实现上述要求，需将 GenList<T>改为 GenList<T extends Comparable>。在求最大值 max()方法中，需要对 data 数组中元素比较大小。由于 data[i]是 Object 型，不能比较大小，因此必须先要将 data[i]强制转换成 T 类型，才能使用 CompareTo()方法比较大小。

```
class GenList<T extends Comparable<T>>{//带约束的泛型顺序表
    /* 其他部分与例 8.1 相同 */
    public T max(){                          //新增求最大值方法
        if(len==0)return null;
        if(len==1)return(T)data[top];
        int m=0;        T
        for(int i=1; i<len; i++){
            //if(data[i].compareTo(data[m])>0) m=i; //产生编译错误:
                    //data[i]是 Object 型，未实现 Comparable 接口
            a=(T)data[i];        b=(T)data[m];
            if(a.compareTo(b)>0)m=i;
        }
        return(T)data[m];
    }
}
class Ch_8_2{
    public static void main(String[] args) {
        GenList<String> s=new GenList<String>(100);
        s.add("aa");s.add("bb");s.add("cc");
        System.out.print("String 表内容: ");s.show();
        System.out.println("最大值为: "+s.max());
```

```
        GenList<Double> d=new GenList(100);
        d.add(1.1);d.add(2.2);d.add(3.3);
        System.out.print("\nDouble 表内容: ");d.show();
        System.out.println("最大值为: "+d.max());
        //GenList<Number> n=new GenList(100);
        //编译错: Number 未实现 Comparable 接口
        //n.add(5);n.add(6.0f);n.add(7.1);n.show();
             //Number 可兼容 Integer、Double 等数值型包装器
    }
}
```

【输出结果】

```
String 表内容: aa bb cc,最大值为: cc
Double 表内容: 1.1 2.2 3.3,最大值为: 3.3
```

【示例剖析】

（1）将泛型参数 T 定义成<T extends Comparable>后，当用 String、Double 等替换 T 时，编译器会检查这些实际类型是否实现了 Comparable 接口。若未实现，则产生编译错。如 Number 未实现 Comparable 接口，用 GenList<Number>定义变量会产生编译错。

（2）<T extends Comparable>表明 T 是 Comparable 接口的子类型，因此 T 型引用可以使用接口中定义的 compareTo()方法。由于 data[i]是 Object 型，故必须先强制转换成 T 类型，之后才能使用 compareTo()方法。

（3）这种借助 extends 添加约束的方式，也可以同时添加多个约束，之间用“&”分隔。但要注意：其中至多只能有一个类，而且这个类必须放在第一个位置上。例如：

```
<T extends Comparable & Serializable>                //正确
<T extends Thread & Comparable & Serializable>       //正确
<T extends Comparable & Thread & Serializable>       //错误,违反"类必须放在第一位"
<T extends Thread & JFrame & Serializable>           //错误,违反"至多只能有一个类"
```

8.2.3 对泛型顺序表“模糊”读写

实际上，Java 的泛型是一种“模拟”泛型：编译器会把泛型描述信息用特定内容替换，这样在字节码层面是没有泛型信息的（详见 8.3 节）。其后果之一是：泛型没有子类型和超类型之分，也就没有赋值兼容，只有赋值时“是否满足特定规则”。如：Number 是 Double 的超类，但 GenList<Number>不是 GenList<Double>的超类，无法赋值兼容。这样做的原因，是为了类型安全。以 GenList<Object>和 GenList<Double>为例：

```
GenList<Double> d=new GenList<Double>(100);
GenList<Object> obj=d;    //假设编译正确, obj 和 d 引用同一对象
obj.add(new Thread());    //错误: 将 Thread 型数据填入 GenList<Double>对象
```

obj 可以存储 Object 型数据，当然也能存储 Thread 型数据。但 obj 引用的实际上是 GenList<Double>型对象，该对象不能存储 Thread 型数据，从而引发存储错误。因此，为类

型安全起见，泛型不认为 GenList<Object>是 GenList<Double>的超类型，不能兼容。

泛型不支持超类型和子类型，会产生什么后果呢？先看个需求：对例 8.1 新增功能：合并同类型的顺序表。例如，类 A 有 A1、A2、A3 等子类，类 B 有 B1、B2 等子类。可以将 A1、A2、A3 等类型的顺序表合并，也可以将 B1、B2 等类型的顺序表合并。但如果合并 A1、B1 型的顺序表，希望能产生编译错误。假设用 copyTo(src,tar)来实现这一需求：从数据源 src 中读取数据，写入目的地 tar。src、tar 究竟应该如何描述呢？实现难点在于：二者不仅相关，还是“模糊”的。如 src 引用的可能是 GenList<A1>、GenList<A2>等类型的对象。显然，不能用 GenList<A>定义 src，因为该型的变量甚至无法引用 GenList<A1>型的对象，也就无法从中读取数据。因此 src 的类型是“模糊”的。tar 的类型可以是 GenList<A>型，以接收 A 的各种子类对象，类似例 8.1 中用 GenList<Number>型对象存储 Double、Integer 等型的对象；也可以是 GenList<B>型，以接收 B 的各种子类对象。但不能具体指定，若用 GenList<A>定义 tar，就无法接收 B 型子类的对象。因此 tar 的类型是“模糊”的。

为解决上述“模糊类型”的描述，Java 定制了通配符（wildcard）机制。通配符就是问号"?"，代表未知的具体类型 X。主要有两种应用形式：<? extends T>和<? super T>。

（1）<? extends T> 表示“模糊的”具体类型<X>，X 必须是 T 或 T 的子类型。例如：

```
GenList<? extends Number> s=new GenList<Number>(10); //正确
                            s=new GenList<Double>(10); //正确
```

即 GenList<? extends Number>是“模糊的”，可指代 GenList<Number>、GenList<Double>等类型，故 s 可引用这些类型的对象。注意，不能说前者是后者的超类型。因为这种指代存在一个明显的缺陷：定义的变量只能读不能写，如：无论 s 是指向 GenList<Number>型还是指向 GenList<Double>型对象，s.add(1.1);均会编译错。若允许写入，s 还可指向 GenList<Integer>对象，可能发生将 Double 型数据写入 GenList<Integer>对象的情形。故为确保类型安全，限定< ? extends T >型的变量只能读，不能写。

（2）<? super T>表示“模糊的”具体类型<Y>，Y 必须是 T 或 T 的超类型。例如：

```
GenList<? super Number> s=new GenList<Number>(10); //正确
                         s=new GenList<Object>(100);
s.add(5); s.add(1.2);  //正确，向 s 中写入 Integer、Double 等型数据
```

即 GenList<? super Number>是“模糊的”，可以指代 GenList<Number>、GenList<Object>等类型。Number 是 Double 等的超类，当然可以写入 Number 子类的对象。因 GenList<? super Number>也可指代 GenList<Object>，故 s 也可存储 Object 型数据。为安全起见，只能从 s 读出 Object 型数据。故用<? super T>定义的变量，通常说“只用于写，不适合读”。

【例 8.3】 在例 8.1 的基础上增加方法 copyTo (src,tar)，实现同类型数据的合并，将 src 中的所有数据放入 tar 的尾部。要求：如果合并不同类型顺序表，将产生编译错。例如：可以将 GenList<Double>、GenList<Integer>合并到 GenList<Number>中，但如果希望将 GenList<String>合并到 GenList<Number>中，就产生编译错。

目的：掌握<? extends T>、<? super T>的含义、应用方式和场合，理解<? extends Number>

和<T extends Number>的区别。

设计：由于 src、tar 均不能指明类型，需要借助通配符描述。src 用于读，其类型应是 GenList<? extends T>。类似地，tar 用于写，类型应是 GenList<? super T>。

```
class GenList<T>{
   public void copyTo(GenList<? extends T> src,GenList<? super T> tar){
         //从 src 中读取数据，写入 tar
      for(int i=0; i<src.length(); i++)   tar.add(src.get(i));
   }
   /* 其他部分与例 8.1 相同 */
}
class Ch_8_3{
   public static void main(String[] args) {
      GenList<Double> d=new GenList(100); //创建 Double 型顺序表
      d.add(1.1);d.add(2.2);d.add(3.3);
      System.out.print("Double 表内容：");d.show();
      GenList<Integer> i=new GenList(100);//创建 Integer 型顺序表
      i.add(4);i.add(5);i.add(6);
      System.out.print("\nInteger 表内容：");i.show();
      GenList<Number> n=new GenList(100); //创建 Number 型顺序表
      n.copyTo(d,n);    n.copyTo(i,n);     //实施合并
      System.out.print("\nNumber 表内容：");n.show();
      GenList<String> s=new GenList<String>(100);//创建 String 型顺序表
      s.add("aa");s.add("bb");s.add("cc");
      System.out.print("\nString 表内容：");s.show();
      //n.copyTo(s,n);                         //产生编译错
   }
}
```

【输出结果】

```
Double 表内容：1.1 2.2 3.3
Integer 表内容：4 5 6
Number 表内容：1.1 2.2 3.3 4 5 6
String 表内容：aa bb cc
```

【示例剖析】

（1）解读 copyTo(GenList<? extends T> src, GenList <? super T> tar)：

① 首先，src 和 tar 都与 T 相关，以限定“只有同类型的顺序表才能合并”。

② src 用于指代模糊 GenList<X>，其中 X 必须是 T 或 T 的子类，以便于读；tar 用于指代模糊 GenList<Y>，其中 Y 必须是 T 或 T 的超类，以便于写。如 main 中 n.copyTo(d,n)，鉴于 n 是 GenList<Number>型，因此 src 的实际类型就是 GenList<? extends Number >，可以指代 GenList<Integer>、GenList<Double>等类型，因此将 i、d 传给 src 合法，并能从中读取数据；tar 的实际类型是 GenList<? super Number >，可以指代 GenList<Number>、GenList<Object>等类型，因此将 n 传给 tar 合法。而 Integer、Double 等类型的数据都能写入 GenList<Number>

型的对象。

③ GenList<? extends Number >无法指代 GenList<String>，因此，将 s 传给 src 不符合既定规则，即 n.copyTo(s,n)产生编译错。

（2）<T extends Number>和<? extends Number>含义不同。前者是定义泛型参数 T，即定义前 T 不存在；定义后，所有 T 都满足约束：T 必须是 Number 或其子类。后者是面向泛型的应用，给出一种模糊的指代<X>。如指代<Number>、<Double>等。

（3）在诸如泛型接口 Collection<E>中，还出现另一种通配符应用形式：<?>。例如：

boolean containsAll(Collection<?> c)：用于判别当前集合是否包含 c 中的所有元素

说明：<?>是<? extends Object>的简写方式。若 c 声明为 Collection<E> c，要求相比较的两个集合必须是相同类型。例如，集合 A 是 Collection<Number>型，存储 Double、Integer 等数据，集合 B 为 Collection<Double>型，就不能使用上述方法判别 B 是否在 A 中存在。而 c 声明为 Collection<?> c，c 的类型是“模糊的”，即 c 可以是任何 Collection<X>型，X 是 Object 或其子类即可。这样，A 和 B 就能比较。

8.2.4 面向泛型顺序表的工具类

对例 8.2，为了求顺序表的最大值，需要将泛型参数 T 定义成<T extends Comparable<T>>，这使得顺序表的“泛型特色”实际上降低了：不能创建 GenList<Number>之类的顺序表。另外，例 8.3 中的 copyTo(s,n)，将数据从 s 中读出写入 n，作为静态方法似乎更合适。本小节将讨论在普通类中静态泛型方法的设计。

【例 8.4】 针对例 8.1 的泛型顺序表，设计一个工具类 GenLists，包含两个静态方法：

（1）max(g)：返回 GenList 型顺序表 g 中元素的最大值；

（2）copyTo(src,tar)：从 src 中读取数据，写入 tar。

要求：当不满足约束条件时，如调用 max(a)时，若元素间不可比较，则产生编译错。

目的：掌握普通类中泛型方法的设计要点；理解 static 修饰对泛型参数的影响。

设计：GenLists 是普通类，因此各方法使用的泛型参数必须单独定义。

对 copyTo(src,tar)，只需满足 tar 能写入从 src 读取的数据即可，即

```
    static <T>void copyTo(GenList<? extends T> src,GenList<? super T> tar)
```

对 max(g)，需要 g 中的类型必须是可比较的，即

```
    static <T extends Comparable<T>> T max(GenList<T> g)
class GenList<T>{/* 其他部分与例 8.1 相同 */  }
class GenLists{ //针对 GenList<T>的泛型工具类
    public static <T extends Comparable<T>> T max(GenList<T> g){
        if(g.length()==0)return null;
        if(g.length()==1)return g.get(0);
        int m=0;       T a,b;
        for(int i=1; i<g.length(); i++){
            a=g.get(i); b=g.get(m);
            if(a.compareTo(b)>0)m=i;
        }
```

```
        return g.get(m);
    }
    public static <T>void copyTo(GenList<? extends T> src,GenList<?
       super T> tar){
        for(int i=0; i<src.length(); i++)   tar.add(src.get(i));
    }
}
class Ch_8_4{
    public static void main(String[] args) {
       //用 Double、Integer 顺序表验证求最大值，继而合并这两个顺序表
       GenList<Double> d=new GenList(100);
       d.add(1.1);d.add(2.2);d.add(3.3);
       System.out.print("Double 表内容：");d.show();
       System.out.print(",最大值为："+GenLists.max(d));
       GenList<Integer> i=new GenList(100);
       i.add(4);i.add(5);i.add(6);
       System.out.print("\nInteger 表内容：");i.show();
       System.out.print(",最大值为："+GenLists.max(i));
       GenList<Number> n=new GenList(100);
       GenLists.copyTo(d,n); GenLists.copyTo(i,n);
       System.out.print("\nNumber 表内容：");n.show();
       //int max=GenLists.max(n);//编译错：Number 未实现 Comparable 接口
    }
}
```

【输出结果】

```
Double 表内容：1.1 2.2 3.3,最大值为：3.3
Integer 表内容：4 5 6,最大值为：6
Number 表内容：1.1 2.2 3.3 4 5 6
```

【示例剖析】

（1）在普通类中应用泛型参数，必须单独定义。如 max()中用<T extends Comparable<T>>定义 T，T 的作用域是整个 max()（与 copyTo()无关），之后 max 中出现的所有 T，均表示“实现 Comparable 接口”的类型（即可比较的类型）。copyTo()用<T>定义泛型参数，T 无任何约束。故 Number 未实现 Comparable 接口，仍可作为 copyTo()的实参类型，如 main 中 GenLists.copyTo(d, n)，但 GenLists.max(n)将产生编译错。

（2）注意：GenList<T>中的 T 是“非静态的”，不能直接用于静态方法。若为 GenList<T>添加静态方法 f()，f()中不能使用 T。f()使用的泛型参数需要单独定义。请读者自行验证。

（3）例 8.2 增加了 max()函数后，向泛型类填充的“具体类型”就有了约束，降低了泛型类的重用性。鉴于此，设计泛型类和配套工具类（包含一组静态方法），是一种常用策略，既能让泛型类的重用性高，又能通过配套工具类安全地使用泛型类，即不满足工具类类型约束的泛型类应用对象，无法通过编译。

可能有读者疑问：<T extends Comparable<T>>，这两个 T 是什么关系？是相同的 T。这种描述要求：对填入 T 的具体类 A，要求 A 必须自己实现 Comparable 接口，继承自超类的

接口实现都不行。例如：

```
class Animal implements Comparable<Animal>{ /* 可对 age 进行比较*/ }
class Dog extends Animal{ … }
```

对例 8.4 中的 max()，Dog 不满足<T extends Comparable<T>>的要求，因为 Dog 的“可比较”是继承自 Animal，GenList<Dog>将产生编译错。如何让 Dog 能填入呢？将 T 定义成 < T extends Comparable<? super T>>，即要求 T 或 T 的超类实现 Comparable 接口。

【例 8.5】 基于以下定义的三个类 Animal、Dog、Cat，求对应顺序表的最大值。

```
class Animal implements Comparable<Animal>{
    private int age;
    public Animal(int x){age=x;}
    public int compareTo(Animal a){return this.age-a.age;}
    public int getAge(){return age;}
    public String toString(){return "A:"+age;}
}
class Dog extends Animal{//注意：Dog 继承了 Comparable<Animal>接口实现
    Dog(int x){super(x);}
    public String toString(){return "D:"+getAge();}
}
class Cat extends Animal{//注意：Cat 继承了 Comparable<Animal>接口实现
    Cat(int x){super(x);}
    public String toString(){return "C:"+getAge();}
}
```

目的： 理解<T extends Comparable<? super T>>的含义和作用，深度理解泛型通配符、泛型参数的含义和使用。

设计： 对求最大值方法，为便于对比，新增 max1(g)，其方法体均与例 8.4 中的 max(g) 相同，区别仅在方法的声明部分。注意，使用 max(g)时会产生编译错。

```
class GenLists{//下面 max()、max1()的方法体均与例 8.4 相同
    public static <T extends Comparable<T>> T max(GenList<T> g){ … }
    public static <T extends Comparable<? super T>> T max1(GenList<T>
       g){…}
}
class Ch_8_5{
    public static void main(String[] args) {
       //先创建 Animal、Dog、Cat 三个表，然后将 Dog、Cat 的内容复制到 Animal 表中
       GenList<Animal> a=new GenList<>(100);
       a.add(new Animal(1));a.add(new Animal(2));a.add(new Animal(3));
       System.out.print("Animal 表内容：");a.show();
       GenList<Dog> d=new GenList<>(100);
       d.add(new Dog(5));d.add(new Dog(6));d.add(new Dog(7));
       System.out.print("\nDog 表内容：");d.show();
       GenList<Cat> c=new GenList<>(100);
       c.add(new Cat(8));c.add(new Cat(9));c.add(new Cat(10));
       System.out.print("\nCat 表内容：");c.show();
```

```
        GenLists.copyTo(d,a); GenLists.copyTo(c,a);
        System.out.print("\n合并后Animal表内容: ");a.show();
        //显示各个表的最大值
        System.out.print("\n各个表的最大值为: \n");
        //String maxV="Animal表: "+GenLists.max(a)
                        +" Dog表: "+GenLists.max(d)+" Cat表:
                          "+GenLists. max(c);  //编译错
        String maxV1="Animal表: "+GenLists.max1(a)
                        +" Dog表: "+GenLists.max1(d)+" Cat表:
                          "+GenLists. max1(c);
        //System.out.println(maxV);
        System.out.println(maxV1);
    }
}
```

【输出结果】

```
Animal表内容: A:1 A:2 A:3
Dog表内容: D:5 D:6 D:7
Cat表内容: C:8 C:9 C:10
合并后Animal表内容: A:1 A:2 A:3 D:5 D:6 D:7 C:8 C:9 C:10
各个表的最大值为:
Animal表: C:10 Dog表: D:7 Cat表: C:10
```

【示例剖析】

（1）对<T extends Comparable<T>>，要求 T 必须自己实现 Comparable 接口，Dog、Cat 仅仅是继承了 Animal 的接口实现，不满足要求，因此 GenLists.max(a)正确，而 GenLists.max(d)、GenLists.max(c)均会产生编译错。

（2）对<T extends Comparable<? super T>>，要求 T 或 T 的超类实现 Comparable 接口即可，因此 GenLists.max1(a)、GenLists.max1(d)、GenLists.max1(c)均编译正确。

练习 8

1. 结合 8.2 节的设计，构造泛型栈、泛型队列等结构，提供相关基本操作。并能模糊存取，例如，将 Double、Integer 等型的数据存于泛型栈中。

2. 结合 8.2.4 节的设计，构造泛型单链表，并提供三个静态方法，分别实现获取链表中的最大值、最小值，升序表的合并等操作。

*8.3　泛型实现机理

目前 Java 虚拟机是不支持泛型的。读者可能有疑问：Java 的泛型机制又从何而来呢？可以这样理解：对普通类或接口，Java 编译器会对其直接编译；而对泛型类或接口，在编译前，Java 编译器会对实施一种被称作类型擦拭（Type Erasure）的转换：基于特定规则擦除所有泛型信息，将其转换成普通类/接口/方法，即在运行时只有普通类、接口、方法。

类型擦拭旨在抹去泛型信息。泛型信息主要有以下三种用途：

（1）用作声明类型参数，如<T>或<T extends Number>。

（2）用作变量声明，如 T ob 或 T getOb()或 void set(T t)等。

（3）用作类型具体化，如 G<Integer>等。

擦拭的具体实施机理是：

（1）直接抹去类型参数声明；如 class G<T>{}抹去后成为 class G{}；其中 G 称作泛型类 G<T>的原始类型（raw type）。

（2）将用作变量声明的类型参数，用其边界类型（默认为 Object）替换；如果有多个界，则边界类型是最左边的类型。（对<T extends B>，B 是 T 的边界类型）

```
class G<T> {T o;}                    擦拭后变成 class G{Object o;}
class G<T extends Number> {T o;}     擦拭后变成 class G{Number o;}
class G<T extends Number & Runnable& Cloneable>{T o;}
                                     擦拭后变成   class G{Number o;}
```

（3）将类型参数所修饰变量的类型转换为具体化类型（可能需要借助强制类型转换）。

例如：对 G<T>中的方法 T get()，有 G<Integer>型变量 g，则 g.get()的返回类型为 Integer（即将 Number 型强制转换成 Integer 型）。

使用 javap.exe 和 jd-gui.exe 对代码反编译，可查看擦拭后发生了哪些变化。

（1）javap.exe：在 Java 的 bin 目录中，能较为原始地反映出字节码编译后的源码概况。建议先用 Java - ? 查看使用说明。

（2）jd-gui.exe：是免费的 Java 字节码反编译软件，可获知反编译后的方法体。

表 8.1 是一个擦拭前后的简单对比示例。可能有读者发现，用上述两种工具反编译后的代码依旧带有类型信息。这是因为反编译工具通常用于逆向工程，以获得“接近源码的代码”为最终目的，工具更加智能化，会自动“补齐”泛型信息。这对理解泛型擦拭机理造成困扰。建议读者采用 JDK 1.6 版的 javap.exe，对代码实施反编译，可看到表 8.1 的情形。注：其中方法体部分为结合了 jd-gui.exe 的可视结果。

表 8.1 擦拭前后的简单对比

擦拭前的源码	擦拭后的代码

class G<T extends Number> {
  private T ob;
  G(To){ob=0;}
  T get0b() {return ob;}
}
class GG{
 public static void main(String[] a){
   G<Double> g1=new G<Double>(1.0);
   Double d=g1.get0b(); }
}
	class G extends java.lang.object{
	  private Number ob;
	  G(Number o) {ob=o;};
	  Number get0b() {return ob;}
	}
	class GG extends java.lang.object {
	 public static void main(String[] a) {
	   G g1 = new G(Double. valueOf(1.0D));
	   Double d = (Double)g2.get0b();}
	}

【说明】

（1）泛型类 G<T extends Number>擦拭后，变成原始类型 G（即 G extends Object），而

非 G extends Number，因为擦拭前，G 并非 Number 的子类，而是默认作为 Object 的子类。

（2）类体中的用作声明用的泛型参数 T 被替换成边界类型 Number；

例如：G(T o){…}擦拭后变成 G(Number o){…}。

（3）将类型参数所修饰变量的类型，转换为类型参数的具体化类型。

如 new G<Double>(1.0)创建了一个 G 型对象，但该对象中所有与 T 相关的变量，均被转换为 Double 类型。这一点，可用如下方法测试：

```
System.out.print(g1.getOb.getClass().getName());
```

简言之，泛型类在运行时已变成普通类，类型参数被边界类型替换。编译器会根据应用数据不同，将边界类型（强制）转换成相应的具体化类型，以达到使用不同类型之目的。

在应用泛型时，涉及的语法规则和相关约束很多，在理解时应注意：类型擦拭是泛型的实现的核心策略，确保泛型的安全应用（如数据存取符合传统的语义规则），以及确保类型擦拭前后语义的一致，是泛型机制需要解决的两个核心问题。在此基础上，衍生出泛型机制的语法规则和大量琐碎的应用限制（如不能 new T()）。建议初学者在应用中学习，当触及一些语法限制时，多从类型安全性角度和类型擦拭角度去分析原因，在应用中逐步深化感悟。

8.4　泛型综合应用：集合框架

8.4.1　集合框架简介

实际开发时，常涉及各种数据结构，如列表、栈、队列等。它们能存储大量对象（类型不确定），有不同的存储特色和操作模式。Java 将支持数据结构的一组类、接口统称为集合框架，封装在 java.util 包中。JDK1.5 版新增了泛型机制后，用泛型机制对集合框架进行了重新设计。Sun 公司甚至声称泛型机制最大的应用就在于集合框架。图 8.1 展示了集合框架中的基础框架结构。为简单起见，这里仅涉及部分类、接口。

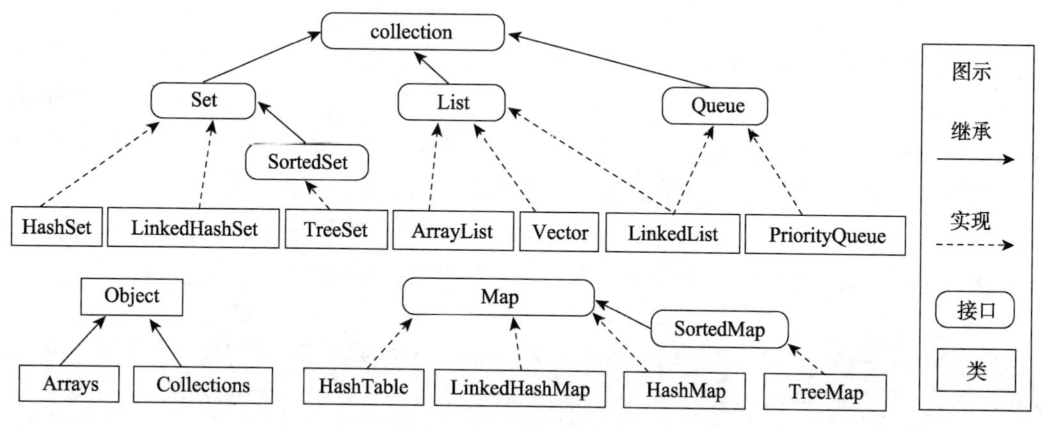

图 8.1　集合框架的基础框架结构（部分）

Collection 和 Map 被视为集合框架的两个根接口，代表着两种不同特色数据集：集合和映射。集合直接存储对象，映射则是以键值对<key,value>方式存储对象，每个 key 只能与一个 value 对应。集合框架的很多特色都是以接口方式定义/描述，好处是：容器类可根据需要灵活选择要实现的接口，向用户表明自己具备哪些特色。例如 ArrayList 实现了 Iterable、Collection、List、RandomAccess 等接口。

总体上看，Java 的集合框架中主要定义了三大类集合结构：列表（List）、集合（Set）、映射（Map），具体特色如下：

（1）Set：强调的是元素的唯一性，即集合中不能存在相同元素。HashSet、TreeSet 等是直接可用的集合类，分别实现了哈希表和红黑树。

（2）List：是一种可存储相同元素的有次序的线性结构。有次序，是指每个元素对应一个位置索引，这样可在指定位置插入/删除元素。Vector、ArrayList、LinkedList 是 List 的实现类。Vector 是线程安全的，ArrayList 是线程不安全的（但效率更高），LinkedList 是双链表，可以作为栈、队列来使用。

（3）Map：存储的是对象间的映射（也称键值对）<key，value>。其中 key 和 value 都是对象，每个 key 对应唯一的 value。如键盘上每个按键，或任意按键组合，均对应一个扫描码，这样程序就能对按键精准区分。

注意：Set 要求元素间互不相同，Map 要求一个 key 唯一对应一个 value 对象。这些操作都涉及相等判断，会隐式调用 equals()方法。要注意根据需要重写 equals()方法。

在集合框架中，还有一些非常有用的特色接口，包括：

（1）Iterable：实现此接口就可使用 for-each 语句。令人欣慰的是，Collection 继承了此接口。换言之，隶属于 Collection 的对象，均能使用 for-each 语句。

（2）Comparator：实现此接口的类的对象可进行大于、小于、等于的比较。

注意：java.lang.Compare 也表示可比较，该接口只有一个抽象方法 compareTo()；java.util.Comparetor 接口有两个抽象方法：equals()和 compare()。

（3）RandomAccess：该接口中未定义任何方法，仅标记实现该接口的类（如 ArrayList、Vector、Stack 等）的对象能够支持快速随机存取。其设计初衷为：泛型算法在遇到支持随机存取的结构时，能采用更为高效的随机方式访问数据，而不是顺序方式（就像链表那样）。

另外，还有两个封装有大量静态算法的类 Collections 和 Arrays。

（1）Collections：集合的工具类，虽未实现任何接口，但该类的方法都是支持集合的泛型方法，包括拷贝、排序、取最大/最小值、二分法检索、获取空集、元素替换等。

注意：集合类涉及两个术语：Ordered 和 Sorted。Ordered 是指有次序，即集合元素的存放位置不是随机确定的。如以插入元素的先后次序创建一个 List，就是 Ordered 的。Sorted 是有序，即元素的位置是按某种策略确定的，如对一个无序且是 Ordered 的 List 对象进行排序，结果就是 Sorted。

（2）Arrays：主要提供针对数组的基本操作，如二分法检索、排序、数组判等、数组子段复制等。

接口从不同侧面定义了集合框架的特色，如 Set 集合不能存储相同元素；List 集合是线性结构，能精确指定增/删元素位置；Queue 集合具备先进先出特色。Iterable 不是集合，但可赋予实现类“可枚举”特性，即能用 for-each 循环遍历所有数据；Comparator 代表可比较性，常用于元素间比较大小、排序等。类实现特定接口，就具备了相应特色。这种模式让集合框架的可扩展性极佳，方便设计出满足特定需求的数据结构。

集合框架中类很多，这里不进行一一介绍。下面仅结合示例，对 List、Set、Map 等涉及的相关类做简单介绍。感兴趣的读者可在需要时查阅 JDK 中相关类的使用细节。

8.4.2　List 应用示例

LinkedList 和 ArrayList 是两个 List 结构应用类，都实现了 Iterable、Collection、List、Serializable、Cloneable 等接口。LinkedList 的基础是双向链表，还实现 Deque（双端队列）、Queue 接口，并提供了基于端点的插入、删除和检索操作。因此，LinkedListed 对象可以当成队列(queue)、栈(stack)和双端队列来使用。ArrayList 的基础是数组，能在空间不足时进行动态拓展，并用 RandomAccess 接口做了标记，支持高效的随机存取。

【例 8.6】 本例将展示 ArrayList 和 LinkedList 类的如下功能：

（1）创建 ArrayList 对象，展现对元素的增、删、改以及随机存取功能；

（2）用 Collection 中的静态排序方法对该对象排序，并用迭代器输出；

（3）以 ArrayList 对象为基础，构造 LinkedList 对象；

（4）展现 LinkedList 的栈操作模式和队列操作模式。

目的： 理解 ArrayList 和 LinkedList 的作用和基本应用方式。

设计： 直接在 main 中展示 ArrayList 的使用：创建对象、增、删、改、打印输出等；之后展示 LinkedList 的应用：创建、用 Collections 的 sort()方法实施排序、通过一组数据的增加、删除，展示 LinkedList 能作为栈、队列来使用。

```
import java.util.Collections;   import java.util.Collection;
import java.util.ArrayList;     import java.util.LinkedList;
class List_App{
    public static void main(String[] args) {
        //基于 ArrayList 的应用：创建、增、删、改、三种方式打印输出
        ArrayList<String> L=new ArrayList<>();
        L.add("aa");L.add("bb");L.add("cc");L.add("dd");//向 L 中追加一组元素
        L.add(0,"xx");L.add("yy");      //在 L 的表头、表尾插入元素
        System.out.print("L 中有"+L.size()+"个元素：");
        for(String s: L) System.out.print(s+"  "); //用 foreach 语句遍历
        L.set(1,"pp");                       //将下标值为 1 处的元素值改为"pp"
        L.remove(2);                         //删除下标值为 2 处的元素
        System.out.print("\nL 中有"+L.size()+"个元素：");
        for(int i=0; i<L.size(); i++)    //对 ArrayList 而言，此种方式更高效
```

```
            System.out.print(L.get(i)+"  ");
        //基于 ArrayList 对象来构造 LinkedList 对象
        System.out.print("\n 直接输出 ArrayList: "+L);
        //基于 LinkedList 的应用
        LinkedList<String> LL=new LinkedList<>(L);
        System.out.print("\n 根据 ArrayList 创建的 LinkedList: "+LL);
        Collections.sort(LL);    //用类 Collections 的静态方法排序
        System.out.print("\n 排序后的 LinkedList: "+LL);
        //下面将 LinkedList 对象当成栈来使用，并使用了自动装箱机制
        LinkedList<Integer> stack=new LinkedList<Integer>(); //造一空表
        System.out.print("\n 入栈顺序为: ");
        for(int i=1; i<6; i++){    //push()每次将元素插入栈顶，即相当于 add(0,i)
            stack.push(i); System.out.print(i+" ");
        }
        System.out.print("\n 出栈顺序为: ");
        while(!stack.isEmpty())  //pop()可从栈顶移除元素，并返回移除的元素
            System.out.print(stack.pop()+" ");
        //下面将 LinkedList 对象当成队列来使用，并使用了自动装箱机制
        LinkedList<Integer> queue=new LinkedList<Integer>();//造一空表
        System.out.print("\n 入队顺序为: ");
        for(int i=1; i<6; i++){   //入队时插入到队尾，因此直接使用 add()
            queue.add(i); System.out.print(i+" ");
        }
        System.out.print("\n 出队顺序为: ");
        while(!queue.isEmpty())   //poll()可从队首移除元素，并返回移除的元素
            System.out.print(queue.poll()+" ");
    }
}
```

【输出结果】

```
L 中有 6 个元素: xx  aa  bb  cc  dd  yy
L 中有 5 个元素: xx  pp  cc  dd  yy
直接输出 ArrayList: [xx, pp, cc, dd, yy]
根据 ArrayList 创建的 LinkedList: [xx, pp, cc, dd, yy]
排序后的 LinkedList: [cc, dd, pp, xx, yy]
入栈顺序为: 1 2 3 4 5
出栈顺序为: 5 4 3 2 1
入队顺序为: 1 2 3 4 5
出队顺序为: 1 2 3 4 5
```

【示例剖析】 除示例中的解释外，本例还想说明以下几点：

（1）列表（包括 LinkedList）元素都是有次序的，即能指定位置存取、增删元素，如 get(i)、add(i,x)、remove(i)等，使用时注意不能越界，否则会产生位置越界异常。合法位置范围为 0~size()–1。

（2）ArrayList 是能自动扩充容量的顺序表，LinkedList 是链表，并配有栈、队列的相关操作，如栈的 push()、pop()操作等。java.util.Vector 类与 ArrayList 的功能十分相近，也是基于数组的能自动扩充容量的顺序表，并被 RandomAccess 接口标记，可以高效遍历数据，主要差别在于 Vector 是线程安全的，而 ArrayList 是线程不安全的。另外，Vector 派生出子类 Stack，提供栈的基本操作。至于队列，接口 Queue 继承了接口 Collection，并派生出子接口 Deque（双端队列）。

（3）列表实现了 Iterable 接口，因此可以使用 for-each 语句遍历数据；列表每个元素对应一个 i，因此可以直接用 0~size()对列表元素枚举。至于直接打印列表对象，则是因为本例列表中的数据为 String、Integer 等类型，可以直接输出。

（4）本例还借助 ArrayList 对象构造出 LinkedList 对象。这种构造，是将前者的元素复制到后者相应的空间中。因此，修改一个列表不会对另一列表造成影响。当然，也可基于 LinkedList 对象来构造 ArrayList 对象，效果同样如此。

8.4.3　Set 应用示例

与 List 相比，Set 并不关心元素在集合中的位置，只强调元素在集合中的唯一性。Set 接口中的 boolean add(E e)方法，要求只有当元素 e 在集合中不存在，方能加入集合。HashSet、LinkedHashSet 和 TreeSet 是 Set 结构的实现类。如 HashSet 的存储基础是一个 HashMap 的实例，TreeSet 的存储基础是一个 TreeMap 的实例。

HashSet 以散列方式插入和检索数据，具体策略为：集合内有一个 table，记录当前集合中所有元素的 hashCode 值。当添加元素 x 时，首先计算 x 的 hashCode，若该值在 table 中不存在，则将 x 加入该表；若存在（假设与元素 y 的 hashCode 相同），则用 x.equals(y)判别 x、y 是否相同，若不同，则采用冲突处理策略将 x 存入表；若相同，则放弃存储 x。之所以首先使用 hashCode 进行判别，是因为其效率比直接用 equals()高。感兴趣的读者可直接查阅 src.zip 中的 HashSet 类的 add(x)方法，追踪其执行细节。

读者也可不关心上述细节，只需要了解两点：①哈希存取的时间复杂度理论上为 O(1)，即常量时间，并且检索时间与元素的规模无关。因此，对存有大量数据且存取数据频繁的结构而言，散列结构无疑是一种较佳的选择。②重写 Object 类的 hashCode()、equals()是确保集合中数据唯一性的基础。另外，若改动元素时，可能引发 hashCode()或 equals()结果发生变化，从而引发运行时异常（如导致集合中存在相同元素），因此要特别小心。

LinkedHashSet 继承了 HashSet，它以链表形式维护 Set。注意，遍历 HashSet 时，其顺序是不可预知的，而 LinkedHashSet 则按照元素的插入顺序遍历它们。TreeSet 与前两种集合最大的差别在于其实现了 SortedSet 接口，该集合使用红黑树结构存储元素，元素按照自然顺序升序排列（即所谓稳定的排序）。红黑树是一种平衡二叉树，查找的时间复杂度是 O(logn)。但要注意，维护（即插入、删除元素）时，需要确保树的平衡，代价比普通集合的相关操作高。

【例 8.7】 本例将展示 HashSet、LinkedHashSet 和 TreeSet 类的如下功能：

（1）展现是否重写 equals()、hashCode()两个方法，对集合元素唯一性的产生的影响；

（2）展现集合的一些基本操作，如判断是否包含某个子集、集合的并、交、差等；

（3）展示 HashSet、LinkedHashSet 以及 TreeSet 在输出元素时呈现的次序。

目的：理解 HashSet 和 LinkedHashSet、TreeSet 的作用和基本应用方式。

设计：设计 Student 类，未重写 equals()和 hashCode()；继而设计 Stu 继承 Student，仅重写上述两方法，无其他变化。在 main 中构造上述两类对象的集合，通过元素是否相同，展示是否重写 equals()、hashCode()对集合元素唯一性的影响；继而构造三个 HashSet 对象，演示集合间的常用操作：判断元素是否存在、集合的并交差；之后创建 LinkedHashSet 和 TreeSet 对象，演示对象输出次序。

```
import java.util.HashSet;          import java.util.TreeSet;
import java.util.LinkedHashSet;
class Student{//未重写 equals()和 hashCode()的类
    private String name,ID;   private int age;
    public String getName(){ return name; }
    public String getID(){ return ID; }
    public int getAge(){ return age; }
    public Student(String n,String i,int a){name=n; ID=i; age=a;}
    public String toString(){ return "["+ID+","+name+","+age+"]"; }
}
class Stu extends Student{//重写 equals()和 hashCode()的类
    public Stu(String n,String i,int a){super(n,i,a);}
    public boolean equals(Object o){
        Stu s=(Stu)o;
        return this.getName().equals(s.getName()) &&
               this.getID().equals(s.getID()) &&
               this.getAge()==s.getAge();
    }
    public int hashCode(){
        return (getID()+":"+getName()+":"+getAge()).hashCode();
    }
}
class Set_App{
    public static void main(String[] args) {
        //下面代码测试是否重写 equals()、hashCode()，对集合元素唯一性的影响
        Student[] sa={new Student("张三","001",18),new Student("张三","001",18),
                    new Student("李四","002",19),new Student("李四","002",19)};
        HashSet<Student> ha=new HashSet<>();
        for(Student s:sa) ha.add(s);        //向集合添加元素
        System.out.print("ha: "+ha);        //打印输出集合所有元素
        Stu[] sb={new Stu("张三","001",18),new Stu("张三","001",18),
                  new Stu("李四","002",19),new Stu("李四","002",19)};
        HashSet<Stu> hb=new HashSet<>();
        for(Stu s:sb) hb.add(s);            //向集合添加元素
        System.out.print("\nhb: "+hb);      //打印输出集合所有元素
        //构造三个集合，演示集合间的并、交、差，以及判别元素是否存在
        String[] data={"aa","bb","cc","dd","ee"};
        HashSet<String> hs=new HashSet<String>(); for(String x:data) hs.add(x);
```

```
        HashSet<String> h1=new HashSet<String>(); h1.add("aa"); h1.add("cc");
        HashSet<String> h2=new HashSet<String>(); h2.add("aa"); h2.add("kk");
        System.out.print("\nhs="+hs+" h1="+h1+"  h2="+h2);
        System.out.print("\nhs 存在\"cc\"?"+hs.contains("cc"));
        //元素是否"属于"集合
        System.out.print("\nhs 包含 h1? "+hs.containsAll(h1));
        System.out.print("\nhs 包含 h2? "+hs.containsAll(h2));
        //x.addAll(y)、x.removeAll(y)、x.retainAll(y)返回 true 表示 x 发生了改动
        hs.addAll(h2);    System.out.print("\n 集合的并:hs+h2="+hs);
        hs.removeAll(h1); System.out.print("\n 集合的差:hs-h1="+hs);
        h1.retainAll(h2); System.out.print("\n 集合的交:h1^h2="+h1);
        //下面代码展示 LinkedHashSet、TreeSet 对象构造和输出次序
        LinkedHashSet L=new LinkedHashSet(); for(String x:data) L.add(x);
        TreeSet t=new TreeSet();             for(String x:data) t.add(x);
        System.out.print("\n 输入顺序为:     [aa, bb, cc, dd, ee]");
        System.out.print("\n LinkedHashSet :"+L);
        System.out.print("\n TreeSet       :"+t);
    }
}
```

【输出结果】

```
ha: [[002,李四,19], [001,张三,18], [001,张三,18], [002,李四,19]]
hb: [[001,张三,18], [002,李四,19]]
hs=[aa, bb, cc, dd, ee] h1=[aa, cc]  h2=[aa, kk]
hs 存在"cc"?true
hs 包含 h1? true
hs 包含 h2? false
集合的并:hs+h2=[aa, bb, cc, dd, ee, kk]
集合的差:hs-h1=[bb, dd, ee, kk]
集合的交:h1^h2=[aa]
输入顺序为:     [aa, bb, cc, dd, ee]
 LinkedHashSet :[aa, bb, cc, dd, ee]
 TreeSet       :[aa, bb, cc, dd, ee]
```

【示例剖析】 除示例中的解释外，本例还应说明以下几点：

（1）自定义集合元素相等标准，必须重写 Object 类的 equals()和 hashCode()。

public boolean equals(Object obj);　　public int hashCode();

> **思考：** 若期望实现“ID 号不同的 Std 对象才能视作不同元素”，应如何处理？

（2）在计算集合的并、交、差时，集合数据可能会产生变化。

（3）HashSet 集合元素实际上是无序存放，如 ha 的输出次序与添加入集合的次序不同；而 LinkedHashSet 和 TreeSet 集合，虽然输出次序与添加入集合的次序相同，但仍有很大差别：TreeSet 实现了 SortedSet 接口，可进行元素间的比较、获取首、尾元素等操作，而 LinkedHashSet 未实现 SortedSet 接口，不能进行相关操作。

8.4.4 Map 应用示例

生活中，假设手机存储“张三”的电话“13912345678”，当收到该电话后，手机上会显示“张三”。<号码，姓名>就是键值对。Map 集合依据键值对<key,value>来存取元素，其中 key、value 均是对象，一个 key，只能对应一个 value。

与前面介绍的集合不同，Map 并未实现 Collection 接口，也未实现 Iterable 接口，因此不能直接迭代输出（具体输出方式详见示例）。另外，Map 则要求集合中的键值具备唯一性，为此，也必须重写 Object 类的 equals()和 hashCode()两个方法。

HashMap、LinkedHashMap 和 TreeMap 是 Map 结构的三个应用类，三者间的特色差别，是相应的 HashSet、LinkedHashSet 和 TreeSet 之间的区别类似，这里不再赘述。下面示例仅展示 HashMap 的应用。

【例 8.8】 将展示 HashMap 类的如下功能：

（1）创建 HashMap 对象，展现基本的增、删、改功能，并验证 Map 中键的唯一性；

（2）分别获取 Map 对象中的所有的键值对、键、值对应的集合；

（3）针对特定 Map 对象，判别给定对键/值是否存在；获取特定键对应的值；

（4）对 Map 结构中的所有键、键值，使用迭代器实施迭代。

目的：理解 HashMap 的基本使用方式，借助 HashMap，理解 Map 的特色和应用方式。

设计：在 main 中首先构造 HashMap 对象，向其中添加元素，并直接打印输出。之后通过添加相同 key 的键值对，展示效果只能是改写，从而说明 Map 集合不能存在相同 key 的元素。之后检索 key、value 是否存在，通过 key 获取 value，获取以 Set 方式存储的键、值、键值对等（以方便用 for-each 语句迭代），集合间的并等操作。

```
import java.util.Collection;        import java.util.Set;
import java.util.Map;               import java.util.HashMap;
class Map_App{
    public static void main(String[] args) {
        HashMap<String,String> m=new HashMap<String,String>();
        m.put("001","张一");   m.put("002","张二");  //put(key,value)
        m.put("003","张三");   m.put("004","张四");
        System.out.print("直接输出 map 集合: "+m);
        m.put("001","张 001");                   //对相同的 key，效果就是改写
        m.remove("004");                         //从 m 中移除指定 key 的键值对
        System.out.print("\nput、remove 后的 map: "+m);
        Set s1=m.entrySet();                     //获取键值对集合，集合可使用迭代器
        Set<String> s2=m.keySet();               //获取键集合
        Collection<String> s3=m.values();  //获取值集合
        System.out.print("\n 所有键值对: "+s1);
        System.out.print("\n 所有键     : "+s2);
        System.out.print("\n 所有值     : "+s3);
        //下面对键、值进行检索
        System.out.print("\nkey:\"002\" 是否存在? "+m.containsKey("002"));
        System.out.print("\nvalue:\"张三\" 是否存在? "+m.containsValue("张三"));
```

```
            System.out.print("\nkey:\"002\"对应的value是:  "+m.get("002"));
              //get(key)
            HashMap<String,String> m1=new HashMap<String,String>();
            m1.put("002","张二");m1.put("003","张003");  m1.put("005","张五");
            System.out.print("\nm1: "+m1+"\n");
            m.putAll(m1);//相当于集合的并: m1的key在m中若不存在, 则添加; 若存在, 则改写
            for(Map.Entry<String,String> x: m.entrySet())//以迭代方式逐一打印键值对
                System.out.print("<"+x.getKey()+", "+x.getValue()+">、");
        }
    }
```

【输出结果】

```
直接输出map集合: {001=张一, 002=张二, 003=张三, 004=张四}
put、remove后的map: {001=张001, 002=张二, 003=张三}
所有键值对: [001=张001, 002=张二, 003=张三]
所有键    : [001, 002, 003]
所有值    : [张001, 张二, 张三]
key:"002" 是否存在? true
value:"张三" 是否存在? true
key:"002"对应的value是:  张二
m1: {002=张二, 003=张003, 005=张五}
<001, 张001>、<002, 张二>、<003, 张003>、<005, 张五>、
```

【示例剖析】

（1）Map 集合特色：保存的是键值对，即增加数据时，必须以<key, value>方式增加，若 key 在 Map 集合中不存在，则新增键值对；若 key 在 Map 集合中已经存在，则将 key 对应的值改为 value。这样，Map 集合中的 key 具有唯一性。相应地，为确保这种唯一性，必须要考虑重写 Object 类的 equals()和 hashCode()方法。本例的 key 用的是 String 类，已经重写了这两个方法。

（2）Map 未实现 Iterable 接口，故不能直接迭代输出。可通过获取整个键值对集合、key 集合、value 集合，借助集合的迭代器实施元素的遍历，详见 main 末尾的 for 循环。

```
public  Set<Map.Entry<K, V>>  entrySet();       //返回键值对集合
```

其中，Map.Entry<K,V>是接口 Map 中的静态内部接口，旨在从集合视角观察 Map。

```
public  Set<K>  keySet();                        //返回键集合
public  Collection<V>  values();                 //返回值集合
```

8.5　示例：设计泛型树的迭代器

for-each 机制可对各种容器（包括树、图等复杂结构）实施遍历，逐一访问容器中的所有元素，这将简化许多以遍历为基础的操作处理，如输出、查询、统计符合特定条件元素等。实现 for-each 机制的装置，常称作迭代器。因迭代器支持泛型，故又称泛型迭代器。

迭代器是实现 java.lang.Iterable 接口对象，接口中有泛型方法 Iterator<T> iterator();。该方法又涉及泛型接口 java.util.Iterator，后者包含如下两个抽象方法：

```
boolean  hasNext();    //是否还有元素（即到达尾部），常与 next()结合使用
E  next();    //返回迭代的下一元素。如无，则抛出 NoSuchElementException 异常
```

简言之，为让容器支持用 for-each 语句遍历数据，容器必须要实现 Iterable 和 Iterator 两个接口。这样，for-each 语句的工作机理就很容易解释：

假设有 class X implements Iterable<Y>{… }//即类型 X 支持 for-each，迭代器的返回类型是 Y（注 X、Y 可以是相同类型）

```
for(Y y: x)  语句 S;  //其中 x 是 X 型对象，语句 S 中使用了元素 y
```

上述语句在功能上等同于如下语句：

```
for(Y y=null,  Iterator  itr = x.iterator();  itr.hasNext();) { y=itr.
   next(); 语句 S; }
```

即先创建一个针对集合 x 的迭代器 itr，若集合中有元素（即 itr.hasNext()为真），就获取第一个元素 y，继而执行语句 S。

> **注意：**在 JDK 1.8 版，这两个接口做了大幅更新，①添加了若干“默认方法”，但实现时，只需重写抽象方法即可。②在 1.8 版之前，Iterator 接口中的 remove()方法是抽象方法，1.8 版中更改为默认方法。这样如果无删除元素需求，可以不重写此方法。

【例 8.9】 设计一个泛型 K 叉树 KTree<T>，其结构见图 8.2，并满足以下要求：①各结点包括泛型数据域 data 和孩子指针数组 child（默认容量为 3，可动态扩容）；②KTree<T>类具有若干基本操作：前/后序遍历（递归、非递归算法），add(father，x)，其中 add 的功能为：若 father 为空，则不添加；否则创建值为 x 的结点 q，并将 q 作为 father 的孩子。为减少篇幅，后序遍历及其非递归实现详见代码 KTree.Java，这里略。③让 KTree<T>类支持 for-each 语句，并按前序遍历方式进行迭代。

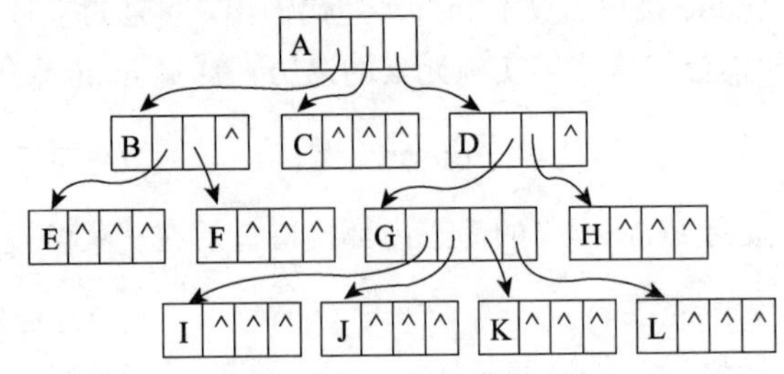

图 8.2　可自动扩充孩子容量的 K 叉树

目的：掌握支持 for-each 语句的实现框架；进一步熟悉泛型类的设计和应用。

设计：本例主要设计了 3 个类：KTree<T>、CreatKTree<T>、App。

KTree<T>的设计可分成两部分：基本部分和支持 for-each 语句的框架。

（1）基本部分：属性集：data（T 型）、child（Object[]型）、nc（int 型）

操作集：构造函数、对 data 的 get/set 方法、查找并返回值为 x 的结点、

获得孩子数组、add(father,x)：对结点 father 新增一个值为 x 的孩子结点

（2）支持 for-each 语句的实现框架

① KTree<T>必须实现接口 Iterable<T>，重写接口中的方法 Iterator<T> iterator()

为支持对 KTree<T>型的树用 for-each 迭代，因此实现方式是

```
class KTree<T> implements Iterable<KTree<T>>{
   public Iterator<KTree<T>> iterator(){return new Itr(this);}
}//其中 Itr 是 KTree<T>的内部类，该类实现接口 Iterator<T>
```

② 内部类 Itr 实现接口 Iterable<T>，该类是支持 for-each 语句的核心，通过两个方法 next() 和 hasNext()实现元素的逐一枚举。为实现枚举，将非递归前序遍历改为 getOne()，每次调用，都能按前序遍历次序获得一个元素。Itr 类的设计框架如下：

```
private class Itr implements Iterator<KTree<T>>{
    private Stack<KTree<T>> s=new Stack<>(); //用于迭代的栈
    private KTree<T> cur,curNext; //迭代器当前位置、cur 的下一位置
      //当 cur 走至末尾，通过 curNext 计算，可及时获知 hasNext()值
    public Itr(KTree<T> root){cur=root;curNext=null; s.push(cur);}
    private KTree<T> getOne(){…} //按照前序遍历次序获取一个元素
    public boolean hasNext() { return(s.empty()==false); }
    public KTree<T> next(){}
}
```

CreatKTree<T>的设计旨在实现建树操作。设计初衷：类 KTree<T>中的<T>实际上是“实例”参数，无法应用于静态方法。这样，建树操作不能设计为静态方法。而设计成实例方法，必须先创建树 t，再通过 t=t.creat ()感觉不自然。

App 是应用类，通过创建值为 Character、Integer 型的 K 叉树，并遍历，展示 for-each 的执行效果。注意对比前序遍历和 for-each 语句执行结果是否相同。

```
import java.util.Stack;   import java.util.Iterator;
public class KTree<T> implements Iterable<KTree<T>>{//
    private T data;       //数据域
    private int nc;       //用于非递归遍历，指明当前待处理的孩子
    private Object[] child=new Object[3];//默认 3 个孩子
    public KTree(T x) {data=x;}
    public T getData(){return data;}
    public void setData(T x){data=x;}
    public KTree<T> find(T x){ //找到并返回值为 x 的结点，否则返回 null
       if(x==null) return null;
       if(this.data.equals(x)) return this;
       for(Object c:child) {  KTree<T> t=(KTree<T>)c;
          if(t!=null && t.find(x)!=null) return t.find(x);
       }  return null;
    }
    public boolean add(KTree<T> father,T x) {//将 x 作为 father 的孩子
       if(father==null) return false;
       KTree<T> q=new KTree<T>(x);        //创建结点
       int i=0;
```

```
        //找第一个空孩子位置
        while(i<father.child.length && father.child[i]!=null) i++;
        if(i==father.child.length) {        //孩子已满，需要扩展
            Object[] temp=father.child;     //保留原始数据
            father.child=new Object[child.length + 3];
                                            //扩容，自动增加 3 个孩子位
            for(int j=0; j<temp.length; j++)//将原始数据写回
                father.child[j]=temp[j];
        }
        father.child[i]=q;                  //实施插入
        return true;
    }
    public Object[] getChilds(){ return child; }
    public void pre(){                      //递归的前序遍历
        System.out.print(data+" ");
        for(Object c: child) {KTree<T> t=(KTree<T>)c;
            if(t!=null) t.pre();   }
    }
    public void preN(){ //非递归前序遍历，迭代器算法在此基础上改编而成
        KTree<T> t=this; //t 是树根
        Stack<KTree<T>> s=new Stack<>();  s.push(t);
        while(s.empty()==false){  t=s.peek();
            if(t==null) s.pop();
            else if (t.nc==0) { System.out.print(t.data+" ");
                    s.push((KTree<T>)t.child[0]); t.nc++; }
            else if (t.nc<t.child.length){
                    s.push((KTree<T>)t.child[t.nc]); t.nc++; }
            else if (t.nc==t.child.length){s.pop(); t.nc=0;}//出栈时 nc 置为 0
        }
    }
    public Iterator<KTree<T>> iterator(){return new Itr(this);}
    private class Itr implements Iterator<KTree<T>>{
        private Stack<KTree<T>> s=new Stack<>();//用于迭代的栈
        private KTree<T> cur,curNext; //设置迭代器指针初始指向位置
        public Itr(KTree<T> root){cur=root;curNext=null; s.push(cur);}
        public boolean hasNext(){ return(s.empty()==false); }
        public KTree<T> next(){
            if(curNext==null) cur=getOne();//首次
            else cur=curNext;
            curNext=getOne();
            return cur;
        }
        private KTree<T> getOne(){
            KTree<T> e=null;
            while(s.empty()==false){
                e=s.peek();
                if(e==null) s.pop();
                else if (e.nc==0) {
                    s.push((KTree<T>)e.child[0]); e.nc++; break;}
```

```
                else if (e.nc<e.child.length){
                    s.push((KTree<T>)e.child[e.nc]); e.nc++; }
                else if (e.nc==e.child.length) { s.pop(); e.nc=0;}//出栈时置空
            }return e;
        }
    }
}
class CreatKTree<T>{
    public KTree<T> create(T[][] data) {//通过二维数组创建 K 叉树
        //如{{A,B,C,D},{B,E,F},{D,G,H,},{G,I,J,K,L}}; 其中 B/C/D 的双亲，B
        //是 E/F 的双亲……
        if(data==null)return null;
        KTree<T> root=new KTree(data[0][0]); //先创建树根
        KTree<T> father, q;
        for(int i=0; i<data.length; i++) {
            father=root.find(data[i][0]);
              //data[i][0]是 data[i][1..data[i].length-1]的双亲
            for(int j=1; j<data[i].length; j++)
                root.add(father,data[i][j]);
        }  return root;
    }
}
class App{
    public static void main(String[] args) {
        Character[][]s={{'A','B','C','D'}, {'B','E','F'}, {'D','G','H'},
                          {'G','I','J','K','L'} };  //s[][0]是根
        Integer[][]iInt={{1,2,3,4},{2,5,6},{4,7,8,},{7,9,10,11}};
        CreatKTree<Character> t1=new CreatKTree<>();
        KTree<Character> k1=t1.create(s);
        System.out.print("\n Pre is: "); k1.pre();
        System.out.print("\nforeach: ");
        for(KTree<Character> x: k1)System.out.print(x.getData()+" ");
        System.out.print("\nPost is: "); k1.post();

        CreatKTree<Integer> t2=new CreatKTree<>();
        KTree<Integer> k2=t2.create(iInt);
        System.out.print("\n Pre is: "); k2.pre();
        System.out.print("\nforeach: ");
        for(KTree<Integer> x: k2)System.out.print(x.getData()+" ");
        System.out.print("\nPost is: "); k2.post();
    }
}
```

【输出结果】

```
Pre is: A B E F C D G I J K L H
foreach: A B E F C D G I J K L H
Post is: E F B C I J K L G H D A
 Pre is: 1 2 5 6 3 4 7 9 10 11 8
foreach: 1 2 5 6 3 4 7 9 10 11 8
```

```
Post is: 5 6 2 3 9 10 11 7 8 4 1
```

【示例剖析】

（1）首先，KTree<T>类的孩子域只能使用 Object[]型，不要使用 KTree<T>[]型。因为：无法创建泛型数组，即 new KTree<T>[3]; 将产生编译错。另外，也不能将 Object[]型的数组强制转换成 KTree<T>型，转换会产生 ClassCastException 异常。

（2）要注意把泛型类 KTree<T>当成一个整体来用。如实现 Iterable <T>接口，实现方式必须是 implements Iterable<KTree<T> >，因为是 KTree<T>型对象支持 for-each。另外，若变量定义、返回类型针对的是“树节点”类型时，如类 Itr 的成员 cur，KTree<T>的成员 find(x)，也必须用 KTree<T>。只有特指树中的数据(即属性 datat 的值)时，才能直接用 T，如 getData()。

（3）为支持 for-each，KTree 要实现 Iterable 接口，并重写接口中的方法 iterator()，该方法返回 Iterator 型对象，这个对象就是迭代器。因此，构造了内部类 Itr 实现接口 Iterator。

（4）Itr 的设计：

策略：基于前序非递归遍历实施 for-each 迭代；

① for-each 迭代的起始点是根，因此通过构造函数将根传入。

② 非递归遍历需要用到栈，因此 Itr 中内置一个栈对象。

③ hasNext()是否为真，取决于前序遍历的结束条件，即栈是否为空。

④ 前序遍历将全部结点数据一次性输出（即返回类型为 void），而 for-each 迭代时，会反复调用 next()，直至 hasNext()为假。因此改编 preN()，将原本输出语句部分，改成用 break 结束循环，并返回当前元素，即 getOne()。另外，getOne()输出最后一个结点时，栈中可能依旧有等待弹出的元素，使得 hasNext()依旧为真。如，对图 8.2，当输出最后结点 H 时，栈中还有 D、A 等待弹出，因此，不能将 getOne()直接作为 next()。为此，定义了两个变量 cur 和 curNext，以此为基础设计 next()。

（5）用 for-each 遍历过程中，Itr 对象内置栈，用于存储临时数据。因此在遍历期间，不得对树中的结点进行增删，否则遍历可能产生错误。

（6）当然，如果不想使用 for-each 语句实施迭代，也可换一种方式。如下：

```
Itr it=new Itr(); KTree<T> p=it.next();
while(it.hasNext()){ do-something;   p=it.next(); }
```

（7）Collection 是 Iterable 的子接口，因此所有集合都能使用 for-each 语句遍历。

本章小结

泛型是一种以类型为参数的机制。与用 Object 兼容不同类型相比，泛型可加入类型检查机制，故在使用上更安全。泛型机制常用于描述各种容器，从而存取不同类型的数据对象。另外通用算法（如各种排序算法、容器中数据的复制、提取等），也是泛型应用的重要领域。

本章从需求入手，介绍泛型的引入背景，认识其基本描述和应用方式。继而通过泛型顺序表的构造，逐步展示泛型类的基本定义和应用、泛型约束、泛型通配符等，以及泛型在普通方法中的应用。对这部分内容，要结合擦拭机理来理解，即 JVM 实际上是不支持泛型描述的，在编译时，所有泛型信息将被擦拭、被替换。在替换时，要考虑到替换的合理性，以及类型的安全性。因此 8.2、8.3 节实际上泛型机制的核心。

至于 8.4 节的集合框架，则是 Java 类库提供的泛型容器，属于工具类，故存于 java.util 包。要注意 List、Set、Map 等不同的应用特色和方式。8.5 节的泛型迭代器则是泛型的另一种高级应用，用于支持 for-each 语句。这样，图、树等复杂结构就可用 for-each 语句实施遍历。要掌握迭代器的实现框架，要实现哪些接口，哪些方法必须实现，理解这些方法的作用。

思考与练习

1. 简述引入泛型的背景，以及泛型用途。Object 型可兼容任何对象类型，为何还需要泛型？

2. 泛型作为一种数据类型，与普通的数据类型相比，有何异同？

3. 简述泛型的擦拭机理。

4. 什么时候需要为泛型加约束？

5. 泛型本身就是“不确定的类型”，为何还要为“模糊读写”引入通配符机制？与泛型通配符是一回事吗？什么情况下需要变量“只能读、不能写”，为什么，又如何描述？类似地，什么情况下需要变量“只能写、不能度”，为什么，又如何描述？

6. 试述集合框架的引入背景。为何说：“在集合框架中，接口作用非常重要”？

7. 在集合框架的应用中，重写 equals()和 hashCode()非常重要。为什么？请举例说明。

8. 集合框架的相关类常会涉及“序”，ordered 和 sorted 有何不同？

9. 从接口角度看，Java 的集合框架中定义哪些结构？各自有何特点？

10. 回顾 2.4.2、2.4.3 节的多种方式的排序，梳理出排序框架，并思考和体会泛型用于何处，又是如何使用的。

11. 设计一个泛型二叉树，并使其支持 for-each 机制。

12. 设计一个泛型双链表。能够存储字符串、数值等类型的数据。基本操作有插入、删除、查找、判断链表是否为空、输出所有元素。要求在编制查找、输出元素等功能时，必须利用 for-each 语句。

第 9 章

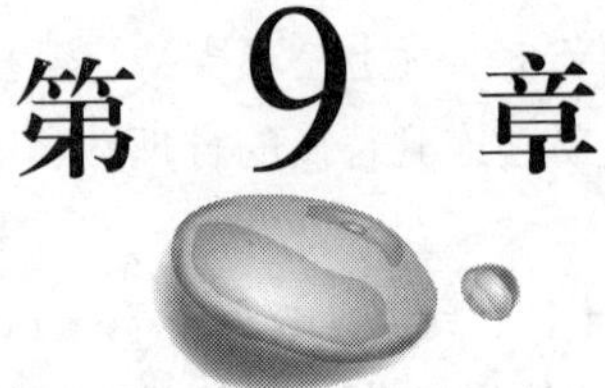

Java 连接数据库

9.0 本章方法学导引

【设置目的】

数据库编程是商业软件开发的重要领域。数据库通常存于专门的数据库管理系统（DBMS），如 Oracle、SQL Server 等，这些平台提供高效、安全地操纵数据的手段。程序端通常需要将操纵数据的需求，转换成 DBMS 可以理解的语言，交给 DBMS 进行数据处理，之后接收处理结果，并以特定形式呈现给用户。数据库编程主要包括三个环节：①建立程序端与数据库的连接；②使用 JDBC 和 DBMS 面向特定语言的驱动包，描述处理需求，并发送给 DBMS；③接收 DBMS 的处理结果，并对其进行解析和处理。本章将以 MySQL 数据库为例，对上述三个环节进行系统介绍，为数据库编程奠定基础。

【内容组织的逻辑主线】

本章先介绍 Java 访问数据库的连接标准 JDBC（9.1 节），之后介绍 MySQL 的安装、使用和配置（9.2 节），其中配置中涉及 MySQL 面向 Java 开发提供的驱动包，包中有供 Java 数据库编程使用的类库。所谓配置，就是让 Java 的 IDE 环境能够找到该驱动包。在 9.3 节，结合具体示例，系统展示如何基于 JDBC 操纵 MySQL 中的数据库。

【内容的重点和难点】

（1）重点：①理解 JDBC 访问数据库的基本模型；②掌握在 Eclipse 等 IDE 中设置数据库的驱动路径；③掌握 JDBC 操纵数据库的基本框架和具体手段，即如何实现数据的增、删、改、查，如何处理结果集。

（2）难点：JDBC 操纵数据库的基本框架和具体手段，即如何实现数据的增、删、改、查，如何处理结果集。

9.1　JDBC 简介

数据库是任何语言都难以回避的应用领域。为灵活操纵不同数据库，Sun 参考 ODBC（Open Database Connectivity），定义了 Java 访问数据库的连接标准 JDBC（Java DataBase Connectivity），并将 JDBC 注册成一个商标，期望借助一组通用的 API（类、接口等），为 Java 程序访问不同数据库提供统一的接口，以简化 Java 数据库应用程序的开发，增强可移植性。需要强调的是，SQL 语句是存取数据库中数据的具体指令形式。不同数据库平台（如 Oracle、SQL Server 等）支持的 SQL 语句在语法描述上可能略有不同。因此，SQL 语句只能由相应平台的数据库管理系统（DBMS）执行。JDBC 的主要作用就是向数据库发送 Java 程序中预先设定或动态生成的 SQL 语句，并接收和解析返回结果集。

借助 JDBC 访问数据库的模型见图 9.1，先通过驱动建立 DBMS 平台与 JDBC 之间的通信渠道，之后 Java 程序就可向 DBMS 发送 SQL 语句，同接收语句执行结果集。

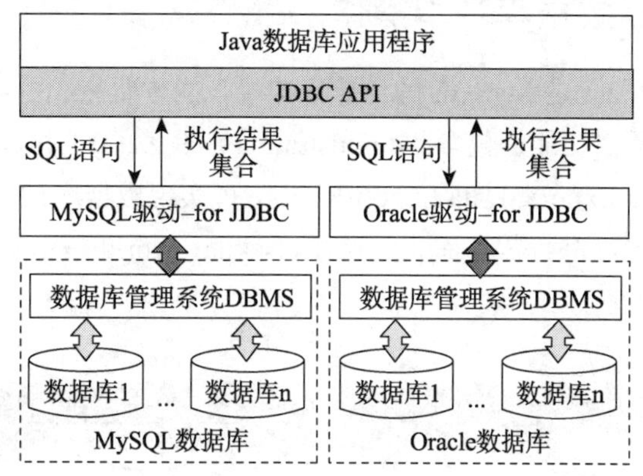

图 9.1　借助 JDBC 存取访问数据库

驱动是 JDBC 与数据库连接的基础，它将 JDBC 发来的 SQL 语句解析成本平台支持的 SQL 语句格式（因为不同平台支持的数据类型、SQL 语法格式不尽相同），并交给 DBMS 执行；或是将 DBMS 执行的结果以特定形式交给 JDBC。各 DBMS 厂商通常为 JDBC 提供专用驱动，如 MySQL 8.0 提供的 Connector/J、Oracle 提供的 OJDBC 等。这些驱动常以 jar 包方式存在，jar 包中包含一组类、接口或异常，以便 Java 程序能更为精准地使用 SQL 语句，解析执行结果。

附：相关 JDBC 驱动的官网下载地址见二维码。

当某数据库 Xdb 未提供面向 JDBC 的专用驱动 jar 包时，还可以使用一种间接手段访问数据库：先在 ODBC 中配置面向 Xdb 的数据源（Data Source），然后 JDBC 通过访问 ODBC 获取 Xdb 的数据源，从而实现访问。不过，这种方式需要在本地配置 ODBC，降低了 Java 程序的移植性，渐被废弃。另外，Java 是主流开发语言，因此各大数据库服务商均已提供面向 JDBC 的驱动 jar 包。

9.2 MySQL 的安装、使用和配置

9.2.1 MySQL 的下载和安装

MySQL Community Edition（社区版）是免费版本，JDBC 使用的通常是服务器版 MySQL Community Server。官网有安装版和绿色版，前者可在安装过程中配置环境；后者解压后即可使用，在使用前须通过 MySQL 指令配置环境。为简单起见，可从如下地址下载 32 位 8.0 安装版（373.4M）：https://dev.mysql.com/downloads/Windows/installer/8.0.html。

下载后实施安装，在 Windows 菜单中产生 MySQL 的安装器（MySQL Installer），双击该安装器，进入安装界面。之后采用默认选项即可。注意安装过程中为 root 用户设定密码。在安装末期，连接数据库时，需要提供该密码。注意，安装过程中可能产生一些错误，如 Connector/Odbc 安装失败等，安装器会自动将这些错误项改为（日后）手动安装。这里只需要关心后面即将用到的 Connector/J、workbench 等是否安装成功即可。

9.2.2 MySQL 数据库基本操作

Workbench（见图 9.2）是 MySQL 的免费操控端，能方便完成一些基本操作。其中左上角的 Navigator 列出了常用功能，包含 Administration（图 9.2(a)）和 Schemas（图 9.2(b)）两部分，图 9.2(a)中的 Data Export、Data Import/Restore 可实现数据库（MySQL 中称作 Schema）的导出和导入。图 9.2(b)可进行数据库相关操作，sakila、world 是示例数据库，sys 则是系统数据库。

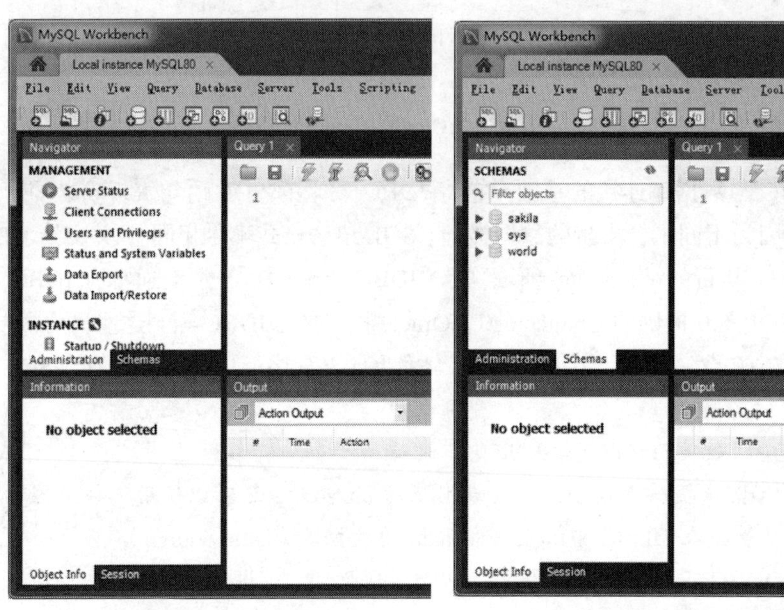

(a) Navigator之Administration　　(b) Navigator之Schemas

图 9.2　MySQL Workbench 的主界面

下面使用 Workbench 实现如下操作：创建数据库 StudentDB，在其中增加表 student，包含学号、姓名、生日、数学、英语等字段，并输入一组数据，最后将数据库导入、导出。

1. 创建数据库 StudentDB

在图 9.2(b)界面左上角 Schemas 窗口的空白处，右击，选择“Create Schema…”，在新窗口的 Name 处填入数据库名称“StudentDB”，其他保持默认即可。注意，单击该窗口右下角的“Apply”，否则创建的数据库将不被保存。之后将展示该操作对应的 SQL 语句，继续“Apply”即可。保存后，库名中的大写字母被转换成小写字母。实际上，MySQL 对库名是大小写不敏感的。

2. 数据库的导入、导出

数据库的导入、导出，实际上就是数据库的备份、恢复。如果用户只希望连接并操纵数据库，可直接使用本书提供的简单示例。

【导出数据库】 在图 9.2(a)界面，单击“Data Export”，在右侧窗口勾选需要备份的数据库名，如 world，注意下方“Export to Dump Project Folder”中指明导出文件的存放目录，建议换成用户指定的目录，如 D:\MySQL_DB_Bak，之后单击“Start Export”，即可完成备份。在指定文件夹会发现多了三个文件，分别是 world_countrylanguage.sql、world_country.sql、world_city.sql，其中 city、country、countrylanguage 是数据库 world 中的三个表。

【导入数据库】 以恢复本书示例数据库 Studentdb 为例（前面已完成 StudentDB 的创建）：在图 9.2(a)界面，单击“Data Import/Restore”，在右侧窗口的“Import from Dump Project Folder”项，单击“…”按钮，指明备份文件“studentdb_student.sql”所在的位置，确定后会在下方显示待恢复的数据库 studentdb，勾选后，单击“Start Import”即可完成恢复。注意：导入数据库前，待导入的数据库必须已经存在（哪怕是无任何表的空的数据库），否则将产生错误。

3. 建表及输入数据

如果希望在 StudentDB 中创建数据表 student，可实施如下操作：

在图 9.2（b）界面，单击数据库 StudentDB 将其展开，鼠标右击其中的 Table 项，选择“Create　Table…”，输入表名“Student”，在下方表格中，双击“Colum name”，输入字段名 id，回车后进入 Datatype，选择“CHAR()”，在括号中填入 4，即 CHAR 型，宽度为 4，其余默认即可。用类似方式，输入子段 name（varchar(10)）、brith（date）、english（int）、math（int）。输入完成后单击表格右下角的“Apply”，产生建表对应的 SQL 语句，继续“Apply”即可。其中字段 id 对应的 PK、NN 被自动勾选，PK 表示“主键”，主键要求不能有相同取值。NN 表示“非空”。

若希望向表 student 中填入数据，可实施如下操作：

在图 9.2（b）界面，展开 StudentDB→Table，鼠标右击表 student，选择“Select Rows –Limit 1000”，在右侧产生对应窗口，上方为 SQL 语句，下方表格则可添加数据。双击进入，依次输入一组数据，如 001、张三、2001.1.1、90、80……。输入完成后，单击表格右下角的“Apply”，产生向表中插入数据对应的 SQL 语句，继续“Apply”即可。注意，由于 id

的 PK、NN 被勾选，若输出记录中存在相同 id，或是 id 为 null，Apply 时会产生错误。

注意：本书并未对上述操作配备相关图示，对数据类型等也未过多解释，原因如下：①节省篇幅；②作为进入 OOP 阶段学习专业人员，上述操作极为简单；③基于 JDBC 开发数据库程序，必须对数据库编程有一定了解，故这里对数据库中的一些基础知识（如数据类型等）并未介绍。本书重点放在如何连接数据库、执行 SQL 语句、获取和解析执行结果。

9.2.3 在 IDE 中设置 MySQL 驱动路径

MySQL for JDBC 驱动包为：mysql-connector-Java-8.0.16.jar。默认安装时，该驱动包位于：C:\Program Files (x86)\MySQL\Connector J 8.0。使用 Eclipse/JCreator 等 IDE 开发数据库应用程序时，应告知 Eclipse/JCreator 驱动包的位置。这样，JDBC 才能加载此驱动。

1. 在 Eclipse 中设置驱动路径

方式 1：面向特定项目设置驱动路径：

右击数据库应用程序对应的项目，选择“Build Path”→“Add External Archives”，然后找到“mysql-connector-Java-8.0.16.jar”，确定即可。注意，这种方式的配置仅针对单个项目有效，不具有通用性。

方式 2：面向 Eclipse 所有项目设置驱动路径：

在 Eclipse 的 window 菜单中选择 preferences，进入 Java 子项的 install JREs，勾选右侧的 jre 默认值，如 jre1.8.0_202（default），选择 edit，单击“Add External JARs”，然后找到“mysql-connector-Java-8.0.16.jar”，打开即可。完成后，要注意在“Installed JARs”界面下方单击执行“Apply”。这种配置方式对所有 Java 项目均有效。

2. 在 JCreator 中加载驱动

在 JCreator 中安装，方式类似：

单击“Configure”菜单中的 Options，选择 JDK Profiles，选中右侧的 jre1.8.0_202，单击 Edit，在弹出的“JDK Profiles”配置界面的 Class 页面，单击 Add→Add Archive，然后找到“mysql-connector-Java-8.0.16.jar”，确定即可。

上述三种配置方式的核心，就是告知 IDE 环境，数据库厂商提供的数据库专用驱动存放的位置，以方便 JDBC 加载和使用。

9.3 通过 JDBC 操纵 MySQL

JDBC 类库庞大，有近百个类、接口和异常，分别存于 java.sql 和 Javax.sql 包中。各数据库厂商以 jar 包方式提供的专用驱动，也可被程序员使用，以便实现更为精准的操控。这样，JDBC 相关类库更为庞大。初学者不需要深究这些类库，建议在有需求时，结合需求探索类库的使用，边用边学，一点点深入。

本节将重点放在实施数据存取的基本过程，即①建立与数据库的连接；②实现数据的增删改查；③关闭连接。结合示例，介绍涉及的类、接口及相关重要方法。

9.3.1 JDBC 操纵数据库的基本框架

利用 JDBC 存取数据库中数据，一般包括四个环节：①建立连接；②执行 SQL 语句；③处理结果集；④关闭连接。下面做简单讨论。

1. 建立连接

连接是数据存取的前提，涉及两个环节：加载驱动和实施连接。

1）加载驱动

硬件要被操作系统精准使用，必须要在操作系统中安装硬件厂商提供的驱动。与此类似，数据库要被 JDBC 精准使用，Java 程序在运行时，也需要加载数据库厂商提供的驱动。加载方式为：Class.forName(驱动类的名称);，例如：

```
Class.forName("com.mysql.cj.jdbc.Driver");  //加载 MySQL 驱动
```

说明：

（1）类 com.mysql.cj.jdbc.Driver 位于 MySQL 面向 JDBC 提供的专用驱动 Connector/J 对应的 mysql-connector-Java-8.0.16.jar 包。9.2.3 节对驱动的配置，就是为了让 Class.ForName(…)顺利找到该类。注意，forName(str)中的类名 str 必须是包含包名的全名描述方式。另外，该操作可能抛出 ClassNotFoundException 型异常，属检查型异常，必须进行声明或处理。

（2）Class.forName(str)的作用涉及反射机制，该机制将在第 10 章详细介绍。这里读者可将其理解为：将字符串 str 描述的类名加载到内存。注：这种加载会自动执行类中的静态初始化块，从而完成 MySQL 驱动的注册。下面是反编译 com.mysql.cj.jdbc.Driver.class 获得的代码：

```
package com.mysql.cj.jdbc;
import java.sql.DriverManager;  import java.sql.SQLException;
public class Driver  extends NonRegisteringDriver implements java.sql
   .Driver{
   public Driver() throws SQLException{}
   static{  try{DriverManager.registerDriver(new Driver());}
      //关键在其超类 NonRegisteringDriver
      catch(SQLException E){throw new RuntimeException("Can't register
         driver!");}
   }
}
```

从上述代码发现，静态代码块执行时，通过 DriverManager.registerDriver(new Driver())实施驱动注册。其中，java.sql. DriverManager 用于管理 JDBC 使用的驱动，Driver 对象的核心是其超类 NonRegisteringDriver。

可能有读者疑问：既然仅仅是“加载”，能否通过主动构造对象的方式来实现“类的加载”？例如：com.mysql.cj.jdbc.Driver d=new com.mysql.cj.jdbc.Driver();。

当然可以。不过，这种方式多造了一个 Driver 对象，稍稍浪费了内存。

2）实施连接

实施连接，就是通过 DriverManager.getConnection()方法构造 Connection 对象。连接时，需要提供一些连接信息，如：数据库所在的 IP，连接数据库所需的协议、用户名、密码，连接数据库平台中的哪个数据库，以及其他一些特色信息，如所用编码格式、是否使用 SSL、服务器的时区等。这些信息，通常合并成 url，例如：

```
Connection  connect = DriverManager.getConnection(
     "jdbc:mysql://localhost:3306/studentdb?useUnicode=true&
     characterEncoding=utf-8&useSSL=false&serverTimezone=UTC","root",
       "1234" );
```

说明：DriverManager 是 JDBC 驱动管理器，如获取连接、获取当前所用驱动、注册驱动、设置服务器 loginTimeout 时间等，其中静态方法 getConnection(url,user,password)作用是试图建立连接，即 DriverManager 利用提供的信息，从已注册的驱动集中选择合适的驱动建立连接。连接成功后返回 Connection 型对象。url 格式为：jdbc: subprotocol: subname，如 jdbc:mysql://… 另外，这里连接的是本地数据库，故 ip 为 localhost，3306 是 MySQL 数据库默认的服务端口，studentdb 是要 jdbc 要存取数据的数据库，?是 url 中的分隔符，其他则是描述连接所需的特色。root 是 mySQL 数据库的超级用户，1234 是其密码。这里以 root 身份连接。连接可能抛出 SQLException 型异常，属检查型异常，必须进行声明或处理。另外，Connection 是接口，位于 java.sql 包。

2. 执行 SQL 语句

SQL 语句（或者说是语言）是实施数据存取的指令。但 SQL 语句只能由 DBMS 执行，Java 端只能将用户预置或动态生成的 SQL 语句，装入 Statement 对象，继而将该对象传给 DBMS，并发出“执行”指令。具体方式如下：

```
Statement stmt = connect.createStatement();
    //先通过连接对象创建 Statement 对象
ResultSet  rs=stmt.executeQuery("select * from student");  //执行数据查询
stmt.executeUpdate("DELETE FROM student WHERE(id = '0005')");
    //执行数据删除
```

说明：

（1）connect 是连接成功后返回的对象。SQL 语句以字符串形式装入语句对象 stmt 中，该对象可以反复装载不同的 SQL 语句。执行时，executeQuery(str)返回 ResultSet 型的单一结果集。注意：语句对象中还有一些方法，如 execute(str)，返回的是多个结果集，如 str 涉及多条语句，或调用 DBMS 端的存储过程等。为便于分析，这里使用 executeQuery(str)。executeUpdate(str)通常面向增加、删除、修改等可能导致数据源产生改变的 SQL 语句，返回被影响的记录数量，如返回 5，表示增加、删除、修改了 5 条记录。

（2）Statement 是接口，位于 java.sql 包。借助连接创建 Statement 对象，以及语句对象的执行，均可能抛出 SQLException 型异常，必须进行声明或处理。

3. 处理结果集

这里的结果集，特指 ResultSet 型对象。ResultSet 是接口，位于 java.sql 包。处理结果集，主要是借助 ResultSet 提供的操作提取结果集中的内容。例如：

```
ResultSet  rs=stmt.executeQuery("select * from student");
while(rs.next()==true){             //逐行扫描记录
   String id=rs.getString("id");  //借助字段名获取
   String name=rs.getString(2);   //借助栏目编号获取字段内容
   Date date=rs.getDate("brith");   int math=rs.getInt("math");
   System.out.println(id+" "+name+" "+date+" "+math);
}
```

说明：

rs.next()：向下移动游标（cursor），若移动后 cursor 指向记录，则返回 true，否则返回 false；

rs.getString("id")：以 String 方式读取当前行名为 id 的字段内容；

rs.getString(2)：读取当前行第二列（即第二个字段）的内容；

rs.getDate("brith")：以 Date 格式读取当前行名为 brith 的字段内容；

rs.getInt("math")：以 int 格式读取当前行名为 math 的字段内容。

注意：上述操作均可能抛出 SQLException 型异常，必须进行声明或处理。

4. 关闭连接

结果集、语句和连接均占用 JDBC 资源，且它们与数据源绑定，相当于数据源处于打开状态，对数据源安全造成一定风险。因此不用时，应借助 ResultSet、Statement、Connection 提供的 close()，关闭上述对象，释放资源。如：

rs.close();　stmt.close();　connect.close();

注意：一般连接对象要放在最后关闭，且上述操作均可能抛出 SQLException 型异常，必须进行声明或处理。

9.3.2 借助 JDBC 对数据库增、删、改、查

【示例】 连接 MySQL 中的 StudentDB 数据库，对其中的数据表 student 实施操作：先查询表中的内容，继而对其实施增、删、改。

目的：掌握 JDBC 连接并操纵数据库的基本步骤，各步骤的作用以及对应的操作方法。

设计：这里将数据库的加载、连接、增、删、改分别处理成单独方法，查询则和结果集的处理合二为一。对可能的异常也仅做声明，以通过编译检查。这种处理旨在方便理解，突出核心。其中删除操作，特意体现如何向 SQL 语句传递参数。

```
import java.sql.DriverManager;    import java.sql.Connection;
import java.sql.Statement;        import java.sql.ResultSet;
```

```
import java.sql.Date;              import java.sql.SQLException;
public class MySQLTest {
    private Connection connect;  //连接
    private Statement stmt;      //SQL 语句
    private ResultSet rs;        //结果集
    public void loadDBDriver() throws ClassNotFoundException,SQLException {
                                                        //加载数据库驱动
        Class.forName("com.mysql.cj.jdbc.Driver"); //加载 MYSQL JDBC 驱动程序
        //com.mysql.cj.jdbc.Driver d=new com.mysql.cj.jdbc.Driver();
                                                        //也可以这样加载驱动
        System.out.println("Mysql 驱动载入成功！");
    }
    public void connectDB() throws SQLException{//连接数据库
        connect = DriverManager.getConnection(
         "jdbc:mysql://localhost:3306/studentdb?
         useUnicode=true&characterEncoding=utf-8
         &useSSL=false&serverTimezone=UTC", "root","1234");
    System.out.println("已连接到 Mysql server!");
    stmt = connect.createStatement();//连接完成后创建 SQL 语句载体
}
public void showAllRows() throws SQLException{
    System.out.println("当前所有记录为：");
    rs = stmt.executeQuery("select * from student");
    while(rs.next()==true) {
         String id=rs.getString("id");//借助字段名获取
         String name=rs.getString(2); //借助栏目编号获取字段内容
         Date date=rs.getDate("brith");
         int eng=rs.getInt("english");int math=rs.getInt("math");
         System.out.println(id+" "+name+" "+date+" "+eng+" "+math);
    }
}
public void insert() throws SQLException {
    System.out.println("插入记录：0009 九九 2009.0.9 100 99");
    stmt.executeUpdate("INSERT INTO studentdb.student(id, name, brith,
                    english, math) values('0009', '九九', '2009.9.9',
                    '100', '99')");
}
public void deleteById(String s) throws SQLException {
    System.out.println("删除 id 值为："+s+"的记录");
    //stmt.executeUpdate("DELETE FROM student WHERE(id = '0005')");
    String delSQL="DELETE FROM student WHERE (id = '"+s+"')";
    //注意:s 前的'"和后面的"'不能加空格，否则描述条件的两个单引号''之间有空格，导
    //致匹配失败
    stmt.executeUpdate(delSQL);
}
public void update() throws SQLException {
    System.out.println("将 0003 的姓名改为：牛老三");
```

```
    stmt.executeUpdate("UPDATE student SET name = '牛老三' WHERE
      (id = '0003')");
  }
  public void close() throws SQLException {
    rs.close();  stmt.close();  connect.close();
  }
  public static void main(String args[]) throws ClassNotFoundException,
    SQLException{
    MySQLTest mst=new MySQLTest();
    mst.loadDBDriver();mst.connectDB();          //加载驱动、建立连接
    mst.showAllRows();                           //查询，获得并处理结果集
    mst.insert();  mst.deleteById("0005"); mst.update();//增、删、改
    mst.showAllRows();                           //查询，获得并处理结果集
    mst.close();                                 //关闭相关对象
  }
}
```

【输出结果】

```
Success loading Mysql Driver!
Success connect Mysql server!
当前所有记录为：
0001 包大 2001-01-01 78 87
0002 赵二 2002-01-01 98 89
0003 张三 2003-01-01 74 75
0004 李四 2004-01-01 85 84
0005 王五 2005-01-01 68 82
0006 马六 2006-01-01 96 73
插入记录：0009 九九 2009.0.9 100 99
删除 id 值为：0005 的记录
将 0003 的姓名改为：牛老三
当前所有记录为：
0001 包大 2001-01-01 78 87
0002 赵二 2002-01-01 98 89
0003 牛老三 2003-01-01 74 75
0004 李四 2004-01-01 85 84
0006 马六 2006-01-01 96 73
0009 九九 2009-09-09 100 99
```

【示例剖析】

（1）借助 JDBC 对数据源实施增删改查，展现了借助 JDBC 存取数据的基本框架：加载驱动、创建连接、产生并执行语句、关闭相关资源。为让不同数据库（如 Oracle、SQL Server、Sysbase 等）使用同一框架，连接 Connection、语句 Statement、结果集 ResultSet 均被设计成接口。另外，要注意 SQL 是一种脚本语言，不同数据库平台支持的语法格式略有不同，因此只能由 DBMS 来执行 SQL 语句。JDBC 的作用就是建立 Java 程序与 DBMS 的连接通道，

向 DBMS 发送指令，让其执行特定 SQL 语句，从而间接操控数据库。

（2）SQL 语句以字符串形式传入 Statement 对象的 executeUpdate(···)或 executeQuery(···)方法，SQL 语句本身也可能包含参数，deleteById(String s)展现了向 SQL 语句传递参数的方式。为便于理解，建议读者打印输出生成的 SQL 语句 delSQL。

（3）程序执行时，一些外在因素也可能造成异常：如数据库服务未启动，SQL 语句对应的操作没有权限，或是对数据库的记录增加或修改时，违反相关表的约束规则，如造成主键重复等，均会产生异常。

（4）本例仅涉及 JDBC 操纵数据库的基本框架。有关数据库应用的高级知识，如事务、交易、存储过程等，感兴趣的读者可参阅 JDBC API 规范：JDBC™ API Specification 4.2。

https://download.oracle.com/otndocs/jcp/jdbc-4_2-mrel2-spec/index.html

本章小结

数据库编程实际上涵盖很多内容，如 SQL 语句的使用、事务处理、存储过程等，这部分内容通常在基于 DBMS 的编程中详细介绍。同时，这部分内容也是 Java 数据库编程的基础，需要另外学习。

本章内容，旨在理清 JDBC、DBMS、Java 语言之间的关系，建立 JDBC 与特定 DBMS 之间的连接。在此基础上，借助 JDBC 和 DBMS 面向特定语言的驱动包，描述处理需求，并发送给 DBMS，并解析结果集。

思考与练习

1. 为何要制定与数据库平台的连接标准？如 Java 的 JDBC，微软的 ODBC、ADO 等。这些标准与编程语言、数据库管理平台又有何关系？

2. 简述 MySQL 安装与配置。

3. 什么是数据库驱动，何时需要数据库驱动，驱动包里面有什么，如何配置和使用驱动？

4. 简述 Java 通过 JDBC 操纵数据库的基本步骤。

5. 不同数据库管理平台使用的 SQL 指令格式往往不同，程序端如何实现对不同平台中数据库的操纵？

6. 建立数据库连接需要哪些参数，为什么？数据库操纵结束后，为何需要关闭连接？

7. 连接 MySQL 中自带的示例数据库 world，任选一个数据表，对其中的数据实时增、删、改、查，并在程序端显示结果，在数据库端验证操纵结果。

8. 连接 SQL Server 中自带的示例数据库 Northwind Traders，任选一个数据表，对其中的数据实时增、删、改、查，并在程序端显示结果，在数据库端验证操纵结果。

第10章

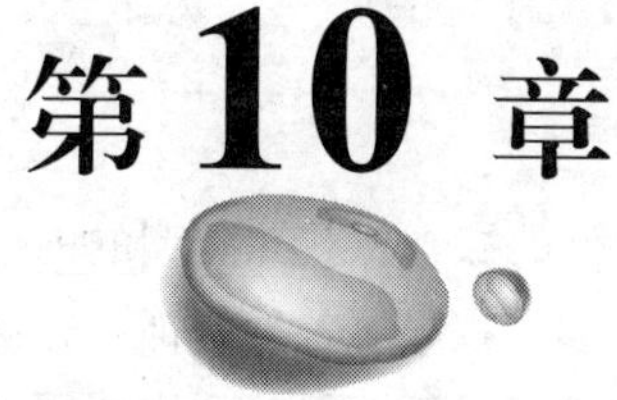

反射机制与代理模式

10.0 本章方法学导引

【设置目的】

反射是一种高级语言机制，通过在运行期间探查 class 文件的内部细节，执行一系列高级操作。前面的数据库连接设计中，以字符串方式给定类名，在运行期时可创建对应类的对象，就是用到了反射机制。实际上，反射的用途远不止这些，如 Eclipse 等 IDE 环境，在类/对象后输入“.”，环境自动列出能用的属性或方法，就是反射机制的一种应用。设计模式中诸如工厂模式、代理模式，也需要反射机制的支持。本章将基于一组案例，系统介绍反射机制的应用方式和场景，为高级软件开发奠定基础。

【内容组织的逻辑主线】

本章将先介绍反射机制的内涵（10.1 节），之后结合简单工厂模式，对反射机制产生直观认识（10.2 节）。在此基础上，深入剖析反射机制具体使用细节，包括指明 Class 型对象是反射的入口，引入若干获取 Class 型对象的方式，并结合实例，展示如何解析 Class 型对象，如何灵活使用反射机制：抽象工厂和代理模式（10.3、10.4 节）。

【内容的重点和难点】

（1）重点：①理解反射机制的内涵，即何谓反射，为何反射，如何反射；②掌握 Class 对象的获取方式和解析的主要方法；③理解和掌握简单工厂模式、抽象工厂模式；④理解和掌握代理模式。

（2）难点：①掌握 Class 对象的解析方法；②理解和掌握抽象工厂模式；③理解和掌握静态代理、动态代理模式。

10.1 反射机制概述

反射（Reflection）机制是在程序运行期间，借助对 class 文件的探查，获知类型的内部构造信息，如接口、类的权限、成员（含构造方法）的名称、类型、权限、各种修饰、方法的参数等。应用方面，如 Eclipse 等 IDE 环境，在类/对象后输入“.”，环境自动列出能用的属性或方法，就是反射机制的一种应用：程序（即 IDE 环境）在运行期间，根据对应的 class 文件，探知类的内部构造细节，继而筛选出满足当前上下文的可视（即能够使用）成员。

再比如，前文所用的数据库驱动加载，假设 Drv1、Drv2 分别代表不同类型的驱动类名，采用创建对象加载驱动类的方式，如：new Drv1();。若 Drv1 对应的数据库服务器出现故障，需要切换成 Drv2 型数据库服务器时，就要修改代码：new Drv2();，即通过修改代码维护程序，维护性较差。借助反射机制，如 Class.forName(dbDriver)，只需将 dbDriver 信息存于特定配置文件。当需要切换成 Drv2 型数据库时，只需将配置文件中的信息更改为 Drv2 即可。这种维护更改的是配置文件，不需要更改代码，程序的维护性更好。

10.2 反射的简单应用：简单工厂模式

为更直观有效的理解反射机制，下面将结合示例，对照简单需求与反射实现代码，认识反射的基本应用形式。

【例 10.1】 在第 4 章计算器示例（例 4.6）中，将所有的计算封装于内部类 Computer 的方法 String compute(int x, int y,char op)，通过传入不同运算符，获得不同的运算结果。若新增“求余”运算，就需要在该方法中增添求余运算规则。这种通过改代码来扩展功能的方式降低了程序的可维护性。本例将使用简单工厂模式重新设计计算，并分别使用常规方式和反射方式实现工厂中创建对象方法。通过两种方式对比，可体现反射机制的应用场景和优势。

目的：理解并掌握简单工厂的基本设计框架和特色；认识反射机制如何动态创建对象，理解用反射机制实现简单工厂的优点。

设计：本例设计主要包括以下环节：

（1）设计运算符接口 Operator，内有方法 double compute();，用于返回计算结果；

（2）加减乘除四个类，实现 Operator 接口，并通过构造函数传入操作数；

（3）设计简单工厂类，只有一个能返回运算符型对象的静态方法，并给出的两种实现方式：①通过判断语句创建不同对象（静态方式）；②用反射机制根据类型名称动态创建对象。

（4）设计 App 类，模拟单击按钮后的计算。

```
import java.lang.reflect.Constructor; //针对构造函数的反射类
interface Operator{                   //运算符接口
    public double compute();          //返回运算结果
}
class Jia implements Operator{        //加操作
    private double a,b;               //用于计算的操作数
    public Jia(double x, double y){ a=x; b=y; }
```

```
    public double compute(){ return a+b; }  //实施计算
}
class Jian implements Operator{            //减操作
    private double a,b;
    public Jian(double x, double y){ a=x; b=y; }
    public double compute(){ return a-b; }
}
class Cheng implements Operator{           //乘操作
    private double a,b;
    public Cheng(double x, double y){ a=x; b=y; }
    public double compute(){ return a*b; }
}
class Chu implements Operator{             //除操作
    private double a,b;
    public Chu(double x, double y){ a=x; b=y; }
    public double compute(){
        if(b==0){System.out.println("除零错"); return 0;}
        return a/b;
    }
}
class OperatorFactory{//运算符工厂类
    //第一种方式：常规方式，创建何种类型对象，必须用 new 写在代码中
    public static Operator creatOperator(String opName, double x, double y){
        if(opName.equals("Jia")) return new Jia(x,y);
        if(opName.equals("Jian")) return new Jian(x,y);
        if(opName.equals("Cheng")) return new Cheng(x,y);
        if(opName.equals("Chu")) return new Chu(x,y);
        return null;
    }
    /*  第二种方式：借助反射机制创建不同类型对象
    public static Operator creatOperator(String opName, double x, double
      y) throws Exception{
        Class c=Class.forName(opName); //先获取 opName 对应的 Class
        Constructor con=c.getConstructor(double.class, double.class);
          //获取有参构造函数
          //即 con 代表的是两个参数均为 double 的构造函数
        return (Operator)con.newInstance(x, y);
          //借助 con 代表的构造函数创建对象
    }
    */
}
class App{
    public static void main(String[] args) throws Exception {
        Operator op=null;
        //模拟单击按钮，实施各类计算
        System.out.print("单击界面+按钮，计算 1+2 =");
          op=OperatorFactory.creatOperator("Jia",1,2);
          System.out.println(op.compute());
        System.out.print("单击界面-按钮，计算 3-4 =");
```

```
            op=OperatorFactory.creatOperator("Jian",3,4);
            System.out.println(op.compute());
        System.out.print("单击界面*按钮, 计算 5*6 =");
            op=OperatorFactory.creatOperator("Cheng",5,6);
            System.out.println(op.compute());
        System.out.print("单击界面/按钮, 计算 7/8 =");
            op=OperatorFactory.creatOperator("Chu",7,8);
            System.out.println(op.compute());
        System.out.print("单击界面/按钮, 计算 7/0 =");
            op=OperatorFactory.creatOperator("Chu",7,0);
            System.out.println(op.compute());
    }
}
```

【输出结果】

```
单击界面+按钮, 计算 1+2 =3.0
单击界面-按钮, 计算 3-4 =-1.0
单击界面*按钮, 计算 5*6 =30.0
单击界面/按钮, 计算 7/8 =0.875
单击界面/按钮, 计算 7/0 =除零错 0.0
```

【示例剖析】 除示例中的解释外，本例还想说明以下几点：

（1）本例设计优点之一：main 中，采用统一方式实施各类运算：

① 先用统一方式创建运算对象：op=OperatorFactory.creatOperator(运算符,值 1,值 2);

② 再从运算符对象获取运算结果：op.compute()

这样，不同运算特色的差异，被封装在运算符对象中，使用时只需向工厂提供必要信息（运算符及相关操作数）创建对象，然后从该对象获取结果即可，降低了使用难度，让程序更易于扩展（新增运算符类并添加到工厂）。

（2）工厂的作用就是生产产品，即客户端向工厂提出对象需求，工厂类给出具体对象。

优点：客户端只需与工厂（1 个）建立联系（提出需求），不与具体对象（n 个）关联。可能有读者疑问：不与具体对象关联，怎么使用呢？实际上，使用代码是按照抽象层来设计的，如运算符的计算 op.compute()，op 是抽象的运算符类型（而非加法等具体类型），至于产生不同的效果，则是重写的效果。

> **类似场景：**某大学有后勤（工厂）负责水、电、家具等各类维修，教务处（应用客户端）等部门向后勤提出需求，如照明维修，后勤根据需求安排人员（产品）提供服务。这种模式优点是：各部门不需要知晓哪个师傅提供什么服务（了解多个类的设计细节），也不用自己联系师傅（创建并关联对象），省掉很多麻烦。后勤的作用也很单一，根据不同需求派出不同师傅（创建对象），而所有师傅都能提供“维修”服务（接口）。

缺点：如果要新增产品类，如新增求余类，需要在工厂类中新增一个判断分支，造成维护不便。当然，这一缺点，可借助反射机制动态创建对象，予以规避。

（3）简单工厂的外在表现：让工厂类产生不同类型的对象，如 OperatorFactory 的静态方法 creatOperator()能创建加减乘除类的对象。为何工厂类能产生不同类型对象？首先，这些不同类型之间必须有共性，即返回类型；其次，通过区分静态方法的参数，创建不同类型对象。当然，为通过编译，在返回结果前必须强制类型转换。

（4）运算符接口和实现类这种框架，蕴含着优秀的思想：首先，运算不仅涉及加减乘除，还可能涉及复杂公式，所需的操作数数量也可能不同。将运算定义成接口（而非类），更易于通用。其次，将运算设计成接口实现类，一方面易于在类中添加特色约束（如除法不能除零），另一方面，也容易拓展新的计算类型（如求余）。

（5）本例使用反射机制，在运行时指明类名创建对象，属于动态创建对象。注：用 new 类名(…)属于静态创建对象，因为编译时必须正确指明类名。动态创建对象涉及三个环节：

① 根据“类名字符串”获得 Class 型对象，即 Class c=Class.forName(opName);

② 根据该类的 Class 型对象获得构造函数，即

```
Constructor con=c.getConstructor(double.class, double.class);
```

③ 调用构造函数创建对象，即 con.newInstance(x, y);

另，Class 类的方法 forName(…)、getConstructor (…)，Constructor 类的 newInstance(…)方法，均可能抛出各种检查型/非检查型异常（详见 API 说明），本例做了简化处理。有关反射机制的更多细节在下节介绍。

（6）静态创建对象方式的优点：安全（即可由编译器检查合法性）、速度比动态创建快（直接创建对象、不需要额外的反射处理），缺点：新增类需要修改代码、不易维护；动态创建方式的优点：可应对未知类型对象的创建；缺点：不安全，即跳过了语法检查，运行时需确保提供的类名、参数列表等信息正确，否则会产生错误，耗时久，反射分析处理要占用时间。另外，静态创建对象方式是手工创建（即直接书写创建对象的代码），因此各运算符类的构造函数的参数可灵活定制；反射方式创建对象，则要求格式尽量统一，如本例要求：各实现类必须有一个“有且仅有两个 double 型参数的构造函数”，以符合 c.getConstructor(double.class, double.class) 、con.newInstance(x, y)的要求。

10.3　反射机制的剖析和应用

10.3.1　剖析反射机制

1. Class 型对象是反射的入口

Java 程序运行期间，数据对应的类型必须要先载入内存才能使用。数据对应的类型信息，被 JVM 处理成 Class 型对象（注意：是大写的 C，Class 是 java.lang 中的类）。这些 Class 型对象不仅涉及类、接口、数组，还包括基本类型、void 类型，以.class 的形式存于内存，如 String.class、Runnable.class、String[][].class、int.class、void.class 等。

反射机制就是借助 Class 类及 java.lang.reflect 包中的 API，解析 Class 型对象，以获取类型信息，继而在应用中使用这些信息。由于解析 Class 型对象、应用类型信息都是在程序运行期间的行为，故反射机制属于 Java 的动态机制。

2. 如何获取 Class 型对象

获取 Class 型对象有三种方式：

（1）用 Object 类提供的 getClass()，如：Class aa="abc".getClass();

（2）直接使用 Class 型对象名，如：Class bb=String[][].class;

（3）通过 Class.forName(类型名字符串)操作，例如：

```
Class  cc=Class.forName("java.lang.String"); //注意：不能用"String",
                                              //必须用全名
```

对获取的 Class 型对象，可通过 Class 类的 getName()、getSimpleName()方法获得对象名称。二者略有区别。例如，对方式二中的变量 bb，有

```
System.out.println(bb.getName());          //输出结果为：Ljava.lang.String;
System.out.println(bb.getSimpleName());//输出结果为：String[][];
```

3. 如何解析 Class 型对象

解析 Class 型对象旨在获得类型信息。解析之前，先回顾类的描述涉及哪些信息，这样解析更有针对性。至于接口、数组等描述涉及的信息，通常是类涉及信息的子集。

1）描述类所需信息，以及各信息对应的解析类

就类的组成而言，包括属性（也称字段 Field）、方法（Method）、构造函数（Constructor）、内部类、接口。java.lang.reflect 包中提供了 Field、Method、Constructor 类，类中的一个字段、方法、构造函数，可映射成一个 Field/Method/Constructor 型对象。内部类、接口与普通类相似，可对应到 Class 类。另外，类描述还需要修饰符（Modifier），如 abstract、static、final、public 等，可用 java.lang.reflect.Modifier 解析。类名还涉及包，可用 java.lang.Package 处理。

2）从 Class 类可获得 Field[]、Method[]、Constructor[]、Class[]型对象

Class 类是分析 Class 型对象的基础类，通过 getDeclaredFields()操作，可获得一个 Field[]型对象，内有在该类中声明的所有 public、protected、默认、private 权限的字段，但不包括继承所得的字段。

注意：getFields()只能获得所有 public 权限的字段信息，但包含超类的 public 字段。

类似地，用 getDeclaredMethods()、getDeclaredConstructors()、getDeclaredClasses()，分别获得 Method[]、Constructor[]、Class[]型对象。这些对象可通过 Method、Construct、Class 等类可做进一步解析。

3）对类/成员的修饰符处理和解析

修饰符常组合使用，如 private static final int x=5，编译时“private static final”被编码成一个 int 型数据 26，Class、Field、Method、Construct 等类均有 getModifiers()方法，可获得类、字段、方法、构造函数等的修饰符编码（int 型），Modifier 类的静态方法 toString(int v)可解析修饰符编码 v，返回字符串型的修饰符组合。如 Modifier.toString (26)返回的结果为：private static final。

下面将结合具体示例，展示解析类的全过程，以及相关类的用法。

10.3.2　示例：解析给定的 Class 型对象

【例 10.2】 设计类 ClassView，能解析出指定类 Class 型对象中的所有构造函数、字段、方法等信息。

目的： 理解并掌握反射的基本原理，理解和掌握 Class、Field、Method、Constructor、Modifier 等类的作用和基本使用，理解并掌握动态获取类信息的基本设计框架。

设计： 解析 Class 型对象的核心：提取所需的数据，并按照特定顺序进行组合，包括：

（1）包名的解析（注：要考虑未声明包的情形）

（2）类名信息 ＝ 修饰符（如 public abstract）+class/interface＋ 类名

（3）字段信息 ＝ 修饰符 ＋ 类型名 ＋ 属性名

（4）构造函数信息 ＝ 修饰符 ＋　　　　　　函数名 ＋ 参数列表

（5）普通方法信息 ＝ 修饰符 ＋ 返回类型 ＋ 函数名 ＋ 参数列表

其中字段信息可能有多个，需要用循环逐一处理，并用\n\t 将这些字段信息连接成一个字符串。构造函数、成员方法的处理与字段相同。设计中将针对上述五类信息，设计出 public 方法，以便作为工具来使用。此外，为凸显不同数据的不同提取方式，又设计了一组私有方法，包括构修饰符提取、函数的参数列表提取等。

```
package aa.bb.cc;
import java.lang.reflect.Constructor;  import java.lang.reflect.Field;
import java.lang.reflect.Method;      import java.lang.reflect.Modifier;
class Test{                                              //测试用：待解析的类
    private static final int c=10;                       //私有字段、多修饰符组合
    public static void a(){;}                            //无参方法
    public static void a1(int x, int y){;}               //有参方法
    private int b1(double x, int y){return 0;};          //私有方法
    protected Test(int x, int y){;}                      //有参构造函数
    Test(int x){;}                                       //有参构造函数
}
class ClassViewer{
    public static String getPackageStr(Class cla){
                                                         //包信息=""或 package+包名
        Package p=cla.getPackage();                      //获取对应的包对象
        if (p==null)return "";
        return "package "+p.getName();
    }
    private static String getModifiersStr(int modifierInt){
                                                         //获取修饰符组合字符串
        if(modifierInt==0)return "";                     //无修饰符
        return Modifier.toString(modifierInt)+" ";
    }
    public static String getClassStr(Class cla){
            //类信息=修饰符+class/interface+类名
```

```
        int modifierInt=cla.getModifiers();      //获取类的权限修饰常数
        String type=(Modifier.isInterface(modifierInt)==true)?
           "interface ":"class ";
        return getModifiersStr(modifierInt)+type+cla.getName();
    }
    public static String getFieldsStr(Class cla) throws SecurityException{
            //字段信息=修饰符+类型名+属性名
        Field[] fields=cla.getDeclaredFields();String str="\t";
        for(Field f: fields)
           str=str+getModifiersStr(f.getModifiers())
               +f.getType().getSimpleName()+" "+f.getName()+";\n\t";
        return str;
    }
    private static String getParameterStr(Class[] paraTypes)throws
       SecurityException{
           //根据参数类型列表数组paraTypes,获取参数列表信息,返回形如(int, int)
         if(paraTypes.length==0)  return "();" ;
         String paraStr="(";                          //参数字符串
         for(Class x:paraTypes) paraStr=paraStr+x.getSimpleName()+" ,";
         return paraStr.substring(0,paraStr.length()-1)+");";
                                                      //删除尾部多余的“,”
    }
    public static String getConstructorsStr(Class cla)throws
       SecurityException{                             //构造函数信息
         Constructor[] cst=cla.getDeclaredConstructors();String str="\t";
         for(Constructor c:cst)//构造函数信息=修饰符+函数名+参数列表
            str=str+getModifiersStr(c.getModifiers())+c.getName()
               +getParameterStr(c.getParameterTypes()) + "\n\t";
         return str;
    }
    public static String getMethodsStr(Class cla)throws SecurityException{
                                                      //普通方法信息
        Method[] mhd=cla.getDeclaredMethods();String str="\t";
        for(Method m:mhd) //普通方法信息=修饰符+返回类型+函数名+参数列表
           str=str + getModifiersStr(m.getModifiers())
                  + m.getReturnType().getSimpleName() //返回类型
                       //注：建议不要用getName()，因：数组型可读性差，且含包名
                  +" "+m.getName()+getParameterStr
                       (m.getParameterTypes())+ "\n\t";
        return str;
    }
    public static void view(String className) throws ClassNotFoundException{
        Class cla=Class.forName(className);
        String str=getPackageStr(cla)+"\n"
                  +getClassStr(cla)+" {\n"
                  +getFieldsStr(cla)+"\n"
                  +getConstructorsStr(cla)+"\n"
                  +getMethodsStr(cla)+"\n}";
        System.out.print(str);
    }
```

```
}
class App{
    public static void main(String[] args) {
        try{ ClassViewer.view(args[0]);}
        catch(ArrayIndexOutOfBoundsException e){System.out.println
            ("没有指定类! ");}
        catch(ClassNotFoundException e){System.out.println
            ("找不到指定类! ");}
    }
}
```

【输出结果】 //执行：Java aa.bb.cc.App aa.bb.cc.Test

（也可以探查普通类，如：Java aa.bb.cc.App java.lang.String）

```
package aa.bb.cc
class aa.bb.cc.Test {
        private static final int c;
        aa.bb.cc.Test(int);
        protected aa.bb.cc.Test(int,int);
        public static void a();
        public static void a1(int,int);
        private int b1(double,int);
}
```

【示例剖析】

（1）借助反射探查 Class 对象的基本策略是：

① 从 Class 对象提取数据，如 Field[]、Method[]、Constructor[]、Class[]等型的对象。

② 用特定的反射类去分析对象、获得数据，如用 Field 解析 Fields[]。

③ 使用反射所得数据，如借助所得数据组合出类的内容。

（2）用 Class 获取字段类型、构造函数或普通方法的参数类型时，建议使用 getSimpleName()，而非 getName()，其好处是：①数组型更易读；②可省略长长的包名。

（3）反射机制不能获得代码段（如初始化块、方法体等）。其余基本都提供了获取方式。请读者自行查阅相关 api 函数。

（4）注意，为凸显借助反射从 Class 对象提取数据的核心框架，本例使用的示例类 Test 实际上比较简单，还有很多内容尚未触及，例如：类可能继承超类、实现很多接口，可能有一组内部类、接口，方法可能声明一组异常等。上述信息同样可以简单获取，如可通过 getSuperclass()获取父类（注：不能理解为超类）的 Class 对象，对该 Class 对象反射，可得到父类的完整信息。如此持续调用 getSuperclass()，直至返回 null（即父类追溯至 Object 类）；用 getInterfaces()可获得本类实现的所有接口（处理类似方法的参数列表）；用 getClasses()获得所有内部类；Constructor、Method 有成员方法 getExceptionTypes()，可获得方法声明的异常列表。请读者自行完成一个更为完善的 ClassView，能完整获取上述信息。

（5）值得指出的是，java.lang.reflect 包是反射相关 API 的核心包，其中的 Array 是针对数组的反射类，借助该类可实现动态类型数组的创建，如：

```
Object array = Array. newInstance(int. class, 10);
```

通过在运行时传入 Class 对象来替换 int.class，可创建不同类型的数组。

10.3.3 示例：抽象工厂模式

借助反射机制，可在运行时对未知类进行剖析和应用，如从字符串描述的类名获得相关类的对象，或是分析给定类的内部构造。但要注意：反射应用涉及的“未知类”是一种“假未知”，即加载哪个类是不知道的，但被加载的类（即 class 文件）是已经存在的。这种“假未知”，实际上是一种“模糊”表示，可实现一种简单、统一的应用方式（不必用 case 语句写死）。如前面简单工厂示例，借助反射机制可以直接获得相关运算符类的对象（可只有一条语句），比用多条 case 语句表达，形式更简单、统一，且易于扩展。类似地，在数据库应用中，通过 Class.forName(驱动类的名称); 加载数据库驱动，也更加灵活。

抽象工厂模式主要适用于不同产品间存在某种依赖，形成产品簇。先看个示例：有 CPU、主板两类产品，CPU 分 AMD、Intel 等不同型号，主板通常只能支持一种 CPU 型号（即主板与 CPU 间存在依赖关系）。在构造 PC 时，CPU 和主板的任意组合可能产生错误组合，如“AMD 型 CPU+支持 Intel 型 CPU 的主板”。因此，可以将 PC 分成 AMD 系列（包含 AMD 型 CPU 和支持 AMD 的主板）、Intel 系列，分别借给不同的工厂生产，这样就不会产生冲突了。上述模式就是抽象工厂模式的具体表现。

可这样理解抽象工厂模式：由于产品间存在依赖（如主板和 CPU 不能任意组合），形成产品簇（即 Intel 系列、AMD 系列），这样同一产品簇内的产品不会产生冲突（即产品间的错误组合）。每个具体工厂负责一个产品簇的生产，抽象工厂可以将所有产品簇的生产统一起来。换言之，简单工厂能产生不同的产品（如运算符对象），抽象工厂能生产不同的产品簇（如主板、CPU）。应用时，通常基于抽象工厂来编程。

【例 10.3】 为方便用户使用，WPS、Word 等编辑工具常定制了不同类型的文档模板，见图 10.1。模板包含风格、内容两部分，其中风格分成普通、商务两大类，内容则分成空白、公文、信件三大类。请基于抽象工厂模式，根据需要生产出不同类型的模板。

目的： 理解并掌握抽象工厂模式的基本框架和应用场景，并结合反射机制应用抽象工厂模式。

设计： 对照抽象工厂模式，设计的总体结构见图 10.2。风格、内容是两类抽象产品，只有一个抽象方法来设置风格、内容。普通、商务是风格的具体产品，空白、公文、信件是内容的具体产品。产品簇是由风格、内容组成的文档模板。抽象工厂用于生产产品簇，内有两个抽象的静态方法，分别创建风格对象和内容对象。根据组合方式，可产生 6 种具体产品簇：普通 + 空白、普通 + 公文、普通 + 信件……每个具体工厂负责一种产品簇的生产。

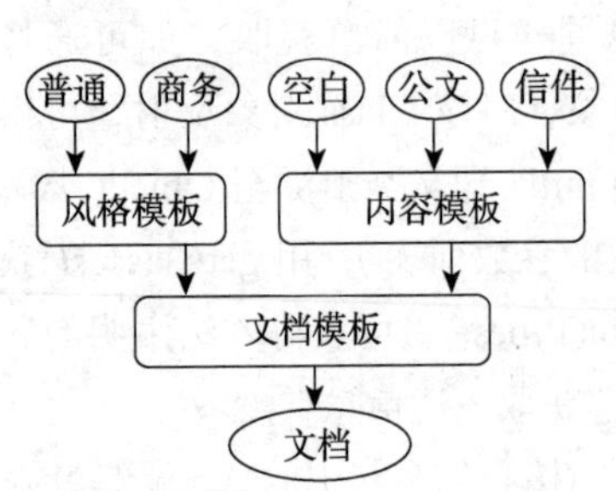

图 10.1 用文档模板生成文档

Doc 是展现抽象工厂应用的类。常规设计与简单工厂的应用类似，用一组 case 语句，调用不同类型的具体工厂

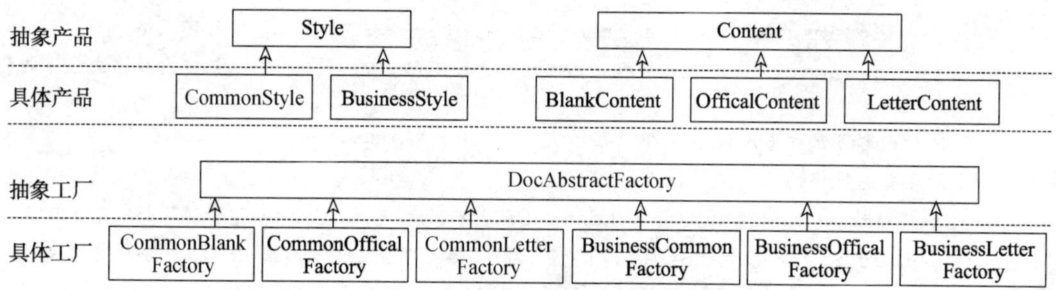

图 10.2　基于抽象工厂设计生成文档模板

生产。为节省篇幅，本例只给出基于反射的应用方式。另外为方便展示效果，还新增了一个用于展示模板应用效果的静态方法，两个方法的声明如下：

```
DocAbstractFactory creatDocTemplate(String style, String content)
   //生成具体文档模板
void  executeTemplate(DocAbstractFactory  doc)
   //执行模板 doc，展示执行效果
```

应用类 APP 的 main 中有两个 String[]型对象 style 和 content，用户可从中挑选适合的风格、内容组成模板。

```
//抽象产品：风格，对应的具体产品：普通风格、商务风格
abstract class Style{                          //抽象产品：风格
    public abstract void setStyle();           //设置风格
}
class CommonStyle extends Style{               //风格的具体产品：普通风格
    public void setStyle(){System.out.println("普通风格");};
}
class BusinessStyle extends Style{             //风格的具体产品：商务风格
    public void setStyle(){System.out.println("商务风格");};
}
//抽象产品：内容，对应的具体产品：空白格式、公文格式、信件格式
abstract class Content{                        //抽象产品：内容
    public abstract void setContentFormat();//设置内容格式
}
class BlankContent extends Content{            //内容的具体产品：空白格式
    public void setContentFormat(){System.out.println("空白格式");};
}
class OfficalContent extends Content{          //内容的具体产品：公文格式
    public void setContentFormat(){System.out.println("公文格式");};
}
class LetterContent extends Content{           //内容的具体产品：信件格式
    public void setContentFormat(){System.out.println("信件格式");};
}
//抽象工厂：能创建风格、内容产品簇
abstract class DocAbstractFactory{
```

```
    public abstract Style creatStyle();              //创建风格
    public abstract Content creatContent();          //创建内容格式
}
//风格和内容可产生 6 种组合（即产品簇），需要 6 个具体工厂来生产
//下面是普通风格的三个产品簇工厂
class CommonBlankFactory extends DocAbstractFactory{ //普通风格+空白内容
    public Style creatStyle(){ return new CommonStyle(); } //创建普通风格
    public Content creatContent(){return new BlankContent();}
          //创建空白内容格式
}
class CommonOfficalFactory extends DocAbstractFactory{//普通风格+公文内容
    public Style creatStyle(){ return new CommonStyle(); }
          //创建普通风格
    public Content creatContent(){return new OfficalContent();}
          //创建公文内容格式
}
class CommonLetterFactory extends DocAbstractFactory{//普通风格+信件内容
    public Style creatStyle(){ return new CommonStyle(); }
          //创建普通风格
    public Content creatContent(){return new LetterContent();}
          //创建信件内容格式
}         //下面是商务风格的三个产品簇工厂
class BusinessCommonFactory extends DocAbstractFactory{
          //商务风格+空白内容
    public Style creatStyle(){ return new BusinessStyle(); }
          //创建商务风格
    public Content creatContent(){return new BlankContent();}
          //创建空白内容格式
}
class BusinessOfficalFactory extends DocAbstractFactory{
          //商务风格+公文内容
    public Style creatStyle(){ return new BusinessStyle(); }
          //创建商务风格
    public Content creatContent(){return new OfficalContent();}
          //创建公文内容格式
}
class BusinessLetterFactory extends DocAbstractFactory{
          //商务风格+信件内容
    public Style creatStyle(){ return new BusinessStyle(); }
          //创建商务风格
    public Content creatContent(){return new LetterContent();}
          //创建信件内容格式
}
//实施应用：模拟在文档中应用文档模板
class Doc{
    public static DocAbstractFactory creatDocTemplate(String style,
```

```
        String content)throws Exception{
            //用于创建文档模板
            Class c=Class.forName(style+content+"Factory");
                //获取 opName 对应的 Class
            return(DocAbstractFactory)c.newInstance();
                //通过 Class 类调用默认无参构造函数
            //return(DocAbstractFactory)c.getConstructor().newInstance();
                //本例有误，详见解释
    }
    public static void executeTemplate(DocAbstractFactory doc){
                //模拟文档模板的设置效果
            Style style=doc.creatStyle();        style.setStyle();
            Content content=doc.creatContent(); content.setContentFormat();
    }
}
class App{
    public static void main(String[] args) throws Exception{
            String[] style={"Common","Business"};
            String[] content={"Blank","Official","Letter"};
            DocAbstractFactory doc=null;
                //模拟选择和应用模板
          System.out.print("\n 选择 普通 空白\n"); //假设选择 普通风格、空白内容
          doc=Doc.createDocTemplate(style[0],content[0]);
          Doc.executeTemplate(doc);
    }
}
```

【输出结果】

选择 普通 空白

普通风格

空白格式

【示例剖析】

（1）简单工厂通常生产一种产品；抽象工厂生产的是由多种产品组成的产品簇。之所以用产品簇，首先是最终产品（如 PC）由多个小产品（或者说零件）组成，且产品间存在依赖关系，因此产品间不能任意组合（就像 AMD CPU 不能和支持 Intel 的主板组合）。用产品簇组织产品，可避免产品间的冲突。一个具体工厂只能生产一个产品簇。为凸显设计框架，本例暂未涉及产品间的组合冲突。也可加入约束：风格中加入卡通风格，当选择公文内容时，禁止选用卡通风格等。此时，产品簇会有所变化。请读者自行尝试实现。类似的应用场景有很多，如：某网页程序的界面，界面上有文本框、按钮等组件，其外观在不同平台（Windows、安卓、苹果）有不同效果。产品簇包含按钮、文本框等组件，最终成品是界面，有 Windows 产品簇、安卓产品簇等。

（2）抽象工厂模式涉及的基本概念有：抽象/具体产品，抽象/具体工厂，产品簇、应用类。设计框架：每种抽象产品对应一组具体产品，如风格对应普通、商务；抽象工厂内可生产所有抽象产品（即生产产品簇，内有一组 create 方法），如文档抽象工厂内有返回风格/内

容对象的抽象 create 方法；具体工厂生产具体产品簇，通常每个具体工厂生产一种具体产品，如 CommonLetterFactory 生产普通风格、信件内容；应用类则是生产和应用抽象工厂对象，如 Doc 类通过静态方法 reatDocTemplate(…)，借助反射机制创建抽象工厂对象，用静态方法 executeTemplate(…)展示模板的实施效果。

（3）在例 10.1 中，利用 Constructor 类的 newInstance(…)构造对象，而本例用的是 Class 类的 newInstance()构造对象。不仅如此，而且指明：借助 Constructor 类的 newInstance(…)可能存在问题。为何如此呢？这是因为：Class 类的 getConstructor()只能获得 public 权限的 Constructor 对象，而由系统自动提供的无参构造函数，其权限与所属类的权限相同（请借助例 10.2 的 ClassView 进行验证）。本例的具体工厂类均为默认权限，故系统提供的无参构造函数也是默认权限，执行 c.getConstructor().newInstance();时，涉及的具体工厂类因找不到对应的构造函数，会产生 NoSuchMethodException 异常。若为某个具体工厂类新增 public 无参构造函数，即可成功造出对象。使用 Class 类的 newInstance()，可以调用非 private 权限的无参构造函数。

（4）可能有读者有疑问：若构造函数有参，或者拥有私有权限，应如何处理？此时，只能借助 Constructor 类了。具体如下：

```
Constructor con=c.getDeclaredConstructor();    //可获得任何权限的构造函数
con.setAccessible(true);                       //强制将权限设为当前可存取
return(DocAbstractFactory)con.newInstance();   //调用无参构造函数
```

若有参，newInstance(…)可采用类似例 10.1 的方式进行处理。

在本书提供的代码中，给出了三种借助反射创建对象方式。

（5）通过反射创建对象，前提是该类（如本例中所有具体工厂类）必须已经存在。因此，借助反射机制创建对象，与常规用 new 创建对象相比，形式更简单统一（即不需要多条 case 语句），而且易于拓展（如新增具体工厂类，用反射创建对象的语句不需要修改）。当然，其缺点是：反射机制是动态类型加载机制，跳过了类型检查，若涉及的类不存在，在运行时（而非编译时）才会检测出来，降低了程序的安全性。

（6）产品簇的概念不同于产品。换言之，工厂中提供一组产品对象的创建方法，至于具体创建那个对象，由需求决定。从这种意义上说，PC 不适合描述产品簇，因为要生产 PC，主板、CPU 等都必须生产出来（如不存在无主板的 PC）。

（7）在设计模式中，通常抽象工厂、抽象产品常用接口来实现，考虑到风格、内容等有一些通用的属性，如字体设置等，因此本例用抽象类替代接口。

10.4 代理模式

工厂模式涉及的反射应用，是通过 Class 或 Constructor 类来进行对象的构造；代理模式中的动态代理，是通过代理类 Proxy，实现相关对象的构造。

10.4.1　代理模式简介

先看个生活示例，见图 10.3。某明星可能涉及很多事务，如拍广告、电影、管理财务、遇到法律纠纷、健康咨询等。明星处理这些事，常说的一句话是“你找我经纪人”。经纪人也不懂这些专业知识，但他为了更好服务于明星，与特定专家建立了业务联系，如张三负责接洽广告、电影拍摄，遇到法律事务就找律师李四，处理财务就找王五，马六提供医疗咨询。这就是一个典型的代理模式。其中经纪人就是代理。

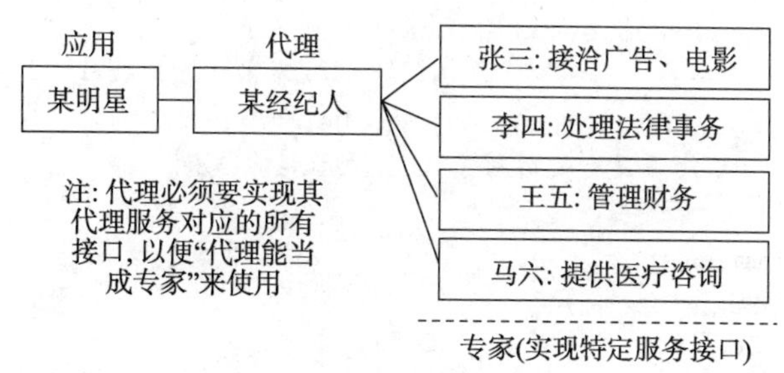

图 10.3　代理模式应用图示

代理模式就是代替别人处理。代替谁，是明星还是专家？是代替专家，因为对明星而言，代理负责解决问题。代理不是专家，又如何代替专家？关键点有二：①实现专家对应的接口，这是当成专家来使用的前提；②代替的策略：用成员变量与专家关联，借助该变量调用专家的行为（以实现接口中定义的方法）。具体实现框架如下：

```
interface 服务{ void  do(); }                                   //服务
class 专家 implements 服务{ public void do(){…}; }   //实现服务的专家类
class 代理 implements 服务{                         //代理类也要实现服务
   private 服务  fw;                                //变量 fw 用于关联提供服务的专家
   代理(服务  x){ fw=x; }                            //常在构造时关联专家
   private void doThing1(){…}                       //代理可在调用专家前添加常规动作
   private void doThing2(){…}                       //代理可在调用专家后添加常规动作
   public void do(){ doThing1(); fw.do();doThing2(); };
                                                    //代理实现服务的方式
     //注意：上述 doThing1()和 doThing2()不是必需的
}
```

为了通用，服务常以接口形式描述。图 10.3 中的经纪人代理了四项服务，因此必须实现服务对应的四种接口。注意：代理模式中，真正提供服务的是专家对象，如律师、医生等，代理只不过是调用专家的服务。

10.4.2　静态代理模式

所谓静态代理，是指代理所能提供的服务是固定的（即编译时能决定的）。而动态代理，则是代理提供的服务是在运行时绑定的。

【例 10.4】 假设某代理为明星代理法律事务（含判别事务是否合法、辩护、起诉三项服务）和财务管理（含收入、支出做账、显示账目），请用静态代理模式模拟实现这一机制。

目的： 理解并掌握静态代理模式的基本设计框架。

设计： 首先，设计接口 IFaLv，内有三个抽象方法（代表三项法律服务），其实现类为 LvShi。类似地，设计接口 ICaiWu 及其实现类 KuaiJi；其次，设计代理类 DaiLi，实现其代理的所有服务接口 IFaLv、IcaiWu；最后，基于 main 中模拟展示明星使用代理解决问题。

```
interface IFaLv{                          //法律服务
    boolean heFa(Object obj);             //判断事情 obj 是否合乎法律
    boolean bianHu(Object keHu, Object p);
                                          //为客户 c 就项目 p 辩护，返回辩护结果
    boolean qiSu(Object my, Object he, Object p);
      //为客户 my 就项目 p 起诉对象 he，返回起诉结果
}
class LvShi implements IFaLv{             //律师
    private String name;
    public LvShi(String s){ name=s; }
    public boolean heFa(Object obj){//判断业务 obj 是否合法
        System.out.println("律师"+name+"判断业务是否合法。");
        return true;
    }
    public boolean bianHu(Object keHu, Object p){        //辩护
       System.out.println("律师"+name+"执行【辩护】业务。");
        return true;
    }
    public boolean qiSu(Object my, Object he, Object p){//起诉
       System.out.println("律师"+name+"执行【起诉】业务。");
        return true;
    }
}
//财务服务及其实现类
interface ICaiWu{                           //财务服务
    void zhiChu(Object obj, double x);//为 obj 支出 x
    void shouRu(Object obj, double x);//obj 项目收入 x
    void show();                            //显示财务信息
}
class KuaiJi implements ICaiWu{             //会计
    private String name;
    public KuaiJi(String s){ name=s; }
    public void zhiChu(Object obj, double x){
       System.out.println("会计"+name+"为【支出】做账。");
    }
    public void shouRu(Object obj, double x){
       System.out.println("会计"+name+"为【收入】做账。");
    }
    public void show(){
        System.out.println("显示账目信息。");
```

```
    }
}
class DaiLi implements IFaLv,ICaiWu{  //代理类，必须实现其代理的所有服务
    private String starName;                          //与代理关联的明星
    private IFaLv lvShi; private ICaiWu kuaiJi;  //与代理关联的律师、会计
     //注意：常用接口来定义变量（而非实现类），这样通用性更强
    public DaiLi(String name,IFaLv ls, ICaiWu kj){//设置关联
        starName=name; lvShi=ls;  kuaiJi=kj;
    }
    //代理提供的私人服务
    private void doThing1(){ System.out.println("代理先谈妥服务价格."); }
    private void doThing2(){ System.out.println("代理为此次服务结账."); }
    //下面三个方法实现 IFaLv 接口
    public boolean heFa(Object obj){
        doThing1(); //代理可以在调用专家服务前，可以加点料
        boolean result=lvShi.heFa(obj);  //这是核心：调用专家提供专业服务
        doThing2();                          //代理可以在调用专家服务后,可以加点料
        return result;
    }
    public boolean bianHu(Object keHu, Object p){
        doThing1(); boolean r=lvShi.bianHu(keHu,p);  doThing2(); return r;
    }
    public boolean qiSu(Object my, Object he, Object p){//起诉
        doThing1();boolean r=lvShi.qiSu( my, he, p); doThing2();return r;
    }
    //下面三个方法实现 ICaiWu 接口
    public void zhiChu(Object obj, double x){
        doThing1();kuaiJi.zhiChu(obj, x);doThing2();
    }
    public void shouRu(Object obj, double x){
        doThing1();kuaiJi.shouRu(obj, x);doThing2();
    }
    public void show(){
        doThing1();kuaiJi.show();doThing2();
    }
}
class App{
    public static void main(String[] args) {
        LvShi lvShi=new LvShi("张三");      //构造律师对象 -- 代表专家
        KuaiJi kuaiJi=new KuaiJi("李四");  //构造会计对象 -- 代表专家
        DaiLi daiLi=new DaiLi("八戒",lvShi,kuaiJi);
            //构造代理对象 -- 代表代理
            //下面模拟明星八戒的应用需求，要求代理解决
        System.out.println("1：八戒咨询行为是否合法");
        daiLi.heFa(new Object());
        System.out.println("2：八戒需要律师辩护");
        daiLi.bianHu(new Object(),new Object());
        System.out.println("3：八戒想起诉悟空");
```

```
        daiLi.qiSu(new Object(),new Object(),new Object());
        System.out.println("4: 八戒需要支出一笔开支");
        daiLi.zhiChu(new Object(),1000);
        System.out.println("5: 八戒有一笔收入入账");
        daiLi.shouRu(new Object(),1000);
        System.out.println("6: 八戒需要查阅账目");
        daiLi.show();
    }
}
```

【输出结果】

```
1: 八戒咨询行为是否合法
代理先谈妥服务价格.
律师张三判断业务是否合法。
代理为此次服务结账.
……剩余输出类似，结果略……
```

【示例剖析】

（1）代理模式的核心特色就是：①代理必须实现其代理服务的所有接口，这样才能“当成专家来用”。②真正提供服务的是专家，“将代理当成专家来使用”，实现策略就是代理与专家关联，通过调用专家的服务，来向客户（即明星）提供服务。

（2）可能有读者说：既然代理实现服务接口，为何不完全实现服务功能，而是通过关联专家来实现服务？这是因为在使用代理模式的场景中，实施处理的对象（即专家），应用程序往往无法直接存取（或是设计者不希望应用程序直接存取）。例如：

① 远程代理场景：某大学图书馆电子资源仅面向校内用户（根据 IP 来区分校内校外）免费使用，校外用户无法访问。相关代理软件可实现外网的访问，其中，直接存取电子资源的对象在学校内网的服务器上，代理软件的客户端在校外。显然，这种情况下用代理模式十分适合。类似地，网页在线代理（类似“翻墙”）实现机理与此类似。

② 智能代理场景：某智能在线学习网站希望实现如下功能：a）用户登录后能定位上次学习内容；b）能对学习掌握情况进行分析，并给出结果；c）能获知当前学习相同内容的用户，并能与之进行通信……基于代理模式设计，可以这样：上述每个功能可对应一个对象（类似专家），代理可提供上述所有服务。每当用户登录后，自动创建一个代理对象，为该用户提供专门服务。上述策略，曾经有个好听的名字：智能 Agent 程序设计。

③ 安全代理场景：淘宝、京东、QQ 等，若在异地登录时，常常启动一个安全防范机制，让用户输入验证码之类的东西。这种安全认证对象在淘宝等的远程服务器，特定条件方能触发，用户无法调用（若能主动调用就可能跳过该机制），可通过代理来调用。

④ 虚拟代理场景：某小说网有很多小说，用户分为未注册用户、注册用户、付费用户、作者，其中未注册用户只能阅读免费内容；注册用户可阅读免费内容，并进行评论；付费用户可阅读其订阅的小说的特定章节；作者用户可对自己的作品进行修改（即上传文件）。上述功能可专门由一个对象完成。同样，此对象不能直接调用，一般通过代理来访问。再比如，某博客类网站，网页内容常包含文字、精美的图片、音视频，图片和音视频通常很大，不能

等到所有内容都下载到本地后才能浏览网页内容。为此，可设置一虚拟代理，对图片、音视频等进行下载，在下载完成前，用虚拟空白图片等进行填充，下载完成后显示图片，或播放背景音乐。

（3）理解代理模式，关键在于“代理”二字，即真正做事的对象（即专家）由于某种原因（如因权限不够而无法存取、安全原因、管理原因等），无法直接出面（即直接操控专家对象），由代理去“承接业务”，代理关联的专家实际“完成业务”。

10.4.3　动态代理模式

静态代理类必须实现所有服务接口，并在编译前完成设计。动态代理则基于代理框架和服务接口，在程序运行期间“动态生成”实际代理类（匿名）及其对象。具体步骤如下：

（1）代理类框架：必须实现 java.lang.reflect.InvocationHandler 接口，重写接口定义的 invoke()方法（给出调用专家对象提供服务的具体方式），大体结构如下：

```
class DaiLi  implements  InvocationHandler{
      /* 除不实现服务接口，其余与静态代理类相似  */
   private Object  obj;                         //运行时，用于关联提供服务的专家
   public void setExpert(Object  o){ obj=o; }  //关联提供实际服务的专家对象
   private void do1(){ ……; }   private void do2(){ ……; }
      //代理的常规动作，也可没有
   public Object  invoke(Object proxy,  Method method,  Object[] args)
      throws Throwable{        // 此方法是 InvocationHandler 接口定义的方法
      do1(); Object result=method.invoke(obj, args); do2();
      //调用专家的具体方式
      //功能：调用 obj 的 method 方法，args 是方法的参数，result 是方法的返回值
      return result;
   }
}
```

注意：上述 DaiLi 类之所以称作“框架”，是因为

① 该类并未实现服务接口，因此不是真正的代理服务类；

② 该类可关联提供服务的专家，并在 invoke(…)方法中定义调用专家行为的具体方式；

③ 对实际代理类的所有调用，都会转给 invoke()方法。

（2）用 java.lang.reflect.Proxy 类的 newProxyInstance(…)方法，基于“代理框架对象+服务接口”，动态组装实际代理类（匿名），并生成其对象。如：生成代理 FuWu_X 的代理对象：

```
implements  FuWu_X{  void do1();  void do2(int x);  }     //服务 X 接口描述
class X implements FuWu_X{ … }                            //服务 X 的实现类
```

应用：

```
X x=new X();    DaiLi  daiLi=new DaiLi();  daiLi.setExpert(x);
//关联代理与专家
//动态产生针对 FuWu_X 的实际代理类，并获取该类的对象
```

```
FuWu _X  expert=(FuWu _X)Proxy.newProxyInstance(
   FuWu _X.class.getClassLoader(),x.getClass().getInterfaces(),
      daiLi  );
expert.do1();  expert.do2(5);
   //借助 expert1 可调用服务 A 的具体服务行为
```

注意： Proxy.newProxyInstance(…)有三个参数，第 1 个参数是 ClassLoader 型，表示类加载器，是反射应用的前提；第 2 个参数是 Class<?>[]型，表示将实际代理类需实现的接口列表（可从提供服务的专家对象获取），对应“代理需要实现代理服务的所有接口”；第 3 个参数 InvocationHandler 型，对代理的实际调用会转给该对象的 invoke(…)方法。

【例 10.5】 用动态代理模式实现例 10.4 的功能。

目的： 理解并掌握动态代理模式的基本设计框架。

设计： 首先，设计接口 IFaLv 及实现类 LvShi、接口 ICaiWu 及实现类 KuaiJi 与例 10.4 相同；其次，类 DaiLi 仅实现 InvocationHandler 接口，内有以 Object 型变量 expert，用来关联代表特定服务的专家，invoke()方法给出调用专家的具体方式；最后，若需代理提供 IFaLv 服务：①先关联 DaiLi 对象与提供 IFaLv 服务的 LvShi 对象；②用 Proxy.newProxyInstance(…)获取 IFaLv 型的对象；③借助该对象，调用 IFaLv 中定义的所有服务行为。

```
import java.lang.reflect.InvocationHandler;
import java.lang.reflect.Method;   import java.lang.reflect.Proxy;
   //接口 IFaLv 及实现类 LvShi、接口 ICaiWu 及实现类 KuaiJi，与例 10.4 完全相同，
   //这里略
class DaiLi implements InvocationHandler{//代理框架
    private String starName;
    private Object expert;                    //用于关联提供服务的专家
    public DaiLi(String name){ starName=name; }
    public void setExpert(Object ept){ expert=ept; }
                                              //建立代理与专家的关联
    private void doThing1(){ System.out.println("代理先谈妥服务价格."); }
    private void doThing2(){ System.out.println("代理为此次服务结账."); }
    //下面的 invoke 方法三个参数依次为：代理对象、将执行的对象中的方法、方法对应的参数
    //注意：invoke 方法实际上是一对多，即执行时 method.invoke(…)对应的方法是可变的
    public Object invoke(Object proxy, Method method, Object[] args)
       throws Throwable{
         doThing1();
         Object result=method.invoke(expert, args);
            //即：调用 expert 对象的 method 方法，其中 args 代表方法的参数
         doThing2();
         return result; //该变量的作用?
    }
}
class App{
    public static void main(String[] args) {
         LvShi lvShi=new LvShi("张三");      //构造律师对象
         KuaiJi kuaiJi=new KuaiJi("李四");   //构造会计对象
```

```
        DaiLi daiLi=new DaiLi("八戒");      //构造代理对象

        //应用 1：模拟明星八戒的【法律服务】需求，要求代理解决
        //动态产生提供 IFaLv 服务的实际代理类对象
        daiLi.setExpert(lvShi);              //将专家设为 lvShi
        IFaLv expert1=(IFaLv)Proxy.newProxyInstance(
          IFaLv.class.getClassLoader(), lvShi.getClass().getInterfaces(),
            daiLi );
        System.out.println("1：八戒咨询行为是否合法");
        expert1.heFa(new Object());
        System.out.println("2：八戒需要律师辩护");
        expert1.bianHu(new Object(),new Object());
        System.out.println("3：八戒想起诉悟空");
        expert1.qiSu(new Object(),new Object(),new Object());

        //应用 2：模拟明星八戒的【财务服务】需求，要求代理解
        //动态产生提供 ICaiWu 服务的实际代理类对象
        daiLi.setExpert(kuaiJi); //将专家设为 kuaiJi
        ICaiWu expert2=(ICaiWu)Proxy.newProxyInstance(
          ICaiWu.class.getClassLoader(),kuaiJi.getClass()
            .getInterfaces(),daiLi );
        System.out.println("4：八戒需要支出一笔开支");
        expert2.zhiChu(new Object(),1000);
        System.out.println("5：八戒有一笔收入入账");
        expert2.shouRu(new Object(),1000);
        System.out.println("6：八戒需要查阅账目");
        expert2.show();
    }
}
```

【输出结果】

…… 与例 10.4 完全相同，结果略 ……

【示例剖析】

（1）动态代理模式满足代理模式的基本特色：①真正提供服务的是专家；②实际代理类必须实现其代理服务的所有接口。只不过，这个实际代理类是动态产生的。

（2）本例的 DaiLi 类是用于动态组装实际代理类的框架，不是实际代理类。因为①没有实现 IFaLv 等服务接口（因此不能当成服务提供者来使用）；②内部定义了通过操纵专家对象提供代理服务的具体方式、框架（即 invoke(…)方法）。所有对实际代理对象的调用，最后都会转给 invoke(…)方法。

（3）实际代理类的对象是基于“代理框架+服务接口”，通过 Proxy.newProxyInstance(…)产生。其中代理框架必须实现 InvocationHandler 接口。当然，期间隐式产生了实际代理类。注意，父类方法只能返回“接口型”对象，不能使用“类”型。例如，尽管 LvShi 类实现了 IFaLv 接口，但不能返回 LvShi 型对象，因为匿名产生的类与 LvShi 类是完全不同的两个类，不能强制类型转换。而匿名产生的类与接口 IFaLv 则是 is-Like-a 关系，可以强制类型转换。

（4）invoke(…)中的参数 proxy 指代“动态生成的实际代理类的对象”，这样，可在 invoke 方法中借助 proxy 操纵此对象。注意，不能用 this 来获取实际代理类对象，因为在 invoke() 方法中，this 指代的是 DaiLi 类对象自身（而非动态产生的实际代理类对象自身）。

（5）上述代理常被称作 Java SDK 动态代理（有别于 cglib 动态代理），它只能为接口创建代理，返回的代理对象也只能转换到某个接口类型。若一个类没有接口，或者希望代理非接口中定义的方法，就无法做到。cglib（https://github.com/cglib/cglib）动态代理可做到这一点，其感兴趣的读者自行查阅相关内容。

本章小结

反射机制是 Java 中较为复杂的机制之一，其核心思想是：将特定类的 class 文件对应到 Class 型对象，在运行期间获取该对象，借助 Class、Field、Method、Construct 等类，对 Class 对象实施解析，获取特定类型的内部构造信息。反射机制增强了 Java 的动态特性。本章给出了反射机制的三种应用方式：①解析特定 Class 型对象，获取其内部构造信息，见例 10.2；②根据类型名称动态创建对象，详见简单工厂和抽象工厂示例；③用代理提供不同类型的服务，详见静态代理和动态代理。

思考与练习

1. 什么是反射，引入反射能解决哪些问题，如何解决？

2. 结合 Class、Field、Method、Construct 等类的使用，介绍如何使用反射机制获取所需信息。

3. 在 Eclipse 等 IDE 环境中，输入“.”后，会出现类的结构视图，结合反射机制，请说出其实现思路和策略。

4. 工厂模式的总体特点是什么？简单工厂和抽象工厂有何区别？

5. 代理模式的总体特点是什么？静态代理模式和动态代理模式有何区别？

6. 在例 10.3 的基础上，加入“卡通风格”，要求，此风格不得与“公文内容”组成产品簇。请实现上述需求。

7. 某软件公司承接了某信息咨询公司的收费商务信息查询系统的开发任务，该系统的基本需求如下：①在进行商务信息查询之前用户需要通过身份验证，只有合法用户才能够使用该查询系统；②在进行商务信息查询时系统需要记录查询日志，以便根据查询次数收取查询费用。注：该软件公司开发人员已完成了商务信息查询模块的开发任务，现希望能够以一种松耦合的方式向原有系统增加身份验证和日志记录功能，客户端代码可以无区别地对待原始的商务信息查询模块和增加新功能之后的商务信息查询模块，而且可能在将来还要在该信息查询模块中增加一些新的功能。试使用代理模式设计并实现该收费商务信息查询系统。

提示：本题的需求实为：客户端对象访问代理对象，代理对象能代理身份验证、商务信息查询、日志记录等功能。

附录 A

课外阅读——Eclipse 集成开发环境

1. Eclipse 下载和安装

Eclipse 是一个开放源代码的、面向多语言开发的平台。主要特色是能通过安装各种插件，拓展平台的功能。为方便使用，建议读者直接下载集成好插件的安装包。例如，对 Java 初学者，建议到网址：https://www.eclipse.org/downloads/packages/下载 Eclipse IDE for Java Developers。

Eclipse 的安装很简单，直接解压即可使用。

注意： 上述指定的 Eclipse 包中自带 JRE，但不包含 JDK。JDK 中不仅包含 JRE，还包括 javac.exe 等工具。Eclipse 有自己的编译器。但建议读者要安装 JDK。因为 JDK 中除编译工具外，还有 Java 类库的源码 src.zip，这对理解 Java 底层机制十分有益。另外，Eclipse 在首次运行时，会自动检测本机是否存在 JDK，若存在，则自动将 JDK 相关位置信息加入 Eclipse 的环境配置中。

2. Eclipse 的环境配置

首次运行 Eclipse，会提示配置工作空间（workspace），见图 A.1。所谓工作空间，实际上就是一个本地目录。设定后，以后用户编写的 Java 项目，将自动存储在该目录。

为更好的使用 Eclipse，首先要花些时间配置环境。对初学者而言，配置本身也是了解环境的过程。

1）配置 JDK

Eclipse 会自动查找本机安装的 JDK，也可自行指定所用 JDK 版本。另外，若以后增添第三方类库，如数据库驱动包等，也在此处配置。具体为：在 Eclipse 系统菜单的 Windows 菜单下选择 Perference，弹出一个对话框，见图 A.2。展开左侧栏中的 Java，单击 Install JRE2，在此可对 JDK 进行增、删、改。

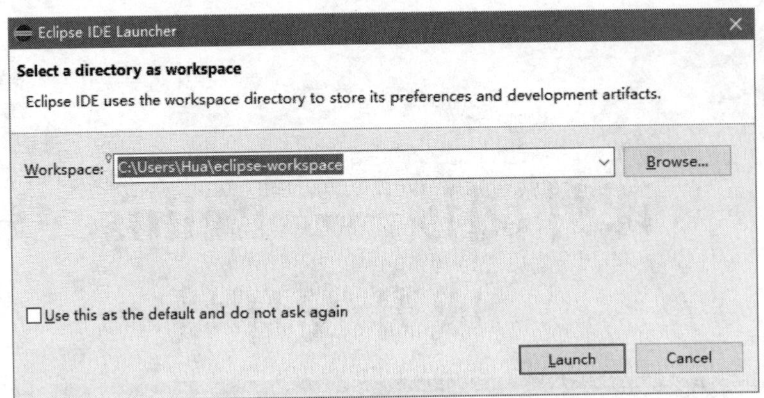

图 A.1 首次运行 Eclipse 提示需要配置工作空间

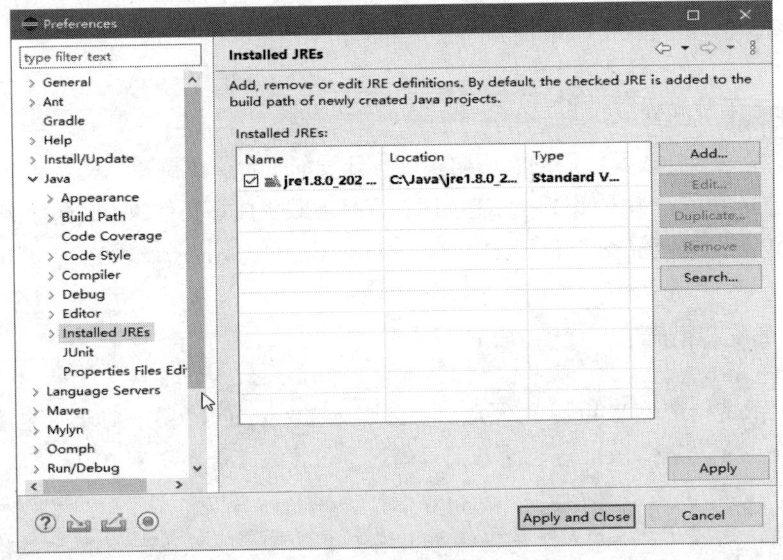

图 A.2 配置 JDK

2）Eclipse 中的字体控制

配置编辑器中的字体，操作如下：

选择 Windows→Preferences→General→Appearance→Colors and Fonts→Basic→Text Font

配置控制台显示的字体，操作如下：

选择 Windows→Preferences→General→Appearance→Colors and Fonts→Debug→Console Font···

另外，很多字体在系统中有，但在 Eclipse 中找不到，这是因为这些系统字体对外隐藏，需要更改：如若希望使用 Courier New 字体，操作如下：

控制面板→字体→找到 Courier New 字体→右击→选择“显示”。

若仅希望控制字体大小，可用快捷键：Ctrl+可以放大字体，Ctrl-可以缩小字体。

3）配置在线帮助、查看源文件

选择 Windows→Preferences→Java→install JREs→选中对应的 jre 后，单击 Edit 按钮，在对应的列表框中选中“…\jre\lib\rt.jar”。

配置在线帮助：单击 JavadocLocation，此时有两种选择（见图 A.3）。在 Javadoc URL 默认是 Javadoc 的在线网址，用户可自行下载帮助文档（如 Javafx-8u202-apidocs.zip），解压后，单击“Brows”，选择对应的地址即可。也可不解压，单击图 A.3 中“Javadoc in archive”，选择对应的压缩包即可。

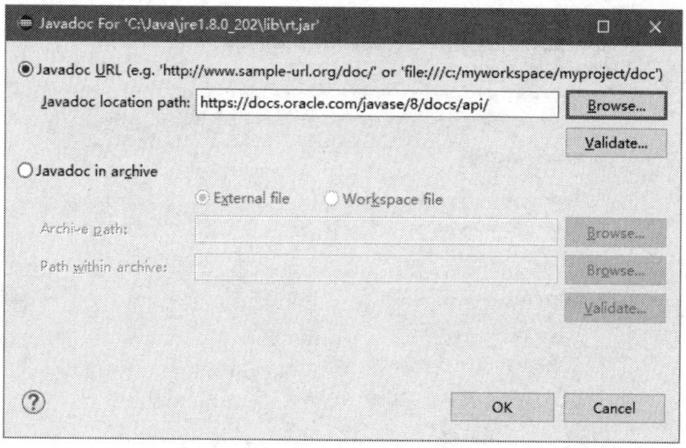

图 A.3　配置 Javadoc 的位置

另外，若希望在 Eclipse 中查看 Java 系统类的源码，可在选中 rt.jar 后，单击 Source Attachment，在其中指定 src.zip 的位置即可，见图 A.4。

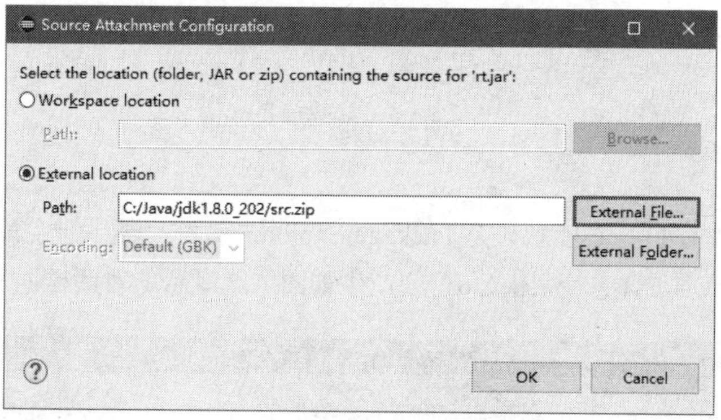

图 A.4　配置 src.zip 的位置

【效果】 在添加好 Javadoc 与 source 后，光标放在某个类上，用【F2】可快速调出帮助，用【Shift+F2】，可调出该类的 api 文档；用【F3】（或在类上右击，选择查看声明），可打开类的源文件。另外，通过主菜单中的 search→java…→在对话框中，注意勾选 JRE libraries，这样，当需要查询某方法在哪个类中时，可在对话框中输入该方法的名称。即在 Java API 中实施内容搜索。

3. 建立项目

各类 IDE 通常以项目为单位进行软件开发。项目是软件开发中代码、资源文件（见图片、音视频等）、配置文件的集合。Eclipse 中建立项目的开发步骤如下：

1）新建项目

File→New→Java Project，弹出如图 A.5 所示对话框，在其中输入项目名称即可。注意，项目名称要符合 Java 标识符命名规范。图中的 Location 对应的框中显示了该项目默认的存储位置。在这一步骤中，初学者尽量使用默认配置。之后单击 Finish 即可。

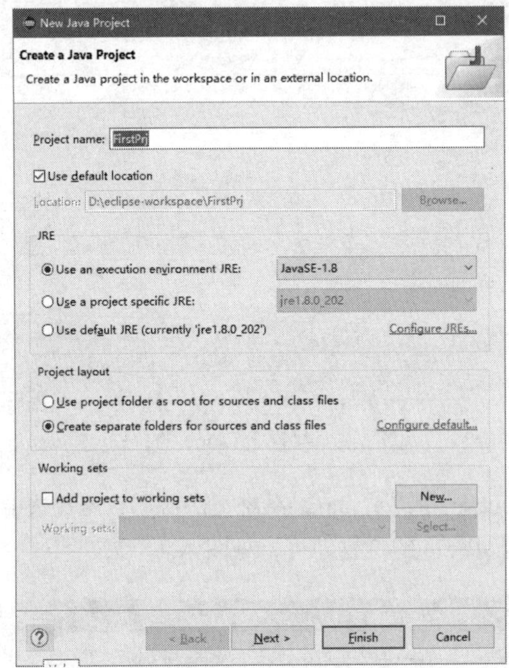

图 A.5　新建项目

2）新建类

关闭 Welcome 窗口，右侧默认是 Package Explorer 视图。展开刚才新建的项目 FristPrj，右击 src，选择 New→Class，见图 A.6，会产生如图 A.7 所示的对话框。

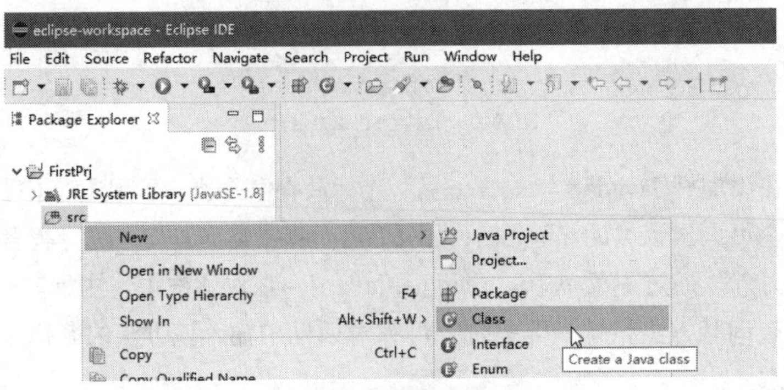

图 A.6　新建类-1

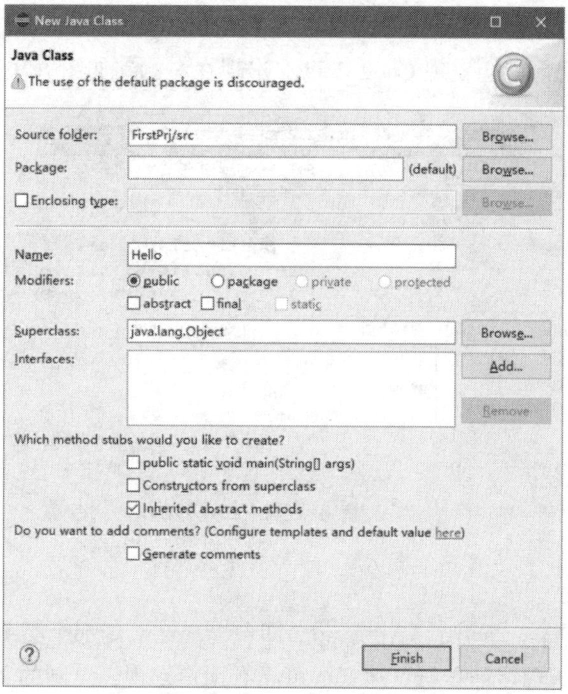

图 A.7　新建类-2

在 Name 中输入类名，其他采用默认即可。注意：建议初学者暂不输入包名。因为①关于包的介绍将在第三章末尾介绍；②未输入包名，易于将前期设计的文件“复制”到包中。如果加了包名，就不能这样做了，具体原因详见 3.7.1 节。

单击 Finish 后，就可书写代码了。

3）运行程序

在 Hello 类中输入 main，并使用 alt+/，可以快速产生 main 声明。

运行时，在图 A.8 中右侧类 Hello 上右击，选择 Run As→Java Application，之后，就能在控制台看到输出结果了。

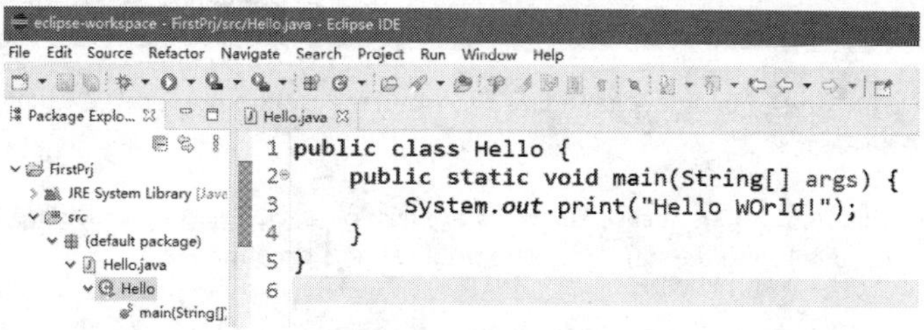

图 A.8　新建类-3

4. 导入和运行已有 Java 源文件

假设需要将例 2.3 的源码文件 Ch_2_3.Java 放在 Eclipse 中调试和运行，方式如下：

（1）找到 Ch_2_3.Java 所在的位置，单击后选择复制（即选中后执行 Ctrl + C）。

（2）假设期望将其放在 FirstPrj 项目中，在 FirstPrj 的包名（即 default package）上右击，选择粘贴（paste）。之后就会发现 Ch_2_3.Java 出现在右侧，如图 A.9 所示。

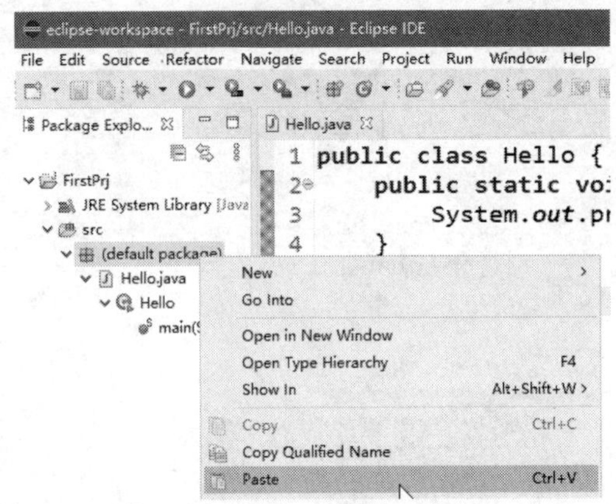

图 A.9　导入 Java 源文件

（3）将 Ch_2_3.Java 展开，右击 App（即包含 main 的那个类），选择 Run As→Java Application，即可实现程序的运行。注意，可能有用户发现，复制的文件显示在左侧后，无法展开，可能是因为该文件的命名不符合 Java 标识符命名规范。

5. 跟踪和调试

1）设置断点

双击行左侧边缘，就会出现一个蓝色的断点标识，再次双击后则会取消该断点。

2）Debug 模式运行

断点设置完成后，若希望跟踪调试，则必须以 Debug 模式运行。假设要对 Ch_2_3 中的 SeqList 类进行跟踪调试，右击 App，选择 Debug As，会弹出对话框，询问是否切换到 Debug 视图，见图 A.10。选择 Switch。即出现 Debug 视图。见图 A.11，此视图下，可以用 F5 单步执行，在右侧显示出各变量的值。更多调试细节和技巧，请读者自行探索。

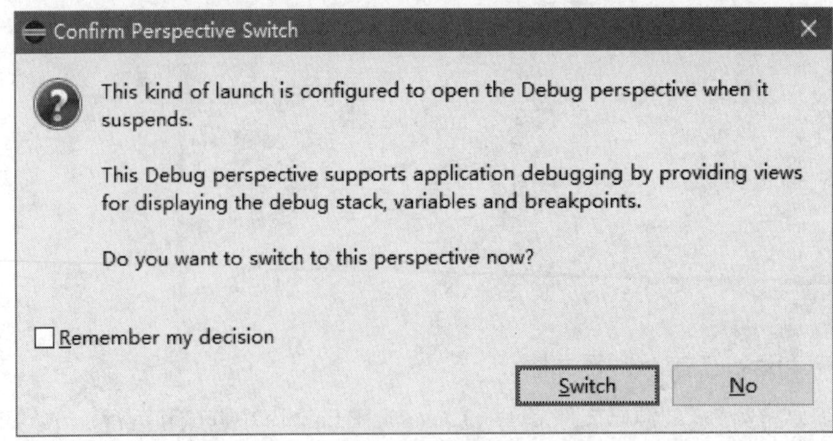

图 A.10　询问是否切换到 Debug 视图

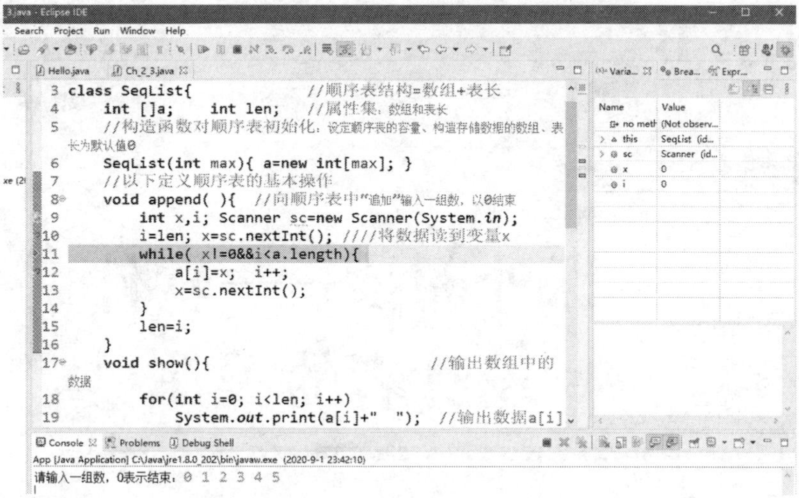

图 A.11　Debug 视图

6. 练习

创建一个项目，查阅资料，实现：现将项目先导出，继而将其导入，并运行。

附录 B

课外阅读——软件设计者的关注

1. 问题规模对设计影响很深

1）问题规模的演化

程序的规模和复杂性取决于问题的规模和复杂性。计算机应用初期，主要面向科学计算，问题规模较小，需求明确，程序内部逻辑较简单。19 世纪 60—70 年代，计算机开始涉足简单的管理应用，如商业上的财务、信息处理等，问题规模较大，需要处理的逻辑关系也变得比较复杂。此时各种问题凸显，如程序的质量差、产出率低、生产不可预期。人们将上述问题称作软件危机。面向大型程序的设计方法开始出现，如结构化程序设计方法、面向对象程序设计方法等。进入 20 世纪 90 年代，随着应用的普及，问题规模进一步增大，从基于单机和局域网模式的信息处理发展到基于互联网模式的信息处理，处理任务也由简单的数据处理发展到综合性较强的决策分析。由于同期程序设计科学的发展滞后于应用的发展，软件危机依旧难以克服。

可能有读者产生疑问：开发诸如冒泡排序之类的程序不是很容易吗？为何开发诸如综合性的业务管理系统却比较困难呢？同样是程序，为何有如此大的差别？困难具体表现在哪些方面？要回答这些问题，首先得从程序开发步骤说起。

【说明】下文中的小程序，泛指代码量小于 10 万行，且程序员自己决定需求的程序；大程序则泛指代码量在 10 万行以上，且由专门用户给出需求的程序，或是有客户投资的程序（而非诸如毕业设计之类的程序）。

2）程序的开发步骤

总体上看，无论是小程序还是大程序，都是对问题的求解。需要经历如下三个步骤：

（1）定义需求规约，就是对问题的需求有简洁精确且无歧义的描述，这是求解问题的基础；

（2）设计求解模型，即通过对问题分析，获得问题的求解策略，构建出求解方案；

（3）实现模型，即用计算机语言描述这一模型，包括编码和测试两大内容。

问题规模对程序开发的影响，主要体现在这三个步骤中。

3）问题规模对程序开发的影响

（1）对小程序开发的影响。对冒泡排序之类的小问题而言，需求十分简单，容易精确定义。开发重点是设计求解模型，即算法的开发需要关注算法的正确性和精巧性。在算法设计完成后，实现模型所需的编码测试并无太大困难。另外，整个开发过程可由个人独立完成，不会出现多人间的沟通、协调等问题。

（2）对大程序开发的影响相比之下，在开发较大规模问题的程序时，上述三个步骤都存在不同程度的困难。

第一，开发初期很难精确定义需求规约。问题规模庞大，程序中需要处理的逻辑关系就较繁杂，如医院信息系统（HIS），涉及门诊、内、外、妇、儿、检验、药房、收费等，不同科室有不同的流程，不同流程间还有交叉，如医生开具的化验单，涉及收费、化验结果的回传等。当不同流程交织在一起时，要在有限的时间内无遗漏、精确地梳理清楚，实际上十分困难。另外，开发期间人员间的沟通协作也成问题，如用户通常不懂编程，不清楚哪些能编程实现，设计初期向开发人员提供的各类需求信息往往不全面、不准确，甚至可能前后矛盾。在系统使用时，上述问题集中爆发，且可能产生新的需求；而开发人员对用户的专业领域（如金融、医务术语和流程）了解甚少，甚至可能对需求产生误解，由此导致用户需求与程序员的理解出现不一致。由于用户看不懂软件开发过程中的中间产品，如各类设计图表、代码等，因此难以发现这类不一致错误，直至软件交付使用（而此时软件设计框架早已完成，做大的调整实际上十分困难）。因此程序从开发到使用，需求会被不断提出、修正，总体上呈动态变化，很难精确定义需求规约。

第二，搭建合理的求解模型比较困难。设计复杂系统的求解模型原本就比较困难，加上需求的动态变化，使得建立的求解模型常需要后期修改，甚至可能推倒重来，稳定性较差。这正如盖一幢房子，若连房子的基本目的和用途都不清楚，势必要在建成以后反复修改以满足需要。这样可能最终导致房屋整体布局凌乱，影响后续的调整，最后只能推倒重建（即软件重构）。

第三，在编码测试方面，由于代码行的激增，导致测试难度倍增。大程序包含大量模块、子程序。既要确保各子程序本身正确，也要确保各子程序及模块间的准确协作，而且后期维护时，对某处代码的修改又可能会引入新的错误。这些，导致测试工作量大面广，十分复杂。

2. 软件设计者的关注

综上可知，对复杂的大程序，很难确保其正确无错，但保证系统在某些关键行为上不出错的确现实可行。另外，为应对日后需求的变化，设计的模型应具备某种延展性，既要易于修改，又要方便增加新功能。经过多年实践，总结出开发大程序至少应关注以下几方面：

（1）可靠性。指系统在特定时间特定环境为特定目的而作的无失败操作的可能性。对大程序而言，关心的是系统的核心模块不会发生特定类型的错误。

（2）可重用性。指模块不需要修改或仅需少量修改就可拿到别处使用的特性。重用可减少开发成本，而且经过多次复用重用模块，存在错误的可能性远比新开发程序低，可靠性更容易保证。

（3）可维护性。指在对大程序实施各类维护活动的难易程度，如改正错误、增添及完善功能，或者对系统逻辑结构的重构等。可维护性好，不仅能大幅降低各类维护任务的难度，而且也能有效地减少因维护而引入的各类错误。

关注上述三方面，是系统设计阶段的重要考量因素。如，在系统分析时，敲定哪些流程和指标必须要确保正确无误，如医院系统中，必须要确保先收费后化验和拿药。可维护性的保障，通常是在系统设计之初，对可能发生的扩展做合理假设，如对婴儿，我们无法预测其美丑，但知晓婴儿早期身高增长很快，这是购买衣物的重要考量。再比如，为软件学院设计的图书管理系统，以后能否方便地交给地理学院使用，即通过设定一些系统初始化参数来完成这种改变；或是演变为整个学校的图书借阅系统。这些提前考虑的因素，都将对系统设计产生重要的影响。

总体上看，大程序开发的核心是复杂性问题的处理，其关键在于将各种程序设计方法和管理措施科学合理的应用于开发过程，并设计出结构合理易于维护的系统处理框架和处理流程。至于算法等精巧性的设计工作则显得不甚重要了。甚至有学者主张，算法性的开发工作，应交由数学家去完成，程序开发人员只要懂得何时用和如何用就可以了。

思考题

1. 为何说：开发诸如冒泡排序之类的程序很容易，而对综合性的业务管理系统，尽管不涉及复杂的算法问题，但开发起来却比较困难？

2. 软件设计者关注哪些问题？为何如此？

3. 什么是设计的可维护性？简要说明其对软件设计的重要意义。

4. 为何说大程序开发的侧重点是可靠性、可维护性和可重用性？

图书资源支持

感谢您一直以来对清华版图书的支持和爱护。为了配合本书的使用，本书提供配套的资源，有需求的读者请扫描下方的“书圈”微信公众号二维码，在图书专区下载，也可以拨打电话或发送电子邮件咨询。

如果您在使用本书的过程中遇到了什么问题，或者有相关图书出版计划，也请您发邮件告诉我们，以便我们更好地为您服务。

我们的联系方式：

地　　址：北京市海淀区双清路学研大厦 A 座 714

邮　　编：100084

电　　话：010-83470236　010-83470237

客服邮箱：2301891038@qq.com

QQ：2301891038（请写明您的单位和姓名）

资源下载：关注公众号“书圈”下载配套资源。

资源下载、样书申请

书圈

获取最新书目

观看课程直播